니 잘못이 아니야...

Olive

[도서출판] 올리브

니 잘못이 아니야...

2003년 5월 1일 초판1쇄 발행
2009년 4월 7일 초판16쇄 발행
글쓴이 구성애
펴낸이 윤태일
펴낸곳 도서출판 올리브M&B(주)
출판등록 제 22-2372호(2003년7월14일)
주소 서울 금천구 가산동 60-15 삼성리더스타워 1404호
전화 02-3477-5129
팩스 02-599-5112

진행 권미나
편집 씨앤씨에디터
교정 한영수,권진이

ISBN 89-90673-00-3

들어가는 말

{ 10년 후의 변화를 위하여 }

이제 남편도 나를 포기했다. 강연장에서 마이크만 잡으면 끝도 없이 이어지는 수다. 주최측이 길어지는 강연을 중단시킬까봐 조바심을 내면서 "조금만, 요것만, 마지막으로"를 남발하며 강연을 이어가고 있는 내 모습에 내 자신도 그 이유를 모르고 있다.

새로운 일을 모색하느라 잠시 쉬고 있는 남편이 종종 중장거리의 강연장에 나를 데려다주곤 하는데 처음 얼마 동안은 화를 내기도 했다. 2시간만 하기로 한 강연이 3~4시간이 넘어 끝나니 아무리 인내심이 많은 사람이라도 그렇지 차 안에서 혼자 기다리려면 얼마나 지루하겠는가? 화를 가라앉힌 후 남편은 조용하게 충고해준다. 명강의는 짧은 거라고 한다. 나는 죄인이 되어 알겠다고 하지만 그럴수록 다음 강연은 더 길어진다. 이제 남편은 화도 안 내고 아예 읽을 책을 준비해가며 인근에 관광할 장소를 미리 알아내 여유 있게 산책을 하고 있다. 아주 고마운 일이다.

더 웃기는 일은 남편 눈치를 보면서 차 옆좌석에 미안한 채 앉아 있는 나의 자세와는 달리 내 머리 속에서는 3~4시간의 강연도 모자라 나 혼자만의 강연을 계속하고 있다는 것이다. 아, 그 대목에서 이것이 빠졌어. 저 얘기도 안해줬네. 아니 그 대목에서는 이 사례를 얘기하려 했었는데 엉뚱한 데로 빠졌군. 그 사례에서는 이런 결론을 분명하게 강조했어야 했는데 너무 약하게 한 것 같아. 하긴 했나? 그래, 하긴 했어. 그런데 스쳐가듯이 한 것 같아. 참 애석한 일이군. 다음에는 강조해야지. 아까 그 대목은 아주 새로운 아이디어야. 어떻게 나도 몰래 그런 말을 했을까? 참 신통하기도 하지. 거기서 조금 더 발전시켜 볼까? 아, 맞아. 그렇게 세 가지 초점으로 뽑아낼 수 있겠다. 다음에는 그렇게 해보자. 그리고 그 대목을 얘기할 때 앞의 아줌마가 울었어. 왜 그랬을까? 남모르는 아픔이 있었나 봐. 이곳 사람들은 이 대목에서 공감을 많이 했어. 아마 대도시 주변 지역의 문화 특성이 아닐까? 문화적 특성에 대해 좀더 알아봤어야 하는 건데. 꼬리에 꼬리를 물며 평가와 모색을 하다 보면 어느새 집에 도착해 있었다.

남편 말대로 긴 강의는 여러모로 무리가 있었다. 우선 내 다리가 너무 아팠다. 오른쪽에 무게를 실어 서있는 자세였는지 오른편 다리와 관절이 너무 붓고 아파 수시로 다리 치료를 해야만 했고 기운이 다 빠져나가 강연 후 두 시간 정도는 탈진이 되어 말할 힘도 없었다. 가벼운 마음으로 강연을 들으러 온 사람들에게도 무리를 주었다. 데리고 온 아이가 집에 가자고 보채면 꼬집고 윽박질러 울리기 일쑤고 진동으로 해놓은 핸드폰의 진동도 너무 잦았는지 강연장 바로 밖으로 뛰어나가 남편과 통화를 하는데 화난 남편과 싸우는지 거칠게 대응하는 소리가 다 들려왔다. 나중에 들어보니 어떤 학원에서는 집에 늦게 들어간 학부형이 남편과 싸우기까지 했단다. 남녀 관계를 좋게 하자고 한 성교육이 오히려 그 사이를 벌려놓게 만든 것이다.

단순히 나의 잘못만은 아니었다. 손뼉도 마주쳐야 소리가 난다고 호응이 없는데 나 혼자 떠들 수 있겠는가? 유치원이나 초등학교 학부형들의 열정은 나를 놓아주지 않았다.

눈을 떼지 않으며 필기하는 모습 속에서 나도 빠져들어 서로 한 몸이 되는 순간들이 만들어지는 것이다. 어떤 엄마는 밤새 했으면 좋겠다고 했다. 물론 너무나 길게 한다고 자리를 뜬 엄마들도 있고 조건상 어쩔 수 없이 빠져나간 엄마도 있지만 대체로 끝까지 함께 하려는 분위기였다. 나는 어린 자녀를 둔 엄마들의 열기에 관심을 가질 수밖에 없었다. 왜 그런가? 나의 말재주 때문만은 아니었다. 자녀들을 잘 키우고 싶다는 열망과 함께 현실에서 부딪히는 문제가 많다는 것을 알았다. 부모 자신들 또한 정리할 게 많았다. 자신의 문제, 남편과의 관계, 혼란스러운 성문화와 쾌락의 문제를 정리하고 싶어했다. 자녀가 던지는 질문과 자위행위, 성적인 장난, 음란물, 이성교제, 성폭행 등 구체적인 문제에서부터 성문화와 성 개념, 애정관에 이르기까지 그 모든 것을 알고 싶어했다.

긴 강연을 하고도 성에 차지 않는 나의 생각들을 마음껏 펼칠 수는 없을까? 강연 시간을 알맞게 조절하면서도 꼭 알아야 할 것들을 알려줄 수 있는 방법은 없을까?

특히 어린 자녀를 둔 부모들의 열기를 풍족하게 채워줄 수 있는 방법은 무엇일까? 그것은 책을 쓰는 거였다.

부모 자신들도 정리되면서 자녀 교육에도 도움이 되는 그런 책을 쓰기로 마음먹게 된 것이다.

책 얘기가 나온 지는 오래되었지만 본격적으로 컴퓨터 앞에 앉게 된 것은 작년 8월부터다. 그런데 4개월 동안 쓸 수가 없었다. 잔잔한 이유들이 많이 있었지만 제일 큰 이유는 또 한번 내 껍질을 벗겨내야 하는 도전과 용기가 필요했기 때문이다. 어린 시절의 성폭행 사건을 글로 남겨야 한다는 것이 결코 쉬운 일이 아니었다. 10여 년 전부터 폐쇄된 강연장에서는 나의 과거 얘기를 해왔다. 분위기를 봐서 필요한 만큼 적절하게 고백하고 떠나는 정도였기에 할 수 있었던 것 같다. 그런데 글로 남긴다는 것은 다른 문제였다. 말과 글이 다름을 절실히 알게 되었다. 뭐랄까. 말이란 나의 아픔을 털어내는 기분풀이의 과정이라고 친다면 글은 기분을 포함해 나의 의식까지 털어내고 정리해야 하는 조금 깊고도 총체적인 과정이라 하겠다. 더 깊고 넓은 해부 작업이 필요했고 순간이 아닌 길게 남을 정리 작업이었기에, 그리고 아직도 아픔이 남아있기에 피하고 싶었던 것이다. 남편 또한 대충은 알지 모르지만 이렇게 시시콜콜 전 과정을 다 알지는 못할 것이다.

4개월 동안 나의 과거 얘기를 꼭 써야만 하는 것인지, 왜 쓰려고 하는지, 왜 안 쓰려고 하는지를 놓고 무척이나 고심했다. 나의 손은 참고도서를 넘기며 나의 눈은 전문적인 새로운 정보를 찾고 있었지만 나의 마음은 나의 과거에서 벗어나지 못했다.

강연까지 중단하고 책을 쓴다며 선언한 상황에서 책의 시작을 알리는 일획을 긋지 못하고 몸부림치는 공백의 4개월은 내가 우주의 미아가 되어 떠돌던 시간이었다. 집도 가족도 이웃도 없이 혼자 광활한 우주를 떠돌면서 너무나 외로웠지만 그 대신 쓸데없는 많은 것들을 버릴 수 있었다. 우선 인기나 명예를 버릴 수 있었다. 가수들은 2집 앨범에 대해 무척 부담스러워한다. 1집 앨범 때의 인기나 명예를 계속 유지하며 더 높은 기대에 부응하려는 욕구에서 그럴 것이다. 나도 그랬다. 아우성이 알려지고 나서 처음으로 쓰는 책이라는 점에서 부담감이 컸다. 그런데 그런 2집 앨범과 같은 부담감을 날려버린 것이다. 의무감도 벗어던졌다. 사회적인 요구에 발맞춰 이 일도 해야 하고 저 일도 해야 하고, 공인이니 이렇게 해야 하고 저렇게 해야 한다는 무언의 압력도 날려버렸다. 아주 가볍고 자유로운 존재로 나를 만들어갔다.

　그러다 보니 내가 할 수 있고, 하고 싶은 일들만 남게 되었다.

　내가 할 수 있는 일 중에 하나가 나처럼 성폭행을 당한 사람을 도울 수 있는 것이다. 그동안 우리 홈페이지를 통해서 성폭행당한 여성들이 상담을 해올 때 유감없이 나의 경험을 얘기해주었지만 이제는 책이라는 장르를 통해서 더 넓게 도와줘야겠다는 생각이 들었다. 내가 아픔을 겪은 얘기조차 위로가 될 수 있으며, 극복해서 성교육 강사가 되기까지의 과정은 그들에게 희망이 될 수 있을 것 같았다. 가해자가 될 수 있는 남성들도 진심이 통한다면 많은 변화가 있을지도 모른다. 특히 아빠들이 아들에게 잘 일러준다면 성폭행이 줄어들 수도 있을 것이다. 그렇다. 나의 진심을 털어 놓아보자. 그래서 책의 첫 글자가 터지게 되었다.

　책을 쓰면서 내가 할 수 있고, 하고 싶은 일들이 더욱 정리되었고 나의 남아 있던 아픔조차 더욱 말끔히 치유될 수 있었다. 더 한층 자유로워진 느낌이다.

　11월 말경. 본격적인 작업이 시작되었다. 2월 12일 새벽 2시까지 2달 반 동안 나의 행진은 계속되었고 신나고 압축된 삶의 순간들이었다. 몇 번이나 글이 막혀 머리를 찧는 고통도 있었지만 희열과 몰입의 순간이 더 많았다.

　책 내용은 크게 1부와 2부로 나누었다. 1부는 말한 대로 나의 아픔에 대한 이야기다. 푸념과 탄식보다 눈물 속의 웃음과 극복, 희망을 담아내려고 애썼다. 스스로 그렇게 정리되었기에 가능한 일이었다. 아우성의 뿌리를 더듬다가 어린 시절까지 돌아보게 되었다. 그동안 많은 인터뷰를 하면서 아우성을 하게 된 동기에 대해 질문을 많이 받았는데 여유를 가지고 나 스스로 짚어볼 필요가 있었다. 아우성의 뿌리는 나의 동심에 있었고 나의 동심은 시골의 자연과 화목하신 부모님이 만들어준 것이었다. 열 살 때 당한 성폭행조차 열 살 이전에 만들어진 순수한 동심을 이기지 못했다. 그만큼 10살 이전에 만들어지는 순수한 동심은 아주 소중하고 값진 것이다.

2부는 그 긴 강연을 하고도 못다한 얘기들을 모으고 추려, 원칙 속에서 펼쳐보았다. 내가 아들을 키우며 느꼈던 교훈들과 많은 상담 사례들 그리고 방향과 관점을 세우고자 후벼파며 읽었던 책들 속에는 도움되는 근거들이 담겨져 있다. 아우성이 방송을 탄 후 해외에도 많이 가볼 기회가 있었는데 그곳에서 보고 느낀 것들도 소개해 놓았다.

무엇보다 역점을 둔 것은 21세기라는 새로운 시대에 우리가 걸어가야 할 성문화의 방향으로, 이에 대해 간략하게나마 그 길을 밝혀놓았다.

특히 6장 성 개념 세워주기에서 성의 3요소 부분은 이 책의 노른자라고 할 수 있다. 앞으로 우리 아우성센터에서 지향하며 펼칠 사업의 목표와 정신도 바로 이것이다. 한마디로 생명, 사랑, 쾌락의 수준 높이기인데 특히 생명에서는 새로운 출산 문화를 만들어가는 것이 가장 중요하다. 사랑에서는 '욕망의 여성화'가 뜻하는 바를 올바로 이해하는 것이 너무나 중요하다. 단순한 불륜과 일탈이 아닌 그 속에 담겨있는 에너지와 욕구를 편견 없이 받아들일 때 부부가 대화할 수 있고, 드디어 평등한 부부관계를 이룰 수 있음을 다시 한번 강조하였다. 음란물과 채팅이 판치는 현실에서 쾌락의 의미도 잘 정리되어야 할 문제다.

인간의 성이란 하도 풍부하고 복잡한 것이라 관련된 분야도 광범위하다. 산부인과, 비뇨기과의 생식기 관련 부분부터 인류학, 철학, 종교에 이르기까지 다양하고 전문화된 분야가 다 관련되지만 지금 우리에게 가장 필요한 것은 지식과 정보의 풍부한 나열이 아니라 의미 있는 지식과 정보의 선택이다. 의미 있는 선택이 가능해지려면 우선 정보를 담아낼 그릇이 필요하다. 나는 그 그릇이 생명과 사랑과 쾌락의 '성의 3요소'라고 생각한다.

아름다운 성이란 삶을 사랑하는 기운의 성이다. 탄생을 기뻐하고 살아있음을 즐기며 고통을 즐거움으로 바꿔내는 삶의 자세인 것이다. 살아 있는 동안 생명과 사랑과 쾌락의 수준을 높이려고 애쓰는 과정 속에서 영혼의 진화를 이루는 것이 우리 인간의 특권이자 사명이라고 생각한다. 우리는 지금 생명과 사랑과 쾌락의 진화에 도움이 되는 지식과 정보를 선택해야 한다.

우리 부모들은 생명에 대한 얘기조차 막혀있던 시대에 살았다. 생리와 몽정조차 당당하게 말할 수 없었다. 사랑과 쾌락에 대해서는 더더욱 말할 수 없었다. 당연히 우리 부모들의 성은 은밀할 수밖에 없었다. 한편 우리 자녀들은 왜곡된 쾌락의 성만 부각되는 시대에 살고 있다. 대부분의 성 정보를 음란물에서 구한다. 당연히 우리 자녀들의 성은 가볍고 부분적일 수밖에 없다. 그래서 부모와 자녀의 성은 그 괴리가 크다. 어디서부터 어떻게 얘기를 해야할지 모른다. 성에 대해 서로 만나지를 못한다.

이제 부모와 자녀는 생명과 사랑과 쾌락이라는 그릇을 마련해 만나야 한다. 갖가지로 쏟아지는 성 정보를 이 세 그릇에 분류하는 것부터 시작해야 한다.

분류한 정보 속에서 수준에 따라 등급도 매겨보고 평가도 해야 한다. 분류와 평가 속에서 자연스레 진화의 방향을 세울 수 있을 것이다.

모든 변화는 가능성이 있는 곳에서 시작된다. 그리고 변화에 대한 열정이 있어야만 변화가 이루어진다. 그곳이 어디인가? 그곳은 바로 어린 자녀를 둔 부모들의 마음이다. 젊은 부모들의 마음 밭에서 아우성이 시작되어야 한다. 혼란스럽고 어두운 성 문화를 뒤로 하고 우선 우리 어린이들부터 밝은 성이 되도록 힘을 쏟아야 한다. 80평생을 살아가야 할 관점에서 그 기초가 되는 동심의 성부터 다듬어가야 한다. 그러기 위해서는 우리 부모들부터 성에 대한 관점을 재정립해야 한다. 먼저 부모 자신의 성을 돌아보기 바란다. 지난날의 경험 속에서 자신의 성이 어떻게 굳어져있는지를 점검해 봐야 한다. 밝고 긍정적인 것인지 어둡고 더러운 것인지 살펴보기 바란다. 새롭게 정리되는 만큼 그 영향은 곧바로 자녀에게 돌아갈 것이다.

특히 아빠들의 참여를 간절히 바란다. 자녀들에게, 특히 어린 시절의 자녀들에게 아빠의 영향력은 아빠 자신이 생각하는 것보다 훨씬 더 크고 중요하다. 부인과 함께 책을 보며 토론하면 더없이 고맙고 기쁜 일이다.

실제 유아기도 물론이지만 사춘기를 맞는 자녀들에게도 아빠의 역할은 아주 중요하다. 사춘기가 되면 아빠와 아들 사이에 갈등이 심해지기도 하는데 이때 아빠가 어떻게 해야 하는지 여러 사례와 방침이 나와있다. 도움이 되었으면 한다.

이 책의 마지막 구절은 바로 '새 시대는 아버지의 성 교육이 절실히 필요한 시대인 것이다' 라고 끝나고 있다.

이제 감사드려야 할 사람들에 대해 인사를 하고 싶다.

매일 밀려드는 홈페이지 상담을 성실하게 해준 우리 책임상담원 여러분과 도우미 여러분께 제일 먼저 감사를 드린다. 상담실이 궁금해 들어가다 보면 밀린 상담에 나도 몰래 상담을 하게 되고 그러다 보면 책 쓸 마음을 잃어버려 책 쓰는 일이 늦어지곤 했는데 우리 상담원들과 도우미들이 열심히 해준 덕분으로 마음놓고 책을 쓸 수 있었으니 얼마나 고마운 일인가. 진심으로 감사의 마음을 전한다.

자신과의 싸움으로 우주의 미아가 되어 4개월 동안이나 떠돌아다닐 때 그냥 옆에서 바라봐 주면서 소리 없이 설거지를 해주며 참아주었던 나의 남편에게 큰절을 올린다. 나이가 들수록 남편밖에 없다고 누군가가 말했는데 미운 정까지 흠뻑 들어서 그랬는지 더욱더 은근한 고마움을 느끼게 된다. 여보, 정말 고맙소!! 나의 아픈 과거를 당신의 넓은 가슴으로 안아줄 것도 부탁하면서 언젠가 당신 품에 안겨 목놓아 울어볼 날도 기대하고 있다오.

원하는 대학에 들어간 아들에게도 고마운 마음을 전한다. 수능시험과 대학 지원, 합격에 이르는 과정 내내 책을 쓸 수밖에 없었는데 모든 과정이 좋은 결과로 이루어졌기에 이 책을 밝고 힘차게 쓸 수 있었다. 제일 큰 힘을 준 아들에게 깊은 포옹으로도 모자라는 뜨거운 애정을 보낸다. 컴퓨터를 독점한 것도 모자라 참고도서의 문항을 찾아달라는 부탁도 하고 굳어진 어깨와 팔을 주물러달라는 요구도 했다. 약간은 찌그러진 미소를 머금고 씩씩하게 도와주던 그 모습이 너무나 든든했다.

10년이나 몸담고 있었던 단체를 떠나 새롭게 아우성을 시작해 보겠다고 독립한 이래 2년 여 동안이나 나의 아픔과 기쁨을 함께 나누며, 시대적인 아우성의 비전을 확인시켜주고 책 출판의 기획을 함께 해준 (주)리더스미디어의 윤태일 대표님과 뜨거운 열정으로 출판을 담당해준 도서출판 올리브의 남상기 실장님, 재능덩어리 오현정 부장님, 허원경 방송작가님 그리고 이 모든 것을 함께 나누며 도와준 영혼의 벗 김애숙 사무국장과 말없이 모든 것을 챙겨준 박성임 팀장에게도 가슴깊이 우러나는 감사의 마음을 전한다.

끝으로 오늘의 내가 있기까지 지극한 정성과 영혼의 순수함으로 나를 만들어주고 키워주신 우리 어머니와 아버지께 엎드려 절을 올린다. 어머니 아버지, 너무나 고맙고 감사합니다. 좋은 일 많이많이 하겠습니다.

당장은 눈에 보이지 않더라도 10년 후에는 성폭행이 줄어들며 생명과 사랑과 쾌락의 수준이 높아져 있는 사회가 되는 데에 이 책이 유용하게 쓰이기를 바라며, 같은 마음에서 애쓰시는 모든 분들께 이 책을 바치고 싶다.

2003년 5월에

구 성 애

차 례 1부 동심 속에 꽃피는 아우성

1. 나의 어린 시절

쑥 캐러 가자 18
벙어리 여자를 울렸던 도둑질 22
동물 농장 24
쥐잡던 날 26
이 아이가 내 동생? 28

2. 아픔을 딛고

오빠, 왜 벗겨? 32
니 잘못이 아니야 34
아버지의 통닭구이 37
엄마와 호빵 같은 속옷 39
쑥 찜질과 민속요법 42
내 이름은 옹녀 45
유괴 시나리오를 쓰다 48
부림사건? 임신사건! 52
포르말린 용액에 담긴 자궁 56
엄마의 충격발표 59
그 놈을 죽여야 한다 63
아이가 준 생명의 기운 69
아픔을 딛고 76

2부 동심 아우성을 위한 7가지 원칙

1. 밝은 마음, 좋은 느낌 만들어주기

좋은 휴지를 쓰도록 하여라 82
어린 시절의 느낌은 평생을 좌우한다 89
느낌을 찾아 떠나라 96
영혼의 조기교육 102

2. 자연스러운 자세와 태도 갖기

부정적인 자세와 태도 138
장난스런 자세와 태도 145
경건한 자세와 태도 153
자연스러운 자세와 태도 160

3. 발달 단계에 맞게 이해하기 ①

싹이 트고 있어요 180
관찰과 노출의 욕구 188
유아 자위행위 197
성적 놀이 205

4. 발달 단계에 맞게 이해하기 ②

자유에서 자율로 220
어른들은 몰라요 234
공부와 성 262
호기심 천국에서 270

5. 기꺼이 대답해주기

물을 때 잘해 278
기다렸다는 듯이 반기면서 솔직하게 281
아기는 어떻게 생겨요? 287
엄마, 내 방으로 갈까요? 293
저런 일도 있기는 있어 296

6. 성 개념 세워주기

섹스로는 부족하다 300
성은 관계다 308
성의 3요소 315

7. 몸 사랑하기

이 아이들을 어쩌면 좋단 말인가! 340
생명의 텃밭, 자궁을 튼튼히! 342
정자를 아끼자 347
음식 습관 350
생식기 위생 관리 355
건강은 태아 때부터 360
충동 조절을 위해 364

8. 최저선 지키기

울타리를 넘나들며 366
정성이 필요하다 372
아버지가 아들에게 380
아버지가 딸에게 388

추천 도서 399

제**1**부
{ 동심 속에 꽃피는
아우성 }

나의 어린 시절

{ 쑥 캐러 가자 }

한참을 캐고 나서는 모두들 배나무 밑에 모여 앉는다.
서로 많이 캤다며 냉이와 쑥을 가늠해본다.
이어서 소꿉놀이가 벌어진다.
떡을 만들어야 한다.
촉촉한 배나무 밑의 흙을 칼로 다진다.
칼을 눕혀 흙을 다독거리면 흙이 차지고 매끄러워진다.

쑥 캐러 가자

봄을 간절히 기다리는 어린 소녀가 있었다

초등학교 1학년 1학기를 마치고 서울에 이사오기 전까지 나는 충청도 유성에서 살았다. 아버지는 그곳에서 인삼을 재배하셨다. 사방이 들과 산, 논과 밭으로 둘러싸여 있었다. 나에게 지금까지 남아 있는 것은 그 풍경이 아니라 어떤 느낌과 기운이다. 계절이 돌아올 때마다 그때 만들어두었던 동영상 장면들을 떠올리곤 한다.

봄을 간절히 기다리는 어린 소녀가 있었다. 2월이 되면 아이들이 밖으로 살살 나온다. 논두렁에 모인다. 얼었던 논이 녹기 시작해 질척거리는데 바람은 쌀쌀하다. 그래도 그 바람 속에는 한가닥의 훈훈한 봄바람이 섞여있다. 오케스트라의 바이올린 소리처럼 그 바람의 맛을 잊을 수가 없다. 아이들은 논두렁에 불을 지른다. 작년에 싱싱하게 피어났던 풀들이 겨울을 지내며 누렇게 변한 잎새만 간신히 남겨두었는데 그것을 태우는 것이다. 조용히 옆으로 번지며 소리 없이 까맣게 타 들어간다. 아이들은 어디론가 가버리고 나 홀로 남아 있다.

이럴 수가!

까맣게 변해버린 논두렁 흙벽 속에서 파룻한 그 무언가가 보인다. 홈이 파여 있었던 것이다. 어쩜 그렇게도 귀엽고 신기한지. 움푹 들어간 홈 속에서 작은 풀이 솟아나고 있었다. 홈 문 밖에서 불이 나던가 말던가 끄떡없이 그곳에서 미소지으며 혼자 살고 있었다. 어찌 눈물이 나오지 않겠는가? 신발엔 진흙을 잔뜩 묻힌 채 양지바른 논두렁에 기대어 서서 볼에는 훈훈함이 섞여 있는 쌀쌀한 바람을 맞고서 홈 속에 숨어 있는 새싹을 바라보며 눈물 흘리는 소녀가 내 가슴 속에 여전히 살아 있다.

봄이 찾아왔다. 찌그러진 바구니와 녹슨 칼을 가지고 친구들을 불러모은다.
"영희야! 쑥 캐러 가자!"
"어머. 여기에도 있어. 냉이가! 야. 네 발 밑에 쑥 있잖아!"
한참을 캐고 나서는 모두들 배나무 밑에 모여 앉는다. 서로 많이 캤다며 냉이와 쑥을 가늠해본다. 이어서 소꿉놀이가 벌어진다. 떡을 만들어야 한다. 촉촉한 배나무 밑의 흙을 칼로 다진다. 칼을 눕혀 흙을 다독거리면 흙이 차지고 매끄러워진다. 이제 칼로 반듯하게 흙떡을 나눈다. 뜯어온 쑥과 냉이로 떡 위를 장식한다. 한 조각씩 잘 떠서 밥상에 올린다. 서로 먹으라고 한다. 그때 맡았던 풋풋한 흙 냄새를 잊을 수 없다.

나는 지금도 '고귀함' 하면 떠오르는 것이 있다.
할미꽃이다.
할미꽃의 꽃잎을 벗겨보았는가?

그 색깔과 촉감은 표현이 잘 안 된다. 짙은 자주색? 검은 자주? 벨벳 같은 보드라움?
그냥 한 마디로 할미꽃 같은 색이고 할미꽃 같은 보드라움이다.
주로 양지 바른 무덤 가에 피어있다. 아주 흔하지도 않다. 아이들과 뛰어놀다 숨이 차서 누웠을 때, 숨바꼭질할 때 숨어 있다가 할미꽃을 발견하면 나는 곧바로 다른 세상으로 간다. 거기에는 다다를 수 없는 고귀함이 있다.
겉모습이 너무나 수수하기에 더욱 그렇다. 구부러진 몸매에 하얀 솜털까지

나있고 아주 수줍게 몸을 감추고 있어 더욱 그렇다. 절대로 잘난 체하지 않는다. 눈에 잘 띄지도 않는다. 그런데 일단 만나서 속을 들여다보면 깜짝 놀란다. 그 고귀한 색깔과 촉감에.

한번은 꺾어다 책갈피로 말려보았다. 그 색깔이 아니었다. 고귀함이 없어져버렸다. 할미꽃에게 너무 미안했다. 다시는 꺾지 않기로 결심하고 내 마음에만 남겨두기로 했다.

나만이 알고 있으면서 영원히 비밀로 간직하고 싶은 것. 그것은 바로 할미꽃의 비밀이다.

뜨거운 여름날. 갑자기 소나기가 내린다. 고운 황토 흙이 빗방울에 맞아 이리저리 피한다. 그 아파하는 흙 냄새가 고소하게 풍겨온다. 채송화와 분꽃도 빗방울에 얻어맞는다. 얼굴을 찡그리며 어깨를 움츠리며… 조금 전까지 멍석을 깔았던 마당에는 어느새 빗물이 고여 이랑을 이룬다. 나는 이 모든 광경을 보고 있다. 비가 들이치는 툇마루에 앉아서….

얼마 후 언제 그랬냐는 듯이 시침을 떼며 해가 다시 나타난다. 처마 밑에서는 아직도 빗물이 툭툭 떨어지는데도 하늘은 그런 적이 없다고 딱 잡아떼고 있다. 하늘이 조금 미안했는지 애교를 부린다. 무지개를 보내주었다. 나는 하늘의 마음을 알면서도 모른 척하고 무지개를 향해 두 팔을 벌린다.

무지개가 흐려질 때쯤 갑자기 생각이 떠오른다. 채송화와 분꽃이 무사한지. 고마워라. 기특해라. 너무도 예뻐라. 소나기 몰매를 맞고도 여전하다니.

그 사이에 물도 흠뻑 먹었구나. 더욱 생생해졌구나.

더러운 먼지도 다 흘려보냈구나. 청초하면서도 다부지구나.

가냘픈 꽃잎에는 영롱한 물방울이 앉았구나. 아프긴 아팠다고. 울긴 울었다고. 눈물을 닦았는데도 미처 다 닦지 못한 눈물이 남았다고.

순수하게 크려면 아픔의 눈물은 어쩔 수 없다고…
비 온 뒤의 채송화. 내 너를 더욱 사랑하마.

우리 집은 길가에서 한 10미터 정도 들어와 있다. 그 초가집으로 들어오는 오솔길에는 양쪽 옆으로 코스모스가 피어 있다. 나보다 키가 큰 코스모스를 바라 보면 꼭 하늘이 보인다. 나는 지금도 하늘이 빠진 코스모스는 진짜가 아니라고 느낀다. 하늘에서 피는 꽃이 코스모스라고 생각하는데 가을 하늘은 정말 파랗다. 그 파란 하늘에 담겨서 이리저리 살랑거리는 것이 바로 동심의 코스모스다. 가끔 고추잠자리가 날아와 앉는다. 하얀 색, 분홍색, 보라색도 아름답지만 진분홍색의 코스모스는 또 내 가슴을 두드린다. 갓 캐낸 고구마를 쪄서 손에 들고 트림할 새도 없이 뛰어 놀던 그 코스모스 길이 너무나도 그립다.

온 세상이 눈으로 덮였다. 동생들과 눈싸움도 하고 눈사람도 만들었을 게다. 그러나 그런 기억보다는 눈밭을 헤집고 다니던 생각이 난다. 눈밭에는 신기한 보물들이 많았다. 그 보물들이란 도시에서 건너온 일종의 쓰레기였는데 화장품 용기나 예쁜 병. 깨진 접시 조각. 작은 인형. 그리고 이런저런 장난감들이다. 그런 것 중에 하나를 발견한 날은 정말 재수 좋은 날이다. 그것으로 소꿉장난을 하는데 소꿉놀이의 컨텐츠가 달라지는 것이다. 도시 생활을 상상하며 부자 사모님이 되어 화장도 해보고, 인형을 예쁜 딸로 만들어 허영도 부려보고, 희귀한 장난감은 미국에서 온 것일지도 모른다며 미국까지 가보는 놀이도 하곤 했다.

초겨울이 되면 보리밭이나 일반 밭에 분뇨로 거름을 하는데 분뇨가 모자라면 주문을 해서 사오기도 했나 보다. 아마 그 때 도시에서 모아온 분뇨 속에 그런 잡동사니가 섞여 있었던 모양이다. 눈밭을 거닐다 발에 걸리거나, 막대기로 이리저리 뒤져보면 그런 것이 나왔다. 그 때 얼마나 짜릿했던지….

텔레비전도 없고 동화책도 없었던 시절. 꿈과 동경, 상상의 날개는 눈밭의 거름더미에서 꽃피었다.

벙어리 여자를 울렸던 도둑질

친구를 꼬셔 망을 보게 하고 나는 가장 탐스러운
접시꽃이 붙어있는 줄기를 잘랐다

풍요로움과 세련됨의 상징인 서울로 이사온 지 1년쯤 되었을까?

아홉 살 때인 것 같다. 우리 집은 서울 돈암동 산꼭대기에 자리잡고 있었는데 산 중턱쯤에 여자 집이 있었다. 그 집 뒤뜰에는 여러 가지 꽃이 있었는데 나의 가슴 속에 박히도록 파고드는 꽃, 빨간 접시꽃이 있었다. 그 꽃이 너무 탐나 3~4일을 망설였던 것 같다. 드디어 결단을 내렸다. 훔쳐오기로. 친구를 꼬셔 망을 보게 하고 나는 가장 탐스러운 접시꽃이 붙어있는 줄기를 잘랐다. 꺾기는 꺾었는데 너무나 컸다. 줄기 밑 부분을 잘랐기 때문에 바로 세우니 무슨 깃발을 단 깃대처럼 우람했다. 숨길 수가 없었다. 손으로 치켜들고 빨리 뛰어와 우리 집 마당 한 옆에 있는 화장실에 숨었다. 4차원의 두려움이 엄습했다.

당장 누가 화장실에 들어올까봐 걱정이었고, 도둑질을 했다는 근본적인 죄책감… 그것도 무서운(청각 장애인이라 수화를 했는데 그 동작이 커서 무섭기도 했고 또 얼굴이 베토벤 석고상 같았다) 벙어리 여자네 것을 훔쳤으니 만약 알아차리고 나를 찾으러 온다면 나는 죽을 거라는 두려움… 부모님이 아시면 매를 맞을지도 모른다는 걱정….

같이 숨어 있던 친구가 나갔다. 재래식 화장실의 지독한 암모니아 냄새에 더 이상 견딜 수 없었던 모양이다. 자꾸 토할 것 같고 어지럽다고 했다. 혼자 남아있던 화장실. 지독한 냄새. 손에 들린 접시꽃대. 밖의 동정을 살피며 떨고있는 나… 기가 막힌 현실이었다.

결론이 났다. 안 보이는 나를 찾던 엄마가 친구에게 물었고 우물쭈물 어색해하는 친구를 다그쳐 나를 찾아냈다. 나의 모습이 어떠했겠는가? 내가 뭐라고 대답했는지 기억은 없다. 아무튼 웃기는 일이 벌어졌다. 아직 벙어리 여자는 모르는 상황이었던 것 같은데 엄마는 나를 앞세워 그 집으로 향했다. 생각해 보라. 그 행렬을! 내가 제일 앞장서고 그 다음은 친구. 그 뒤로는 엄마. 그리고 동생들이 졸졸 뒤따르고… 나는 무슨 기수처럼 키가 큰 접시꽃대를 두 손으로 받쳐들고…

가서 무릎을 꿇고 용서를 빌었다. 그 무서운 벙어리 여자는 손짓 발짓 하며 뭐라 하는데 무서워 눈을 감았다가 살짝 떠보니 그 접시꽃대를 원래 자리에 갖다대며 다시 붙일 수 없다는 듯이 화를 내고 있었다.

그 이후 나에게는 꽃에 대한 추억은 없다. 어찌나 혼이 났는지….

단지 접시꽃에 홀려 꺾을 수밖에 없었던, 그 어쩔 수 없었던 끌림은 꽃과 풀이 만발하던 나의 동심 세계에서 만들어진 것이라는 것. 그것만은 확실하다.

동물 농장

빨간 눈의 토끼. 귀엽고도 귀엽다
토끼 똥은 또 얼마나 귀여운지…

당연히 시골에서는 동물들을 키운다. 병아리와 닭, 토끼와 개, 고양이가 있었다.

시골에서 운동은 따로 할 필요가 없다. 생활이 곧 운동이니….

저녁 때가 되면 풀어놓았던 닭을 닭장 속에 넣어야 한다. 닭 잡기가 시작된다.

동생들과 나는 엎어지고 자빠지고 그래도 일어나 다시 잡으러 가고… 강아지도 덩달아 뛰고. 일대 난장판이 벌어진다. 얼마나 신나던지.

따끈한 달걀의 감촉을 아는가? 생명의 기운이 남아 있다.

어떤 것은 피도 묻어 있다. 나는 그때도 성에 대한 관심이 많았는지 어디에서 나온 피인지 알아보려고 닭똥구멍을 들여다보기 일쑤였다.

달걀을 집어다 엄마에게 갖다준 적은 있는 것 같은데 먹어본 적은 없는 것 같다. 어쩌다 손님이 오시면 달걀 찜을 해서 상에 올라온 것 같긴 한데 그릇에 붙어 있는 조각들만 먹었는지 그것도 못 먹었는지 맛에 대한 기억은 전무하다.

나는 지금도 '닭대가리' 하면 생각나는 사연이 있다. 어느 날 아침에 일어나 보니 닭이 죽어 있었다. 엄마가 놀래서 꺼내보더니 혀를 차며 안타까워하셨다. 왜 죽었냐고 물어보니 쥐가 닭의 내장을 파먹어서 죽었다고 했다. 이해가 안 갔다. 어떻게 자기 내장을 파먹는데 그것도 모르고 죽을 수가 있을까? 엄마에게 꼬치꼬치 물었던 것 같다. 아무튼 내 머리에 기억된 정보로는 닭은 잠잘 때 둔해져서 아주 조금씩 내장을 파먹으면 잘 모른다는 거였다. 아무리 깊은 잠에 빠져도 그렇지. 정말 닭대가리네.

각종 중독으로 얼룩진 우리네 인간도 그렇지 않을까?

빨간 눈의 토끼. 귀엽고도 귀엽다.

토끼 똥은 또 얼마나 귀여운지…

동생들과 서로서로 풀을 뜯어다주었다.

그런데 외할머니가 오시던 날이었다. 대접할 게 없었는지 토끼를 잡았다.

엄마가 몽둥이로 때리는데 토끼가 쉽게 죽지 않았던 것 같다.

우리들에겐 오지 말라고 하면서 집 뒤꼍으로 가서 잡는데 우리는 근처에 다가가서 얼싸안고 울었다. 완전히 초상집이었다. 외할머니가 민망해할 정도였으니까.

제일 많이 운 내 여동생은 어느새 토끼 눈이 되었다. 빨갛게….

고소하게 고기 익는 냄새가 났다. 여동생은 끝끝내 먹지 않았다. 나는?

그 냄새에 못 견뎌 지조 없이 얼른 덤벼들어 고기를 먹었다. 잔뼈가 많았는데 아주 알뜰하게 발라내면서 맛있게 먹었던 것 같다. 토끼에게 약간 미안했지만….

쥐잡던 날

우당쾅쾅 시끄러운 소리에 잠이 깼다. 이게 웬 일인가?

동물만 있었던 게 아니다. 그 닭을 잡아먹던 쥐. 쥐들의 천국이었다.

가을 추수가 끝나고 겨울이 오면 가을걷이한 곡식들을 방 안에 들여놓는다. 불이 잘 안 드는 윗목에 포대나 가마니로 세워두는데, 그와 함께 방 안으로 통하는 쥐구멍도 막아놓는다.

언제나 천장에서는 쥐들이 뛰어다니는 소리가 들린다. 어쩌다 천장에 도배한 종이가 내려앉아 찢어질 때면 무수한 쥐똥과 더불어 갓 태어난 털 없는 쥐새끼들이 함께 떨어진다. 꼬물꼬물 거리는 빨간 살덩이의 쥐새끼가 귀엽기도 하다.

어느 날 밤이었다. 너무나 우당쾅쾅 시끄러운 소리에 잠이 깼다. 이게 웬일인가?

엄마와 아버지가 벌거벗고 이리저리 뛰고 있는 것이 아닌가? 이런 생 쇼가 있다니!

몸을 반쯤 일으켜 앉아 그 진풍경을 감상했다.

사연인즉 쥐가 한 마리 방에 들어온 모양이다. 쥐구멍 단속을 했는데도 어떤 기묘한 수법으로 들어왔는지 쥐가 방 안으로 들어와서 활개를 쳤던 모양이다. 부모님 손가락을 깨물었는지 어쨌는지 몰라도 주무시다 발견한 모양이었다. 그래도 그렇지 속옷 정도는 입고 잡으시든지 해야지 뭐가 그리 급하다고 옷도 안 입고 저렇게 난리를 떠실까.

두 분이 몽둥이 하나씩을 든 채 육중한 몸을 날리시며. 달리는 쥐를 쫓다 다시 구석으로 갔다가 발로 막았다가 놓쳤다가. 완전히 아이스 하키 수준이었다. 아버지는 정말 운동선수처럼 소리도 치셨다. "여보! 거기 막아. 그래 거기. 빨리 빨리." "어디요? 여기요?" "아이 참. 빨리 막으라니까. 아이고. 저기로 갔어. 저기로." "쉿! 얏!"

내가 일어나 앉아있는 것도 눈에 보이지 않는지 아랑곳하지 않고 자는 아이들을 뛰어넘으며 완전히 스포츠 경기를 방불케 했다. 어찌나 재밌던지….

평소에 별로 궁금해하지는 않았지만 이왕 그렇게 된 마당에 아버지, 엄마의 알몸을 실컷 보게 되었다. 그냥 균형 있게 보았다. 무슨 소린가 하면, 워낙 경기가 박진감이 넘쳤기에 한편으로는 경기의 진행에 관심이 갔고 다른 한편으로는 그냥 눈에 들어오는 부모님 몸을 보았다는 것이다. 색안경을 끼고 킥킥거리며 요상하게 본 것이 아니라는 얘기다. 그냥 본 것이라 이후에 그림 그릴 정도로 분명한 건 없었다. 자연스럽다는 것은 바로 이런 것일 게다.

그 후 쥐를 잡았는지 언제 다시 잠들었는지는 분명치 않다. 지금도 이리저리 뛰어다니시던 그 모습만이 떠올라 나로 하여금 웃음이 터지게 만든다.

우울할 때, 억울할 때, 기분 나쁠 때 나는 이 장면을 떠올리며 혼자 웃는다. 하하하!

이 아이가 **내동생?**

아, 그런데 까만 것이 보이는가 하더니 순식간에
아기가 쏟아져 나왔다

여덟 살. 유성 초등학교에 갓 입학해 두 달이나 되었을까? 1시간을 걸어가
야 하는 학교였다.

아침 일찍 일어나 밥을 먹고 학교에 가려고 막 집을 나서는 참이었
다. 방안에서 엄마가 "아이고, 어머니!" 하며 비명을 지르셨다.

놀라서 되돌아와 방안으로 들어가려 하자 아버지가 괜찮다고 어서 학교에
가라고 하셨다. 엄마가 아기를 낳으려고 그런다고 했다. 도저히 학교에 갈 수
가 없었다. 엄마가 어떻게 될 것만 같았다. 아버지는 다시 방밖에서 맴돌고 있
는 나를 보시더니 체념을 하셨는지 방 안에 들어가 엄마 옆에 가서 앉아 있으
라고 하셨다. 아버지는 이웃집에 가서 아기 받을 사람을 데리고 오겠으니 엄마
를 잘 지키고 있으라고 하셨다.

소리를 토해내며 몸을 뒤척이던 엄마는 진통이 가라앉자 아버지를 찾았다.
내가 사람 데리러 갔다고 했더니 엄마는 나에게 이것저것을 지시했다. 한 옆에
있던 누런 장판지 같은 종이를 가져다 엄마 허리 밑으로 깔라고 했다. 또 옆에
있던 보따리를 가져오라고 했다. 나중에 보니 거기에는 실, 아기 옷, 수건, 가
위 등등이 있었다. 엄마는 왜 이리 아버지가 늦게 오시냐고 걱정을 하셨지만
나는 하나도 두렵지 않았다. 그냥 모든 것이 놀랍고 흥미로웠다.

드디어 이웃집 아줌마가 도착했다. 그동안의 수고도 몰라주고 나보고 얼른 밖으로 나가있으라고 했다. 그것이 못내 서운했다. 지금까지 엄마 수발을 든 게 나였는데. 같이 아기를 받아도 될 건데…. 억지로 쫓겨 나온 나는 나오자마자 얼른 문 창호지를 뚫었다. 그곳으로 방안을 들여다 보았다.

엄마는 다리를 벌리고 힘을 주고 있었고 아줌마는 더 힘을 주라고 소리치고 나는 숨죽여 이 광경을 바라보고 있었다. 아 그런데 까만 것이 보이는가 하더니 순식간에 아기가 쏟아져 나왔다. 물 같은 것도 함께 왈칵 쏟아져 나왔다. 이어서 아기가 바둥바둥 대면서 큰 소리로 울기 시작했다. 빨간 아기. 피부가 물에 묻어서 그랬는지 미끄러워 보였고 다리를 버둥거리는 사이로 예쁜 고추도 보였다. 놀라움 속에서도 얼른 뛰어 들어가 아기를 만져보고 싶었다.

이미 40살이 다 되어 버린 우리 남동생을 볼 때마다 나는 그 장면이 떠오른다. 동생이 크면서 내가 얼마나 예뻐했는지. 매일 업어주고 입을 맞추고 껴안아주고 했다.

동생이 유치원을 다닐 무렵 너무 예뻐서 볼을 쪽쪽 빨면서 했던 말이 기억난다. "엄마, 얘는 더 크지 말고 딱 이 상태로 계속 있었으면 좋겠어. 크면 징그럽잖아" 엄마는 내 말에 항상 이렇게 말씀하셨다. "예끼, 아무리 예뻐도 그렇지. 안 크면 어떡하라고? 어서 어서 커서 장가도 가고 또 이런 아들도 낳아야지."

나는 대학을 졸업하고 곧바로 아기를 받는 조산사가 되어 근 7년 동안 아기를 받았다. 3천여 명 정도 받았던 것 같다. 지금도 제일 가슴이 뛰는 순간들은 그 아기가 나오는 순간들이다. 최고의 예술이고 창작이다. 무조건 빠져들게 만드는 그 생명의 힘은 억제될 수 없다. 성탄절의 아기 예수처럼 눈부신 빛이 그 아기들에게서 나온다. 막내 동생을 받아주고 만지고 싶었던 열망은 아직도 남아 있다. 언젠가 여건이 된다면 다시 아기 받는 일을 하고 싶다. 우리 미혼모의 아기들부터 받아주고 싶다.

아픔을 딛고

니 잘못이 아니야

"성애야! 너는 아무 잘못 없어. 그 오빠가 잘못한 거야."

그 말에 어린 소녀는 울기 시작했다.

엉엉 울었다.

너무도 고마운 엄마! 내 맘을 어떻게 알고…

다시 엄마도 울고 나도 울었다.

내 평생 이렇게 고마운 말이 또 있을까?

오빠, 왜 벗겨?

채송화가 소나기의 몰매를 맞았다
활짝 필 접시꽃이 꺾임을 당했다

채송화와 접시꽃을 좋아하던 아이, 특히 고귀함의 상징인 할미꽃을 좋아하던 소녀가 성폭행을 당했다. 채송화가 소나기의 몰매를 맞았다. 활짝 필 접시꽃이 꺾임을 당했다. 고귀한 할미꽃이 말려져 책갈피가 되었다.

언니 오빠가 없었던 나는 옆집의 오빠들을 좋아하며 따랐다. 저녁이면 얼른 수제비를 해먹고 세 들어 사는 서너 집 가족들은 한 마당에 모여 수박 파티를 한다. 어른들은 담소를 나누고 아이들은 끼리끼리 어울려 숨바꼭질을 하며 논다. 오빠들이 부른다. 어깨에 들어올려 가마도 태워주고 양쪽 팔에 매달아 쿵더쿵 방아찧는 놀이도 해준다. 시큼한 오빠 냄새를 맡으며 매달려 노는 것이 얼마나 짜릿하고 좋던지 이제 그만 들어와 잠자라는 엄마의 호출이 너무나도 야속했다.

초등학교 3학년, 내 나이 10살. 11월 초 늦가을이었다. 부모님은 저녁 예배를 보러 교회에 가시고 나는 방 안에서 뭔가를 하고 있었다.

내가 그렇게도 좋아하던 옆집 고등학교 2학년 오빠가 내 이름을 부르며 방에 들어왔다. 얼씨구나 심심하던 차에 너무나 잘됐다. 너무나 좋아 껑충껑충 뛰는 나에게 오빠가 말했다. 아주 재미있는 것을 가르쳐주겠다고 했다.

방에는 바닥이 식지 말라고 담요를 깔아놓았는데 오빠는 담요를 들치고 벽에 기대어 앉았다. 나보고 담요 속으로 오라고 해서 같은 방향으로 무릎 위에 앉혔다. 몸의 이곳저곳을 더듬었다. 기분이 좋지도 않았고 나쁘지도 않았다. 나를 눕히더니 속옷을 벗겼다. 그것은 나쁜 것이라는 의식이 있었던 것 같다. "오빠. 왜 벗겨?"했다. "응. 벗으면 되게 재밌어"했다. 얼떨결에 옷이 잘 벗겨지도록 협조도 했던 것 같다.

아프다고, 하지 말라고 소리를 치며 울기 시작했다. 입을 막았다. 동시에 여러 느낌이 겹쳐왔다. 피부는 아팠고 귀에는 헉헉대는 소리가 들렸고 몸은 눌린 데다 코와 입이 막혀 숨이 끊어질 것 같았다.

나는 지금도 수영을 못하고, 하려고 하지도 않는다. 다른 상처는 거의 다 정리되었는데 몸의 세포가 느낀 그 상처는 아직도 생생히 남아 극복되지 않고 있다. 중학교 1학년 때 교회 학생회에서 수련회를 갔다. 경기도 청평 대성리 강변으로 갔는데 수영 시간이 있었다. 멋모르고 까불던 나는 갑자기 깊이 패인 바닥 웅덩이에 빠져 들어갔다. 계속 물을 먹으며 허우적거렸는데 너무 늦게 구출돼 나중에 인공호흡까지 받았다. 물을 먹으며 의식을 잃기 직전 떠올랐던 장면은 바로 성폭행 당할 때의 장면이었고 그 숨막혔던 느낌이 다시 살아났던 것이다. 다시는 수영을 할 수 없었다.

볼일을 마친 오빠는 갑자기 무섭게 굴었다. 오늘 있었던 일을 부모님은 물론 다른 사람에게 말하지 말라고 했다. 말하면 죽여버리겠다고 했다. 다짐의 다짐. 약속에 약속을 거듭했다. 오빠는 막 방을 나서려다가 다시 돌아왔다. 주머니에서 돈을 꺼내 일방적으로 내 손에 쥐어주면서 맛있는 것을 사먹으라고 했다.
또다시 비밀 지킬 것을 당부하며 나갔다.

니 잘못이 아니야

나는 오빠를 좋아했고 믿었던 것뿐이다

교회에서 돌아오신 엄마는 넋이 나간 듯 멍청하게 앉아 있는 나를 발견했다고 했다. 오빠가 쥐어줬던 돈이 거의 바닥에 떨어질 듯 힘없이 내 손에 있었다고 한다.

"성애야, 너 왜 그래? 무슨 일 있었어?"
"이거는 무슨 돈이야?"
화들짝 놀란 나는 "이거 오빠가 말하지 말라면서 줬는데…" 하고 대답했다.

이것저것 두서없이, 있었던 일들이 다 꺼내졌다.

엄마는 내 몸이 얼마나 상했는지 살펴봐야 함에도 불구하고 놀라고 두려운 나머지 엄두가 나지 않았다고 했다. 간신히 마음을 잡고 살펴보니 상·중·하로 나누자면 중 정도의 상처였다고 했다. 목욕을 하는데 "따갑고 아파 힘들어"라고 했다고 한다. 고소를 하든 안 하든, 무조건 씻기지 말고 병원에 가야 하는 것인데(정액 검사, 상처 진단, 성병 검사를 위해) 나는 병원에 가지 않았다.

목욕 후에 옷을 갈아입고 어정쩡하게 서있는 나를 보고 엄마는 두 팔을 벌리면서 엄마 품에 오라고 했다. 엄마는 어설프게 안긴 나를 꼭 안아주더니 "성애야!…"하며 뭔가를 말하려고 하셨다. 그러더니 북받치는 울음을 그칠 수 없었던지 한참을 우셨다. 엄마의 눈물이 내 볼을 적시건만 나는 눈물이 나오지 않았다. 뭔가 이상하고 엄청난 일이 벌어진 것 같은데 정리는 되지 않고 혼란스러운 마음 속에 그 엄청난 일이 내 잘못으로 인해 벌어진 것은 아닌지, 그렇다면 엄마한테 혼나지는 않을지… 아마 그런 마음이었던 것 같다(이후 상담에서도 확인되는 바이지만 어린이들은 순결이니, 성폭행이니 이런 개념보다는 자신이 잘못해서 혼날 것을 두려워하며 걱정한다. 이것을 부모들은 꼭 알아야 한다).

얼마나 우셨을까? 한참을 울고 난 엄마는 드디어 내 일생에 큰 전환점이 될 그 한마디를 던지셨다.

"성애야! 너는 아무 잘못 없어. 그 오빠가 잘못한 거야."
그 말에 어린 소녀는 울기 시작했다.

엉엉 울었다. 너무도 고마운 엄마! 내 맘을 어떻게 알고…. 다시 엄마도 울고 나도 울었다. 내 평생 이렇게 고마운 말이 또 있을까? 어머니!!! 고맙습니다. 그 한마디가 오늘의 저를 만들어주었습니다. "너는 잘못 없다"는 그 한마디가 얼마나 엄청난 의미인지 아무도 모를 거다.
"왜 가만히 있었어? 응? 막 대들지 그랬어?" "그러니까 밤에 돌아다니지 말라고 했잖아?" "그러니까 오락실에 가지 말라고 했잖아?" 너무나 안타까운 나머지 자신도 모르게 성폭행 당한 아이의 부모들이 내뱉는 얘기들이다. 그 한마디는 평생 아이의 가슴에 못이 되어 박힌다. 0%의 잘못이 100%의 잘못으로 변하는 순간이다.

한참을 울고 나서 엄마가 나에게 심어주었던 것은 두 가지로 기억된다. 하나는 내 몸이 깨끗하다는 것이었고 또 하나는 앞으로의 대비책이었다. 엄마는 나는 깨끗한데 그 오빠가 더럽다고 했다. 어린 생각에도 엄마 말이 맞았다. 오빠의 거친 숨소리. 질척거리는 분비물. 입을 막으며 온 몸을 누르는 폭력. 그리고 이어진 협박… 모두 더러운 느낌이었고 행동이었다.

한편 나는 오빠를 좋아했고 믿었던 것뿐이다. 깨끗했던 것이다. 나는 아직도 이 점에 대해서 아주 당당하다. 내 몸에 대해서도 아주 깨끗하다고 느끼고 있다.

현명한 우리 엄마의 대비책은 무엇이었을까? 어둡고 무섭고 위축되는 것이 아니었다. 아주 밝고 재미있는 것이었다. 엄마가 나의 기분을 밝게 만들어주려고 그랬는지는 몰라도 아주 재미있는 연기를 하셨다. 갑자기 방문 쪽으로 가서 포즈를 취하셨다. "앞으로 네가 방 안에 혼자 있을 때 이렇게 해. 자, 방문이 열린다. 그러면 너는 당연히 그쪽을 쳐다볼 것이다. 그런데 방으로 들어오는 사람이 남자다. 오빠 또래든, 할아버지 같은 나이든 어쨌든 남자다 이거야. 그러면 너는 어떻게 하느냐. 이렇게 해. 그 남자가 한발 두발 네 쪽으로 걸어온다 이거야. 한두 발 걸어왔을 때쯤, 너는 가만히 있다가 후닥닥 뛰쳐가는 거야. 아주 갑자기 일어나 번개같이 뛰어나가는 거지. 그러면 돼. 알았지?" 지금도 그 리얼하게 연기하는 엄마의 모습이 눈에 선하다. 갑자기 뛰어나가는 행동이 얼마나 재미있고 엉뚱하던지 어린 마음에도 아주 기발한 발상이라고 생각되었다. 나는 그렇게 할 수 있다고 했다.

성폭행이 일어난 지 두 시간 이내에 어둡고 칙칙하던 느낌이 밝은 기운으로 변한 것이다. 그 이상의 치료는 없을 것이다. 어떤 인식의 변화보다도 느낌과 기운을 바꿔주는 것이 가장 중요하기 때문이다. 혼날까봐 걱정하던 마음은 완전히 걷히게 되었고, 더럽혀진 몸은 깨끗한 몸이 되었고 앞으로의 피해의식은 홍길동 같은 놀이의식으로 변하게 되었다.

아버지의 통닭구이

아버지가 몸을 일으키시더니 옆구리에 끼고 계셨던
그 소중한 것을 앞으로 내미셨다

성폭행의 후유증은 5년이 지나 나타나기 시작했다. 심각한 생리불순으로 나타났다. 중학교 2학년 때부터 고등학교 3학년 때까지 근 5년간을 거의 피를 흘리며 산 느낌이다. 생리 주기도 예측할 수 없이 뒤죽박죽이었지만 문제는 생리를 하는 기간이다. 1년에 한 번 내지 두 번 정도 생리를 하는데 한 번 시작하면 대개 3~4개월 동안을 계속한다.

생리 양이 적은 것도 아니다. 고등학교 2학년 때는 6개월까지 피를 쏟았는데 결국은 입원을 하게 되었다.

여성이 생리를 보름 정도만 해도 빈혈이 생기는데 오죽했겠는가? 빈혈 약은 기본이고 수시로 수혈을 해야만 했고 드디어는 입원까지 하게 된 것이다. 큰 병원들은 다 다녀본 것 같다. 산부인과 대기실에는 주로 아줌마들이 앉아 있는데 진찰 순서가 되어 간호사가 내 이름을 부르면 나는 그야말로 몸둘 바를 몰랐다. "구성애 아줌마!" 하고 부른다. 당연히 부끄러워 대답을 못하고 있으면 더 크게, 여러 번 부르게 된다. 많은 사람들의 집중을 받은 후에야 진찰실에 들어가는데 그때 아줌마들이 궁금해하며 이상하게 바라보는 그 눈길들을 다 받아내야만 했다. 그 예민한 사춘기에 말이다. 나는 그때부터 별명이 "아줌마"였다.

고등학교 2학년. 6개월 간의 생리로 심각한 빈혈에 빠졌다. 호흡곤란으로 병원에 입원을 하게 되었다. 의사들이 엄마에게 아이를 죽이려고 이렇게 놔두었냐고 호통을 쳤다. 항상 있어 왔던 일이라 그냥 넘겨온 것인데 엄마도 놀라고 나도 놀랐다. 1주일 넘게 입원을 해서 피 10병을 수혈했다. 그때 지옥을 맛보았다. 혈액은 포도당 용액과 달리 그 성분이 걸쭉하기 때문에 주사 바늘이 잘 막힌다. 그래서 주사 바늘 중에서 가장 굵은 18게이지를 사용한다. 그 굵은 주사 바늘이 살갗을 뚫을 때 얼마나 아픈지 온 몸이 자지러진다. 그런데 내 혈관이 또 문제다. 원래 혈관이 약한 데다 빈혈이라 혈관이 생생하지 않았다. 그 굵은 바늘을 꽂을 데가 마땅치 않아 이곳 저곳을 쑤시기 일쑤고 어쩌다 찾아 꽂으면 금방 터진다. 또 다시 찾고 또 터지고 또 찌르고 빼고…. 바늘이 살갗을 뚫을 때, 살 속에서 혈관을 찾을 때, 터져서 바늘을 뺄 때 모두 모두 아팠다. 이 일을 어쩌면 좋으냐. 1주일 동안 10병을 맞아야 하는데… 이 일을 어쩌란 말이냐.

고전 끝에 잠시 피가 수월하게 들어갔는지 잠이 들었었나 보다. 꿈결인지 "성애야…"하는 애틋한 목소리가 들려왔다. 조용히 눈을 떴다. 석양빛이 들이치는 틈 사이로 낯익은 모습이 구부정하게 서 있었다. 아버지였다. 옆구리에 소중한 뭔가를 꼭 안고 계셨다.

"아버지!…" 너무 너무 좋아하는 아버지를 보니 그냥 눈물이 나왔다. 아버지도 눈에 눈물이 고인 채 "이 자식아!…"하셨다.

한참을 부둥켜안고 그렇게 있었다. 아버지가 몸을 일으키시더니 옆구리에 끼고 계셨던 그 소중한 것을 앞으로 내미셨다. "자식아, 너 통닭 좋아하지? 아버지가 세상에서 제일 맛있는 전기구이 통닭 하나를 사왔지. 동생들 없을 때 실컷 먹어라. 자식!" 그리운 아버지…!! 지금도 영화 속의 한 장면인 것 같다.

엄마와 호빵 같은 속옷

그래도 우리 엄마는 자궁이 제일 중요하단다
무조건 따뜻해야만 한다

생리 불순을 고치려고 온갖 노력들이 이어졌다.

교회 안팎에 소문이 다 났는데 어떤 교인이 안수 기도에 능력이 높은 권사님을 소개해주었다. 엄마와 함께 갔다. 조용하고 차분한 분위기의 환갑이 다 되어 보이는 여자 분이었는데 내 머리에 손을 얹고 기도를 해주었다. 처음엔 방언을 하더니 이어서 우리말로 풀어서 기도를 하는데 나는 그만 엉엉 울고 말았다. 너무나 고생스러워 어서 빨리 낫기를 바라는 마음도 간절했지만 그 기도의 내용이 왠지 모르게 내 가슴을 때렸다. 아우성이 방송으로 알려지고 나서도 나는 이 기도의 내용이 떠올랐다. 기도의 내용은 대충 이러했다.

"이 어린 딸에게 남 모르는 고통으로 이렇게 괴로움을 당하게 하심은 장차 남이 할 수 없는 큰 일을 하게 하심이니… 말 못 하며 가슴을 치는 자들로 하여금 등불이 되게 하시고… 주님의 크고 넓은 뜻을 헤아려 알게 하시옵소서."

기도 그 자체의 힘도 있었겠지만 울음을 터뜨리며 가슴에 담아 두었던 그 기도의 내용이 어려움을 겪을 때마다 나의 믿음이 되었고 삶의 목표가 되었던 것 같다.

인간은 사건을 해석하는 대로 산다. 어떤 면에서 삶은 고통이다. 고통은 누구나 다 당하지만 그 고통을 어떻게 해석했느냐에 따라서 결과가 달라진다.

도올 김용옥 선생도 말했듯이 인간에게 '자유'란 '해석의 자유'를 뜻하고, '운명의 주인'이란 '해석한 대로 사는 주체'를 뜻한다. 해석의 자유 속에서 신을 만날 수 있고 유전자를 만날 수 있다. 운명의 주인이기에 평생 동안 고통을 씹으며 살 수도 있고 고통을 즐거움으로 전환시킬 수도 있는 것이다. 부모나 교사가 할 일은 무엇일까? 고통을 즐거움으로 전환시킬 수 있는 해석 능력을 키워주는 것이 아닐까?

엄마는 자궁이 따뜻해야 한다며 정성을 쏟으셨다. 속옷을 항상 두 개를 입히셨고 절대로 찬 데 앉지 말라고 하셨다. 어쩌다 윗목이나 찬 바닥에 앉아 있을라치면 깜짝 놀라 두꺼운 방석을 가지고 와 깔고 앉게 하셨다. 이 정도야 고맙게 넘어갈 이야기다.

아주 원망스런 일도 있었다. 여름 한 철 빼고 나머지 세 계절엔 엄마와의 속옷 전쟁이 벌어진다. 나는 엄마를 닮고, 엄마는 외할머니를 닮고, 외할머니는 증조할머니를 닮으셨다고 한다. 유난히 우리 외가쪽 여자들은 골반이 컸다. 쉽게 말해 엉덩이가 컸다. 외할머니 산소를 이장할 때도 그 일을 맡은 사람들이 한결 같이 말하기를,

"아따. 이 양반 골반 뼈 한 번 크네. 애 쑥쑥 잘 낳았겠네" 했다고 한다. 뼈만 전문으로 취급하는 전문가가 인정할 정도이니 알 만하지 않겠는가?

문제는 속옷을 두 개를 입히는 것까지는 좋은데 겉에 입는 속옷이 털실로 짠 거라는 것이다. 털실도 여러 종류. 속에 입는 속바지를 좋은 실로 짤 리가 없다. 그때 제일 좋은 실이 '장미 505'라는 실이었는데 가늘면서도 매끄럽고 따뜻했다. 그것은 아버지 조끼나 스웨터 등 어른 것이나 겉옷에 쓰인다. 속옷이야 윤회의 윤회를 거듭한 케케묵은 실로 짜게 되어 있다. 아버지 속바지 풀어서 동생 바지 만들고 그거 풀어 엄마 조끼 만들고 또 그거 풀어 뭐 만들고 만든

다음 속옷을 짜는 것이다. 삭은 데가 많기 때문에 또 그것을 끊어내고 성한 데 끼리 묶어놓으니 그야말로 매듭이 더 많을 지경이다. 게다가 엄마는 너무 낡은 실로만 짜주는 것이 미안했는지 다른 실을 섞어 두 겹 실로 만들어 짜는데 그 다른 실이라는 것 또한 웃기는 실이다. 주로 화학사라고 해서 곱슬머리처럼 푸시시 일어나고 옷을 짜면 뻑뻑하고 쩍쩍하다. 글쎄 그런 실을 껴넣는 것이다. 결론적으로 나의 속옷은 그야말로 잠수복 같은 촉감에 최대의 부피로 부풀어 오른 호빵 같은 것이다.

말하지 않았는가? 엉덩이가 크다고! 나의 의지와는 상관없이 유전적으로 엉덩이를 크게 만들어 낳아 놓고 그 엉덩이 위에 호빵 같은 속옷을 입으라고 하시니…. 그것도 겨울 한 철이 아니라 봄과 가을까지 하루도 빠짐없이 입으라고 성화이시니… 아무리 효녀 심청이라도 순종할 수 있겠는가? 머리에서 발끝까지 매만지고 다듬고 할 그 예민한 사춘기 시절에 말이다. 학교에서 달리기를 연습할 때면 친구들은 포복절도 한다. 내가 뛰는 모습이 통닭이 굴러오는 것 같단다. 가뜩이나 기록이 처지는데 달리기 시작부터 친구들이 도달점 앞에 버티고 서서 마냥 웃어댄다. 그것을 보면서 뛰려면 나도 웃음이 나와 그 큰 엉덩이가 더더욱 실룩거리니 무슨 달리기 기록이 나오겠는가? 그냥 걸을 때도 항아리 두 개가 걸어다니는 것 같다고 했다. 큰항아리 위에 작은 항아리가 붙어서 걸어다니는 꼴을 생각해보시라!

그래도 우리 엄마는 자궁이 제일 중요하단다. 무조건 따뜻해야만 한다.

쑥 찜질과 민속요법

엄마는 강화도 쑥을 사다가 펄펄 끓인 후
사기 요강에 담아 그 김을 쏘이게 했다

한약도 먹고 여러 가지 민속요법도 시행해 봤으나 신통치 않았다. 그러다가 쑥 찜질을 시작했는데 처음부터 조금씩 눈에 띄게 생리 기간이 단축되기 시작해서 2년이 넘었을 때는 거의 정상으로 되었다. 나는 이 경험을 가슴 깊이 간직하고 있다. 20여 년 전부터 간호학을 하고 산부인과에서 일하면서 주로 서양의학을 배웠으나 나는 그게 다가 아니라고 생각하고 있었다. 뭔가 우리 나라 사람에게는 안 맞고 부족한 게 있다고 생각했다.

특히 3면이 바다인 해양성 기후에서 살아가는 우리 한국 여성의 몸과 관련된 문제에서는 더욱 그렇다고 생각한다.

지금이야 오히려 서양에서 대체의학에 더 관심을 보일 정도니 마음놓고 말할 수 있지만 한창 산업화가 진행되던 그 시절에는 무조건 서양의학적 관점이 옳은 것이었다. 전통적인 산후 조리법도 천대를 받았고 여러 가지 훌륭한 민속요법은 아주 야만스러운 방법으로까지 취급되기도 했다. 이제는 남자들의 포경수술이 안 좋은 것으로 거의 확실하게 되었지만 그때는 위험하기까지 한 신생아 포경수술도 많이 행해졌는데 그것은 미국에서도 그렇게 하고 있기 때문에 맹목적으로 받아들인 결과였다. 나는 우리들의 이런 비주체적인 정신이 소파(sofa)의 불평등 조약도 가져오게 했다고 생각한다.

아무튼 엄마는 강화도 쑥을 사다가 펄펄 끓인 후 사기 요강에 담아 그 김을 쏘이게 했다. 강화도 쑥은 해풍을 충분히 받고 자라 그 효능이 아주 좋다고 한다. 처음에는 너무 뜨겁기 때문에 조금 멀리서 환부를 쏘이다가 점차 거리를 좁혀 익숙해지면 요강에 앉아 썰렁해질 때까지 하는데 거의 한 시간 가량이 소요된다. 그런 것을 귀찮고 이상하게 여길 어린 나이인데도 어떤 시원한 느낌이 있었는지 마다하지 않고 열심히 했다. 한 달에 두 세 번씩. 어떤 때는 시원한 맛에 뜨거운 줄도 모르고 앉아 있다가 데기도 했다. 물집이 생기고 쓰라리기도 했는데 이상하게 쑥으로 인한 상처는 흉터는 남아도 덧나지는 않는다.

내가 아이를 낳고 언젠가 친정에 갔을 때 엄마를 따라 한증막에 갔다. 역곡에 있는 자그마한 한증막이었는데 그곳에 가면 쑥 찜질하는 데가 있다. 그 당시 5천 원(지금은 7~8천 원 정도 한다)을 내고 했는데 약탕기에 쑥을 끓여 그 김을 쏘이는 것이다. 엄마와 나란히 앉아 쑥 찜질을 하고 있는데 우리와 마찬가지로 옆에 세 모녀가 나란히 앉아 하고 있었다. 두 딸은 중학생과 고등학생이었는데 나는 그 나이에 쑥 찜질하는 것이 궁금해서 물어 보았다. 그들은 말했다. 세 모녀는 유전적으로 생리통이 아주 심한데 딱 한 번 쑥 찜질을 하고 나서 곧바로 생리통이 없어졌다는 것이다. 서너 달째 생리통 없는 생리를 했는데 혹시나 다시 생리통이 도질까봐 예방 차원에서 이렇게 하고 있는 것이라고 했다.

그 이후 내 마음속에만 품고 있었던 우리 나라 민속요법에 대한 믿음이 확신으로까지 다가와 강연장에서나 상담할 때 내 경험과 이 여학생들의 사례를 들어 쑥 찜질을 적극 권하고 있다.

냉 대하증이나 생리통, 생리불순, 질염 등 효과를 본 사례는 얼마든지 있다.

1년 넘게 홈페이지(9sungae.com)를 운영하면서 깊이 느낀 것이 있었다. 우리 10대들이 알게 모르게 많은 성관계를 하고 있다. 너무나 쉽게들 이루어지는 성관계의 문제는 몸으로 나타난다. 많은 부분의 상담내용이 냉이나 염증, 생리불순 등 갖가지 이상 증상이었다. 가치관과 윤리관이 서려면 시간이 걸린다. 작고 큰 경험들 속에서 깨달아 갈 것이다. 그러나 몸은 건강해야 한다. 10대의 몸은 여성이든 남성이든 아주 중요하다. 이들에게 어떤 게 중요하고 급한 것인가? 몸의 건강이다. 몸의 건강을 도와줘야겠다. 나는 그동안 여러 가지 찜질하는 것을 배웠다.

쑥 찜질을 비롯해 된장, 겨자 찜질 등으로 정성껏 몸을 돌봐주고 싶다. 그렇게 할 것이다. 말 못하며 가슴 치는 우리 10대들에게 등불이 되어주어야 하지 않겠는가?

내 이름은 옹녀

찜질하는 쪽에서 "변강쇠, 변강쇠!" 하는 소리가 들렸다

내 일생을 돌아보건대 나는 심각한 상황에서도 웃기는 일이 꼭 생기는 이상한 운명을 타고난 것 같다. 결코 웃을 수 없는 상황에서도 웃어야만 하는 일들이 생긴다. 한증막에서 쑥 찜질하던 날. 그 날도 그랬다.

찜질 의자에 앉아 진지하고 거룩하게 찜질을 해야 하는 상황임에도 불구하고 웃을 수밖에 없는 사건이 터진 것이다.

처음으로 따라간 한증막. 당연히 그곳에서의 쑥 찜질도 처음 해보는 것이었다. 엄마가 돈을 내고 찜질 의자에 앉으시길래 나도 같이 눈치껏 엄마 하는 대로 앉아 있었다. 이어서 담당 아줌마가 끓는 쑥이 담겨 있는 약탕기를 가지고왔다. 찜질하는 나무 의자는 정육면체 주사기처럼 생겼는데 가운데 김이 올라오도록 구멍을 뚫어놓았고 밑으로는 약탕기가 들락날락 하도록 여닫이문으로만들어 놓았다. 쑥 김은 위에 뚫어놓은 구멍으로 올라오는데 김이 다른 곳으로 흩어지는 것을 막기 위해 모두들 통기가 안 되는 고무줄 통치마를 입고 있다. 얼굴과 팔만 내놓는 형국이다. 가슴에서부터 시작해 아예 찜질 의자까지 뒤집어 씌워 그 안에서 쑥 김을 쏘이고 있는 것이다.

담당 아줌마가 약탕기를 내 의자 밑에 집어넣고 문을 닫더니만 그냥 지나가

는 소리로 뭐라고 내뱉고 갔다. 분명히 나에게 손가락질을 하면서 뭐라 하긴 했는데 얼핏 들으니 "변강쇠"라고 한 것 같다. 참 이상도 하지. 웬 변강쇠? 별 희한한 일도 다 보겠네. 그냥 웃기는 아줌마라고 생각하고 넘겨버렸다. 엄마 도 별 얘기가 없으셨다.

30분쯤 찜질을 하고 있으려니 그 담당 아줌마가 다시 왔다. 나를 보고 어디 가서 10분 정도 놀다 오라고 했다. 쑥 물이 다 식어 다시 끓여야 한다고 하면 서 준비되면 부르겠다고 했다. 이해가 확실히 갔다. 그렇지. 30분에 5천 원 을 받아서야 너무 비싸지. 한 번 더 끓여 두 번을 하게 하는구나. 시원스레 알 겠다고 대답을 하고 나서 저쪽으로 갔다. 유난하게 물을 좋아하는 우리 엄마 는 그 새 어디로 가셨는지 벌거벗은 여자들 틈에서 찾을 수가 없었다.

10분이 넘었을 것 같은데 아무런 조치가 없다. 아까부터 찜질하는 쪽에서 "변강쇠, 변강쇠!" 하는 소리가 들렸다.

참 이상도 하지. 왜 이리 오늘 변강쇠를 들먹이나. 참 내. 또 외치고 있구면. 여기 참 재미있는 곳이군. 다른 주위 사람들도 그 이름이 웃기는지 한 마디씩 하고 있다. "아이고, 옹녀 애타 죽겠나 보다. 저렇게 목 터지게 찾는 거 보니 까. 아이고. 변강쇠야 바쁘겠지 뭐. 이렇게 여자들이 많은데 얼마나 바쁘겠 어?" 무슨 일이 벌어지는지도 모르고 태평스레 나도 킥킥 따라 웃고 있었다.

어떤 아줌마가 와서 내 등짝을 때렸다. 놀라서 돌아보니 아까 찜질할 때 옆 에 앉았던 아줌마다. 한심해서 못 봐주겠다는 표정으로 나에게 말했다. "아 따, 거리도 가까운데 어째 그렇게 못 들어요? 아까부터 변강쇠, 변강쇠하며 얼마나 불렀는데…. 찜질 아줌마가 화가 나서 내가 다 뛰어왔네. 어서 가요" 하는 거였다. 멍청한 표정으로 따라가 앉으니 담당 아줌마가 나를 보고 이렇 게 답답한 사람 처음 봤다며 화풀이를 해댔다. 나는 그때까지도 왜 그러는지 영문도 모르고 계속 그냥 당하고만 있었다. 알고 보니 내 약탕기 이름이 변강쇠였던 것이다. 다시 약탕기를 끓여야 하기 때문에 다른 사람 것과 섞이지 않도록 약탕기에 이름을 붙여놓았던 것이다.

한증막을 한바탕 떠들썩하게 해 놓고 나서 그리고 각종 아줌마들한테 실컷 야단을 맞고 나서야 그 문제의 변강쇠 쑥 찜질을 다시 시작했다. 엄마도 나를 찾다 돌아오셨다. 엄마는 그때서야 약탕기 이름에 대한 원리를 알려주셨다.

참으로 일찍도 알려주시는구먼. 아이고 고마우셔라. 원래 멍청한 나는 한참이 걸려서야 처음부터 의문스러웠던 그 모든 것이 이해되었다. 다 이해가 되고 나니 웃음이 터졌다.

변강쇠 약탕기를 올라타고 앉아 있는 나는 정녕 옹녀란 말인가? 엄마도 웃고 나도 웃고. 참아도, 참아도 어찌나 웃음이 나오는지. 참 요란했던 쑥 찜질이었다.

유괴 시나리오를 쓰다

생명을 잉태하고 낳아 기르고자 하는 본능은
사랑보다 강하고 쾌락을 압도한다

불임의 고통만은 우리 후배 여성들에게 겪게 하고 싶지 않다.

결혼한 부부가 그들의 선택으로 아기를 갖지 않을 수는 있다. 그렇다면 그들에게 불임은 그리 큰 고통은 아닐 것이다. 하지만 간절히 아기를 원하는데 임신할 수 없을 때는 그 이상의 고통은 없으리라. 이런 고통의 여성들이 점점 많아지고 있고 앞으로 더 증가할 추세다.

몇 년 전 텔레비젼 9시 뉴스에도 나왔던 일이지만 아기를 훔친 사건이 있었다. 대전에 사는 여성이었는데 범행 다음날 잡혀 경찰서에서 조사를 받는 모습이 화면으로 나왔다. 단발머리에 키는 크고 아주 말라 있었다. 그녀는 아기를 낳을 수 없는 몸이었는데 자신도 모르게 어떤 산부인과에 들어가 그냥 아기를 안고 나왔다고 했다. 자신도 왜 그랬는지 모르겠다고 했다.

담담하게 말하는 그녀를 보는 순간 나는 온 몸으로 이해했다. 나도 그랬으니까. 그때 그 심정이 되살아나자 나도 모르게 눈시울이 뜨거워졌다.

몇 번이나 임신인 줄 알고 병원에 갔다. 임신이 아니었다. 상상 임신이었다. 분명히 헛구역질도 하고 가슴도 아팠고 생리도 멈췄는데 임신이 아니란다. 언젠가는 생리가 3개월 동안 없었는데 갑자기 피가 비쳤다. 절망 속에서도 유산 초기 증상이 아닌가 하여 혹시나 아기를 살릴 수 있겠지 싶어 급히 진찰을 했다. 내가 근무하던 일신기독병원에 갔는데 진찰 결과 자연 유산인 것 같다고 했다. 어쨌든 찌꺼기를 긁어내기 위해 수술을 하자고 했다. 수술대에 올라서면서 또 수술이 끝나고도 얼마나 울었는지 모른다.

나중에 조직 검사 결과가 나왔는데 임신이 아니었고, 자궁 내막에 이상이 있는데 조금 심각해서 불임의 가능성이 높다는 것이다. 수술을 마치고 홀로 누워 있던 병실. 저녁 햇살이 들이치는데 왜 그리도 서글프고 눈물이 나던지. 면회 시간에 병실로 들어오는 남편을 보자 그만 소리를 내어 엉엉 울었다. 그때 어깨를 들먹이며 울고 있는 나를 안아주며 위로해주던 남편의 말이 지금도 귀에 생생하다. 노력해 보다가 정말로 아기가 안 생기면 그때는 입양하면 된다고. 누가 낳든 다 같은 생명인데 우리가 키우면 우리 애가 되는 거지. 뭐. 다 생각하기 나름이라고. 걱정하지 말라고 했다. 그때 얼마나 고마웠던지 남편은 잘 모를 거다. 남편은 그때 나의 어린 시절 성폭행 사실도 몰랐을 때니까.

남편의 말이 고맙고 위로가 되긴 했지만 임신을 하고 싶은 욕망은 나의 본능이었다. 본능이란 저절로 생겨나는 욕구다.

인식과 의지를 넘어선다. 생명을 잉태하고 낳아 기르고자 하는 본능은 사랑보다 강하고 쾌락을 압도한다. 순간적으로 보자면 사랑과 쾌락의 욕구가 더 강한 것 같지만 사람의 일생 전체를 놓고 보면 분명히 생명의 본능이 더 강하고 오래 간다. 배란기에 맞춰 관계를 갖던 날은 사랑과 쾌락은 저 멀리 달아난다. 부자연스러운 인위적인 행위에, 이렇게까지 해서 임신을 해야 하는지 비참한 생각이 들어 관계를 하면서도 울었다. 동물과 인간에게 가장 강한 본능은 번식 본능이다. 수컷 사마귀가 교미 도중 암컷 사마귀에게 먹혀 죽을 줄 알면서도 교미를 하는 것은 오로지 번식을 위해서다. 개체의 생존보다 종의 번식이 더 강한 것이다. 젊을 때 아기를 원치 않았던 부부들이 나이가 들면 후회들을 많이 한다.

　영구 피임수술을 한 부부가 1~2년도 못되어 복원 수술을 하는 경우도 많다. 결코 한 순간의 판단으로 결정할 문제가 아닌 것이다.

　누를 수 없는 본능은 엉뚱한 발상으로 나타났다. 자꾸 아기를 훔치는 시나리오를 구상하는 것이다. 내 직업은 조산사. 아기를 받는 일이었다. 분만실에서 아기를 받다가 아주 예쁜 아기가 나오면 무엇에 홀린 듯 시나리오가 돌아간다. '친척을 분만실 뒷문에 몰래 세워놓고 있다가 보호자에게 아기를 보여주고 난 후에 분만실로 다시 돌아오는 척하다가 아무도 안 볼 때 얼른 친척에게 넘겨주고 온다. 그렇게 하려면 지금부터 내가 임신했다는 각본을 짜야 하고 예정일도 정해 그 날짜에 맞춰 일이 이루어져야 하고. 그런데 임신을 한 것처럼 하려면 진찰을 받아야 하는데 산부인과 전문 병원인 이 병원에서 받아야 하는데 그렇다면 속일 수가 없지 않은가? 진찰은 다른 데서 받는다고 해? 그것도 말이 안 돼. 아니 그럴 것이 아니라 임신 초기에 잠시 휴직을 했다가 거의 낳을 때쯤 되어서 다시 근무를 해? 아니 그러면 아기를 어디서 낳지? 여기서 안 낳으면 아기는 또 어떻게 훔치고? 안되겠다. 다르게 구상을 해봐야지!'

　아기를 훔쳤던 그 대전 아줌마는 얼마나 시나리오를 구상했겠는가? 또 얼마나 범행을 망설였겠는가? 그러다가 어느 날 자신도 모르게 아기를 훔쳤다. 거의 생명에 미치지 않고서야 그것이 가능했겠는가? 그 홀리게 하고 빠지게 하고 미치게 만드는 그 열망과 본능을 이해한다는 것이다. 나는 꿈에서도 아기를 훔쳤다. 어느 집에 가서 자고 있는 아기를 몰래 들고 나오다가 문지방에 걸려 엎어지던 꿈, 들키던 꿈. 이미 데리고 와서 내 아이처럼 키우고 있는데 느닷없이 아기 친부모가 나타나자 아기를 안 뺏기려고 서로 몸싸움을 하던 꿈. 나는 거의 2년 동안 이렇게 미친 듯이 살았다. 그 2년은 암흑 속의 기간이었기에 체감 기간으로는 한 20년으로 느껴진다. 신께 약속한 것이 있다. 생리가 2~3개월 동안 없으면 임신인 줄 알고 기도에 기도를 드린다.

꼭 임신이기를 바라는 간절한 마음에서 신께 조건을 제시한다. 만약 나에게 아기를 주신다면 내 한평생 생명을 살리는 일을 위해 헌신하겠노라고.

부림사건? 임신사건!

뜨거운 포옹과 합일. 빛 광(光)자에 다시 복(復)자.
정말로 다시 빛을 찾은 광복절이었다

드디어 결혼 4년 만에 아기가 생겼다.
이 아이를 얻기까지 불임 말고도 고통을 더 겪어야만 했다.

80%의 불임 판정 속에서 고통으로 지친 나는 입양으로 마음을 굳히고 있었다. 엎친 데 덮친 격으로 남편이 감옥에 들어갔다. 지금 대통령이신 노무현 대통령이 인권 변호사로 활약하시는 데에 큰 전환점이 되었던 그 시국 사건이었다. 소위 '부림 사건' 이라 하여 굴비 엮듯 민주 인사를 엮어 고문으로 빨갱이를 만든 사건이었다. 고문이 어마어마했다. 남편을 구해야 했다. 병원에서 근무하며 돈도 벌면서 면회도 가고 법정에도 가고 석방 투쟁도 했다. 호소문을 써서 영국에 있는 엠네스티에도 보내고 전국에 있는 다른 시국 사건 가족들과 만나 전국적인 투쟁도 해야했다. 내 인생에서 그때만큼 바빴던 적은 없었던 것 같다. 아우성 방송 후에 바빴다고는 하나 이때와 비교될 수 없다.

2년 동안 교도소를 다섯 군데나 옮겼다. 그런데 가는 곳마다 싸울 일이 많았다. 남편은 안에서 단식 투쟁에 들어가고 나는 밖에서 싸워야 했다. 거의 매일같이 몸으로 싸우는 격렬한 투쟁을 하는 것도 힘든데 병원에서는 3교대 근무로 아기를 받아야만 했다. 하루에 아기를 10명 정도 받으려면 그 또한 중노동이다. 잠을 잘 새가 어디 있는가? 퇴근길로 고속버스에 몸을 실어 저 멀리 교도소에 가면 내리자 마자 몸싸움을 하고 출근 시간에 맞춰 다시 고속버스를 타고 병원에 돌아와 다시 아기를 받아야만 했다. 사이사이 무수한 호소문을 써가면서, 뿌려대면서 그러다가 유치장에 갇히기도 하고…. 지금 생각해도 거의 초인적인 힘이었다고 생각한다. 남자들이 군대를 다녀오면 두려울 게 없듯이 나 또한 2년 동안 해병대 군무를 마치고 돌아온 병사같이 되었다.

상고는 기각되고 항소심에서 징역 5년형이 확정된 상태였는데 2년이 지난 광복절 날, 남편은 형 집행정지로 석방되었다. 모두들 가족들의 투쟁 덕분이라고 했다. 뿌듯했다.

뜨거운 포옹과 합일. 빛 광(光)자에 다시 복(復)자. 정말로 다시 빛을 찾은 광복절이었다.

임신은 아주 깨끗이 포기한 상태였다. 재회의 기쁨을 나누기에도 벅찼다.

몇 달이 지났을까? 이상하게 속이 울렁거렸다. 갑자기 김치를 써는데 토할 것만 같았다. 밥이 끓는 냄새도 역했다. 꽥꽥거릴 때마다 남편은 병원에 가보라고 했다. 나는 안 갔다. 지난 날 상상 임신에 대한 고통이 되살아났다. 어디 한두 번 속아봤나? 이제는 절대로 안 속아. 이미 입양하기로 마음 정리된 상태에서 또 다시 그 고통을 반복하기 싫었다. 지난 2년 동안 얼마나 마음 졸이며 살았나. 매일 형사들과 싸우며 먹는 것도, 자는 것도 엉망이었는데 몸에 병이 안 나면 그게 더 병이지. 이제 남편이 나와 몸이 이완되었으니 몸에 증상이 살살 나타나는 걸 거야. 그동안 생리도 엉망이었다. 너무 무리했는지 서너 달에 한 번 정도 하는지 마는지 신경도 쓰지 않았다. 위가 안 좋아 그럴 거라며 병원 가기를 피하다가 증상이 계속되자 마음을 바꿔보았다. 큰 기대는 하지 말고 한번 가보자. 위염일지도 모르니 절대 환상은 갖지 말자.

임신 4개월에 접어들었단다. 더 이상 표현할 방법이 없다.

꿈만 같은 "임신!" 소리를 듣고 싶어 무리인 줄도 알면서 다른 산부인과를 세 군데 더 갔다는 것만 밝혀둔다.

입양하면 된다고 걱정하지 말라던 남편은 그 말이 거짓말임을 증명했다. 내가 정말 임신이라고 하자 갑자기 나를 끌어안았는데 문제는 두 팔로 내 목을 조이는 것이었다. 숨을 쉴 수가 없어 남편을 밀어내며 올려다보니 남편은 울고 있었다. 결혼해서 처음으로 남편이 우는 것을 보았다. 좋아서 눈물은 나는데 경상도 사나이 눈물을 보일 수 있나. 눈물을 참느라 내 몸과 목을 조이고 있었던 것이다. 남자 우는 것. 정말 못 봐준다. 여자의 눈물보다 몇 배가 더 진하고 슬프다. 1시간이나 넘게 서로 부둥켜안고 앉아 실컷 울었다. 울다가 뽀뽀하다가 웃다가 울다가…. 꿈같은 나날이었다.

어떻게 임신이 되었을까?
인간은 참 미묘하고 불가사의하다.

물론 불임클리닉에서 더 정확한 진단을 받아 문제를 해결하는 경우도 많다. 하지만 생명에 대한 문제는 그런 과학적이고 의학적인 차원을 넘어서는 경우 또한 많다.

이리저리 혼자 추측을 해봤다.
사랑과 쾌락이 생명을 만들지 않았을까? 고생 끝의 재회는 사랑과 즐거움의 농도를 진하게 만들었다. 2년 동안 피폐해졌던 몸들이 물을 만난 고기처럼 활개를 치며 생기를 담아가고 있었다. 실제 연구에서도 그렇다. 둘이 원해서 아주 즐겁게 이루어진 성관계는 그렇지 못한 경우보다 훨씬 더 생명을 잘 만들고 그때 잉태된 아이는 훨씬 더 건강하고 장수한다. 영국의 고고학자 티머시 테일러(Timothy Taylor)는 『야한 유전자가 살아남는다』는 책에서 인류의 진화는 에로틱한 성적 선택에 의해서 이루어졌다고 한 바 있고, 여성의 강한 오르가슴이 정자를 난자에게 빨리 이동시켜 정자의 건강을 돕는다는 것도 밝혀졌다. 아기를 원하는 자들이여! 즐겁게 하고 볼 일이다.

무엇보다 임신에 대한 스트레스가 전혀 없었다. 즉 마음을 완전히 비운 상태였던 것이다. 임신에 대한 기대도 없었고 배란 주기도 따지지 않았고 그냥 사랑하며 놀았던 것이다.

정신적인 스트레스가 여성의 생식 기능에 최대의 영향을 미친다는 것은 너무나 많은 연구 결과 확인된 것이기에 의문의 여지가 없다. 아기를 원하는 시어머니들은 며느리에게 재촉하지 말아야 한다. 더 안 생기게 되어 있다. 원하면 원할수록 무심한 척하는 게 좋다. 10년 동안 아기가 없어서 입양을 한 부부가 입양한 지 얼마 안 되어 임신이 된 사례도 많다. 부담과 스트레스가 사라졌기 때문이다.

2년 동안의 공백. 그 자체에서 오는 가능성일 수도 있다. 예전에 우리 조상들은 아기를 잉태하기 위해 산에 가서 1백 일 기도를 드렸다. 기도를 드린다는 정성도 정성이지만 남편으로 하여금 어쩔 수 없이 절제를 하게 하여 농축된 정액으로 임신 가능성을 높이는 효과도 있었다. 그렇다면 내 경우에는 남편이 700일 기도를 드린 셈이 되는 것이다. 완전히 고농도 진원액이 아닌가!

우리 엄마의 가설은 또 다르다. 당신의 간절한 기도 때문이란다. 아멘! 할렐루야!

아무튼 불임 가능성이 높았던 나에게는 기적과도 같은 임신이었다. 나는 평생 '생명 운동'이라는 신과의 약속을 지켜야만 한다.

포르말린 용액에 담긴 자궁

내 나이 29살. 꽃다운 나이였다.

귀여운 아들이 태어났다. 이것 또한 표현할 길이 없다.

오후 5시에 낳았는데 밤을 꼬박 새워 새벽녘까지 근 12시간을 아기를 만지고, 또 만지고 있었었다. 실감이 나지 않아서였다. 꿈속에서 훔쳐온 아기가 아니란 말이지? 정말 내가 낳은 아기란 말이지? 몸은 정상이란 말이지? 나를 닮고 아빠를 닮았단 말이지? 어디 다시 보자. 이젠 그만 재우자. 아니 딱 한 번만 다시 보고. 진짜 그만 보자. 마지막으로 한 번만….

나중에 알고 보니 참 잘한 일이었다. 태어나서 12시간 정도는 벗겨놓는 것이 좋다. 아직 폐호흡이 원활하지 않기 때문에 피부로 호흡을 하는 게 좋은 데 그런 결과가 된 것이다. 그리고 무엇보다 12시간 동안 벗겼다 만졌다 덮었다 하면서 풍(風)욕과 함께 스킨십을 충분히 한 것이다.

아기는 엄마 옆에 두어야 한다. 그 처음의 유대 관계는 일생을 좌우할 정도로 중요한 것이다.

아기가 옆에 있으면 엄마는 자연스레 만지고 속삭이고 껴안는다. 아기는 익숙했던 엄마 냄새와 소리에 안심을 하고 이 세상이 아주 좋은 곳이라는 느낌도 갖는다.

낙천적이고 여유 있는 아이가 될 수 있는 것이다.

젖꼭지를 입에 대고 빨게 하는 것도 중요하다. 스킨십과 모유 수유 준비를 위해서. 처음 이틀 정도는 젖이 나오지 않는다. 사흘 정도 돼야 젖이 돌아 나오는데 거기에는 오묘한 진리가 담겨있다. 젖을 빨아도 젖이 나오지 않는 이유는 아기가 이틀 정도는 젖을 먹는 게 좋지 않기 때문이다. 엄마 배 안에서 먹어두었던 것이 변(태변)으로 다 나온 후에 먹으라는 뜻이다. 장을 싹 비우고 나서 새롭게 시작하자는 것이다. 그래야 장이 좋아진다. 보통 태변은 이틀 정도 지나면 다 나오게 된다. 얼마나 기가 막힌 조화인가!

이틀 동안 아기가 입을 오므리며 뭔가 먹고 싶어할 때는 보리차에 설탕을 조금 타서 주면 된다. 아무 지장이 없을 뿐더러 그래야 더 좋은 것이다. 오히려 분유를 주는 것이 더 큰 문제다. 지금 병원에서 분만하는 경우 엄마와 떨어져 있게 하고 태변도 보기 전에 함부로 분유를 주고 있다. 나중에 아이들이 장이 안 좋아지는 데에 큰 책임이 있다. 엄마들이 똑똑해져 그런 병원들을 변하게 하고 돈보다는 소신과 원칙을 지키는 병원을 발전시켜야 한다.

아이를 낳고 10개월 만에 첫 생리를 하게 되었다. 당연히 나올 것이 나오는 것이니 걱정할 이유가 없었다.

최근에는 출산한 지 한 달 만에 생리를 시작하는 사람도 있어 다시 곧바로 임신을 한 경우도 있다. 1년 안에 아기 둘을 낳을 수 있는 것이다. 모유를 먹이지 않을 때 더욱 그렇다. 점점 호르몬의 변화로 색다른 일들이 많이 생기고 있는데 자연스러움을 무시하고 인공적인 행위가 늘어나서 그렇다고 본다. 젖을 먹일 경우 보통으로는 출산한 지 6개월에서 1년 정도 지나면 생리를 다시 시작한다.

쑥 찜질 이후 거의 정상으로 돌아와 생리 기간은 길어야 7~8일 정도였다. 그런데 출산 후 첫 생리가 예사롭지 않았다. 이거 왜 또 이러나? 생리 시작한 지가 보름이 넘어 한 달이 지나더니 두 달이 다 되도록 그칠 줄을 모른다. 놀란 가슴으로 병원을 찾았다. 자궁에 찌꺼기가 있는지 자궁벽이 두꺼우니 깨끗하게 청소하는 뜻에서 낙태 수술처럼 긁어내는 수술을 하자고 했다. 당연히 수술에 응했다. 이런 수술을 두 달 후에도 또 한번 했는데 자궁벽을 긁어낼 때 진통제 효과가 다 되었는지 무척 아팠다. 피는 계속 나왔다.

자궁을 수축시켜 보자고 했다. 강력한 호르몬 주사를 한 달 정도 맞았다. 그 호르몬은 아주 고농도라 그런지 약이 들어갈 때부터 아팠다. 한 달을 맞으니 양쪽 엉덩이가 돌덩어리처럼 굳어져 버렸다. 그래도 피는 계속 나왔다. 이제 4개월이 경과했다. 다시 수술을 해보고 빈혈약도 먹고 영양제 정맥주사도 맞고 5개월이 지나서는 수혈도 하게 되었다.

지긋지긋한 피. 되살아나는 고통. 한 쪽에서는 하혈. 또 한 쪽에서는 수혈. 원인도 모르고 차도도 없고. 해볼 건 다 해보았고. 그래도 멈추거나 줄어들지도 않고. 다른 대책도 없고.

모두가 지쳤다. 나는 물론 의사까지도 지쳤다. 생리를 시작한 지 6개월쯤 되던 날 나는 자궁을 잘라내었다. 내 나이 29살. 꽃다운 나이였다. 자궁을 떼어내기엔 너무나 아까운 나이라 의사들도 부담스러워했다. 아기를 더 낳을 수 없다는 절망감은 나중에 절절히 느꼈지만 그 당시에는 고통이 하도 심해 오로지 그 고통에서 벗어나고만 싶었다. 망설이는 의사에게 내가 적극적으로 자궁을 떼자고 할 정도였다. 다행히 아기도 하나 낳았고 너무나 오랫동안 겪어온 자궁으로 인한 고통을 이제는 정말 끝장내고 싶었다. 그래서 사연 많은 나의 자궁은 내 몸에서 떠나 포르말린 용액 속에 담겨져 버렸다.

엄마의 충격발표

이제 진실을 안 이상 그대로 넘어갈 수는 없었다
새롭게 정리를 해야만 했다

처음에는 자궁을 떼어버린 것이 시원하기만 했다. 더 이상 생리 불순도 없을뿐더러 생리 자체도 하지 않으니 얼마나 편하고 홀가분하랴? 자궁만 떼고 난소 두 개는 남겨두었으니 호르몬 치료도 받을 필요가 없다. 생리대여 가라! Oh! freedom!

수술은 사람을 잡는 것임을 알았다. 전신 마취를 하고 한 시간 여 동안 이루어진 수술이었는데도 사람이 죽었다 살아났나 보다.

수술 중에 피(血)는 돌지 몰라도 기운(氣)은 잠시 동안 죽는다. 29살의 나이라면 아주 젊은 나이인데도 기력이 하나도 없었다. 아픈 부위 중심의 서양 의학에서 결정적으로 빠져있는 것이 기(氣)의 문제임을 그때 몸으로 확실히 느꼈다. 절개해서 봉합했던 부위가 아무는 게 문제가 아니었다. 기운이 없어 앉아있지를 못하겠는데 그보다 더 중요한 게 어디 있겠는가? 기혈의 흐름을 중시하며 기운을 차리는 치유법에 대해서는 어떤 처방과 조언도 없다.

그때 몸으로 생생하게 느껴본 것이 있다. 기력을 찾고자 엄마가 끓여주신 사골 곰탕을 먹었다. 두 달 동안 세 차례를 먹었는데 한 차례가 일주일 정도 된다. 뼈를 한 번 사오면 두 번까지 고고 세 번째 곤 물은 된장국, 미역국물로 사용하다 보면 일주일이나 먹어야 한다. 계속 먹으면 질리니까 보름 정도 지나 다시 먹곤 했다. 어쩌면 그렇게 새록새록 느껴질 수 있을까? 한 차례 먹을 때마다 몸의 세포가 달라지는 것을 확실히 느낄 수 있었다.

말라 비틀어져 붙어 있던 내 몸의 세포들이 서서히 일어나 조금씩 통통해지고 생기를 찾아가는 것을 느꼈다. 몸 세포의 상태를 느낄 수 있었다는 것. 그것은 대단한 경험이었다.

수술한 지 6개월이 지나서야 원래의 기운으로 회복된 듯했다.

그즈음이었을 것이다. 엄마의 새삼스러운 충격 발표가 터진 것이.

그날도 여느 날처럼 나는 거실 한 옆에 비스듬히 누워 아이가 노는 것을 지켜보고 있었고 엄마는 빨래를 개고 계셨다. 엄마는 느닷없이 한숨을 한 번 길게 내쉬더니 엉뚱한 푸념을 하셨다.

"결국. 이렇게 끝을 맺는구나. 아이고 참. 이렇게 끝이 나." 나도 무심하게 물었다. "뭐가 엄마?" "아 글쎄. 너 어렸을 때 당한 일 말이다. 그 끝이 이렇게 난다고." "어렸을 때? 성폭행 당한 거? 그게 왜?"

나는 그때까지 모든 사건이 다 따로따로 있었다. 당한 것은 당한 것대로 대수롭지 않은 사건으로 놓여 있었고 생리불순은 물론 불임과 자궁 수술까지 모두가 따로국밥이었던 것이다. 엄마의 그 한 마디에 번개를 맞은 듯 벌떡 일어나 앉았다. "아니 엄마. 그러면 지금까지 있었던 일들이 그때 당한 것 때문에 그랬던 거야? 응?" 엄마는 계속 빨래를 개면서 초연한 듯 차분하게 당신이 그동안 혼자서 가슴앓이 했던 사연들을 말해 주었다.

"다 지나간 일이긴 하다만 이제 끝이 났으니 말하는 거지. 사실 너 중·고등학교 다닐 때 그 난리가 나서 병원에 다니지 않았냐. 가는 데마다 그러더라고. 진찰하는 의사마다 얘 어릴 때 무슨 일이 있었냐고. 너 제일 오래 치료받았던 병원 기억나지? 그 때 그 여자 박사 말이야. 그 박사가 그랬어. 얘 어려서 일 당할 때 아주 나쁜 균이 옮았다고. 그때 빨리 치료를 받았어야 했는데 그냥 놔둬서 자궁이 상한 거라고. 상처가 심했을 텐데 왜 병원에 가지 낳았냐고. 내가 그 말 듣고 혼자서 얼마나 울었는지 몰라. 네가 자꾸 물었지. 의사가 뭐라고 하냐고. 원인이 뭐고 나을 수 있다고 하냐고. 내가 너한테 어떻게 말하니? 그냥 호르몬이 이상해서 그렇대. 차츰 자리잡힌다고 했지. 가뜩이나 피 흘리며 고생하는 것도 안스러운데 뭐 좋은 소리라고 잘 지내고 있는 애에게 그 말을 하겠니. 그렇지만 나는 이날 이때까지 네 몸이 조금만 이상해지면 가슴이 철렁 내려 안고 가슴을 졸였지. 결혼 전에는 애가 시집가서 애를 잘 낳을 수 있겠나 걱정했지. 그런데 막상 결혼해서 애를 못 낳는다고 하니 내 가슴이 어땠겠냐? 그래도 천신만고 끝에 건강한 새끼 하나 낳았으니 얼마나 다행이냐. 그 때 난 마음놓은 거야. 이젠 됐다 싶었지. 자궁 수술하기 전에 마지막으로 고생은 했다마는 오히려 잘 됐는지도 몰라. 아주 화근덩어리를 없앤 것일 수도 있어. 수술 전에 의사도 그랬잖니. 그냥 두면 앞으로도 또 문제가 생길 수 있다고. 당사자가 제일 끔찍했겠지만 나도 정말 긴 세월 피를 말리며 살았어. 이제 아들 건강하게 잘 키우고 오손도손 살면 되지. 뭐. 이젠 걱정 덜었어."

엄마는 다큐멘터리 드라마의 마무리 대사로 말했는지 몰라도 나는 그게 아니었다. 오히려 새로운 구상으로 편집해야 할 새 드라마의 오프닝 멘트가 된 것이다.

지나온 삶을 다시 다 후벼파야 한다. 정신이 명료해졌다. 그러고 보면 지금까지 나는 고통에 비해 밝고 명랑하게 살아온 것 같다. 피 흘리며 고생하던 고등학교 시절에도 산부인과에 다녀와서는 그것이 무슨 자랑이라고 학교 친구들을 모아놓고 개그콘서트처럼 웃기곤 했었다. 간호사 언니가 나 보고 "아줌마"라고 했다며 창피해 죽는 줄 알았다고 하면서 엉거주춤 진찰실로 들어가던 걸음걸이를 흉내내며 웃겼다. 그 이후 내 별명은 '아줌마'가 되었다. 아이들이 왜 그렇게 하혈을 하는 거냐고 물으면 호르몬이 어쩌고저쩌고 하면서 의학 상식을 알려주듯 남의 일처럼 태연하게 설명하곤 했다. 내 몸이 깨끗하다고 정리된 이후로 나는 당당했고 눈치볼 것 없이 연애 결혼해 거침없이 살아왔지만 함께 겪었던 불임의 고통과 자궁 수술의 아픔들이 성폭행으로 인한 것이라면 남편에게도 미안하기 그지없는 것이다. 본의 아니게 속인 것이 아닌가? 그동안 나는 뭔가 진실을 모른 채 얇고 가볍게 살아온 것 같았다. 무척이나 당혹스러웠다. 이제 진실을 안 이상 그대로 넘어갈 수는 없었다. 새롭게 정리를 해야만 했다.

그 놈을 죽여야 한다

내 자궁은 그 놈이 가져간 것이다
게다가 그 놈은 아주 상습범인 것이다

수술 뒤끝이라 그랬는지도 모른다. 자궁의 상실로 빈 공간이 생겨서 그랬는지 모른다. 우리 몸을 '소우주' 라 하고 그 소우주의 중심을 자궁이라 하지 않던가. 내 몸의 중심인 자궁이 없어졌는데 뭔가 달라도 달라지지 않았겠는가? 무의식 속에 남아 있던 깊은 상실감, 생명 잉태의 단절감이 새삼스러운 충격을 계기로 의식의 세계로 솟아올랐나 보다. 나는 집요하게 그 문제에 매달렸다. 두 눈이 뻘게지도록 밤을 지샜다. 누구와도 함께 나눌 수 없는, 나 혼자만이 정리해야 할 멍에를 안고서 안간힘을 썼다.

희미했던 그 당시 성폭행 장면에 조명이 비춰지고, 그 장면 위에 이후 고통스러웠던 과정들이 하나 하나 겹쳐진다.

주사 바늘의 아픔이 느껴져 오고 상상 임신이 떠오르고 자궁을 긁어낼 때의 아픔이 느껴진다. 호르몬 주사로 딱딱해진 엉덩이가 의자에 스칠 때의 아픔이 밀려오다가 끝내는 그 모든 것이 사라져 버리는 허공의 상태가 된다. 내 호흡이 거칠어지고 머리에 피가 몰린다. 맴맴 도는 그 장면들….

그랬다. 꽃과 풀 속에서 뛰어 놀던 시절에 이미 형성된 것이지도 모른다. 나는 아주 낭만적인 결혼관을 가지고 있었다. 사랑하는 서방님과 농촌에서 살면서 아이를 많이 낳아 아기자기하게 사는 꿈이었다. 엄마 아빠의 모습이 이상형이었을 것이다. 아이들과 산으로 들로 같이 뛰어 다니면서 같이 숨바꼭질도 하고 냉이도 캐고 뽕도 따는 것이다. 그러다가 고등학교 시절 심훈의 『상록수』라는 책을 읽고서 그 꿈은 더 구체적인 목표가 되었다. 책 주인공 박동혁 같은 남편을 만나서 농민운동도 하고 싶었다. 나는 여주인공 채영신이 되는 것이다. 낭만적인 정서에 농민운동이라는 뜻도 합쳐진 것이다. 또한 '사운드 오브 뮤직' 이라는 영화도 나에게 힘을 주었다. 마리아와 대령의 사랑보다도 그 알프스 산맥의 풍경과 들꽃들이 내 가슴을 흔들었다. 무엇보다 좋아 보였던 것은 그 아이들이었다. 여섯 명인가, 일곱 명인가? 아무튼 도레미송만 부르면 된다. 노래를 좋아하는 나 또한 그렇게 아이를 많이 낳아서 같이 노래를 하고 싶었다.

나는 대학에 와서 그 꿈을 실천해 왔다. 4년 동안 동아리에서 가는 농촌봉사활동을 한 번도 빠지지 않고 8번을 다녀왔다. 농민 운동의 뜻을 확실히 정했다. 농촌에서는 집에서, 밭에서 아기를 낳다가 사고가 많이 생긴다는 것을 봉사활동을 다니며 알게 되었다. 간호학과를 졸업하고 농촌에 가서 아기를 받아주며 농민운동을 하기 위해 곧바로 조산사 과정을 밟았다. 부산 일신기독병원에서 1년간 훈련을 받고 자격증을 땄다. 한편으로 부산 지역 사회인 동아리 중에 농촌 문제를 연구하는 모임을 알아내 내 발로 찾아갔다. 그 모임의 회원이 되어 사회과학 공부를 하게 되었고 연애도 하게 된 것이다.

그 모임의 리더인 사람이 바로 내 남편이었다. 남편은 그 당시 가톨릭농민회 영남지역 총무로 활동하고 있었다. 딱 걸렸다. 바로 내가 찾던 박동혁 같은 사람이었다.

우리는 1년 동안 같이 공부하며, 활동하며 사랑을 키워왔다. 함께 농민운동을 할 것을 다짐하며 결혼했다. 꿈은 거의 다 이루어졌다. 단지 한 가지. 아이들 문제만 빼고서 말이다. 내 자궁은 어디로 갔는가?

나는 이른바 말하는 '운동권' 여성이다. 대학 다닐 때부터 유신 반대 데모도 많이 했고 부산에 내려와 연애를 하는 시절에도 부마항쟁에 참여했다. 남편의 석방 투쟁도 치열하게 했고 계엄령 상황에서도 비밀스런 활동을 했다. 그 당시 봤던 책 중에서 기억나는 것은 『사이공의 흰 옷』이라는 책이다. 베트남에서 민족해방운동을 하던 여성에 관한 책이었는데 실화를 바탕으로 한 소설이다. 지하조직 운동을 하다가 검거되었는데 조직의 동료를 지키기 위해 모진 고문을 다 받아냈다. 성폭행 고문까지 당했는데 임신이 되었다. 이 여성은 불러오는 배를 보면서 새로운 해석을 한다. 강간당해 생긴 아기를 신념과 투쟁의 산물로 본다. 자신이 쉽게 입을 열지 않았기에 생긴 생명이라며 아기를 사랑하고 감옥 안에서 아기를 낳는다.

2년 전 고등학교 동창들과 베트남에 갔을 때 그 지하 운동을 하던 땅굴을 견학했다. 좁은 땅굴에 직접 들어가 어두운 미로를 지나면서 나는 이 여전사를 생각했다.

한 인간으로서, 신념가로서 그리고 생명을 사랑하는 모성으로서 깊은 애정과 존경을 보냈다.

그 당시 사회운동을 하던 사람들은 거의 다 무의식 속에 '고문'이라는 개념이 있었을 것이다. 나 또한 언젠가 고문을 당할 수 있다는 생각과 그럴 경우 비밀을 지켜야 한다는 절대절명의 과제를 항상 마음에 새기고 있었다. 즉 항상 감옥에 갈 수 있는 준비가 되어있었던 셈이다. 나를 성폭행했던 그 오빠의 소식을 알아 보았다. 결혼해서 아이도 낳고 잘 살고 있다고 했다. 이리저리 알아보던 중에 새로운 정보를 얻게 되었다.

그 오빠는 농촌에 있는 어떤 고아원 원장의 아들인데, 고등학교를 서울에 와서 다니느라 그 당시 우리 옆집에 살았던 것이다. 그런데 방학이 되어 자기 집에 내려가거나 졸업 후에 집에 있었을 때에도 그 나쁜 짓을 했던 모양이다. 고아원에 있던 힘없는 여자아이들이 많이 당한 모양이다. 그곳에 함께 있다가 나온 사람에게서 들어 알게 되었다.

나만 당한 게 아니라니! 힘없는 처지에 있던 아이들이 무수히 당했다니! 원장의 아들이 그랬다면 뒷정리나 제대로 됐겠는가? 쉬쉬하며 적당히 덮어버리지 않았겠는가? 당한 아이들에게 우리 엄마처럼 "니 잘못이 아니야"라고 말해주는 사람은 있었을까? 그 아이들은 지금 어떤 후유증 속에서 어떻게 살고 있을까? 피가 거꾸로 솟았다.

내 자궁은 그 놈이 가져간 것이다. 게다가 그 놈은 아주 상습범인 것이다. 그런데도 어떤 처벌도 받지 않고 버젓이 결혼해 토끼 같은 새끼 낳고 잘 살고 있다니!

이제 문제의 초점이 바뀌기 시작했다. 내 고통 속에만 빠져 있을 때가 아니었다. 훌륭한 부모 밑에서 사랑을 듬뿍 받고 자란 나도 이렇게 엄청난 고통을 당했는데 그 아이들이야 오죽했을까? 얼마나 부모를 원망하며 자신의 운명을 저주했을까? 그들의 원한을 풀어주기 위해서라도 나는 지금 뭔가를 해야 한다. 상습범을 이대로 편하게 살게 할 수는 없다. 이건 사회적인 악이다. 불의를 두고 그냥 있을 수는 없다. 운동권의 기질이 발동되기 시작했다.

이 놈을 어떤 방법으로 처단할까?

자궁의 생명성을 잃어서 그랬는지 몰라도 생각은 극단으로 치달았다. 그 놈은 죽어야 한다. 그 놈을 죽여야 한다. 죽여도 몰래 죽이는 게 아니라 세상이 다 알도록 사건을 저질러야 한다. 그래야 사회적인 경각심이 생겨 이런 일이 줄어들 것이다. 시나리오가 머리에서 급하게 돌아갔다. 범행 직전에 언론에도 미리 알리고 범행 동기도 미리 작성해 유인물로 뿌리고 사건 현장, 구속 장면, 이후 재판에 이르기까지 몇 차례나 뉴스에 나오게 하여 얼마동안 사회적인 이슈가 되도록 해야 한다. 내 눈에는 점점 핏발이 서갔다. 어느새 나는 상상 속의 자살테러범이 되어 있었다.

이후의 일이지만 나와 똑같은 생각을 가지고 몸소 실행한 사람이 있었다. 김부남이라는 여자다. 보도를 통해 그 사건을 처음 알게 된 날, 나는 온 몸에 소름이 돋았다. 어떻게 나와 똑같은 생각을 할 수 있었으며, 게다가 생각으로만 끝냈던 나와는 다르게 실제로 행동을 했다는 데에서 받은 충격 때문이었다. 내가 비겁하게 느껴졌고 그녀가 용감하게 보였다. 내가 판사였다면 무조건 '무죄'를 선고했을 것이고 위로와 보상의 후속 조치를 명했을 것이다.

그녀는 나와 비슷한 9살 나이에 옆집 아저씨로부터 성폭행을 당했는데 그것을 도저히 잊을 수 없었다. 마음 잡고 살아보려고 결혼도 했다. 그러나 더 힘들었다. 견디다 못해 40살이 되던 해 칼을 들고 그 아저씨를 찾아가 죽였다. 31년을 마음에서 칼을 갈고 살았던 것이다. 이미 할아버지가 다 되어 버린 노인이었지만 그녀에게는 9살 때의 옆집 아저씨일 뿐이었다.

그녀는 법정에서 말했다. "후회는 없다. 나는 단지 짐승을 죽였을 뿐이다"라고.

기(氣)의 원리가 명백히 밝혀지면 좀더 확실히 알게 되겠지만 나는 지금도 믿고 있다. 남에게 상처를 준 사람은, 특히 성폭행처럼 최고의 상처를 준 사람은 엄청난 저주와 죽음의 기운을 받고 살 수밖에 없다는 것을 믿는다. 모든 일이 잘 될 수가 없을 것이다. 당대에는 그냥 넘어가더라도 후손 대에서는 분명히 그 결과가 나타날 것이다. 협박과 공갈이 아니다. 주위의 많은 사례에서 그것을 증명하고 있다.

직접 주위를 살펴 보시라. 친딸을 폭행한 아버지, 친 여동생을 건드린 오빠와 사촌오빠들, 어린이를 괴롭힌 어른들, 그들의 말로를 지켜 보시라.

그들이 정말 행복한지 불행하게 사는지를. 성폭행을 당한 사람이 내뿜는 저주와 원망은 살인을 저지를 정도로 엄청난 것이다. 그 파괴적인 기운들이 다 어디로 가겠는가? 기도에도 효능이 있듯이 저주에도 효능이 있는 것이다. 원한이나 저주는 단지 '여인 천하'나 '장희빈' 같은 사극에서만 나오는 얘기가 아닌 것이다. 피해자는 물론 자신과 후손을 위해서라도 성폭행은 절대로 하면 안 된다. 상상 속에서조차 해서는 안 될 일이다. 그렇게 굳건히 마음 먹으면 단연코 안 하게 된다.

아이가 준 생명의 기운

오랜만에 깊은 잠을 자고 일어났다. 마음이 편해지고 환해졌다
지난 일들이 다 꿈만 같았다

한 일주일을 범행 시나리오에 묻혀 있었던 것 같다. 밥은 먹는 둥 마는 둥 입맛도 모르고 두 살 된 아들이 뭐라고 하는데도 귀에 들리지 않고 눈에서는 괴상한 광채가 뿜어져 나오고 완전히 다른 세상 사람 같았다. 기력은 다 소진되었고 마음은 돌처럼 차가워졌다.

슬픔과 기쁨을 느낄 수 있는 정서조차 없었다. 그냥 숨쉬는 로봇 같았다. 입력된 정보에 따라 움직이기만 하면 되는 로봇.

햇살이 밝은 어느 날 아침. 벽에 기대어 창문 너머 하늘을 보고 있는데 아들이 와서 몸을 치댄다. 배가 고프다고 밥을 달라고 하더니 내 얼굴을 보고 엉뚱한 소리를 했다. "엄마. 엄마 눈이 빨개. 꼭 토끼 같아" 했다. 무심하게 "토끼 같아?" 하면서 아이의 얼굴을 비벼대고 있었는데 갑자기 문득 아이의 존재가 느껴졌다. 아이의 볼을 비비며 뽀뽀를 하는데 약산성의 아기 비누 냄새가 확 풍겼다. 보드라운 살결도 느껴졌다. 간지럽다고 목을 움츠리며 내 품에서 빠져나가려는 몸짓도 느껴졌다. 그럴수록 "엄마가 토끼 같다고? 응?" 하면서 아이를 잡아끌어 비비고 만지고 아이 품에 파고들었다. 아이가 거의 울 지경이 돼서야 아이를 품에서 놓아주고 저리 도망가는 아이를 바라보았다. 너무나 예뻤다. 올망졸망한 손이며 발이며 뒤뚱거리며 뛰어가는 저 엉덩이. 엄마가

쫓아오나 싶어 뒤돌아 보는 장난기 어린 천진난만한 저 얼굴. 어쩌면 저다지도 예쁠 수 있을까? 이유 없이 눈물이 흐르는데 걷잡을 수가 없었다. 나중에는 몸부림을 치며 소리를 내어 울었다. 속에서 뜨거운 그 무엇이 자꾸 자꾸 올라왔다. 내 생전 그렇게 몸부림치며 미친 듯이 운 적은 없었던 것 같다.

내 마음에 한가닥의 봄바람이 불어왔다. 그것은 어린 시절 불이 타던 논두렁에서 패인 홈에 숨어있던 새싹을 쳐다보며 맞았던 그 봄바람과 같은 것이었다. 2월의 찬바람 속에 스며들어 있던 한 가닥의 봄바람. 내 아이가 바로 패인 홈 속에 숨어 있던 그 새싹이었고, 그 아이를 만지고 바라보며 느꼈던 그 마음이 바로 봄바람이었다. 식물이든 인간이든 생명의 힘은 놀라운 것이다. 그다지도 차갑고 딱딱했던 마음에 훈훈한 생기를 넣어주니 말이다.

며칠 간을 아무 생각 없이 아이와 뒹굴며 놀았다. 내가 더 아이 같았다. 목소리도 말투도 행동도 유치하기 이를 데 없었다. 먹을 것 가지고도 싸우고 이불 위에서 '딸랑딸랑' 노래에 맞춰 껑충껑충 뛰기도 하고 숨바꼭질도 하고 같이 동요도 불렀다. 세상에서 격리된 할미꽃 동산 같았다.

아이로부터 생명의 기운을 충분히 받았나 보다. 오랜만에 깊은 잠을 자고 일어났다. 마음이 편해지고 환해졌다. 지난 일들이 다 꿈만 같았다.

실제 꿈이 아니었다 해도 뭐 그리 대수롭지 않았다. 범행의 시나리오도 우스웠다. 분명한 건 지금 이 시점에 내 아이가 있다는 것이다. 지금도 이렇게 나와 함께 있고 앞으로도 이렇게 함께 있을 것이다.

번개처럼 스치는 생각이 들었다. 그 오빠도 우리 아이처럼 어렸을 때 얼마나 예뻤을까? 그 부모도 나처럼 자기 아들을 물고 빨고 예뻐했을 것이다. 그런데 그토록 예뻤던 아들이 커가면서 엄청난 짓을 한 것이다. 그 부모가 그렇게 하라고 시켰겠는가? 그런 짓을 할 것이라고는 꿈에도 생각하지 못했을 것이다. 그렇다면 내 아들은? 지금 이렇게 예쁜 내 아들도 커가면서 어떤 짓을 할지 그 누가 알겠는가? 그럴 리야 없겠지만, 그렇다고 절대로 안 그럴 거라고 누가 보장하고 장담할 수 있겠는가? 누구든 자식 일은 모르는 것이다. 부모 마음대로 되지 않는 것이 자식이다. 만약에 내 아이가 자라면서 그런 일을 저질렀다 치자. 그때 상처받은 여성이 뒤늦게 복수를 하기 위해 아들을 찾아와 범행을 저질렀다 치자. 그랬다면 부모인 내 마음은 어떻겠는가? 죽이는 건 안 된다. 다른 벌은 달게 받겠지만 죽여서는 안 된다. 안 된다, 결코 안 된다. 그렇다 범행은 안 된다. 머리와 마음이 일치됐다.

그렇지만 문제가 해결되지는 않았다. 무엇을 어떻게 해야 하는가? 이리저리 이해의 폭을 넓혀보았다.

이제는 그 오빠를 내 아들이라 생각하고 지난 일들을 더듬어 보았다. 이해하고 싶은 마음이 움찔움찔 솟아 나왔다. 머리를 흔들며 부정해보다가도 한창 때의 멋모르고 까부는 남자애들에 대해 그 모습을 떠올려 보았다. 야한 것만 골라서 보고, 낄낄대면서 서로 보여주고 장난치며, 경험이 많다고 자랑하는 친구들이 영웅이 되어 인기를 얻고, 모두들 침을 흘리며 들으면서 '나는 언제나 해보나' 하는 열망을 갖게 되고… 열망은 목표가 되고, 우연한 상황에 자극을 받고, 자극은 각본을 만들고, 주위를 살피며 모색해보다가, 죄책감과 두려움에 망설이며 자위행위로 풀어 보는데, 한번 세운 각본은 지워지지 않고, 수정을 거듭하다가, 어느 순간 공상이 현실이 되어 일이 벌어진다.

일이 끝날 때까지는 정신이 없다. 사정을 하고 제정신이 돌아오면 그때부터 뒷일을 걱정한다. 우선 입을 막아야 한다. 협박과 회유의 방법을 써본다. 그러나 집에 와서는 두려움에 떤다. 작은 소리에도 예민해하며 화를 낸다. 며칠이 지나도 아무 일이 없으면 안심을 한다. 그러나 완전히 마음 놓을 것은 아니다. 살살 확인해보고 싶은 마음이 든다. 귀를 쫑긋 세우고 이 말 저 말을 들으며 단서도 잡아보고 먼발치에서 피해자 집 동정도 살핀다. 그래도 아무 일이 없다. 한 차례 더 안심한다.

상습범이 되는 과정도 이렇지 않을까? 얼마간의 시간이 지났음에도 아무런 일도 벌어지지 않고, 당한 아이를 우연히 만났을 때 그 아이가 별 반응을 보이지 않으면서, 물어본 결과 비밀을 지켰다는 것을 확인했다면 어떤 생각이 들까? 다시 또 야릇한 생각이 들지는 않을까? 혹시 그 아이가 나를 좋아하는 것은 아닐까? 그 아이도 그 짓을 좋아하는 것은 아닐까? 처음에 비밀을 지켰으니 계속 비밀을 지킬 거야. 또 해볼까? 또 해도 괜찮지 않을까? 괜찮을 것 같다. 그래 또 해보자.

한 번 더 시도한 것이 또 그냥 넘어갔다면 그 소년은 차원이 달라지기 시작한다.

점점 죄책감도 무뎌지고, 여성의 마음과 상처는 하나도 모르면서 자기 멋대로의 해석으로 여성에 대해 왜곡된 확신을 갖게 되고, 협박과 회유의 방법도 날로 발전할 것이다. 점점 대담무쌍해지면서 합리화의 틀도 강해질 것이다. 여자애가 원해서 하는 것이라고. 원하지 않았으면 왜 비밀을 지켰겠냐고. 처음에는 내가 강제로 한 것이지만 그 다음부터는 강제로 한 게 아니라 둘이 원해서 한 거라고. 급기야는 그 여자애는 아주 밝히는 애라고 하는 오명을 여자에게 씌우기도 할 것이다.

한창 나이에 일어날 수 있는 호기심과 충동, 자극과 열망, 각본과 실행 속에서 결정적으로 빠져 있는 것은 무엇인가?

고등학교 2학년이었던 그 오빠를, 그 나이에 충분히 그럴 수 있다고 화끈하게 이해해 줘보자. 그러면 나는 뭔가? 나는 어떻게 되었는가? 나는 분명히 엄청난 고통을 당했고 아직도 극복하지 못한 채 남아 있는 상처가 있다. 오빠를 아무리 이해한다고 해도 그 오빠의 '충동'과 나의 '고통' 사이에는 분명히 괴리가 있다. 그 엄청난 괴리는 어디에서 비롯되는 것일까? 그것은 결정적인 사실 두 가지를 모르는 데에서 생긴 것이다.

바로 '각본'과 '실행'의 차이를 모르는 데서 비롯되는 것이다. 상상 속의 각본과 실제로 행하는 행동은 그 과정과 결과에 있어서 엄청나게 다르다는 것이다. 각본에서야 절대적으로 자기 마음대로 할 수 있지만, 실제 행동에서는 살아 있는 인간을 대하는 것이고 상대적인 관계가 형성되는 것이다.

각본에서는 자신의 욕구를 채우기 위해 설정한 상대 인물이 본인이 원하는 대로 행동해줄 수 있지만, 실제 상황에서는 반항도 하고 상처도 나고 울기도 한다. 또한 각본에서는 자신의 욕구를 해소할 뿐 아무에게도 실제 피해를 주지 않지만, 실제 행동을 하면 실제로도 피해를 준다. 피해를 주는 가해자와 피해를 받는 피해자의 관계가 형성되는 것이다. 자신이 '가해자'라는 생각을 해보았는가? '행위'만 생각했지 '관계'를 생각하지 못한 것이다.

또 하나는, '욕망'과 '상처'의 부등호 관계다. 성폭행을 통해 설령 자신의 욕망을 채웠다고 하더라도 그가 느낀 만족감에 비해 상대방이 당한 그 피해와 상처는 비교도 될 수 없을 만큼 훨씬 더 크다는 것이다. 찢어진 몸의 상처만 회복된다고 문제가 해결되지 않는다. 여성은 모든 상처를 마음으로 새긴다. 무시하는 말 한 마디에도 평생 원한을 갖기 쉬운 존재가 바로 여성인데, 일방적인 폭력으로 몸이 찢기고 협박까지 당했을 때의 마음의 상처란 평생 잊을 수가 없다. 마음의 깊은 상처는 몸 세포 하나 하나를 원한 덩어리로 만든다. 그 세포가 어떤 계기로 발동하면 범행을 생각할 정도로 극단적인 상태가 되는 것이다. 특히 어린아이의 경우 몸의 상처까지 아주 치명적이다. 성숙되지 않은 자궁(소아 자궁)의 상처로 인해 자궁이 많이 망가진다. 나처럼.

자신은 피해 중에 가장 큰 피해를 준 가해자가 되고, 피해자는 일생동안 고통 속에서 살게 된다는 사실을 분명히 알았다면 그렇게 쉽게 성폭행을 하지 못했을 것이다.

부모와 교사, 선배들은 자라나는 소년들에게 이런 것을 한 번도 가르쳐주지 않았다. 그것이 문제였던 것이다.

그 오빠의 부모는 결정적으로 무엇을 잘못했을까? 어쩌다가 아들이 상습범이 되도록 내버려두었는가? 무엇이든 그 처음이 중요하다. 성폭행 같은 잘못은 더더욱 그렇다. 접시꽃을 훔쳐도 죄책감은 밀려온다. 접시꽃의 아름다움에 홀려 정신없이 꺾긴 했지만 정신을 차리는 순간 두려움에 떤다. 피해자로부터의 반격, 부모에게 당할 처벌, 사회적인 망신 등이 걱정되어 불안초조해지는 것이다. 하물며 실제 반항이 있고 상처가 남는 성폭행의 경우 그 두려움과 죄책감은 더 클 수밖에 없다.

그 처음 경험한 죄책감이 적시에 제대로 처리되어야 한다. 그래야 한 번의 실수로 끝나게 된다. 알려지면 어떡하나 걱정할 때 알려져야 하고, 혼나면 어떡하나 두려워할 때 혼나야 한다. 때를 놓치거나 알려져도 혼나지 않았을 때 특히 자신의 부모가 변명을 하며 자녀를 두둔하게 될 때 아이들은 재빨리 합리화를 배우게 되고, 문제의 본질을 왜곡하며 잘못의 원인을 상대의 탓으로 돌리는 법을 익힌다. 엄마의 돈을 훔친 아이가 들킬까봐 불안하게 왔다갔다하다가 발각되어 매를 맞고 나서 잠 잘 때의 모습을 보면 얼굴이 환하게 펴져 있다. 대가를 치렀기 때문에 죄책감과 두려움이 해소된 것이다. 그와 같아야 한다. 당한 사람이 침묵하며 비밀을 지키는 것은 당사자는 물론 가해자에게도 좋지 않다. 가해자를 더 나쁘게 만드는 것이다. 상습범을 만들어주는 계기가 되기 때문이다. 비밀의 의미를 여러 가지로 오해할 수 있고 어쨌든 앞으로도 계속 그런 짓을 해도 괜찮겠다는 생각을 만들어준다. 법적인 차원까지 가지 않더라도 일단 당했던 사실을 가해자 가족에게 알리고 항의도 해야 한다.

이와 함께 가해 자녀 부모는 잘못을 저지른 자녀를 한편으로는 이해도 해주면서 또 한편으로는 무엇이 잘못된 것인가를 공정하고 세밀하게 알려줘야 한다.

무조건 매로 때리거나 처음부터 파렴치한으로 단정지어 문제아를 만들어서도 안 된다. 정말 모르고 있거나 잘못 알고 있었던 것을 제대로 잘 짚어줘야 한다.

그리고 매도 맞고 교훈도 잘 전달되었으면 마무리는 믿음과 사랑을 보여줘야 한다. 다시 안 그럴 것으로 믿고 여전히 자녀를 사랑한다는 것을 확인시켜 줘야 한다. 제일 좋은 것은 무엇이 잘못된 것인지를 자녀에게 알려주고 나서 피해자를 찾아가 용서를 빌게 하는 것이다. 자신이 저지른 행동을 자신이 마무리한다는 뜻에서도 아주 중요하고 그와 함께 더 중요한 것은 피해자를 떳떳하게 만들어준다는 것이다. 피해자는 자신의 잘못이 아니라는 것이 확인되기 때문에 앞으로 당당하게 사는 데 큰 도움이 된다.

아픔을 딛고

성폭행에 대한 나의 첫 고백은 15년 전에 이루어졌다

문제를 해결하는데, 범행이 아니면 무엇이냐? 그 대안은 교육이다.

성폭행으로 인한 나의 드라마는 '교육'이라는 결론으로 대단원의 막을 내리게 된다.

여성으로서 겪을 수 있는 아픔은 다 겪어본 셈이다. 그만큼 그런 경험의 여성들을 이해할 수 있을 것이다. 내가 고통스러웠고, 극복한 문제를 통해서 직은 도움도 줄 수 있을 것이다.

아들 같은 이 땅의 남자들! 미워할 수 없는 존재들이다. 스스로들성에 대해 잘 안다고 하지만 결정적인 것들은 잘 모르고 있다.

여성의 외부 생식기는 많이 보았을지 몰라도 여성의 몸과 마음에 대해서는 전혀 알지 못한다. 상상 속의 '각본'과 실제의 '행위'가 다르다는 것도 잘 모른다. 들려주고 싶은 얘기들이 많다. 당장 내 아들부터.

성폭행에 대한 내 첫 고백은 15년 전에 이루어졌다. 소년원에서였다. 어린 아이를 성폭행해서 들어온 16세 소년에게 나의 아픔을 눈물로 호소했다. 나는 그 소년에게 당한 그 어린 아이가 나처럼 그렇게 고생할 수 있다는 것을 생

각해 보았냐고 물었다. 전혀 생각해보지 못했다고 대답했다. 6개월 살다가 사
회에 나가면 다시는 성폭행을 하지 말라고 당부했다. 그후 지금까지 이렇게
성교육을 하고 있다.

제 **2** 부

{ 동심 아우성을 위한 **7가지** 원칙 }

밝은 마음, 좋은 느낌 만들어주기

{ 어린시절의 느낌은

평생을 좌우한다 }

언제나 웃기셨고 시간만 나면 4남매를 골고루 안아주셨다.
얼굴을 비빌 때의 그 따가웠던 수염!
결혼해서도 친정에 가면 아버지는 어렸을 때와 똑같이 껴안아주셨다.
아버지 품에 안겼을 때 아버지 목 주위에서 나는 그 특유의 시큼한 땀 냄새는 언제나
구수했다.

좋은 휴지를 쓰도록 해라

분위기, 분위기가 중요하다. 절대로 심각해서는 안 된다

엄마들은 아들을, 남성을 잘 모른다. 그러면서 호기심은 얼마나 많은지 모른다.

아들의 사춘기 현상은 말이 없어지는 것이다. 무엇을 물어도 두세 마디밖에 대답하지 않는다. "몰라" "싫어" "됐어" "알았어" 등이다. 그러면 알아차려야 한다. 몸이 커지면서 몽정도 하고 자위행위도 할 수 있다는 것을. 이때부터는 아들 방에 불쑥 들어가면 안 된다. 꼭 노크를 해야 하고 들어가도 되는지 동의를 구하고 대답을 기다렸다가 들어가는 게 예의다.

어떤 엄마는 모르고 있다가 이렇게 일러주니까 "어머나. 그래요?" 하더니 진짜 그런지 아닌지를 확인하러 몰래 방문을 열어보곤 하는데 제발 좀 그렇게 하지 말기를 바란다. 어떤 남학생이 나를 보더니 아주 간절히 부탁을 했다. "제발, 엄마들한테 이상한 얘기 좀 하지 말아 주세요. 샤워도 제대로 못하겠어요." 들어보니 딱하기도 했다. 그 엄마는 내가 텔레비전 방송 어느 토크쇼에 나와서 하는 말을 들었나 보다. 아들들이 자위행위를 할 때 뒤처리가 귀찮아서 샤워를 하면서 하는 경우도 있다고 했나 본데 귀 담아 들은 총명한 엄마가 절대로 잊지를 않았나 보다. 아들이 샤워만 할라치면 빨리 끝내라고 하면서 시작한 지 10분도 안 돼 화장실 문을 두드린단다. "왜 이렇게 오래 하니?

너무나 길게 하는구나" 하면서 말이다. 그 학생 왈, "저는 정말 순수한 샤워를 하고 있었거든요? 100% 순수거든요. 이젠 엄마 때문에 샤워도 제대로 못하겠어요." 엄마들이시여 제발 자제 좀 하시라.

노크도 없이 아들 방에 들어갔다가 낭패본 얘기들은 얼마든지 있다.

몇 년 전 방송에서 나는 '점심을 굶은 아이'에 대해 말했다. 중학교 2학년인 한 남학생이 한창 자기 방에서 작업(자위행위)을 하고 있는 중이었는데 엄마가 이름을 부르며 불쑥 들어왔다. 어떻게 감추고 숨기고 할 수가 없었다. '그대로 멈춰라' 게임처럼 그대로 멈추고 말았다. 엄마도 잠시 멈추어 서있더니 사태를 파악했는지 "어머나! 어쩌면…" 하는 외마디 소리를 남기고 거의 울듯이 방을 뛰쳐나갔다. 아들은 방을 나갈 수가 없었다. 엄마와 눈을 마주칠 생각을 하니 엄두가 나지 않았다. 저녁 식사도 나중에 혼자서 먹고 다음날은 엄마가 깨기 전에 일찍 일어나 학교에 갔다. 며칠 동안 도시락도 못 챙겨와 점심을 굶고 있었다.

나는 말했다. 혹시나 그런 상황이 벌어지면 어떻게 해야 좋은가? 아들이 먼저 풀 수는 없는 것. 엄마가 풀어야 한다. 처음에는 당황했겠지만 얼른 정신을 차리고 아이에게 이렇게 말한다.

"노크도 안 하고 들어와서 미안하구나. 어서 마저하도록 하여라." 그렇다고 아들이 마저할 수 있겠는가? 그냥 멋쩍은 웃음만 나올 뿐이겠지.

"마저하긴 뭘마저 한 단 말인가. 중도하차시킨 것이 누군데?"라고 할 것이다. 거실로 돌아온 엄마는 어떻게 해야 하는가? 정신을 수습하고 얼른 가게에 가서 크리넥스를 사오라고 했다. 아들의 작업이 다 끝날 정도의 시간을 기다려 다시 정식으로 아들 방을 노크한다. 아들이 대답을 하겠는가? Oh! No! 대부분 안 할 것이다. 잠시 뜸을 들였다가 문을 열고 들어간다. 아들은 붉어진 얼굴로 머리를 숙인 채 어색하게 앉아 있을 것이다. 자! 이제 어떻게 해야 하겠는가?

분위기. 분위기가 중요하다. 절대로 심각해서는 안 된다. 너무 실실 웃어도 안 된다. 징그러워하는 표정도 안 좋다. 뭘 어떻게 하란 말인가?

마음속으로 이런 생각을 해야 표정이 절로 나온다. "정말 우리 아들이 남성이 되어가는구나. 몸이 건강하구나. 성은 아름다운 것. 하나 하나 느끼며 배워가야겠지. 오매, 기특한 것" 이런 생각을 해야 건강하고 밝은 분위기가 형성될 수 있다. 이제 표정관리를 하고 나서 아들에게 다가가 가볍게 뒤통수를 치며 밝게 말한다. "우리 아들 다 컸네. 몸이 튼튼한가봐. 좋았어! 멸치도 생선이라고. 아쭈구리!" 한다. 아들도 정말 멸치 같은 아쭈구리한 표정이 될 것이다. 이어서 들고 들어온 크리넥스를 건네주며 결론을 짓는다. "이왕 하는 거. 좋은 휴지를 쓰도록 해라." "조금 있다가 밥 차릴 테니 나와서 밥 먹어라" 하며 즐거운 표정으로 씩씩하게 나오면 된다.

그 다음 상황을 연상해 보시라. 아들은 어떻게 하고 있겠는가?
엄마의 획기적인 발언에 어안이벙벙 놀라워할 것이다. 그리고 얼떨결에 받아 든 휴지를 보며 "픽!" 하고 어이없게 웃을 것이다. 휴지를 천천히 내려놓으며 갑자기 일어났던 조금 전의 상황을 차분하게 요약해볼 것이다. "내가 멸치라고? 뭐. 이왕 하는 거 좋은 휴지를 쓰라고? 아쭈구리는 또 뭐야? 크리넥스는 또 언제 사왔지? 정말 웃기는 짬뽕이네. 나 원 참."
결론적인 느낌은 자신도 참 웃기는 놈이지만 엄마는 더 웃기는 여자인 것이다. 여기서 내가 제일 중요하게 생각하는 것은 그 아들의 기분과 느낌인 것이다. 이 사건을 통해서 형성된 '성과 몸'에 대한 느낌이 밝고 건강하다는 것이다. 휴지를 받아든 아들이 자신의 몸을 생각할 때 더럽게 느껴지겠는가 아니면 뭔가 괜찮게 느껴지겠는가? 조금 쑥스럽긴 하지만 자신의 몸이 건강하고 신통하게 느껴지지 않을까? 자위행위라는 성적인 행위도 죄를 지은 느낌이 아니라 건강과 성숙의 상징으로 다가오지 않을까? 외나무다리에서 원수를 만났을 때처럼 당혹스럽고 곤혹스러울 때에 획을 가르는 그 한마디는 평생 온 몸에 살아 남아 있다.

성은 느낌(feel), 정서의 문제다. 아름다운 성이란 밝은 마음, 좋은 느낌의 성을 말한다.

같은 조직폭력배 영화라도 '친구' 라는 영화와 '신라의 달밤' 이라는 영화는 그 느낌이 다르다. 영화 '친구' 는 그 느낌이 어둡고 칙칙하다. '신라의 달밤' 은 뭔가 밝은 느낌이 들고 기분이 좋아진다. '오아시스', '집으로' 라는 영화도 힘들고 가난한 배경의 영화지만 역시 기분이 좋고 느낌이 훈훈하다. 자위행위 또한 하는 방법은 같을지 몰라도 그 느낌과 기분은 사뭇 다를 수 있다. 자위행위라고 다같은 자위행위가 아닌 것이다. 영화관에서 뜨거운 장면을 보다 참지 못해 화장실에 뛰어와 하는 자위행위는 그 느낌이 어떨까? 친구들과 장난치면서 화장실에서 변기를 마주하고 치르는 자위행위는 어떤 기분일까? 변기의 물을 누르고 돌아서 나올 때 자신에게 느껴지는 그 느낌이 궁금하다. 거의 습관적으로 동영상을 보면서 하루에도 몇 번씩 자위행위를 하는 친구들은 심각하게 상담을 의뢰한다. 얼마나 기분이 나쁘고 칙칙한지 그 중독에서 벗어나게 해달라고 간청을 한다. 그들은 자신이 너무 한심해 보이고 몸도 더럽게 느껴지며 매사 자신감이 없어 운동조차 하기 싫다고 한다. 이들에게 성은 아름답게 느껴지지 않는다.

일단 자신의 몸을 대견하게 생각해야 한다. 그리고 몸의 흐름을 느낄 줄 알아야 한다. 자신이 성숙하고 있다는 기쁨도 느낄 줄 알아야 한다. 이런 밝은 마음과 좋은 느낌 속에서 이루어지는 자위행위는 건강에 도움이 되면 됐지 해롭지 않다. 욕구가 일어날 때 자신을 사랑하며 즐겁게 하는 자위행위는 하고 나서도 기분이 좋다. 몸도 가벼워지고 집중력도 높아진다. 왠지 세상에 대한 자신감도 생긴다. 노예처럼 매이지도 않는다. 성은 좋은 기분인 것이다.

"좋은 휴지를 쓰도록 해라"라고 말한 뜻은 바로 이런 기분 좋은 성을 만들어주자는 의미에서 던진 말이었다.

어린시절의 느낌은 평생을 좌우한다

아우성의 뿌리는 무엇일까?
그것은 열 살 이전에 만들어진 동심의 세계다

1. 부모님의 이부자리

나는 일찍부터 결혼은 참 좋은 것이고 어서 빨리 했으면 했다. 그 이유는 부러울 만큼 좋아보였던 아름다운 어떤 장면이 있었기 때문이다. 그 아름다운 장면이란 바로 우리 부모님이 아침에 일어나 옷을 입으시는 모습의 장면이다.

가난했던 어린 시절에 우리 4남매는 부모님과 함께 한 방에서 잠을 잤다. 부모님이 일어나실 즈음에 나도 잠에서 깨곤 했는데 항상 이불 속에서 옷을 입으시는 것을 보았다.

우리들이 보는 게 쑥스러워 그랬는지는 몰라도 굳이 이불 속에서 옷을 입으셨는데 그 모습이 아주 재미있고 인상적이었다. 특히 겨울이 되면 더 재미 있었는데 내복도 입어야 하기 때문에 옷 입는 시간이 길어 감상은 물론 기습 공격까지 가능하다. 옛날 집들은 보온과 단열 처리가 부실해 방에 바람이 많이 들어온다. 겨울이면 윗목에 떠다 놓은 냉수가 얼고 잉크병이 터질 때도 있다. 그래서 부모님은 다음날 아침 따뜻한 속옷을 입으시려고 내복을 요 밑에 깔고 주무신다. 아침에 일어나시면 반쯤 일으킨 몸으로 그 요 밑에 있던 내복을 찾으신다. 마치 '빨리 옷 찾아 입기' 경주를 하듯이 두 분이 양쪽에서 요를 뒤지

신다. 아무래도 요 밑 가운데는 잘 때 배기니까 발치 쪽에 옷을 두는데 아침에 찾으려면 옷이 어디로 밀려갔는지 한참을 찾으신다. 이때가 1차 공격 시기다. 내가 먼저 그랬을 것이다. 이어서 동생들도 따라했을 것이고.

"얍!" 소리와 함께 엄마, 아버지에게 달려든다. 유혹은 부모님이 먼저 하신 것이다. 누가 그 매혹적인 반나체의 몸을 보여달라 했던가. 하체는 이불에 가려져 있지만 상체는 옷을 찾느라 앉아서 구부리고 있기 때문에 뒤에서 보면 엉덩이까지 다 보인다. 우리는 뒤에 가서 맨살을 만지고 껴안고 엄마 가슴을 만지고 아버지 어깨 위에 올라탄다. 아직 옷도 못 찾아 입어 거동이 불편한 상황에 우리들이 달려들어 만지면 엄마는 기겁을 하신다. 우리들의 찬 손이 엄마 속살에 닿으면 "아이 차가워!" 하며 장난스럽게 오버 행동까지 하신다. 우리의 장난도 더욱 고조된다. 아버지는 "이 자식이?" 하면서 레슬링 선수처럼 우리들을 푹신한 이불 위에 밀어서 처박아 놓고 그 사이에 얼른 옷을 찾아 입으신다. 매트에서 일어난 우리들은 또 다시 아버지에게 덤벼들고 준비를 갖춘 아버지는 본격적인 레슬링에 돌입하고 엄마도 어느새 옷을 입고 우리에게 간지럼을 태운다. 아침부터 우리 집은 난장판이 된다.

가난했지만 아주 화목했던 가정이었다. 부모님은 서로 사랑하셨다. 엄마는 아버지를 존경하셨고 아버지는 엄마를 끔찍이도 아끼셨다. 아내나 자식에게 자상하고 다정하셨다.

언제나 웃기셨고 시간만 나면 4남매를 골고루 안아주셨다. 얼굴을 비빌 때의 그 따가웠던 수염! 결혼해서도 친정에 가면 아버지는 어렸을 때와 똑같이 껴안아주셨다. 아버지 품에 안겼을 때 아버지 목 주위에서 나는 그 특유의 시큼한 땀 냄새는 언제나 구수했다.

나는 이 화목함과 정겨움이 엄마와 아버지가 옷을 벗고 자는 데에서 비롯된다고 생각하고 있었다. 옷을 벗고 살을 맞댄 채 누워서 두런두런 나누시던 부모님의 대화를 들으면서 잠이 들었고 아침에는 또 그렇게 옷 입는 것을 보는 것으로 하루를 시작했다. 성관계가 무엇인지 몰랐던 나에게는 부부란 옷 벗고 자는 것, 사랑도 옷 벗고 자는 것, 결혼도 옷 벗고 자는 거였다. 그리고 그 모든 것은 좋은 거였고 아름다운 것이었다.

나는 결혼하기 전까지 모든 부부는 당연히 옷을 벗고 자는 것으로 알았다. '부부는 옷을 벗고 자는 것'이라는 나의 낭만적인 결혼관은 결혼과 함께 여지없이 박살나고 말았다.

옷을 벗으면 잠을 못 자는 남편을 만난 것이다. 이런 황당한 일이 있는가? 어릴 때부터 부러워하고 동경하고 열망했던 꿈이었는데.

결혼 생활이 시작되었다. 사랑을 나누고 그대로 누워있는데 남편은 곧바로 일어나 옷을 입었다. 내가 왜 옷을 입느냐고 물을 새도 없었다. 가만히 누워있는 나를 이해가 안 간다는 듯이 민망해하면서 "어서 옷을 주워입어라" 하는 거였다. 내가 말했다. "왜 옷을 입어? 부부는 당연히 옷을 벗고 자야지." 남편이 놀란 듯이 펄쩍 뛰었다. "니 지금 무슨 소리 하노? 옷을 입고 자야지. 우째 옷을 벗고 잔단 말이가. 난 옷 벗으면 잠 못 잔다. 어서 주어입어라" 하는 거였다. 꿈은 이루어진다고? 웃기는 소리! 와르르르 꿈이 무너졌다. 그 정도가 아니었다. 부부관계조차 무슨 죄를 짓는 행위처럼 생각하는 것 같았다. 여운을 남기고 천천히 옷을 입어도 될 건데 이건 무슨 호떡집에 불난 것도 아니고… 마치 "우리 아무 짓도 안 했어" 하고 시치미 떼는 사람처럼 급히 서둘러 옷을 입는다. 어떤 날 아침에 일어나 보니까 전날 밤 어두운 데에서 얼마나 급히 옷을 입었던지 옷이 뒤집혀 런닝의 'BYC' 상표가 밖으로 나와 있었다. 나 참. 기가 막혀서.

어쩌겠는가? 남편의 옷을 억지로 벗길 수도 없고, 벗어논 옷을 '선녀와 나무꾼'의 나무꾼처럼 몰래 숨겨놓을 수도 없는 노릇 아닌가? 그렇다고 나 혼자 옷을 벗고 잘 수도 없지 않은가? 내가 무슨 스트립 쇼 걸도 아니고. 남편 말대로 옷을 주워입고 잘 수밖에. 그러기를 어언 23년. 지금은 나도 습관이 들어 옷을 벗으면 잠을 잘 수가 없다. 어쩌다가 친정에 가면 엄마와 나는 또 옷 때문에 논쟁이 벌어진다. 지금도 홀로 되신 우리 엄마는 주무실 때 옷을 완전히 벗고 주무신다. 두 분이 오랫동안 옷을 벗고 주무신 게 습관이 되어서 옷을 입고 자면 잠이 잘 안 온다고 한다. 엄마는 나를 보고 "어떻게 옷을 입고 잠을 잘 수가 있니? 잠이 와?" 하신다.

나는 또 거꾸로 대응한다. "어떻게 옷을 벗고 잠을 잘 수가 있어? 잠이 와? 엄마?"

잠 잘 때 옷을 벗고 자는 게 건강에 좋다고 한다. 어느 한의사 선생님 말씀으로는 벗고 자면 피부로 호흡을 하기 때문에 적어도 10년은 더 살 수 있다고 한다. 건강도 건강이지만 부부가 서로 사랑한다는 것이 한 이불 속에서 살을 비비며 자는 것으로 표현된다는 것, 그 자체가 자녀들에게는 가장 큰 선물일 것이다. 그 느낌과 분위기로 밝고 건강한 결혼관을 만들어줄 테니까 말이다. 각방 쓰시는 부모님들이시여! 어서 빨리 베개 들고 안방으로 건너오십시오. 그리고 무조건 옷을 벗으십시오. 그러면 됩니다. 아이들이 무지 좋아한답니다.
남편이여! 제발 옷을 벗어주오. 늦게라도 꿈을 이루고 싶다네!

2. 아우성의 뿌리는 나의 동심 세계

나는 왜 이리도 잘 울까?
대망의 2003년 새해 첫 날. 그 날도 아침부터 울었다. 책을 쓰다가 잠시 쉬려고 텔레비전을 틀었다. 마침 MBC 방송에서 '백두산 야생화' 라는 프로를 하고 있었다. 해발 2000미터가 넘는 백두산의 고산 지대. 여름이라야 고작 한 달. 그것도 8월의 기온이 영상 8°C다. 그런데도 꽃은 언제 어디서나 피어났다. 기가 막혔다. 초속 11미터의 강풍 속에서도 꽃이 피고 눈 속에서도 꽃이 폈다. 돌무더기 안에서도 꽃이 피고 절벽 위에서도 꽃이 핀다. 강풍을 견디자니 차라리 꽃잎이 바람을 배려했다. 꽃잎이 바늘처럼 생겨 그 사이를 바람이 통과하도록 했다. 그러면서도 끈질기게 꽃을 피웠다. 구절초는 자외선을 조절하느라 때마다 꽃 색깔을 변화시킨다. 처음에는 자주 빛이었다가 가루받이를 할 때면 곤충들을 유혹하느라 화사한 분홍빛으로 변한다. 수정이 다 끝나면 흰색으로 변한다. 작은 꽃들은 혼자서 추위와 바람을 견딜 수 없기에 서로 뭉쳐 있는데 그냥 모여 있는 것이 아니라 가운데 꽃들은 키가 조금 크고 가장자리에 있는 꽃들은 키가 작아 건축학적으로 가장 열 효율성이 높은 돔의 모양을 만들어 견디고 있었다. 무엇보다 나에게 감동을 준 것은 백두산의 높은 곳으로 올라갈수록 그 꽃나무의 줄기는 짧고 꽃은 작았는데 대신 그 꽃의 뿌리는 낮은 곳의 꽃나무 뿌리보다 3~4배 가량 더 길었다는 것이다. 그냥 눈물이 나오지 않는가?

꽃이 언제 어디서나 필 수 있다는 것은 엄청나게 희망적인 이야기다. 이것은 바로 생명의 이야기이고 영혼의 이야기이다. 꽃이 생명인 이상 언제든지 어디서든지 꽃을 피울 수 있다는 것이다.

사람이 꽃보다 더 아름답다고 했던가? 사람에게서 피는 꽃은 바로 영혼의 꽃이 아닌가? 우리는 언제 어디서든 영혼의 꽃을 피울 수 있는 것이다. 눈이 올 때도 강풍이 불 때도 돌무더기에서도 절벽에서도 영혼의 꽃을 피울 수 있다. 백두산의 야생화는 스스로 하늘과 땅의 기운을 알아 뿌리와 줄기를 조절하고 빛과 곤충과의 적절한 만남을 위해 색의 변신을 꾀했다. 힘들고 척박할수록 뿌리를 깊게 하여 생명을 보존시키고 종을 번식시킨다. 우리네 인간도 힘들수록 강인해지며 그 힘든 자리 바로 그 자리에서 나름대로의 꽃을 피울 수 있다. 절벽과 강풍 속에서 핀 꽃이 모두에게 희망을 주며 영혼의 진화를 이루는 것이다. 우리는 모두 숨어 있는 잠재력을 찾아내 영혼의 꽃을 활짝 피워내야 한다.

성폭행을 당해 우시는 분들이시여! 바로 그 돌무더기 속에서 꽃을 피우세요. 강풍이 불어오면 바늘 꽃잎을 만들어서라도 꼭 꽃을 피우세요. 이별과 사랑의 상처로 고통 속에 계신 분들이시여! 절벽 위에서도 꽃은 핀답니다. 너무 애달파하지 마세요. 더 깊은 사랑의 꽃을 피워 보세요. 생명을 애타게 기다리시는 분들이시여! 눈 속에서도 꽃이 핀답니다. 더 큰마음으로 생명을 안아 보세요. 모두모두 백두산의 야생화가 되어 보세요. 그대만이 그 자리, 그 온기 속에서 만들어지는 그 색깔의 꽃을 피울 수 있답니다.

방송을 보며 눈물 속에 담아본 새해 새 아침의 소망이었다.

나의 뿌리, 아우성의 뿌리는 무엇일까?

그것은 열 살 이전에 만들어진 동심의 세계다. 백두산 야생화는 동심의 세계였다.

이미 내 세포 속에 냉이와 쑥이 있었고 채송화와 분꽃이 있었다. 하늘에 담긴 코스모스, 고귀한 할미꽃, 훔쳐온 접시꽃까지 나의 세포 속에 파고 들어와 피와 살이 되어 있었다. 슬플 때, 힘들 때, 괴로울 때, 외로울 때면 그 동심의 세계가 나를 찾아온다. 그 동심의 세계가 있었기에 자궁을 도려내는 아픔을 참아낼 수 있었다. 그 동심의 세계가 있었기에 고통의 과정마다 그 색깔의 꽃을 피워낼 수 있었다. 그것이 모여 아우성을 이루었다.

3. 음란물을 걱정하는 이유

나는 우리 어린이들이 일찍부터 음란물을 보는 것에 대해 너무나 안타까워하고 있다. 어린 나이에 음란물을 본다고 다 문제가 생기는 것은 아닐 것이다. 하지만 동심의 세계는 강력한 것이다. 동심의 그들에게는 지식과 정보가 중요한 게 아니다. 마음과 느낌이 중요하다. 밝은 마음과 좋은 느낌은 생명과 사랑에서 비롯되는 것인데 음란물에는 그 두 가지가 결정적으로 빠져 있다. 상

경과 사랑이 빠진 정도가 아니라 오히려 왜곡시키거나 파괴시킨다. 이 사람
저 사람과 이렇게 저렇게 하는데도 갈등 없이 웃으면서 하는 장면은 사랑의 느
낌을 흔들어 놓고, 과장된 연기와 소리는 몸의 느낌을 혼란시킨다. 벗은 몸을
보여주더라도 자연스럽게 몸 전체를 보여주는 것이 아니라 성기 부분만을 강
조해서 보여주기 때문에 지나친 호기심과 자극을 던져준다.

그 느낌과 기운이 부자연스럽고 격하며 탁한 것이다. 맑은 동심의
눈으로 본 그 장면이 어린 세포 속에 격하고 탁한 느낌을 남길까봐
그것이 걱정인 것이다.

부모님들에게 세 가지를 부탁드린다.
첫째, 원천적인 봉쇄가 어렵다고 방관하지 말고 열 살까지만이라도 최선을
다해 음란물을 차단해야 한다. 거실에 컴퓨터 놓기, 차단 프로그램 깔기, 만
화나 책 선정해주기 등.
둘째, 혹시라도 음란물을 보았다면 뒷정리를 잘 해줘야 한다. 생명과 사랑
이 빠져 있는 것에 대해 얘기해주고 사실과 다른 잘못된 성이라는 것을 알려줘
야 한다. 다음에 혹시 보더라도 속지 말라고 일러준다.
셋째, 좋은 느낌의 장면들을 많이 만들어주자. 열 살 이전에 생명과 사랑의
성 이야기를 먼저 들려준다. 책이나 그림 이용하기, 동물이나 식물 기르기,
자연에서 놀기 등 음란물이 자리잡기 전에 먼저 좋은 느낌의 경험들을 많이 갖
도록 해주자.

4. 월드컵이 남긴 것

작년 6월 14일 월드컵 경기 기간이었다. 부산 금정구에 있는 현곡 초등학교
에 교육을 하러 갔다. 강의를 마치고 학부모들과 점심 식사를 같이 했다. 깔
깔대며 재미있는 얘기들을 나누다가 식사를 마칠 때쯤 어떤 한 학부모가 저녁

때 월드컵 경기를 응원하러 아이들과 함께 사직운동장에 갈 거라고 했다. 다 같이 모여 함께 응원하면서 그 열기와 감동의 물결을 직접 경험하게 해주는 것이 아이들에게 평생에 잊지 못할 추억이 될 것이라 생각해 가려고 한다는 것이다. 그냥 좋은 얘기라고 생각하고 흘려들었다.

우리는 월드컵 경기 때 왜 그리도 기쁘고 좋았을까? 힘의 논리가 변했기 때문이다.

'강자에게 강하고 약자에게 약한' 힘의 행사를 보면서 통쾌하고 짜릿한 감동을 맛본 것이다. 월드컵 경기는 그 힘의 논리를 나라 안에서뿐만 아니라 세계적으로 보여줬다. 어찌 미치지 않을 수 있겠는가? 히딩크 감독의 위대함도 그런 흐름을 먼저 예견하고 믿으면서 원칙과 소신을 지켜 준비해왔다는 데에 있다. 축구의 강자인 유럽 국가들을 무찌르는 데에 지금까지 국내에서 약자였던 무명의 선수들이 무찌른 것이다. 강자가 약자가 되고 약자가 강자가 되는 순간이었다. 더 이상 그런 희열이 어디 있겠는가? 쓰레기 청소가 대순가? 똥지게라도 질 판이다. 마음들이 밝게 펴졌기에 질서는 지켜질 수밖에 없었다.

밝은 마음이 되려면 정당한 내용이 있어야 한다. 지금까지 왜 우리의 마음은 어둡고 칙칙했나? 강자에게 약하고 약자에게 강해야 하는 힘의 논리 때문이었다. 남자들이 술 마실 수밖에 없는 이유였다. 그런 논리 속에서는 독선과 열등감만 있을 뿐이다. 진실은 없고 압력과 눈치만 있을 뿐이다. 성실도 허무해진다. 빽과 줄이 더 중요해진다. 이 과정에서 밝아야 할 마음들이 꼬이고 좌절하고 분노하고 절망한다. 우리는 늘 그래왔다. 그런데 월드컵 경기는 첫 경기에서 꼬인 마음을 돌려놓더니 그 다음에는 좌절했던 마음을 일으켜 세워줬고 또 그 다음에는 분노를 걷어가버리고 나중에는 절망감을 앗아가버렸다. 마음이 점점 환하게 밝아진 것이다. 우리는 얼싸안고 미친 듯이 뛸 수밖에 없었다.

엄마를 따라 응원하러 갔던 우리 아이들은 무엇을 느꼈을까? 틀림없이 밝은 마음, 좋은 느낌을 경험했을 것이다. 골을 넣을 때마다 아무나 부둥켜안고 뛰는 남녀를 보면서 칙칙하고 야한 느낌을 가졌겠는가? 밝고 건강한 느낌을 받았을 것이다.

엄마 아빠가 그렇게나 사이가 좋았는지 새삼 느꼈을 것이다. 매일 피곤하다고 힘들어하던 아빠의 찌그러진 얼굴이 그렇게 환하게 웃을 수 있는 얼굴인지 미처 몰랐을 것이다.

골을 넣는 선수를 보면서 희망과 용기를 가졌을 것이다. 자신도 당장 축구를 하고 싶었을 것이다. 술집에서 서비스를 하던 사람도 마음을 잡고 열심히 하면 스타가 될 수 있다는 것도 알았을 것이다. 혼신의 힘을 다하는 불굴의 의지도 배웠을 것이다. 무엇보다 축구의 강국들을 차례차례 무찌르면서 무한한 자신감과 긍지를 느꼈을 것이다. 그리고 모든 사람이 그렇게 느끼고 있다는 것을 직접 확인하면서 그 엄청난 환희와 감동의 기운이 세포 속에 알알이 박혔을 것이다. 세포에 박힌 이 기운은 아이가 앞으로 살면서 힘들어 할 때 자신감과 용기를 불러 일으켜주는 원기가 될 것이다.

이 경험은 해외 여행을 해서도, 유학을 해서도 느낄 수 없는 경험인 것이다. 오히려 그들이 이곳에 와서 느끼고 간 경험인 것이다. 그때 그 자리에서만 꽃필 수 있는 백두산의 야생화인 것이다. 그것을 놓치지 않고 경험하게 해준 현명한 어머니에게 박수를 보낸다.

느낌을 찾아 떠나라

제발 좀 깨어나라고! 깨어나라, 깨어나라, 깨어나라…

1. 워싱턴에서

방송으로 아우성이 알려지자 해외 교민들이 초청을 하여 미국에 갔다. 뉴욕을 비롯해 시애틀과 샌프란시스코, 로스엔젤레스에서 7차례의 강연이 있었다.

첫 순서가 뉴욕이었는데 세 차례의 강연 사이에 4~5일 간의 공백이 있었다. 처음 열흘 정도는 직장에서 휴가를 받아 같이 온 남편과 함께 지낼 수 있었다. 우리는 그 공백 기간을 이용해 워싱턴 D.C에 가보기로 했다. 유능한 가이드를 구해 2박 3일 간 관광을 했다. 그 유명한 스미소니언 박물관을 비롯해 이곳저곳을 구경했다.

아마 해 저무는 저녁이었을 것이다. 도시를 감싸고 흘러가는 포토맥 강이 있었다. 그 강변으로 공원(East Potomac park)을 만들어 놓았는데 그곳을 갔다.

그냥 부담없이 강물과 석양을 바라보며 천천히 걷고 있었다. 걸어갈수록 저 멀리 땅위에서 무언가가 점점 솟아올랐다. 궁금하여 걸음을 조금 빨리 했다. 20미터쯤 앞이었을까? 나는 그만 땅바닥에 주저앉고 말았다. 가슴을 망치로 얻어맞았는지 가슴이 '싸…' 하니 저리고 쓰라렸다. 그리고 그 흔한 나의 눈물이 또 쏟아져 나왔다.

그 땅에 묻힌 조각품은 'Awakening'이라는 제목의 거대한 금속 조각품이었다. 우리 몸의 30~40배나 되려나? 어깨 위에 올라가 뛰어 놀 수 있을 정도의 크기니까. 그 큰 몸집의 사람 형상이 밖으로 다 드러난 것이 아니라 반 정도가 땅에 묻혀 있는데 그 자세는 지금 막 잠에서 깨어 일어나려고, 누워 있던 몸을 막 일으키기 시작하는 그런 자세였다. 머리와 한 쪽 어깨, 팔과 손이 땅 위에 조금 많이 올라와 있고 한 쪽 몸은 대부분이 땅에 묻혀 있으면서 손과 발만 힘을 주고 뻗치는 모습으로 조금 나와 있었다.

부족한 것이 더 넘쳐 보인다는 말이 있던가 없던가? 나는 '역동적'이라는 느낌의 개념을 다시 세워야만 했다. 운동선수가 한창 뛰고 있는 모습은 그냥 '활발하다'라고 하는 것이 낫겠다.

정말 '역동적'인 것은 앞으로 예상되는 활발한 움직임을 한껏 담고 있는 최초의 움직임인 것이다. 역동성은 살아 있는 가능성을 뜻한다.

그러니까 어떤 가능태의 최초의 움직임이 가장 역동적인 것이다. 그 모습을 생각하니 다시 가슴이 떨린다.

뭐가 뭔지 몰라 궁금해하며 다가가다 "아!" 하면서 깨닫는 순간 그 자리에 주저앉은 것이다. 얼마나 놀랐겠는가? 시커멓고 큰 사람이 땅 속에 묻혀 있다가 일어나겠다고 머리를 들고 손과 발을 하늘로 향해 뻗치는 그 첫 움직임의 모습이 한순간 온 몸에 확 박힐 때 그 심정이 어떠했겠는가! 정신이 번쩍 나고 가슴이 쿵 내려앉았다. 그가 나에게 온 몸으로 말하는 것 같았다. 이제 그만 잠에서 깨어나라고! 모든 인기와 명예는 다 허상이라고! 정말로 인생을 어떻게 살 건지 생각해 보라고!

이제 시간이 많지 않다고! 언제까지 그렇게 시간을 낭비하며 살 거냐고! 제발 좀 깨어나라고! 깨어나라, 깨어나라, 깨어나라…

이어서 눈물이 쏟아질 때는 소년원에 있는 아이들이 생각났다. 그 아이들을 다 데리고 여기를 왔으면 좋겠다고 생각했다. 나처럼 저 조각품을 본다면 가슴으로 느끼는 것이 많지 않겠는가? 힘들게 산 아이들인데 느끼는 것이 얼마나 많겠는가? 자신이 얼마나 소중한 존재인 줄도 모르고 함부로 살고 있는데 그것을 깨달을 수 있다면 얼마나 좋을까? 좁은 감옥에서 넘쳐나는 힘을 다스리지 못해 괜히들 시비를 걸고, 괜히들 싸운다. 이렇게 확 트인 공간에서 석양의 해도 바라보며 강물도 보다가 '잠에서 깨어나는 사람'을 본다면 뭔가 느껴지는 것이 있을 것이다.

5~6년 간 매주 월요일마다 소년원에 가서 교육을 하고 있건만 답답하긴 우리도 마찬가지였다. 큰 변화의 계기도 없이, 달라진 조건도 없이 같은 말만 되풀이하고 있는 우리 아우성 상담원들은 보다 실속 있는 변화를 위해 갖가지 방법을 모색하고 있었다. 출소 후에도 계속 만날 수 있는 쉼터를 만들어야 할지, 수양아들 맺기 운동을 벌여야 할지 고민이 많았다. 기획 사업이 떠올랐다. 앞으로 후원자를 만들고 지원을 받아 정기적인 테마투어를 기획해 봐야겠다. 소년원을 나와 방황하는 친구들에게 아무것도 요구하지 말고 느긋하게 몸을 풀고서 이곳 저곳 의미 있는 곳을 다니면서 진정으로 자신과 인생을 느끼고 생각해보는 기회를 주는 것이다. 세상에 불신이 깊고 자신에게 불만이 많은 아이들일수록 획기적인 느낌의 여행이 필요하다. 'Awakening' 조각품은 그것을 말해주고 있었다.

2. 사춘기 문턱에서

부산에서 서울로 가는 비행기 안에서였다. 바로 옆에 앉은 부인이 너무나 반갑게 인사를 했다. 수다 떨기를 좋아하는 나는 보려던 신문을 접고 이야기할 태세를 갖추었다. 알고 보니 그 부인이 반갑게 인사하는 데에는 그 이유가 있었다. 2년 전인가 내가 그 부인의 아들 학교에 가서 학부모들에게 강의를 했는데 그때 그곳에 있었다고 한다. 부산에 있는 어떤 사립학교였는데 그때 강의를 들고 아주 큰 도움이 되었다고 했다. 의례적인 말이겠거니 하면서 그 내막을 들었는데 들고 보니 오히려 나에게 큰 도움이 되었다.

강의를 들을 때쯤 4학년인 아들이 은근히 속을 썩였단다. 아들은 바이올린을 하는데 성격이 아주 섬세하고 예민하단다. 4학년 2학기에 접어들더니 갑자기 말이 없어지고 방문을 잠그고 있고 툭하면 짜증을 내면서 반항을 하는데 너무나 심해 그냥 넘어갈 수가 없어 매번 부딪히며 속을 썩이고 있었다. 엄마 아빠가 사업을 함께 하기 때문에 잘 못 돌봐줘서 그런지, 학교에서 따돌림을 당하는지 그 이유를 알고자 별별 고민을 다 하고 있던 참이었다. 강의 도중 내가 사춘기 현상을 말하면서 대안을 말해주는 데 그때 무릎을 치며 깨달았단다.

지금 아들이 바로 사춘기에 접어든 것을 알았다. 음악을 하는 애라 그런지 조금 빨리, 조금 더 심하게 나타나는 것 같기도 했다.

왜 그런지를 알았으니 문제를 풀어야 했다. 다음날이 시험 보는 날인데 아들이 너무 스트레스를 받고있기 때문에 엄마는 선생님과 상의해 결석을 하기로 했다. 다음날, 사업 일도 미루고 이틀 동안 아들과 엄마 단 둘이서 여행을 떠났다. 포항에서 조금 더 가면 영덕이라고 있는데 거기를 갔다고 한다. 시험 걱정도 떨쳐버리고 마음 편하게 실컷 놀자고 했다. 그리고 아들이 말할 때까지 아무 것도 묻지 않으면서 순간 순간을 아들만 지켜보면서 온전하게 함께 있어 주었다. 바닷가에서는 아들이 뛰면 엄마도 같이 뛰고 모래사장에서 뒹굴면 같이 뒹굴고 두꺼비집도 같이 지었다. 아들이 너무나 생기 있어 보였다. 한참을 뛰고 놀더니 아들이 모래 위에 그림을 그렸다. 엄마는 옆에 가만히 앉아 있는데 문득 아들이 말했다. "엄마, 바이올린 열심히 해야겠지?" 엄마가 대답했다. "하기 싫으면 안 해도 돼. 너 하고 싶은 대로하면 되는 거야." 아들이 물끄러미 엄마를 쳐다 보더니 "엄마, 내가 바이올린 안 해도 정말 화 안 낼 거야?" 했다.

"엄마는 바이올린보다 네가 더 중요해. 네가 짜증 안 내고 행복하게 지내는 것을 제일 원해." 아들이 고맙다고 하면서 엄마를 끌어안았다.

다음날은 서울로 올라왔다. 여의도 63빌딩도 가고 롯데월드도 갔다. 오후가 되었는데 갑자기 아들이 재미없다며 어서 집에 가자고 했다. 학교에 가고 싶다고 하면서 바이올린도 열심히 해야겠다고 했다. 시험을 안 보고 노니까 좋긴 좋았는데 마음이 편하지 않다고 할 것은 해야겠다고 했다. 그 후 언제 그랬냐는 듯 학교도 잘 다니고 바이올린 공부도 잘 하고 2년이 지난 지금 아주 잘 살고 있다고 했다.

어른들은 잘 모른다. 자신도 다 겪어놓고서 잊어버린다. 사춘기의 예민함은 자녀들 스스로도 조절이 안 된다. 아주 사소한 것에도 화를 내고 반항을 한다. 어른들이 보기에 너무 하찮은 것을 가지고 그러기 때문에 오히려 야단을 치는데 이때 부모는 심호흡을 하고 찬찬히 자녀를 살펴보기 바란다. 점점 사춘기 현상이 고조되어갈 때 하루나 이틀 여행을 떠나라. 이때 여행을 갈 때 온 식구가 함께 가지 말고 아빠나 엄마 중 아이가 원하는 쪽이나 아니면 엄마 아빠 둘다 같이 가는데 중요한 건 동생이나 언니나 다른 형제들은 데리고 가지 않는 것이다.

오로지 그 아이만을 데리고 여행을 가는 게 좋다. 온전히 자기만을 위한 여행이라는 데 큰 가치가 있는 것이다.

그리고 여행을 가서는 자상하게 한답시고 지나친 대화를 하려고 하는데 그것은 금물이다. 오히려 편하게 해주면서 말은 걸지 않고 기다리는 것이다. 그렇다고 아빠는 얼씨구나 술 먹고 자면 안 된다. 그러면 더 실망할 수 있다. 항상 적당한 거리에서 지켜봐 주면서 아무것도 요구하지 않고 언제나 네가 원하면 응해주겠다는 식의 배려를 해줘야 한다는 것이다. 그러다 보면 아이가 먼저 자기 얘기를 털어놓는 것이 대부분이다. 아니면 말고.

마지막으로 여행기간 중에 이것만은 꼭 전달하고 와야 한다. 엄마나 아빠가 너를 얼마나 아끼고 자랑스러워하는지를 진심으로 표현해줘야 한다. 방법은 어떠하든지 상관없다. 감동적인 포옹도 좋고 말로 해도 좋고 머리를 쓰다듬어 주어도 좋다. 그곳에서 편지를 써서 주어도 좋다. 아이가 진정으로 바라는 것은 바로 자신에 대한 부모의 마음이다.

공부를 못해도 말썽을 피워도 무조건 자신을 아끼고 사랑한다는 느낌과 믿음이다. 아이는 얼굴이 환해질 것이다.

그리고 이때의 장면을 두고두고 가슴에 새길 것이다. 이미 밝은 마음, 좋은 느낌이 생긴 것이다.

영혼의 조기교육

어떤 성공을 원하는가? 잘못된 성공도 많다.

1. 효도의 참 뜻

아들이 어느새 대학생이 되었다. 수능시험을 제법 잘 봐 원하는 학교에 들어가게 되었다. 정말 기분이 좋았다. 아들이 너무 자랑스러웠고 자꾸 남에게 자랑하고 싶었다. 말이 없던 남편도 얼굴이 환해져 말이 많아졌다. 전화도 친절하게 받고 묻지도 않는데 아들 얘기를 하며 자랑을 하고 있다.

자식이 잘 한다는 것이 이렇게 좋은 일일 줄이야. 부모 마음에 따뜻한 난로를 피워주어 항상 훈훈하게 살 수 있도록 해 주는 것 같다.

지난날이 생각났다. 내가 대학교에 합격했을 때 부모님이 얼마나 좋아하시던지. 엄마는 동네 사람들에게 알리는 것도 부족해 근처에 사는 큰 이모네 집에까지 가셨다. 전화가 없던 시절이라 직접 알려야 했다. 나와 함께 가기를 원해서 같이 가는데 걸어서 20분이면 가는 곳을 어찌나 마음이 급했는지 택시를 잡아탔다. 5분 정도 타고 가면서도 엄마는 평소에 안 하던 행동을 하셨다. 기사 아저씨가 묻지도 않는데 혼자서 나를 딸이라고 소개하고 합격된 얘기를 비롯해 나를 키우던 얘기 등 별 말을 다했다. 도착지에 택시를 세워놓고도 하던 말을 마저 하셨다. 이모 집은 언덕 위에 있는데 마침 눈이 와서 길이 미끄러웠다. 아니나다를까 급하게 올라가다가 앞으로 넘어지셨다. 천방지축(?)인 엄마를 보면서 나는 엄마에게 제발 정신 좀 차리시라고 했을 정도다. 그 마음이 이제야 이해되었다.

사마천의 『사기열전』을 읽으면서 조금 의문시되는 대목이 있었다. 『사기열전』 제일 마지막 편에 있는 '태사공 자서'에 나오는 얘기다. 사마천의 아버지 사마담이 죽기 전에 유언으로 아들에게 남기는 말이다. 효도에 대해 말하는데 그대로 옮겨보면. "무릇 효도란 부모를 섬기는 데에서 시작되며, 그 다음은 임금을 섬기는 것이고, 마지막은 자신을 내세우는 데에 있다. 후세에 이름을 떨침으로서 부모를 드러나게 하는 것이 효도의 으뜸이다" 라고 하면서 흩어져 있는 옛 역사 문헌들을 모아 정직하게 논술함으로써 이름을 떨쳐줄 것을 부탁했다. 사마천은 후에 부모의 유언대로 혼신의 힘을 다해 역사 문헌을 논술함으로써 정말 후세에 이름을 떨쳐 부모를 드러나게 했다.

내가 의문스러워했던 대목은 효도의 마지막 대목이다. 자신을 내세우는 것, 이름을 떨쳐 부모를 드러나게 하는 것이 효도의 으뜸이라는 것이 이해가 잘 안 되었다.

정말 그럴까? 가문을 빛내 가문의 영광을 이루게 하라는 뜻이 아닌가? 가문이 뭐 그리 중요하단 말인가? 다 옛날 이야기가 아닌가? 이름을 떨치는 거야 여러 가지가 있지 않은가? 연예인도 있고 발명가도 있고 정치인도 있고 재벌도 있고. 모두들 유명인이 되려고 하기에 세상이 어지럽지 않았나? 수단과 방법을 가리지 않고 명예와 부를 누리려는 데서 부정과 불의가 판치게 되었는데 그게 무슨 으뜸가는 효도란 말인가? 열심히 살다가 보니 어쩌다가 유명해져서 이름을 떨치는 것이야 같이 기뻐하고 좋아할 일이지만 효도를 위해 이름을 떨치려고 한다는 것은 어쩐지 좀 얄팍한 것 같다. 아이고 모르겠다. 그냥 넘어가자. 나는 그 의문점을 덮어두고 있었다.

아들이 수능시험을 잘 보았다고 했을 때 나는 남편과 너무 좋아 어쩔 줄을 몰랐다.

그때 의문시하며 덮어두었던 그 효도의 문장이 떠올랐다.

"후세에 이름을 떨침으로서 부모를 드러나게 하는 것이 효도에 으뜸이다" 같은 문장이었지만 가슴에 들어오는 단어가 달랐다. 전에는 "이름을 떨친다"에 강조점이 있었지만 지금은 "부모를 드러나게 한다"에 마음이 쏠렸다.

부모를 드러나게 한다! 드러나게!

생각할수록 엄청난 말이었다. 이 말은 부모가 죽음 직전에 자식에게 말한 것으로 많은 뜻이 담겨 있는 말이었다.

응축된 부모의 심정을 솔직하게 표현한 것으로 번식의 본능을 함축하는 뜻도 되고, 부모가 드러나도 될 만큼 참되게 살았다는 뜻도 되며 참된 성공의 뜻도 담고 있는 말이었다.

내가 지금까지 아이를 키워오면서 지금처럼 기뻤던 적은 없었던 것 같다. 효도가 부모를 기쁘게 하는 것이라면 지금 아들은 우리에게 최고의 기쁨을 주었으니 으뜸의 효도를 한 것이다. 그렇다. 아이가 우리 부부를 드러나게 해준 것이다. 그간의 고통과 아픔을 다 덮고도 남을 정도로 부모를 빛나게 해주었다. 평생 잊지 못할 뿌듯함과 든든함을 우리에게 안겨주었다. 더 이상 무엇을 더 바라고 원하겠는가? 그저 고맙고 기쁘고 든든할 뿐이다. 최고의 기쁨인 것이다.

사마천의 아버지가 왜 마지막 효도로 이름을 떨쳐 부모를 드러나게 하라고 했는지 이해가 간다. 효도의 첫째와 둘째, 부모를 섬기고 임금을 섬기는 것은 평균치의 효도를 말하는 것이었을 게다. 부모를 섬긴다는 것이야 우리가 흔히 알고 있듯이 일상적으로 부모에게 잘 하는 것이고, 임금을 섬긴다는 것은 나라를 위해 맡은 일에 충실하라는 뜻일 게다. 마지막으로 말한 것이 바로 자신을 내세워 이름을 떨치는 것인데 그것은 쉬운 것이 아니기 때문에 끝으로 말한 것이다. 그러나 어렵지만 그렇게만 한다면 부모에게는 최고의 기쁨이라는 뜻에서 효도의 으뜸이라 했을 것이다.

우리 부모들은 알게 모르게 거의 본능적으로 이 최고의 효도를 바라고 있다. 아이가 어렸을 때는 그 꿈이 더 크다. 조금만 영특한 게 있어도 천재로 생각하며 꿈을 키운다.

아무리 사교육비가 어쩌고저쩌고 해도 더 확실한 대안이 없는 한, 작은 가능성을 위해서라도 돈을 투자한다. 아이가 지나친 학원 수업으로 스트레스를 받는다고 해도 그래도 남들이 다 하는 것들을 혼자서 멈출 수가 없다. 멈추기는 커녕 한발 더 앞서 모험도 시도한다.

2년 전 미국의 9.11 테러 직후에 캐나다 벤쿠버에 갔을 때의 일이다. 언론사 주최로 교민 강연을 하러 갔는데 여러 사람들을 만나게 되었다. 놀라운 얘기를 들었다. 그 당시 우리 나라에서는 한창 영어 조기교육 바람이 불고 있었다. 대학생은 물론 초등학생들까지 방학이면 단기 해외 연수를 가곤 했는데 벤쿠버에서도 여전했다. 놀란 사실은 다섯 살 어린아이를 유학을 보낸 것이다. 그것도 아이 혼자 캐나다인 집에 하숙을 시킨 거였다. 엄마와 함께 와서 영어 공부를 시킨다면 그래도 이해해줄 수 있는데 아이를 낯선 이국 땅에 혼자 두고 온 것이다. 영어를 더 빨리 익히기 위해 영어만 쓸 수밖에 없는 캐나다 사람 집에 있게 한 것이다. 과연 아이가 영어를 기똥차게 잘 하게 되었겠는가? 천만에 말씀. 아이는 자폐증에 걸렸다. 이젠 아예 한국말도 하지를 않았다. 그 엄마는 인간을 몰랐다. 유아기의 어린이가 어떤 존재인지도 모르고 영어만 알았다. 그런데 이런 일이 어쩌다 있는 일이 아니라는 거였다. 벤쿠버에 사는 캐나다인에게 이렇게 어린아이들을 집에 데리고 살면서 영어를 익히게 하는 '가디언'이라는 새로운 직종이 생길 정도로 인기라는 것이다. 나는 충격을 받았다. 뭔가 잘못되어도 한참 잘못되어가고 있음을 느꼈다.

부모는 자식을 몸만 낳아 남기고 가는 것이 아니라 자신이 못 이룬 꿈도 남기고 떠난다. 그리고 그 꿈대로 된다면 자신이 계속 살아 있는 것으로 생각되어 안심하고 갈 수 있는 것이다.

자식이 잘 된다면 부모 자신이 잘 되는 것이기 때문에 시대를 막론하고 그 욕망은 강렬했다. 영생과 번식의 본능이라고까지 말할 수 있다.

자식이 뭔가를 잘 했을 때 그냥 그 결과가 좋아서 기뻐하는 것이 아니다. 자식 속에 들어 있는 내가 잘 한 것이기에 비할 수 없이 기쁜 것이다. 내가 확장되는 것이고 내가 업그레이드되는 것이고 내가 성공하는 것이다. 그러니 그 본능과 에너지를 어떻게 막을 수 있겠는가? 빵빵이 학원이고 조기 유학이고 막을 길이 없다. 어느 누가 막겠는가? 새 정부가 나서도 어려울 것이다.

문제는 그렇게 했을 때 정말 최고의 기쁨이 될 수 있느냐는 것이다. 부모의 열망이 나쁜 것도 아니고 그 노력과 투자도 눈물겨운 것이지만 그 결과가 그렇게 될 수 있느냐는 것이다. 평균치의 기쁨도 안 될 때가 더 많다. 엉뚱하게 자폐증이 걸릴 수도 있는 것이다. 성적이 떨어졌다고 비관해 가출할 수도 있고 자살할 수도 있는 것이다. 오히려 그 욕망과 본능이 너무 강하고 뜨겁기 때문에 잘못하다가는 맹목적이고 파괴적일 수 있는 것이다. 어떡해야 되겠는가? 어떡해야 최대치의 기쁨을 얻을 수 있겠는가? 어떡해야 최소한 평균치의 기쁨이라도 얻을 수 있는 것인가?

지금 당장 두 가지를 검토해봐야 한다.

하나는, 부모인 내가 자녀에게 바라는 것이 진정 무엇인지를 따져봐야 한다. 또 하나는, 아이가 자신을 내세워 이름을 떨칠 수 있는 결정적인 조건을 알아야 한다.

2. 똑똑한 아이보다 행복한 아이

먼저 부모인 내가 자녀에게 무엇을 바라는지 진지하게 생각해보자.
무엇을 원하나? 어떤 아이가 되기를 원하는가?

나는 아이를 키우면서 어떤 목표나 확신도 없었다. 그냥 하루하루, 그 순간
마다 부딪히는 문제가 있으면 열심히 고민하며 모색을 하긴 했지만 아이의 문
제를 장기적인 안목에서 바라보며 믿고 노력하는 것은 없었던 것이다. 그러다
가 3년 전쯤 아이 양육에 있어 확신을 갖는 계기가 있었다. 아주 소중한 글을
읽게 된 것이다. 이 글을 읽고 아이에 대해 '80평생 살아갈 존재' 로 보았고 그
에 따라 어떤 아이가 되어야 하는지, 무엇이 더 중요한 것인지 깨닫게 되었다.

똑똑한 아이보다 행복한 아이가 되는 것이 더 중요하다는 생각을
했다.

우연하게 코카콜라 사장인 더글라스 데프트의 신년 메시지를 읽었다. 세계
에 퍼져 있는 회사 직원들에게 보내는 신년 메시지였는데 짧으면서도 명쾌했
다. 그 중에 행복에 대한 메시지가 많은 도움이 되었다. 그는 말한다. 인생은
공 5개를 돌리며 사는 저글링(여러 개의 공을 연속적으로 손에 받으면서 던져
올리는 놀이) 같은 게임이다. 행복한 인생이란 이 공 5개가 떨어지지 않고 안
정적이고 균형 있게 돌아가는 것이다.

행복의 요소인 이 공 5개는 무엇인가? 일, 가족, 건강, 친구, 영혼이다. 그
런데 이 5가지의 공은 다 똑같은 재료로 만들어지지 않았다는 것이다. 질적으
로 차이가 있다는 얘기다.

'일' 이라는 공은 고무로 만들어졌다. 그런데 나머지 4가지 '가족', '건강',
'친구', '영혼' 이라는 공은 유리로 만들어졌다는 것이다. 이 대목에서 나는 엄
청난 영감을 얻었다.

'일'이라는 공은 고무로 만들어졌기 때문에 어쩌면 인생에서 덜 신경을 써도 될지 모른다. 살면서 그 공을 떨어뜨리게 되었을 때 깨지지는 않는다. 튀어오르거나 굴러갈 뿐이다. 가서 다시 주어오면 되는 것이다. 실직이 되었다고 일을 할 수 없는가? 그렇지 않다. 꼭 하고 싶은 일이 마땅치 않아서 그렇지 일자리 자체는 얼마든지 있다. 설령 일자리가 없다면 새로운 일을 만들면 된다. 그냥 고무공인 것이다. 너무 비관하거나 우울해할 필요가 없는 것이다. 혼신의 힘을 다해 찾거나 구하면, 일이라는 고무공을 다시 주어올 수 있는 것이다.

정말 소중하게 생각하며 관리해야 할 공은 바로 유리로 만든 공이다. 공을 돌리며 사는 게 인생인데 돌리다가 잘못해 바닥에 떨어지면 어떻게 되겠는가? 깨지지 않으면 상처가 날 것이다. 가족과 건강, 친구와 영혼은 유리공인 것이다. 한번 깨지면 다시 붙일 수가 없지 않은가? 한번 갈라선 부부가 다시 재결합하기는 무척 어렵다. 가족으로 인한 상처는 어떤 상처보다 크다. 건강은 말할 것도 없고 친구 또한 잘 가꿔나가야 할 존재다. 친구가 없으면 인생을 정리할 수가 없다. 내 문제에서 인간의 문제로 깨달아가는 그 중간에 친구가 있는 것이다. 나 혼자 아무리 고고하게 사색을 하고 인생을 정리했다고 해도 철학으로까지 확신이 가지는 않는다. 깊은 내면의 세계까지 다 드러낼 수 있는 존재와 그것을 나눌 때 확신과 믿음이 생기는 것이다.

부부가 함께 나눌 수 있는 게 있고 친구와 함께 나눌 수 있는 게 있다. 더 넓은 내용을 나눌 수 있는 것은 아마 친구일 것이다.

이런 소중한 친구를 잃는다는 것은 세상을 잃는 것과 마찬가지인 것이다. 영혼은 어떤가? 세상에서 제일 가련한 자는 피폐된 영혼을 가지고 있는 자일 것이다. 영혼이 타락하면 구제할 길이 없다. 죽음에 다다르는 바닥까지 내려간 상태에서 벼락이 내리쳐 거듭나든지 아니면 그냥 쥐가 내장을 다 파먹는 데도 잠을 깨지 못해 죽어 가는 닭처럼 그렇게 되든지 더 이상 다른 길이 없는 것이다.

우리는 지금까지 일 중심의 성공관을 가지고 살았기 때문에 정작 중요한 행복의 요소들을 등한시하거나 무시해왔다. 어떤 경우는 일 때문에 유리공들을 파괴시켜왔다. 일 때문에 가족과의 관계가 무너진 경우도 많다. 아이들이 그린 그림에서 아빠는 자고 있는 있는 모습이 제일 많고, 주말부부·월말 부부에 기러기 아빠도 많다. 거래처 관리를 위해서나 일하면서 받는 스트레스를 풀기 위해 회식 후 술집을 들락거리다 건강도 해치고 가정불화도 생긴다. 늦은 귀가와 술버릇에 더 이상 못 참겠다고 이혼하는 부인도 많다. 아무리 좋은 직장과 직급이라도 이혼하고 나서 일이 제대로 될 리가 없다. 삶이 뭐가 뭔지 모를 판이다.

동업과 보증 등 돈 거래로 갈등을 빚어 소중한 친구들이 원수가 되기도 한다. 어려서부터 서로를 잘 아는 고추친구들이야말로 나이가 들수록 영혼의 벗이 되는 것인데 남자들에게 진정한 친구가 드물다. 사업상 만남은 번창해도 대부분 경쟁 관계나 거래 관계지 속마음을 나눌 친구가 없는 것이다. 삭막할 수밖에. 이러한 결과로 영혼이 맑아질 수가 없다. 원래 나쁜 사람이 아니었고 순수한 사람이었는데 어느새 악랄해지고 약아지고 교활해졌다. 이 핑계가 저 핑계로 되어 술에 절고 섹스로 풀고 오락에 빠지기도 한다. 영혼이 더 황폐해지는 것이다.

성공? 무엇이 성공이란 말인가? 행복은? 무슨 얼어죽을 행복? 다 이렇게 살다 가는 거지 뭐. 세상은 요지경이고 인생은 허무한 것이라고 술 주정을 한다.

연속적으로 강의하던 대기업이 있었다. 매주 같은 요일에 강의를 하러 갔는데 언젠가 가보니 평소에 나를 안내하던 팀장은 안 보이고 다른 사람이 나를 안내했다. 강의 후에 점심을 먹으며 그 사연을 듣게 되었다. 먼저 있던 팀장은 사표를 냈다고 한다. 그 팀장은 지역에 발령을 받아 지역에 내려와 살면서 한 달에 한두 번씩 서울 집에 올라갔다. 막내아들이 6~7세쯤 되었는데 갈 때마다 아빠와 싸우게 되었다. 싸움의 이유는 잠자리 때문이었는데 아이가 엄마하고 자겠다고 우기는데 장난이 아니었다. 엄마 아빠는 부부고 그래서 너를 낳았고 그렇기 때문에 같이 잠을 자야하는 거라고 설득을 시켰지만 막무가내였다. 벌써 몇 달째 그런 일이 반복되었는데 처음에는 귀엽게 생각하고 장난처럼 대응을 했다. "너 까부는 거 아냐" 하면서 아이를 번쩍 들어다가 아이 방침대에 던져놓기도 하고 실랑이 끝에 레슬링도 하면서 시간이 지나면 나아지겠지 했다.

그런데 그게 아니었다. 날이 갈수록 더 심해지고 나중에는 전투를 치르듯 긴장감이 감돌 정도였다. 아빠에게도 감정이 생기기 시작했다. 아이도 그것을 느꼈다. 사표 쓰기 얼만 전 심각한 충격을 받았다고 한다. 또 실랑이가 벌어졌는데 아이 입에서 놀라운 소리가 쏟아져 나왔다. "아빠가 확 죽어버렸으면 좋겠다"고 했단다. 그 말에 충격을 받고 계기가 되어 여러 가지를 고민하게 되었단다. 사는 것이 뭔지, 계속 이렇게 살아야 하는지. 그렇지 않아도 회사 일도 갈등이 많은데 근본적으로 인생을 다시 생각해봐야 하지 않을까. 새로운 일을 하려고 해도 때가 있는 법. 더 늦기 전에 새 출발을 하기로 하고 사표를 냈다고 했다. 속으로 울고 있는 남성들을, 아빠들을 많이 이해하게 되었다.

결국 인생에 남는 것은 유리공밖에 없다. 가족, 건강, 친구, 영혼이 중요한 것이다.

남성들이 건강을 소중하게 생각하는 시기는 마흔이 넘어서이고, 가족의 귀중함을 아는 시기는 쉰 살이 넘어서다. 어느 날 은퇴한 남편이 중대 발표를 하듯이 "이제부터 아빠는 대부분의 시간을 가족과 함께 지내기로 했다"고 선언을 한다. 그런데 가족들은 냉담하다. 오히려 정말 그럴까봐 걱정하는 눈치들이다. 왜 그런가? 그 전에 쌓인 게 많아서다. 부인은 집에 돌아온 남편을 반기기보다 귀찮아 하며 친구들을 더 좋아한다. 틈만 나면 밖으로 나간다. 곰국 끓여놓고 여행 가기 일쑤다. 남편과 함께 가는 것도 싫어한다. 어쩌다 같이 갔다오면 답답하다고 싸운다. 치사한 마음에 남편도 친구를 찾아보는데 남아 있는 친구가 별로 없다. 이제서야 친구를 절실히 그리워한다. 가족과 친구를 너무 늦게 찾은 것이다.

바빴기 때문이었을까? 그런 것은 아니다. 한창 젊었던 시절부터 가족과 친구가 유리공이었음을 알았어야 했다. 행복관의 문제였던 것이다. 부인들은 바쁜 남편이 시간을 내어 같이 놀아주기를 원하는 것이 아니다. 부인들은 바쁜 중에도 자신을 소중하게 생각하고 있다는 것을 확인하는 그 자체에서 만족하고 감사한다.

남편들은 마치 사업의 가시적인 성과처럼, 부인에게도 시간을 내어 설거지를 해주고 쇼핑을 같이 해줬다는 데서 사랑의 증거를 제시하는데 부인들은 그런 결과에 관심이 없다. 그 행동에 담긴 마음을 중요시한다. 설거지 자체가 아니라 설거지를 해줄 때의 진정 어린 마음에 감사하는 것이다. 부인들이 엿보고 확인하고 감사하는 그 마음이란 남편이 애초의 밑그림에 그려 넣은 것이 아니라면 나타날 수가 없다. 그러니까 남편이 부인과 자녀를 처음부터 행복의 중요한 요소로, 깨지면 큰일 날 유리공으로 생각했느냐 아니냐의 문제인 것이다. 시간이나 돈의 문제가 결코 아닌 것이다. 그래서 바빴기 때문에 가족들에게 잘못해줬다는 말은 틀린 말인 것이다.

소중하게 생각하는 마음은 바쁠수록 나타나게 마련인 것이다. 급한 일과 소중한 일은 다른 것이니까.

IMF 전후로 많은 기업들이 무너졌다. 이어서 합병과 인수, 동업과 제휴도 활발히 이어졌다. 10년 넘게 대기업에 다니던 남성이 퇴직을 하고 회사를 차렸다. 기계 부품 관련 사업이었는데 이제는 아주 자리를 잡아 잘 경영하고 있다. 부인과 함께 셋이서 식사를 하게 되었다. 이런저런 말을 하다가 내가 물었다. 어려운 시기에 사업을 시작했는데 어떻게 성공을 했느냐고 물었더니 비결은 결국 '사람'이라고 했다. 최인호씨 소설 『상도』에서도 장사는 결국 사람을 남기는 것이라고 했으니 이 사람의 대답도 그런 철학적인 차원에서 말한 것이겠거니 했다. 그런데 그게 아니었다. 이 '사람'이라는 말이 나오기까지 그 오너가 겪은 경험은 아주 구체적이고 새로운 것이었다.

동업도 믿을 만한 사람과 해야 하고 거래도 투자도 직원도 모두 믿을 만한 사람하고 해야 하는데 어떤 사람을 믿어야 할지가 문제였다. 이력서에도, 기획안에도, 재무제표에도 나와 있지 않은 그 어떤 믿음의 됨됨이를 찾아야 하는데 그것이 어려웠다. 이 오너는 이런저런 경험 속에서 새로운 사실을 알았다. 부부관계가 좋은 경우 대체로 믿을 만하다는 것이었다. 문제의식을 가지고 다시 부딪혀 살펴봤다. 신통하게도 역시 그랬다. 이제는 사람을 선택할 때 중요한 참고 기준이 되었다. 자연스레 부인을 초대해서 같이 식사를 하고 노래까지 같이 해보면 대충 그 부부 관계를 파악할 수 있다. 여자 관계가 복잡하거나 부인과의 사이가 원만하지 않은 사람은 일단 제외한단다. 여자가 많은 사람은 분명히 어디서 문제가 터지든 터지게 마련이란다. 가정에서 형성되는 밑바닥 마음이 평온할 때 사업도 안정적으로 될 수 있다는 것을 확신한다고 했다.

나는 이 얘기를 들으면서 프랑스 속담이 떠올랐다. "집이 둘이면 이성을 잃고, 여자가 둘이면 영혼을 잃는다." 한 사람과 오랫동안 관계를 지속하려면 이런 꼴 저런 꼴 다 봐야 한다. 어려움도 많았을 것이다. 그것을 이겨내려면 영혼의 눈과 마음이 필요하다. 좋고 끌릴 때마다 이 여자 저 여자를 찾는다면 영혼은 언제 단련되겠는가? 혼신의 힘을 쏟아야 하는 사업 또한 그렇게 훈련된 영혼이 필요한 게 아니겠는가?

아주 값진 배움의 자리였다.

결국 우리가 자녀에게 진정으로 바라는 것은 인생의 성공이다. 80 평생의 행복이다.

일도 돈도 중요하지만 가족과 건강, 친구와 영혼이 더 소중하다. 사업의 성공은 고무공의 문제지만 인생의 성공은 유리공에서 결판난다.

고무공에서 요구되는 아이는 똑똑한 아이지만 유리공의 아이는 행복한 아이다. 똑똑한 아이보다 행복한 아이가 되기를 바라자.

3. 영혼이 있는 승부

새 시대의 성공 비결은 무엇일까? 그 결정적인 조건은 무엇인가?

그것은 열정과 영혼이다. 순수한 영혼과 뜨거운 열정이 있어야 한다.

성공을 하려면 의지력과 인내심, 창의력과 지도력, 유연성과 결단력, 원칙과 소신 등 여러 가지 요소가 있어야겠지만 참된 성공에 있어 결정적인 것은 열정과 영혼이라고 생각한다. 열정이 있으면 의지력도 나오고 창의력도 생긴다. 맑은 영혼이 있다면 원칙과 소신이 서게 되고 유연성, 결단력도 생긴다.

어떤 성공을 원하는가? 잘못된 성공도 많다.

어쨌든 이름을 떨치려고만 한다면 이상한 짓을 해서라도 이름을 떨칠 수는 있다.

전 세계를 뒤흔들었던 엘비스 프레슬리 같은 가수가 되기를 원하는가? 그는 마약으로 죽었다. 이름은 떨쳤으나 인생에 성공하지는 못했다. 지금 연예인이 되고자 꿈꾸는 자녀들이 많다. 좋은 일이기는 하나 엄청난 준비가 필요하다. 재능과 미모가 뛰어날수록 더욱 각오가 필요하다. 다른 분야보다 자신의 순수한 영혼을 지킬 준비와 각오가 몇 배로 필요한 곳이다. 엘비스 프레슬리 같이 이름만 성공할 것이 아니라 인생까지 성공하려면 그래야 한다. 인기는 덜 하지만 자신의 영혼을 지키며 올곧게 사는 연예인들에게 진심으로 존경을 표한다.

단지 연예계뿐만이 아니다. 우리가 선호하는 직업도 마찬가지다. 영혼을 팔아먹고 돈과 명예에 무릎 꿇는 경우가 허다하기 때문이다. 돈으로 이름을 떨쳤는지는 모르지만 그들 또한 인생은 성공하지 못했다. 사이버 상담을 받다

보면 화가 치밀어 올라 상담을 덮어두고 한판 싸우러 가고 싶을 때가 한두 번이 아니다.

어느 날 메일로 상담이 들어왔다. 어느 고등학교 2학년 여학생이었다. 사귀던 남자친구와 관계를 맺었다. 당연히 임신을 걱정했다. 생리할 때가 되었는데도 생리가 없다. 1주일을 기다리다가 임신테스트를 해봤다. 다행히 임신이 아니었다. 곧 생리가 나오겠지 했다. 닷새를 더 기다려도 생리가 나오지 않았다. 하루하루가 지옥이었다. 공부고 뭐고 죽고만 싶었다. 참다못해 병원을 찾았다. 어떤 젊은 남자 의사였다. 진찰을 하더니 임신이라고 했다. 그러면서 조금 싸게 해주겠다며 온 김에 수술을 하고 가라고 했다. 돈을 가지고 오지 않았다고 했더니 학교와 반, 이름을 적어놓고 갔다가 다음날 갖다주면 된다고 했다.

여러 가지가 의심스럽고 내키지 않아 다음날 돈을 가지고 와서 수술을 하겠다고 하면서 힘들게 병원을 나왔다. 혼란 속에 집으로 오다가 아무래도 이상하다 싶어 다른 병원에 들어갔다. 진찰 결과 임신이 아니었다. 신경을 너무 써서 그런 거라며 마음 편히 있으라고 했다. 사흘 후 생리가 나와 걱정을 완전히 덜었다. 도대체 어떻게 된 일인가? 여러 가지 정황으로 미루어 그 의사는 20여만 원을 벌고자 임신도 안 한 여고생의 자궁을 생으로 긁어내려고 한 것 같다. 여고생이 그래도 현명하게 처신했으니 망정이지 크게 당할 뻔했다. 돈 잃고 몸 상하고.

혼신의 힘을 다해 환자를 살리는 좋은 의사들이 더 많다고 생각한다. 이 사례 하나로 의사의 이미지가 실추되지 않기를 바란다.

하지만 이런 경우가 실제로 종종 있는 것 또한 사실이다. 병원 이름까지 알 수가 있다. 청소년 상담으로 병원 현장이 어떻게 돌아가는지 많이 알 수 있었다.

그 의사는 과연 성공했는가? 수능시험을 잘 봤다고 그 부모가 얼마나 기뻐했겠는가? 의대를 합격했을 때는 또 얼마나 좋았겠는가? 힘들게 인턴 과정과 레지던트 과정을 마치고 전문의가 됐고 개업도 했다. 성공한 거 아닌가? 정말 그런 성공을 원하는가? 아니다. 결코 아니다. 어찌 생명을 살려야 할 의사가 성한 몸에 상처를 내면서 돈을 벌려고 하는가? 영혼이 썩은 것이다.

이런 극단적인 경우가 아니더라도 살짝 살짝 환자의 건강보다 돈을 위해 전문성을 이용하는 경우는 너무나 많다. 남이 알든 모르든 그 의사는 스스로 행복을 느낄 수 있을까? 분명히 행복하지 않을 것이다. 영혼이 문 두드리는 소리가 바로 양심인데 분명히 양심의 소리가 들릴 것이다. 너무나 괴로우면 나만 그런 게 아니라고 합리화의 구실을 찾을 것이다. 그러다가 양심의 소리에 무뎌지고 영혼이 황폐해지는 것이다. 인생에서 실패한 것이다. 애매하고 그저 그런 성공은 많을지 모르지만 영혼이 살아있는 참 성공은 쉬운 것이 아니다. 열정과 재능만으로는 그런 성공을 할 수 없는 것이다.

내가 아들에게 바라는 것은 무엇일까?
참으로 성공하기를 바란다. 참된 성공이 진정한 행복이기에 그렇게 되기를 바란다.

이제 대학에 입학해 사회의 첫발을 내딛게 된 아들에게 진심으로 바라는 것은 세 가지다.
첫째는, 미친 듯이 열정을 쏟아낼 수 있는, 그런 일을 찾기 바란다.
자신도 모르게 빠져들어 전념할 수 있는 일이 있다면 그것은 행복이고 행운이다.
'노력'은 왠지 힘든 것으로 느껴지지만 '열정'은 즐거운 것으로 느껴진다. 열정이 한 차원 높은 에너지인데 그 이유는 활력과 속도 때문이다.
'노력'은 잠자고 있는 에너지를 의지의 힘으로 끌어내어 행하는 것이고 '열정'은 이미 끌어내어져 철철 넘쳐흐르는 에너지를 쏟아붓는 일이다. 그러기에 노력은 힘든 인내의 작업이지만 열정은 활력이 샘솟는 즐거운 작업이 된다. 당연히 노력은 힘든 만큼 시간이 느리게 간다. 그러나 열정은 블랙홀처럼 빨려 들어가는 시간이다. 속도가 아주 빠르다. 시간이 어떻게 흘러갔는지도 모를 정도다.

부모들이 자녀에게 공부든 뭐든 노력하라고 성화를 해도 큰 성과가 없는 이유는 '노력' 이라는 에너지의 이런 특징 때문이다. 어디 어른들이라고 노력하는 게 쉽던가? 마찬가지다. 뭔가를 노력한다는 것은 애나 어른이나 힘든 일이다. 그래서 이름을 떨친 사람들을 보면 노력으로 된 것이 아니었다. 노력보다 한 차원 높은 열정이 있었던 것이다. 천재는 1%의 머리와 99%의 노력으로 된다고 하지만 실제는 노력이 아니라 열정이라 할 수 있다. 노력 대신에 99%의 열정으로 바꿔야 한다. 랠프 왈도 에머슨이라는 사람은 이렇게 말했다. "세계 역사상 위대하고 당당했던 순간들은 모두 열정이 승리했을 때다."

같은 생각, 같은 조건에서 똑같은 일을 한다고 했을 때 어디서 차이가 나는 것일까? 어떤 차이 때문에 위대하게 되는 것일까? 그것은 일의 활기와 속도 때문이 아닐까? 바로 열정 때문인 것이다. 그 엄청난 활력과 속도 때문에 창의력도 생기고 집중력도 생기며 실패했을 때 다시 도전하는 지구력도 생기는 것이다. 위대해질 확률이 높아지는 것이다.

아들이 고등학교 1학년 때였다. 학교가 공주에 있어 기숙사 생활을 하고 있기 때문에 떨어져 살고 있었다. 어느 날 학교에서 전화가 왔다. 영어 선생님이셨다.

느닷없이 첫마디에 "어머니, 아들이 국내파예요, 아니면 해외파예요?" 했다. 가슴이 철렁 내려앉았다.

아니 얘가 무슨 조직폭력배 서클에 가입했나? 무슨 배짱으로 해외파 조직까지 손을 댔단 말인가? 내가 놀라서 더듬거리며 무슨 말이냐고 물으니 선생님은 이젠 또 믿어지지 않는 말을 하셨다. 글쎄, 아들이 학교에서 토익 시험을 봤는데 전체에서 10위 안에 들었단다. 그래서 상을 주려고 하는데 분류를 하기 위해 그 '파'를 알아야 한다는 것이다. 아이고 놀라라. 그 '파'가 그 '파'라니. 난 또… 해외파는 얼마 동안이라도 해외에 머물렀던 사람이고 국내파는 해외와는 상관없이 순수 토종을 말하는 거였다. 물론 우리 아이는 국내파였다. 중3때 하도 속을 썩여 미국에 있는 내 친구 집에 열흘 정도 혼자서 다녀온 적은 있지만 가서 "땡큐"밖에 하고 오지 않았다.

나중에 알아 보니 10위안에 든 사람 중에서 국내파는 혼자였던 모양이다. 나는 너무 놀랐다. 아니 어떻게 해서 그렇게 잘 할 수가 있었나?

특히 듣기 능력이 뛰어나다는 데에서 더욱 놀랐다. 초등 6학년 말부터 중3까지 3년 정도 특정 학습교재로 영어를 시키긴 했다. 그렇지만 이렇다 할 만한 것은 없었다. 매일 듣는 것이 귀찮아서 안 하고, 몰아서 하고… 나는 또 그래서 야단치고 그야말로 실랑이를 벌이며 억지로 억지로 했던 편이었다. 그 이외에 영어를 위해 다른 어떤 것도 해준 게 없다. 그런데 그런 점수가 나오다니 믿어지지 않았다. 나는 그 이유가 너무나 궁금했다.

아들이 명절이 되어 집에 돌아왔을 때 나는 물었다. 어떻게 영어를, 특히 듣기를 잘 하게 되었는지? 놀라운 사실을 알게 되었다. 바로 '열정'의 문제였다. 3년 동안 했던 학습 교재를 통한 영어학습 과정은 역시 결정적인 요인이 아니었다. 그것을 하기 1년 전 5학년 때부터 자기는 영어에 손을 대고 있었단다. 내가 영 모르는 소리였다. 그때 무슨 영어를? 알고 보니 팝송이었다. 아주 친한 친구가 있었는데 그 친구에게는 형이 있었다. 친구는 형 덕분에 알게 된 팝송을 흥얼거렸던 모양이다. 자신이 모르는 새로운 것을 친구가 흥얼거리자 호기심이 갔다. 친구 집에 가서 그 형이 듣는 팝송을 녹음도 해오고 가사도 복사해 불러보기 시작했단다. 아주 재미있고 흥미로웠단다. 처음에는 뜻도 모르고 그냥 잘난 체하는 맛에 비슷하게 발음을 했었는데 나중에는 그냥 느낌으로 그 의미를 알게 되었고 맨 나중에서야 단어와 문장까지 익히게 되었다. 친구와 경쟁하듯 새로운 팝송을 먼저 익혀서 자랑하고 또 하고 했다.

팝송은 재미있었는데 영어학습은 하기 싫었다고 한다. 역시 그것은 노력의 영역이었고 열정의 에너지보다 한 수 아래였던 것이다.

이와 함께 또 하나. 영어에 큰 도움이 되었던 것은 미국 NBA농구 경기였다. 그리고 보니 텔레비전을 볼 때 매일 미국 농구 경기만 보고 있었던 것 같다. 그냥 경기만 보고 끝내는 것도 아니었다. 경기를 보다가 무슨 욕망이 생겼는지 갑자기 텔레비전을 끄고 "엄마, 나 내 방에 가서 그림 좀 그릴게" 한다. 어쩌다 무슨 그림을 그리는지 궁금해서 아이 방에 들어가려고 하면 질색을 한다. 들어오지 말라고 하거나 내가 이미 들어왔으면 그리던 그림을 감추고 난리다. 나중에 방 청소를 하다보면 그 숨기느라 애썼던 그 그림이 함부로 방바닥에 굴러다녔다. 참 웃기기도 하지. 이렇게 팽개칠 것을 뭐하러 숨기느라 난리를 떨었나? 들여다보니 종이에는 슛하는 역동적인 자세가 그려져 있고 한 쪽 구석에는 십 여 개가 넘는 미국 농구팀들의 이름이 적혀져 있고 그 옆으로 득점 숫자가 빽빽이 쓰여져 있었다.

어떤 때는 중계 방송을 보다가 그림 대신 갑자기 나가서 농구를 하다 들어오기도 했다. 그때는 이 모든 것을 이해하지 못했다. 이제 와서 생각해보니 농구라는 경기에 열정이 있었던 것이다. 중계를 보며, 그림으로 그리며, 실제로 해보면서 이 세 가지 요소가 서로 발전해갔던 것이다. 그림을 그리고 스코어를 기록해야 하니 중계하는 것을 잘 보고 들어야 했다. 그리고 실제로 나가서 자세를 잡아보고 공을 던지다보니 또 중계 방송을 보면서 선수들과 비교해보고 배워야 했다. 그래서 그렇게도 바빴던 것이다. 보다가 영감이 떠오르면 그림을 그리고 몸이 움찔대면 나가 뛰어보고 한 것이다. 그림을 그릴 때도 열정속에서 그리는 것이었기에 그 순간의 희열을 방해받기 싫었을 것이다. 그림 자체가 비밀이 아니라 그 순간의 몰입이 소중했던 것이다. 그런 에너지로 중계를 봤으니 영어가 쏙쏙 들어왔고 자연스레 귀가 뚫렸던 모양이다. 열정의 힘이 그렇게 엄청나다니!

부모들은 얼마나 멍청한가?
우리는 '살아 있는 인간'이 무엇인지 모른다. 어린이의 호기심도 모른다.

그러니 아이들의 열정의 싹을 알아보지도 못하고 키워주지도 못한다. 막연한 재능과 능력에 대해서만 기계적으로 받아들여 실제 그 재능과 능력이 살아 있는 데도 엉뚱한 데서 그것을 찾고 있는 것이다. 돈은 돈대로 들여서 학습지를 시키고 또 비싼 돈에 열심히 하지 않는다고 야단을 치고 이 학원 저 학원으로 뺑뺑이를 돌리고. 도대체 우리는 뭘 하고 있는 것인가 말이다.

먼저 아이들이 몰입하는 열정의 싹을 찾아야 한다. 대부분 새롭거나 어려운 것에 호기심이 많다. 그래야 열정이 생긴다. 뻔한 것은 지루하고 재미가 없다. 아들이 친구의 형 수준에서 놀고 싶다는 것이 호기심의 출발이었다. 그 호기심은 어려울수록 매달린다. 영어를 알파벳 정도만 알았던 상황인데 귀로 듣고 외우면 되니까 그러면 대충 흉내낼 수 있으니까 겉멋으로 해본 것이다. 그런 게 아이들은 아주 재미있는 것이다. 집중력이 생기니 터득의 속도가 빨라진다. 어느새 익히는 것이다. 이것이 바로 열정의 힘인 것이다.

놀이가 되었든 그림이 되었든 운동이든 뭐든 아이가 남다르게 몰입하는 것을 아주 소중하게 생각하고 보장해줘야 한다. 그리고 조금 더 높은 수준으로 이끌면서 계속 도전하게 하라. 몰입하는 그것 속에서 숫자도 익히고 영어도 익히게 접목을 시켜줘라. 열정의 힘은 다른 영역으로도 번져나간다. 어쨌든 아이의 에너지 흐름을 알고 그 흐름이 더 커지도록 도전할 조건을 만들어주고, 그 힘 속에서 더 큰 능력들이 꽃피도록 이끌어주는 것이 열정을 살리는 길이다.

내가 아들에게 바라는 것.

둘째는, 순수한 영혼이 존재의 중심을 차지하기 바란다.

참다운 성공을 이루는 데는 열정만으로는 안 된다. 순수한 영혼이 있어야 한다. 엘비스 프레슬리가 열정이 없었겠는가? 도박사가 열정이 없었겠는가? 그러한 열정도 쉬운 것은 아니었겠지만 그래도 열정만으로는 인생에서 성공할 수 없다.

순수한 영혼이 열정과 합쳐졌을 때에만 인생에서 성공할 수 있다. 그런 것을 참 성공이라고 하는 것이다.

안철수님이 지은 『영혼이 있는 승부』를 읽고 많은 것을 느꼈다. 나는 그 책에서 순수한 영혼의 힘을 보았다. 순수한 영혼이 시대의 흐름을 내다보는 눈을 주었고, 복잡한 기업 현실 속에서 핵심 가치를 만들어 원칙을 지키게 했고, 바쁜 일정 속에서도 가족과 함께 하는 시간을 가졌다. 아내와 자녀를 소중하게 생각하는 마음이야 누구나 같겠지만 실제로 시간을 내어 생활로 꾸려간다는 것은 쉬운 일이 아니다. 그러기에 바쁜 사업과 단란한 가정을 함께 잘 꾸려가는 리더는 너무나 드물었다. 참 성공의 모델이 빈약했던 우리 사회에 신선한 충격을 던져준 것과 함께, 새 시대에는 영혼이 있는 사업만이 성공할 것이라는 확신도 안겨주었다.

이원설 박사님과 강헌구 교수님이 지은 『아들아, 머뭇거리기에는 인생이 너무 짧다』를 읽으면서 우리 아들에게 꼭 알려주고 싶은 이야기가 있었다.

세 명의 일꾼이 일하고 있는 건설 현장에 어떤 사람이 다가갔다.

그가 첫 번째 일꾼에게 물었다. "지금 무슨 일을 하고 계시죠?"

그 일꾼이 대답했다. "내가 지금 뭘 하는 걸로 보이오? 보면 모르오? 벽돌을 쌓고 있잖소!" 무안해진 그 사람은 두 번째 일꾼에게 물었다. "지금 무슨 일을 하고 계시죠?"

"아니. 이 사람이 날도 더워죽겠는데 장난을 치나. 보면 몰라? 벽돌을 쌓고 있잖아!" 두 번째 일꾼도 퉁명스럽게 대답했다.

그런데 세 번째 일꾼은 다른 사람들과 달라 보였다. 콧노래를 부르며 신나게 벽돌을 쌓고 있는 것이 아닌가! 그는 마지막으로 세 번째 일꾼에게 다가가 물었다. 그러자 그 일꾼이 허리를 곧게 펴고 일어나더니 미소를 지으며 대답했다.

"나는 지금 성당을 짓고 있다오."

나는 내 아들이 세 번째 일꾼처럼 살기를 바란다.

살면서 맞이할 어렵고 고된 일들이 성당을 짓는 벽돌로 보이기를 바란다. 깨어 있는 영혼은 분명히 그런 삶의 비전을 보여줄 것이다.

내가 아들에게 바라는 것.
셋째는, 좋은 여성을 만나 풍부한 결혼생활을 누리기 바란다.

나는 인생에서 공부, 직업보다 더 중요한 것이 결혼이라고 생각한다. 그 이유는 인간과 인간이 만나 만들어낼 수 있는 것 중에 최고의 풍요로움을 만들 수 있기 때문이다. 생명과 사랑, 쾌락을 만들어 그 수준 또한 무한대로 높일 수 있는 풍요로운 생활이 바로 결혼이다.

자녀를 이미 출가시킨 선배들은 말한다. 대학 보낼 때는 대학이 다인 줄 알았는데 그게 아니라고. 대학을 졸업하면 취업이 문제이고 취업이 되면 결혼이 문제라고 한다. 결혼을 하고 나서는 이제 완전히 독립했으니 모든 것이 끝이 나야 하는데 그게 아니란다. 더 큰 걱정이란다. 결혼 생활이 불안정해서 행여나 이혼하면 어떻게 하나. 이혼을 하더라도 아기가 있으면 그때는 또 어떻게 하나. 그 애는 누가 키워야 하는가. 밤중에 전화만 와도 둘이 또 싸운 게 아닌가 싶어 가슴이 철렁 내려앉는다고 한다. 실제 이혼하는 부부가 점점 많아지고 있고. 그것도 신혼 5년 안에 제일 많이 이혼을 하니 그럴 만도 하다.

자녀가 이혼을 하면 모든 것이 허망해진다. 지금까지 공들여 키운 것이 다 뭐란 말인가. 무엇이 잘못된 것인가. 부모가 떠안아야 할 짐이 이렇게도 무겁단 말인가. 언제나 이런 고생이 끝나는 것인가. 입맛이 쓰고 기쁨이 사라진다. 부모 자신의 인생이 흔들려버린다.

나 또한 아들에게 대학 입학보다 더 중요하게 생각하는 것이 결혼인 것이다.

남성은 여성에게 많이 좌우된다. 물론 여성도 남성에게 좌우되지만 장기적인 결혼생활에는 선천적으로 여성이 더 강하다. 큰소리치던 남성도 나이가 들수록 부인의 품안에 찾아들기 마련이고 부인이 만들어주는 공간과 분위기가 제일 편하다고 한다. 아들이 결혼을 하더니 부인밖에 모른다고들 하는데 그건 당연한 이야기다. 우리도 남편들에게 그렇게 하지 않았는가? 또한 그렇게 부부 중심으로 살아야 그 가정이 행복하다.

현명한 부인이 현명한 남편을 만들기는 쉬워도, 현명한 남편이 현명한 부인을 만들기는 너무나 어렵다.

여성은 악조건을 딛고도 강인하게 솟아나오는 경우가 많아도 남성은 의외로 무너지는 경우가 많다. 노자가 말했듯이 남성은 산봉우리 같은 '양'의 존재고 여성은 그 산봉우리를 받쳐주고 있는 계곡과 같은 '음'의 존재이기 때문인지도 모른다. 남성은 처음에 자신이 스스로 우뚝 솟은 산 같은 존재인 줄로 알아 큰소리도 치고 우쭐대기도 하지만 살아갈수록 자신이 존재하는 데는 자신을 받쳐주고 담아주었던 계곡이 있었다는 것을 알게 되어 뒤늦게 어머니나 부인의 존재를 느끼며 고마워하는 것 같다. 아무튼 전반적인 생활력은 여성이 훨씬 더 강한 것이다.

'이왕이면'은 옵션이다. 이왕이면 예쁜 여자가 좋고, 키 큰 여자가 좋고, 직업이 있는 여성이 좋고, 똑똑한 여성이 좋고, 착한 여성이 좋고, 집안 좋은 여성이 좋고, 건강한 여성이 좋고, 튀는 여성이 좋고, 섹시한 여성이 좋다. 각자 취향대로 옵션을 취하면 된다. 내가 아들에게 바라는 것은 이런 선택 사항이 아니다. 그건 자신이 알아서 하면 되는 것이다. 내가 진심으로 아들에게 권하고 바라는 것은 필수 사항에 관한 것이다. 수능시험에도 필수가 있고 선택 과목이 있듯이 인생과 결혼 생활에도 필수 사항이 있는 것이다.

그 필수 사항은 순수한 영혼이다.
결혼 생활이란 장기적인 생활이기에 힘들고 어려울 때가 꼭 있게 마련이다.

아이를 낳아 기를 때, 친척들과 어울려 관계를 맺어야 할 때, 사업이 망해 어려움을 당할 때, 사고가 나 몸이 상했을 때, 치명적인 실수로 실망감을 안겨주었을 때, 그리고 죽기 전에 치매가 걸렸을 때 배우자가 어떻게 해주었으면 좋겠는가? 어느 때라도 나를 변함없이 아껴주며 도와주는 사람이면 얼마나 좋겠는가? 영혼이 순수한 사람 이외에 더 떠오르는 사람이 있는가?

나는 아들이 만날 여성이 이런 여성이었으면 좋겠다. 앞에서 소개한 책, 『아들아, 머뭇거리기에는 인생이 너무 짧다』 제1편에 나오는 이야기로 실제 있었던 사례다.

1992년 12월 18일. 미국 캘리포니아 주에 있는 산마테오라는 마을 일대는 임시 공휴일처럼 모든 상점이 문을 닫고 조의를 표하는 분위기였다. 마치 사회 저명인사의 장례식처럼 죽음을 애도하는 인파가 구름같이 모여들었다. 누가 죽은 것일까?
메리 제인 셰퍼드라는 평범한 여성이 죽은 것이다. 그녀는 세계적인 저명인사도 아니었고, 무슨 커다란 발명이나 발견을 통해 큰 업적을 남기지도 않았다. 그렇다고 학교에서 교사로 일한 적도 없었고, 무슨 자선단체나 봉사단체에서 활동한 것도 아니었다. 그냥 평범한 전업 주부였는데 무슨 이유로 그렇게 많은 사람들이 몰려들고 마을 전체가 진심으로 애도를 표하게 되었는가?

그 비밀은 메리가 일하던 부엌에 있었다. 메리는 부엌의 벽을 온통 전깃줄로 장식해 놓았는데 그 전깃줄에는 수백 개의 리본이 달려 있었다. 그 색색의 리본에는 지금까지 그녀 집에서 함께 식사를 하고 간 사람들과 자고 간 사람들의 이름과 날짜가 적혀 있었다. 그녀는 일생 동안 그 리본에 적힌 사람들의 이름을 하나씩 불러주면서 그들을 위해 축복의 기도를 드렸다. 결국 그것이 알려지자 식탁에서 함께 했던 사람들은 한 가족과 같은 유대감이 생기게 되었고 이런 마음은 온 마을로 퍼져 아름다운 공동체가 만들어진 것이다.

순수한 영혼의 아들이 순수한 영혼의 여성을 만나 서로 열정적으로 산다면 얼마나 행복하겠는가? 그렇게 되기를 간절히 바란다.

4. 영혼의 조기교육

자녀가 참된 성공을 이루는데 결정적인 요소가 열정과 영혼이라 할 때, 열정은 때를 만나야 한다. 어려서부터 그 열정의 싹을 길러주는 것은 아주 중요하지만 일생을 살면서 혼신의 힘을 쏟아 부을 일을 만나는 것은 언제가 될지 잘 모른다. 일찍부터 그 길이 정해져 있는 사람도 있지만 늦게서야 천직이라 할 만한 새로운 일을 갖게 되는 경우도 있다. 하지만 영혼을 맑게 하는 일은 오히려 일찍부터 도와줘야 한다.

어린 시절에 그 바탕이 형성되는 것이다. 그래서 조기교육 중에 가장 중요한 교육이 바로 영혼의 조기교육인 것이다.

조기교육이란 슬하의 자녀일 때 이루어지는 것으로, 슬하의 자녀란 부모가 하는 것을 무조건 좋아하고 따라하려고 하는 시기를 뜻한다. 그 시기는 대략

2세 정도까지일 것이다. 12세 전후가 되면 어디를 같이 가자고 해도 안 가겠다고 하고 혼자 있기를 좋아한다. 부모보다 친구의 영향을 더 많이 받는 시기다. 이때부터는 교육도 잘 이루어지지 않고 효과도 적다.

5세에서 12세까지 7년 동안은 부모가 노력한 만큼 효과가 있는 시기다. 이때는 부모들도 가장 바쁘다. 직장도 자리잡아야 하고 집 장만도 해야하고 다른 조기 교육도 신경 써야 하고 할 일도 많겠지만 무엇보다 우선적으로 영혼의 조기교육에 힘써야 한다. 아빠들도 쇼핑이나 설거지보다 바로 이 영혼 조기교육에 협력해야 한다. 그래야 자녀의 사춘기가 평탄해진다. 내가 과거로 돌아간다면 아들의 맑은 영혼을 위해 남편과 함께 다음 세 가지를 힘쓸 것이다.

첫째, 2주에 한 번 정기적으로 산에 간다.

영혼은 자연 속에서 가장 맑아진다. 놀이동산 같은 번잡한 곳은 피하고 사람이 드문 한적한 산이나 숲에 정기적으로 간다. 먹을 것은 알아서 싸 가시고, 가서 해야 할 일이 있다. 세 가지이다. 풍욕과 책읽기와 음악 듣기다.

① 풍욕이란 쉽게 말해 바람으로 목욕을 하는 것이라 말할 수 있는데 우리의 체질을 유산소 체질로 만드는 데에 효과가 좋다. 습관이 되면 추울 때에도 괜찮은데 산에서뿐만 아니라 집에서도 자주 하는 것이 좋다. 방법은 옷을 최대한으로 벗고, 벗은 몸을 노출했다가 담요로 덮고 다시 노출했다가 덮는 것을 번갈아 반복해서 하는 것이다. 가족 모두 담요 하나씩을 가지고 가서 자리를 잡고 둘러앉아 같이 하면 된다. 먼저 옷을 벗고 담요를 덮은 채 1분 간 조용히 앉아 쉰다. 1분 후 담요를 벗고 20초 동안 머리를 주무른다. 다시 담요를 덮고 1분간 조용히 쉰다. 1분 후 담요를 벗고 30초 동안 목과 어깨를 주무른다. 다시 담요를 덮고 1분간 쉬고 그후 40초 동안 허리를 주무른다. 다시 담요를 덮고 1분간 쉬고 그후 50초 동안 허벅지를 주무르고 다시…. 몸을 주무르며 마사지하는 것을 위에서부터 아래로 20초부터 시작해 10초씩 늘려가며 1분까지 하

고, 담요를 덮고 있는 시간도 1분에서 시작해 차츰 1분 30초에서 2분까지 하고 끝낸다.

왜 이런 것을 하면 좋은가? 몸의 세포가 깨어있는 상태가 어떤 것인지를 일찍부터 느끼게 하는 것이 너무나 중요하기 때문이다.

몸의 흐름을 느낄 줄 알아야 건강을 지킬 수 있고 몸의 쾌적함을 먼저 느껴봄으로서 진정한 즐거움의 맛이 무엇인지 알 수 있다. 사춘기를 닥치면 호기심에 담배를 피울 수 있다. 담배도 문제지만 앞으로는 마약도 큰 걱정거리가 될 것이다. 이미 피우기 시작했다면 끊기란 어려운 것이다. 사춘기 때의 흡연은 몸도 나빠지지만 더 걱정되는 것은 흡연을 하는 친구들끼리 모여 있다 보면 술이나 가출, 섹스, 마약 등 제 2, 제 3의 문제로 확대될 수 있다는 것이다. 그것을 최대로 방지할 수 있는 방법은 무엇일까?

금연 비디오를 보여주고 침을 맞고 금연학교에 다녀도 큰 효과가 없다. 미리 그 가능성을 줄여줘야 하는데 그것이 바로 몸의 상쾌함을 미리 맛보게 해주는 것이다. 우리는 월드컵 때 느낀 희열을 잊을 수가 없다. 몸과 마음이 그 정도로 상쾌해지는 것이 아니라면 이제는 그 어떤 것도 성에 차지 않는다. 모두 시시해진 것이다. 처음에 좋았다가 점점 나빠지는 것이 인간에게 최대의 고통인 것이다. 좋았던 그 때를 그리워하게 되고 다시 회복하려고 한다. 이와 같은 원리에서, 어렸을 때의 풍욕으로 최고의 좋은 느낌을 먼저 만들어주자는 것이다. 풍욕을 했다고 해서 100% 예방이야 안 되겠지만 그래도 가능성이 줄 것이다. 설령 호기심에 담배를 피웠다고 해도 금연할 가능성도 훨씬 높아질 것이다. 아무튼 몸의 느낌을 느낄 수 있다는 그 자체는 자녀에게 가장 큰 선물이 될 것이다.

② 산 속에서 책읽기를 권한다. 자녀가 어려서부터 책을 많이 읽으면 좋다는 것은 누구나 다 안다. 그리고 여러 교수님들의 말씀처럼 부모가 먼저 책을

읽어야 아이도 따라 읽기 때문에 모범을 보여야 한다는 것도 잘 알고 있다. 하지만 생활 속에서 그게 쉬운가? 아빠도 인간, 엄마도 인간인데 스트레스도 풀어야 하고 할 일도 많은데 그런 면학 분위기만 형성할 수 있는가? 엄마는 드라마도 봐야 하고 아빠도 뉴스와 스포츠는 봐야 한다. 잠잘 때 동화책을 읽어주는 것조차 쉬운 일이 아니다. 그렇다. 일상생활에서는 어려운 게 사실이다.

그러나 산에 갈 때만이라도 책을 보자. 양보다 질이라고, 책 읽는 맛이라도 길들여주자.

산 속에서, 숲 속에서 책을 읽어 보았는가? 다른 데서 읽는 것과 너무나 다르다. 산에서 읽은 책 내용은 잊어먹지를 않는다. 그야말로 머리에 쏙쏙 들어온다. 나는 머리가 혼란스러울 때 가끔 산에서 책을 읽은 적이 있다. 지금까지 그 내용은 생생히 살아 있다. 참 신기했다. 평소에는 드라마를 보더라도 2주에 한 번은 산에 가서는 가족들이 함께 책을 읽자. 각자 자기가 보고 싶은 책을 들고 가서 읽는 것이다. 엄마도 책 보고 아빠도 책을 볼 때 아이들도 당연히 따라서 볼 것이다. 오면서 서로 읽은 것에 대해 얘기도 나누면 표현력도 는다.

아들이 수능시험을 보고 나서 느낀 것인데 책을 많이 읽는 것이 아주 중요하다는 것을 새삼 느꼈다. 문제를 해석하는 능력과 속도가 시험의 결과를 많이 좌우하는 것 같다. 아들 스스로도 어렸을 때 책을 많이 읽은 것이 큰 도움이 된 것 같다고 했다.

③ 좋은 음악은 영혼의 소리다. 산에서 몸의 세포를 활짝 열어놓은 상태에서 음악을 들을 때, 그것도 정기적으로 2주에 한 번씩 몇 년 동안 들을 때 자녀는 천사가 될 수 있다.

음악도 여러 종류인데 밝은 마음과 좋은 느낌을 주는 음악이 있다. 『의식 혁명』이라는 책을 쓴 데이비드 호킨스 박사는 몸이 반응하는 실험을 통해 영혼에 좋은 음악을 구분해냈다. 그에 의하면 폭력적이고 성적인 랩 음악이나 헤비메탈 록은 부정적인 영향을 주었으며 클래식 음악, 비틀즈를 포함한 클래식 록, 민요나 레게, 컨트리 음악 등은 아주 좋은 영향을 준다고 밝혔다. 최근에는 아주 좋은 명상 음악도 많이 나왔고 집중력을 높이는 음악, 우울할 때 듣는 음악 등등 많은 연구 결과로 분류해 팔고 있다. 어떤 때는 음악을 끄고 자연의 소리를 들어보는 것도 좋겠다.

　순수한 영혼은 이렇게 세포의 살아 있는 느낌과 좋은 소리, 맑은 생각으로 그 기초가 다져지는 것이다.

　둘째, 식물이나 동물을 기른다.
　어느 연구 조사에서 밝혔다. 장애 아동에게 정서적으로나 지능적으로나 제일 도움이 되는 것은 동물을 기르는 것이라고 했다. 동물학자인 부모를 따라 아프리카에서 몇 년을 지냈던 다섯 살의 어떤 프랑스 소녀는 호랑이와 사자 등 무섭다고 생각하는 그 어떤 동물과도 교감을 이루어 친하게 지냈다. 어떤 자폐증 어린이는 개미와 대화를 하고 돼지와 놀면서 자폐증을 극복했고 나중에 동물학자가 되었다. 순수한 어린이의 영혼이 동물이 감지하는 기운과 통해 서로 교감을 이루어낸 것이리라.

　살아 있는 생명체를 좋아하고 기르는 것은 여러 가지 의미가 있다. 생명을 사랑하는 마음도 생기고 사랑하는 행동도 배우게 된다.

　생명을 돌보는 과정에서 실제 먹이를 주어야 하고 배설물을 처리해야 하며 몸도 씻기고 운동도 시켜야 한다. 마음만으로 되는 것이 아니라 귀찮아도 돌봐야 하는 것이다. 자신의 이부자리도 개지 않는 아이들이 얼마나 많은가? 부모가 차려준 밥상 앞에서 몸을 비틀며 투정부리는 아이들이 얼마나 많은가? 좋은 옷만 골라 입으면서 빨래하는 것은 생각하지도 않는 아이들, 깨끗한 데만 골라 다니고 청소할 생각은 하지도 않는 아이들이 동물을 키우며 생활을 배울 것이다. 자녀들이 애완 동물을 무조건 사달라고 할 때 이런 보살핌의 과정을 확실히 인식시키고 그 책임을 질 수 있도록 약속하는 것이 우선되어야 한다. 생명은 가꾸고 돌봐야 하는 존재라는 것을 알아야 한다.

식물도 마찬가지다. 물과 비료를 줘야 하고 햇빛도 조절해줘야 한다. 그럴 때 아름다운 꽃이 핀다는 사실을 실제 몸으로 깨닫게 해야 한다. 새 학기를 맞이하면 학교에 화분을 사다 놓는다. 방학이 되면 어떤가? 대부분 죽거나 버린다. 가꾸지를 않는다. 그러면서 자연 시간에는 식물을 기르면서 관찰일지를 쓰게 한다. 모두가 분리된 교육이다. 오히려 생명을 함부로 대하는 법을 가르치는 것은 아닐까? 부모가 집에서 아이와 함께 식물을 기를 때 관찰일지 같은 것을 요구하지 말자. 그냥 하루하루 변해 가는 생명의 모습을 바라보며 탄성을 지르고 즐거워하자.

생명의 신비함과 보살핌의 즐거움을 느끼도록 해주자. 아빠도 적극적으로 관심을 보여주자. 아빠가 변하면 아들도 변한다. 부드럽고 멋있는 남자가 필요하다.

울산에 자주 갔던 유치원이 있다. 월성 유치원이라는 곳인데 원장님이 남자분이다. 나는 다른 유치원에 가서 교육을 할 때도 이곳을 모범 유치원으로 자주 추천한다. 우선 원장님이 훌륭하시다. 열심히 원아들을 돌보면서도 벌어들인 수입에서 200만 원만 집으로 가져가고 나머지는 다시 유치원에 재투자한다. 집도 유치원 바로 옆에 지어 24시간을 유치원 생각만 한다. 모범 유치원이라고 추천하는 더 큰 이유는 아이들에게 농사를 짓게 한다는 것이다. 산밑에 넓은 터를 잡아 한편에는 유치원 건물을 짓고 옆에는 사택 그리고 다른 한편에는 운동장과 텃밭을 만들었다. 이 텃밭에는 고추와 고구마를 비롯해 농작물이 자라고 있는데 고랑마다 아이들 이름이 쓰인 팻말이 꽂혀 있다. 흉내만 내는 정도가 아니라 제법 농사를 짓는 것처럼 풍성하다. 누가 잘못 보면 아이들을 혹사시킨다고 오해할 만하다. 가을이 되면 그 수확물을 캐어 자기가 키운 것은 모두 집으로 가져간다. 원장님, 선생님 것도 따로 있다. 해를 거듭할수록 아이들에게 좋은 심성의 변화가 생긴다는 것을 부모들이 알기 시작했다. 입학철만 되면 서로 앞다투어 그 유치원에 들어오려고 줄을 서고 있다. 가장 중요한 교육을 하고 있는 것이다.

셋째, 2주에 한 번 정기적으로 봉사단체에 간다.

아이가 사춘기가 되기 전 5~6년간은 아무리 바쁜 엄마 아빠라도 한 달에 두 번 정도는 시간을 내는 게 좋다. 한 번은 산과 숲으로 가야 하고 또 한 번은 어려운 사람을 방문하는 것이다. 고아원이나 양로원, 장애인 시설과 같은 복지 단체도 좋고 아니면 개인적으로 힘들게 사는 노인이나 이웃을 찾아 자매결연을 맺어도 좋다. 원칙은 두 가지다. 정기적으로 간다는 것과 부담없이 즐겁게 다녀오는 것이다. 긴 시간이 아니어도 좋다. 2~3시간 동안이라도 즐거운 마음으로 기쁘게 지내다 오는 것이 중요하다.

중·고등학교에서 봉사 점수제가 생겨 봉사활동을 많이 하고 있다. 어쨌든 어려운 사람을 직접 보고 조금이라도 돕는다는 면에서 긍정적인 측면이 많기는 하지만 우려되는 점도 있다. 점수 따기 위한 수단으로 부모가 대신하거나 엉터리로 한다는 것은 이미 알려져 있는 사실인데 내가 가장 우려하는 것은 남을 돕는 것에서 느낄 수 있는 최고의 즐거움을 빼앗을 수 있다는 것이다.

많은 사람들에게 물어 보았을 때 최고로 행복함을 느꼈을 때가 언제였느냐는 것에 대해 다른 사람으로부터 고맙다는 말을 들었을 때라고 했다.

우리 아우성센터에서도 몇 년 동안 1주에 한 번씩 소년원에 가서 상담과 교육을 해왔는데 그 프로그램에 참여했던 봉사자들도 한결같이 같은 고백을 했다. 소년원에 다녀온 날은 마음이 제일 행복하고 잠도 아주 깊은 잠을 잔다는 것이다. 자신이 어려운 사람에게 도움이 되는, 필요한 존재임을 느끼는 것이야말로 행복의 비결이라고 했다. 결국 자기 자신에게 도움이 되는 것이었다.

의무적이고 형식적인 봉사활동으로 즐겁고 행복해야 할 봉사 개념이 힘들고 짜증나는 개념으로 바뀌지는 않을까. 그것이 제일 염려되는 것이다.

『네 안에 잠든 거인을 깨워라』의 저자 앤서니 라빈스는 그 책에서 인간이 어떤 행동을 하는 데에 있어 그 행동을 하게 하는 원동력에 대해 명쾌하게 정리해 놓았다. 행동을 할 때 이성적인 판단보다 감정적인 요인이 더 우선하는데, 주로 고통과 즐거움의 감정이 행동을 좌우한다고 했다. 그리고 고통과 즐거움의 감정 중에서 더 강력한 것이 고통이라고 했다. 고통을 벗어나기 위한 행동이 즐거움을 찾는 행동보다 앞선다는 것이다. 싫은 것을 안 하는 것이 좋은 것을 하는 것보다 더 강하다는 얘기다.

그래서 성공하는 인생을 살려면 바로 이 고통의 감정을 즐거운 감정으로 바꾸어내는 감정 조절 능력이 있어야 한다고 강조한다.

사실 힘들고 병든 사람들을 대한다는 것은 즐거운 일은 아니다. 고통스럽고 싫은 일일 수 있다. 그래서 많은 사람들이 피하고 있다. 오죽하면 봉사활동을 하면 점수를 주는 제도까지 만들지 않았는가? 하지만 이 싫고 고통스러운 것을 즐거움으로 바꿔내기만 한다면 그것은 인생에서 최고의 즐거움과 행복감을 주는 것이다. 어떤 것과도 비교될 수 없는 즐거움이기에 이런 즐거움을 한번 맛본 사람은 중독이 되어 더 많은 봉사를 하려든다. 긍정적인 중독자가 되는 것이다. 그 사람의 눈에는 도와줄 일만 보이게 된다. 삶의 차원이 달라지는 것이다. 테레사 수녀처럼 참된 성공의 주인공이 되는 것이다. 테레사 수녀는 우리가 보기에는 힘들어 보였지만 당신 자신은 행복했다고 말했다.

고통을 즐거움으로 바꿔내는 그 대단한 작업의 첫출발이 바로 엄마와 아빠 손잡고 어려운 사람을 도우러 가는 것이다.

2주에 한 번씩 즐겁고 기쁘게 다니다 보면 어느새 싫은 것이 좋은 것으로 바뀌어 있을 것이다. 치매 노인을 돕는다고 했을 때 아빠는 노인의 옷을 빨고 엄마는 머리를 감기고 아이는 주물러드리고 놀아드린다. 엄마 아빠가 웃으면서 즐겁게 하면 아이도 즐겁게 한다. 왜 할머니가 저렇게 똥오줌을 가리지 못하냐고 아이가 물으면 그때야말로 인생 공부를 시키는 중요한 찬스가 된다.

갓난아이가 커서 어른이 되고 다시 갓난아이처럼 되다가 죽는 것이 인생이라고. 갓난아이 때부터 몇 년간은 어른들이 먹을 것도 먹여주고 기저귀도 갈아주는데 누구나 다 그런 도움을 받아 큰 것이라고. 그래서 자기가 받은 만큼 적어도 몇 년간은 다른 사람에게 도와야 하는 거라고. 그래야 공정한 것 아니냐고. 몇 년간 남을 돌보는 것은 당연히 해야 할 도리고, 좋은 사람이 된다는 것은 자기가 받은 것보다 더 많이 도와주는 사람을 말하는 거라고. 저 할머니는 젊었을 때 자식을 비롯해 노인들과 이웃들을, 굉장히 많은 사람들을 도왔을 거라고. 우리가 그 사람들을 대신해 더 많이 도와줘야 한다고. 즐겁게 도와주고 집에 오는 길에 짜장면이라도 먹고 오자. 더욱 즐겁게!

아빠의 참여는 자녀에게는 말할 것도 없고 부인에게도 일석이조의 행운을 가져다준다. 화목한 가정 분위기를 만들 수 있는 것이다.

2년 전이었을 것이다. 참외로 유명한 경북 성주에서 강연을 했다. 나를 차에 태워주며 안내해주었던 남자 분이 있었다. 정당 지구당에서 실무 일을 맡고 있었는데 얼굴이 준수하게 잘 생기셨고 마음도 너그러워 보였다. 한마디로 잘 생긴 호인형이었다. 강연 전후로 같이 차를 마시며 대화를 나누는데 어쩌나 우스개 소리를 잘 하는지 나는 또 교양 없이 머리를 뒤로 제끼며 웃음을 터뜨렸다. 내가 물었다. "이렇게 재미있고 친절하시니 여자들에게 인기가 많으시겠어요?" 그 분이 대답했다. "아 글쎄 많은 사람들이 나한테 다 그런 말을 하대요. 바람 많이 피게 생겼다고요. 사실은 정반대거든요. 다른 건 몰라도 바람만큼은 절대로 피지 않거든요."

"아니, 솔직히 말하면 바람을 안 핀다는 것보다는 못 피는 거죠."
그 분은 진지하게 그 사연을 얘기해 주었다.

본인은 오래 전부터 카톨릭 신자였는데 결혼할 때쯤에는 어떤 사회복지관에서 봉사활동을 하고 있었다. 크고 작은 일은 물론 재정을 관리하는 일도 도와주고 있었다. 착한 여성을 만나 결혼을 하게 되었는데 신혼여행 계획을 짜다보니 경비가 많이 든다는 것을 알았다. 언뜻 스치는 생각에 복지관 운영비와 비교가 되었다. 그 여행 경비라면 복지관의 몇 달 생활비가 된다는 계산이 나오자 마음이 괴로웠다. 부인될 사람에게 말했다. 복지관 사정이 어려우니 우리가 신혼 여행을 가지 말고 그 비용을 복지관에 주자고 했다. 그리고 신혼 여행대신 복지관에서 봉사활동을 하자고 제안했다. 너무나 훌륭한 말이라 뭐라고 할 수 없었는지 부인될 사람도 크게 망설이지 않고 그렇게 하자고 동의를 했다. 그리고 그렇게 했다.

집들이가 시작되었다. 친구들이 신혼여행 갔던 사진을 보자고 했다. 신랑인 본인이 너무나 자랑스럽게 그간의 일을 말해주었다. 그런데 친구들이 한결같이 신랑을 꾸짖고 나무랐다. 일생에 한 번뿐인 신혼여행을 어쩌자고 그렇게 망쳐 놓았냐며 반성은 못할 망정 그걸 자랑이라고 하고 자빠졌냐고 호통을 쳤다. 그런데 더 놀란 것은 그런 게 아니라고 변호를 해줄 것으로 믿었던 부인이 변호는커녕 친구들 말에 동의한다는 듯이 앉아 있는 것이었다. 그때서야 자신의 잘못을 깨달았다. 부인의 동의가 진정한 동의가 아니었고 지금도 원망스러워하고 있다는 것을 알았다. 부인에게 사죄를 했다. 그리고 다짐도 했다. 평생 어떠한 속도 썩이지 않겠다고. 고맙게 따라준 그 마음을 평생 잊지 않고 사랑하겠노라고.

그래서 지금까지 한 번도 다른 생각을 먹어보지 않았다고 했다. 어떤 때는 약간의 유혹을 느낄 때도 있었다고 한다. 사람들과 술집에 가면 여자가 나올 때가 있는데 젊고 예쁜 여자를 보면 몸이 더워지고 어떤 욕망이 일어나기도 하는데 한번 만져볼까 마음먹는 순간 이상하게도 부인이 떠오르고 신혼여행 문제가 떠올라 그만 맛이 간단다. 그러면서 결론을 내리는데 그 말이 새롭고 독특했다. "남자들, 봉사활동 그런 거 자꾸 하면 바람 못 펴요. 바람 피려고 해도 잘 안 돼요. 거 참 이상하죠?"

그럴 것 같다. 이 세상에 100%란 없는 것이니까 장담할 수는 없는 거지만 어느 정도는 그럴 것 같다. 아이에게 치매 걸린 할머니 얘기를 해주면서 인생을 논하던 사람이 다음 날 술자리에서 "미스 리!" 하며 몸을 비비기는 어렵지 않을까? 상처와 고통을 덜어주자고 봉사를 하는 것인데 그런 정신과 기운이 부인에게 상처와 고통을 주는 기운으로 쉽게 바뀌지는 않을 것이다.

인간이 마음과 몸의 내적 일치를 이루지 못할 때 제일 고통스러운 것이니 그런 불일치의 언행은 쉽게 되지 않을 것이다.

우리는 영혼의 조기교육을 통해 자녀로 하여금 몸의 즐거움, 마음의 즐거움, 정신의 즐거움, 그리고 인간관계의 즐거움을 맛볼 수 있도록 해줘야 한다. 이것은 개인과 가정에게 행복을 만들어주는 일인 동시에 나라를 튼튼하고 건강하게 만드는 것이기도 하다. 더 나아가 인류사회 전체를 치유하는 길이기도 하다.

자연스러운 자세와 태도 갖기 2

{ 경건한 자세와 태도 }

성은 과정이다. 어떤 결과가 아니다.
어떤 한 사람의 성이 어떤 순간에는 아름답다가도 어느 순간에는 추하기도 하다.
인간의 성은 아름답고 추한 모습을 다 담고 있는 것이다.
살아가는 과정 속에서 이런 저런 모습으로 나타나는 것이다.
추한 것을 인정하지 않고 깨끗하고 경건한 것만 강조하다 보면 인간성을 불구로 만든다.

성교육에서 제일 중요한 것은 성에 대해 올바른 자세와 태도를 갖게 하는 것이다. 성에 대한 학문으로 성학(Sexology)도 있다. 그러니 성학 박사도 나올 만하다. 성학 박사가 되면 성에 대해 가장 잘 아는 사람인가?

2년에 한 번씩 아시아 성학회가 열리고 있고 4년마다 세계 성학회가 열리고 있다. 5년 전에는 우리 나라에서도 개최되어 참석을 했었고 3년 전에는 일본 고베에서 열린 아시아 성 학회에 다녀온 적도 있다. 성에 관련된 다양한 주제 별로 분과 토의가 이루어지고 전체 모임에서 결의도 한다. 산부인과, 비뇨기과 적인 접근에서 시작해 성행동, 성문화, 성폭행, 성교육, 성질병 등 다양한 주제 로 아시아 10여 개 나라가 참여해 발표와 토의를 가졌고 마지막 날 전체 회의 에서는 세계적인 결의에 하나로 '성건강'을 위해 노력하자고 마음을 맞췄다.

성지식은 하나의 정보다. 성건강을 지키고 보다 풍요로운 성생활을 위해 아주 유용한 정보를 가질 필요가 있다.

그러나 성지식이 아무리 풍부하더라도 그 자체가 아름다운 성이 되지는 않는다. 지식과 정보보다 성을 느끼고 대하는 자세와 태도가 더 중요한 요소가 되는 것이다. 성 박사가 아무리 많이 알아도 성이 더럽다고 느끼거나 웃기는 것으로 대한다면 아름답다고 할 수는 없는 것이다.

성에 대한 자세와 태도는 어린 시절에 형성된다. 유아기 때와 사춘기 시절에 가장 영향을 많이 받고 혹시 유아기 때 잘못 형성되었더라도 사춘기 때 올바른 성교육으로 교정하는 것이 가장 쉽다. 어린 시절에 형성된 성에 대한 부정적인 생각이 교정되지 않고 결혼했을 경우 결혼생활에 지대한 영향을 준다. 첫날밤부터 나타날 수 있다. 남성 몸이 무섭고 성관계하는 것이 더럽게 생각되면 몸이 오그라들고 아픔도 더 느낀다. 거듭될수록 부부관계는 지옥이 되고 상대방은 불감증이 아니냐고 실망하게 된다. 실제 결혼생활에 영향을 미치는 것은 정보와 기술이 아니라 이런 성에 대한 자세와 태도인 경우가 더 많다. 만약에 부부 간에 성적인 갈등이 있는 경우 남편은 먼저 부인의 생각을 잘 들어 주어야 한다. 어린 시절에 형성된 성의 느낌이 어떠했는지 알아보고 혹시나 부정적인 자세로 굳어진 것 같으면 바로 그 부분을 긍정적으로 돌려주고 풀어 줘야 한다. 그러면 의외로 문제가 쉽게 풀릴 수도 있다.

어떤 여성이 사춘기 때 집에서 오빠가 여자 친구와 성관계하는 것을 우연히 보게 되었는데 둘이 좋아서 하는 것이 아니라 오빠가 거의 반강제적으로 하는 장면이었다. 여성이 반항하며 괴로워하는 모습을 보면서 자신도 피해의식이 생겼고 오빠나 남성에 대해 무섭고 혐오스러운 감정이 생겼다.

결혼을 했는데 첫날밤부터 몸이 굳어져 어려움을 겪었다. 계속 반복되자 남편이 물었다. 화도 내지 않고 진정으로 이해하고자 하는 마음이 전해졌다. 그 여성도 남편과 이야기를 하다가 알게 된 것이다. 그때 그 장면을 본 이후로 성에 대한 생각이 부정적이었다는 것을 알았다. 남편이 이해한다며 아주 부드러운 손길로 몸을 어루만져주었고 성은 즐겁고 기쁜 것이라고 말해주었다. 남편은 무리하지 않게 애무해주면서 몸의 느낌을 느껴보라고 했다. 차츰 몸과 마음이 열리기 시작했다. 지금은 아주 원만한 부부생활을 하고 있다고 했다. 함부로 불감증이니 조루증이니 딱지를 붙이지 말고 어린 시절에 형성된 성에 대한 자세와 태도를 점검해보는 것이 현명한 일이다.

이렇게 오래 남아 결혼생활에 영향을 미치는 성에 대한 자세와 태도는 자녀들의 성교육에 있어 우선적으로 고려해야 할 문제다. 어떤 자세와 태도를 가져야 할까? 자연스럽고도 진지한 자세와 태도를 가져야 건강한 성을 이룰 수 있다.

여러 가지 자세와 태도를 비교, 점검해보면서 자연스럽고 진지한 자세와 태도는 어떤 것인지 보다 확실하게 알아보자.

부정적인 자세와 태도

업자들만 비판할 수는 없지 않은가?
유흥업소와 러브호텔, 출장 마사지의 고객은 누구란 말인가?

아마 여성들에게 제일 많은 자세와 태도일 것이다. 성이란 더럽고 징그럽고 혐오스러우며 무섭고 두려운 것으로 느껴지면서 형성된 태도다. 남성 또한 어린 시절의 경험과 상처로 성이 더럽다고 느낄 수 있는데 그럴 경우 더욱 강하게 남아 이후 결혼생활에 영향을 미치기도 한다.

서른 살이 다 되어 가는 어떤 여성이 자신은 절대로 결혼하지 않을 것이라고 단호히 말했다. 왜 그러냐고 물으니 어린 시절에 보았던 충격적인 장면을 또렷하게 말해주었다.

여섯 살 때 유치원을 다니고 있었다. 어느 날 유치원에서 집으로 돌아오는데 골목길이었다. 쫄랑쫄랑 예쁘게 딴 머리를 흔들며 걸어가고 있는데 누가 뒤에서 "아가야" 하고 불렀다. 뒤를 돌아다보니 어떤 아저씨였는데 길에 있는 노숙자 같이 옷도 더럽고 모습이 지저분해 보였다. 자신을 부르더니 그 아저씨는 조금 빠른 걸음으로 다가왔다. 마치 와서 잡을 것 같은 느낌이 들었다. 더럽고 무섭다는 느낌이 드는 순간 너무나 이상한 것을 보았다. 아저씨가 생식기를 내놓고 흔들면서 오는 거였다. 얼마 동안인지는 모르겠지만 또렷한 눈망울로 한참을 보았던 것 같단다. 아저씨가 거의 다가왔을 때 뒤돌아서 뛰기 시작했다. 울면서 무섭다고 소리를 치면서 엄마를 불렀단다. 골목길에 누가 나왔는지 어땠는지는 몰라도 그 아저씨에게는 잡히지 않았고 집에 왔다고 했다.

그 후 철이 들면서부터 '남자' 하면 그 아저씨가 생각났고 더 구체적으로는 더럽고 무서운 느낌 속에서 흔들거리는 생식기가 떠올랐다. 결코 그 생식기는 좋은 것이 아니었고 남자라는 존재 또한 더럽고 징그럽고 무서운 것이었다. 결혼을 해서 성관계를 한다고 가정했을 때 도저히 자신의 몸에 받아들일 수 없는 것이었다. 결혼까지 부정적이 되었다. 그 여성은 아직도 여전히 결혼하지 않고 있다.

성에 대한 자세와 태도가 얼마나 중요한 것인지를 우리 사회가 잘 모르고 있다. 그래서 재미 삼아 어린이들을 놀리고 있고 만지고 있다.

13세 이하 어린이가 얼마나 많이 당하고 있는지 모른다. 어린 시절에 형성되는 성의 자세와 태도를 모르니 사회적으로 '유아'와 '어린이'의 개념이 있을 수가 없다. 이런 저런 성 문제와 섞여 그냥 대수롭지 않게 넘기고 있다. 청소년보다 더 보호해야 할 존재가 유아와 어린이다. 무한한 가능성을 가진 유아와 어린이를 어둡고 부정적으로 만드는 모든 것에 대해서 '최고의 죄악'이라는 개념이 생겨야 한다. 당연히 신상공개도 더 확실히 해야 한다. 주소도 통, 반까지 더 정확히 밝히고 사진까지 실어야 한다. 어린이를 건드렸다가는 인생이 완전히 망가진다는 인식이 확고히 뿌리내려야 한다. 그것은 본능도 아니고 실수도 아니다. 가장 흉악한 범죄인 것이다.

즐기려고 하면 성인끼리 즐기든지 해야지 왜 아무것도 모르는 아이들을 건드리나? 앞으로 성인으로서 어린이를 건드리는 모든 행위는 철저히 다뤄져야 한다. 그래야 나라에 기강이 서고 미래가 밝아진다. 즐기는 세상일수록 철저히 지켜야 할 최저선이 있는 것이다. 그 최저선이란 미성년자이고 그 중에서도 13세 이하 어린이는 최저선의 또 최저선인 것이다.

뭐니뭐니해도 가장 부정적인 영향을 미치는 것은 성폭행이다. 그 중에서도 가장 심각한 것은 친아버지나 친오빠 같이 친족에게 당한 경우다.

특히 친아버지에게 당한 경우 그 딸은 단순히 성에 대한 상처만 있는 것이 아니라 이 세상, 모든 인간에 대한 믿음까지 무너져버린다.

세상이 아무리 험해도 부모가 도와주고 보호해주면서 믿음이 생기는 것인데 그 믿음의 근원인 아버지가 상처를 주었으니 믿을 사람이 하나도 없게 된다. 엄마가 나중에라도 알고 남편과 결별을 선언하고 딸을 지켰을 경우 그래도 조금 낫다. 엄마가 알면서도 모른 체하는 경우도 많은데 그럴 경우에는 딸은 정말 믿을 곳이 한 군데도 없다.

오빠가 성폭행을 했을 때도 부모가 나서서 잘잘못을 가려주고 평정해주지 못할 때 그 상처 또한 깊어진다. 스킨십에 예민하며 정서가 불안하고 사람들과 눈을 마주치지 않고 때로는 느닷없이 공격적이 된다. 아버지 같은 남자 어른들 전체에 대해서 혐오감을 가지게 되는데 어떤 소녀는 학교 담임 선생님을 쳐다볼 때도 째려보게 된다고 했다.

커서 남자친구를 사귀더라도 그 후유증이 나타난다. 깊이 사귀지를 못한다. 스킨십까지 하게 되면 절교를 선언하기도 한다. 더 깊은 관계를 맺으면 성폭행의 장면이 떠오르고 그로 인해 자신이 죄스럽게 느껴지고 분노도 치밀어 오르고 아주 복잡한 심정이 된다. 결혼을 하기까지도 어렵고 결혼을 해서도 원만한 성생활이 어렵다. 얼마나 큰 불행을 안겨주었는가?

후유증이 엉뚱하게 나타나는 경우도 있다. 지나치게 성에 탐닉할 수 있다. 어린 시절 뭐가 뭔지 모르고 당했을 경우. 그런 것이 성이라고 생각해 일찍 관심을 갖고 찾게 된다. 성에 대한 인식이 확립되기 전에 몸으로 느끼는 반응이 앞서버린 것이다. 자위행위도 심해지고 기준 없이 여러 남자들과 어울리며 과격한 섹스를 원하게 되고 더 허탈감을 느끼면서 자학하기도 한다. 스스로 윤락의 길에 나서기도 하는데 자신의 몸은 이미 더럽혀졌고 인간의 성이라는 것도 다 그렇고 그런 것이지 뭐 별 게 있느냐는 부정적인 생각이 지배적이다. 어느 조사에서 밝혀진 것이지만 성 매매를 하고 있는 여성의 50% 이상이 성에 대한 첫경험이 성폭행이었다는 사실이다. 성폭행 자체보다도 그 때 형성된 성에 대한 부정적인 자세와 태도가 그런 결과를 가져오게 한 것이다.

성폭행을 한 사람은 한 순간의 즐거움을 얻었는지 모르지만 당한 여성은 인생의 방향이 바뀔 정도로 심각한 것이다.

난 지금도 가끔씩 몸서리칠 때가 있다. 내가 어린 시절 성폭행을 당했을 때 만약 우리 엄마가 무심해서 그냥 넘어갔다면 나는 지금 어떻게 되었을까를 생각해본다. 오빠가 협박하면서 아무에게 말하지 말라고 했으니 어린 마음에 엄마가 묻지 않았다면 그냥 넘어갔을 것이다. 그 다음이 아찔하다. 그렇게 아무 일 없이 넘어갔다면 그 오빠는 어떻게 했을까? 아마 다시 그런 짓을 했을 것이다. 바로 옆집에 살았으니 호시탐탐 기회를 엿보고 들어와 계속했을 것이다. 그랬다면 나도 점점 익숙해지지 않았을까? 성에 대해 지나치게 관심이 많아져 아주 밝히거나 문란하게 막 사는 여자가 되지 않았을까? 지속적으로 당하는 성폭행은 후유증이 정말 심하다.

김강자 서장과 함께 미아리 텍사스촌에 갔을 때 나는 생각했다. 그곳에 있는 윤락 여성들과 나는 종이 한 장 차이라고 생각했다. 앞의 조사에서도 나왔듯이 그녀들도 성에 대한 첫 경험이 성폭행이었을 것이고, 나 또한 첫 경험이 성폭행이었으니 다를 게 무엇인가? 그런데 나는 성교육 강사가 되었다. 무엇 때문이었을까? 인격? 재능? 능력? 그 아무것도 아니다. 그곳에서 일하는 여성 중에는 나보다 더 착하고 능력 있는 여성도 많을 것이다. 한 가지 결정적인 것이 달랐을 것이다. 그것은 성에 대한 자세와 태도였을 것이다. 나는 성폭행을 당한 지 10분 만에 엄마가 알게 되었고 현명한 엄마는 첫마디로 나는 아무 잘못이 없고 내 몸은 아주 깨끗하다고 했다. 바로 그것이었다. 나와 내 몸은 부정적이지 않았다. 나는 깨끗하고 그 오빠가 더럽다고 했다. 그것도 오빠 전체가 아니라 오빠의 그런 행동이 더러운 것이라고 했다. 잘잘못을 분명히 가려준 것. 그 결과 나에게는 죄도 없고 따라서 내 몸도 깨끗한 것이라는 그 개념 정리가 나를 이 자리에 있게 해준 것이다. 그녀들은 그런 행운을 만나지 못한 것뿐이다. 그녀들도 나처럼 죄가 없고 몸도 깨끗한 것인데 그 확신을 심어줄 사람을 만나지 못한 것이다. 그래서 오해도 너무 많이 오해를 해서 자신이 더럽고 버려진 몸으로 알고 자신을 풀어버린 것이다. 나는 아직도 그녀들은 깨끗하고 죄 없는 사람이라고 믿는다.

더 중요한 것은 그녀들 자신이 빨리 그렇게 깨닫고 원래의 밝고 아름다운 성을 되찾아야 한다는 것이다.

여성만이 아니다. 남성도 깊은 상처 속에서 부정적인 태도를 갖게 되면 걷잡을 수 없을 정도로 혼란에 빠진다. 10년 전쯤 소년원에 갔을 때 알게 된 소년이었다. 두 번째 들어와 있었는데 두 번 다 '특수강간'이었다. 특수강간이란 무기도 들고서 강간을 한 경우를 말한다. 이 소년은 두 번 다 아줌마를 상대로 강간을 했다. 반성의 빛도 없고 사건 얘기가 나오면 아주 냉소적이면서도 살벌한 느낌의 미소까지 짓는 것이었다. 나는 그 소년이 자꾸 끌렸다. 뭔가 깊은 사연이 있을 것 같았다. 여러 번 가면서 조금 친해질 수 있었다. 어느 날 그 사연을 듣게 되었다.

그 소년은 그 당시 열일곱 살이었는데 일곱 살 때부터 10년 간 아버지한테 맞고 살았다. 최근에는 참다 못 해 아버지를 한 번 때렸단다. 그때 놀랐는지 아버지는 말로만 욕을 하지 이제 때리지는 않는다고 했다. "영감, 힘도 없데? 한 대 치니까 그냥 팩 쓰러지데? 한심해서. 진작 팰 걸. 왜 그냥 맞고 살았는지 몰라. 바보같이." 그렇게 말했다. 일곱 살 때 엄마가 집을 나갔다. 그 전에도 아버지가 술을 먹고 들어와 엄마를 패고 그랬단다. 그래도 엄마만 팼지 자기는 패지 않았는데 엄마가 없어지자 이제는 자기를 팼단다. 술을 먹고 패는데 그냥 때리는 것이 아니라 엄마에 대해 아주 나쁜 여자로 세뇌를 시켰단다.

엄마는 젊은 놈과 바람이 나서 나간 거라고. 너의 엄마는 화냥년이라고 하면서 더럽고 나쁜 년이라고 했다. 너도 버리고 나도 버리고 오로지 재미밖에 모르는 년이라고 했다. 10년 간 술을 먹고 때릴 때마다 들어야만 했던 소리였다. 진실은 알 수 없었지만 사실로 받아들이게 되었단다. 맞는 것도 너무 고통스럽고, 집나간 엄마 자체가 용서되지 않았고, 그 아픔과 원망의 이유는 무조건 바람 핀 것으로 모아졌다. 자신의 고통이 엄마에게 투사되었고 엄마는 모든 여성의 상징이 되어 모든 여성에게 적개심과 분노를 갖게 되었다. 여자는 다 화냥년들이라는 생각이 들었다. 아줌마들만 보면 화가 나고 괴롭혀주고 싶었다. 강간은 일종의 복수였다. 크게 잘못한 것이라 생각되지 않는다고 했다.

걸리지만 않는다면 더 복수할 거라고, 자기는 더 풀어야 한다고 했다. 그런 말을 할 때의 그 소년의 눈빛은 섬뜩할 정도로 강렬했다.

나는 간신히 조언을 했다. 풀긴 풀어야 할 것 같은데 다른 방법으로 풀어보라고 했지만 이미 내 목소리에는 힘이 없었다. 맺혀 있는 그 원한이 너무나 깊었고 여성에 대해서, 그리고 성에 대한 자세와 태도가 너무나 부정적으로 굳어 있어서 쉽게 파고 들어갈 수가 없었다.

성은 남성과 여성의 문제이기도 하지만 어른과 어린이의 문제이기도 하다. 직접 낳아 기른 부모가 제일 영향이 크겠지만 꼭 그렇지만도 않다. 선생님이나 길거리 어른들, 옆집 아저씨에서 러브호텔까지 어린이가 접하고 있는 모든 공간에서 일어나는 성행동들이 아이들에게 성에 대한 느낌을 심어주는 것이다.

밝고 아름다운 성이 자리잡기 위해서는 내 자식의 범위를 떠나 사회적으로 '어린이'와 '청소년'에 대한 개념이 서야 한다.

지금 어른들은 너무 풀어져 있다. 제일 흐트러져 있는 부분이 바로 성의 영역이다. 너무나 보여주지 않아야 할 것들을 많이 보여주었다. 유흥업소에 잠시 머물렀던 소녀들은 선생님을 포함해 어떤 점잖은 남자라도 존경할 수 없다고 했다. 술 먹고 추태를 부리는 그 적나라한 모습을 다 본 것이다. 어리고 젊은 여자애들을 병적으로 좋아하는 그 모습에서 이 땅에 어른들은 죽었다고 했다. 지금 청소년은 엄마 아빠를, 어른들을 걱정하고 있는 것이다.

인터넷 성인 사이트에 중독이 된 어떤 중학생은 우리 아우성 상담실에 글을 올려 간곡히 도움을 청하고 있다. 이제 자신은 중독이 되어 빠져나올 수가 없으니 차라리 그런 사이트들을 없애달라고 한다. 어떤 초등학교에 다니는 여학생은 메일로 들어온 성인 사이트의 맛보기 장면을 보고 놀라서 울고 있었다. 너무나 징그럽고 이상한데 왜 어른들은 그런 것을 만들었는지 모르겠단다. 정답은 뭔가? 돈을 많이 벌기 위해 경계선을 없앴다는 것이다. 당연히 어린이들이 볼 것을 알면서도 무작위로 출장 마사지 스티커를 길거리에 뿌리고 있다. 그것만 주워 모으고 있는 초등학생도 많다. 스티커를 모으면서 성에 대해 어떤 것을 느낄까?

밝고 건강하기보다는 부정적인 것이다. 막연한 사회 문제로 돌리지 말자. 맑은 눈의 아이들을 키워야 하는 것이다.

업자들만 비판할 수 없지 않은가? 자녀들의 부모인 우리 어른들 각자 각자의 성행동의 문제인 것이다. 유흥업소와 러브호텔, 출장 마사지의 고객은 누구란 말인가? 집에 들어가서는 자녀에게 성에 대해 뭐라고 말하는가? 딸 같은 젊은 여자를 안고 있다 집에 들어가서는 딸에게 누구를 조심하라고 하겠는가? 성은 아름답다고? 천만에 말씀. 지금 이 나라의 성은 너무나 추하고 더러운 것이다.

장난스러운 자세와 태도

기본선을 지키지 않을 때 성에 대한 유머는 음담패설로 변해
성을 지저분하게 만들어버린다

초등학교 5학년 때의 일이다. 얼마나 민망했든지 지금도 그때의 담임 선생님 성함을 잊지 않고 있다. 40대의 결혼하신 남자 선생님이었다. 자연 시간이었다. 탄력성에 대해 배우는데 선생님이 탄력성에 대한 설명을 하시면서 이상한 예를 드는 거였다. 탄력성이 좋은가 아닌가는 할머니 젖과 누나의 젖을 비교해보면 된다는 것이다. 남자아이들이 킥킥대며 웃었다. 나는 다른 여자아이들에 대해서는 살필 경황도 없었고 남자아이들의 웅성대는 소리만 신경이 쓰였다. 너무나 황당하고 민망해 얼굴을 들 수가 없었다. 그냥 머리를 숙인채 어서 시간이 지나가기만을 바라고 있었다. 언뜻 선생님의 얼굴을 훔쳐보았다. 그런데 그 얼굴 표정이 너무 요상했다. 뭔가를 상상하는 눈빛에 얼굴 색은 불그레하고 입은 약간 벌린 채 웃고 있는 징그럽고 장난스러운 그런 표정이었다. 그 얼굴을 본 순간 나는 속으로 결정을 내렸다.

"너는 결코 선생이 아니야. 완전히 짐승이야. 지금부터 너를 완전히 무시하겠어."

그리고 학년이 끝날 때까지 내 머리 속에서 담임 선생님의 존재를 지워버렸다. 아주 자유롭게 살았던 것 같다. 그때 보여줬던 얼굴 표정, 바로 그 장

면에서 정지되어 그것으로 선생님의 존재는 영원히 짐승으로 굳어져버렸다.

가슴이 나오고 생리가 시작되는 사춘기의 여자아이들은 너무나 예민하다. 어떤 아이는 가슴이 크다고 놀리는 게 싫어 구부리고 다니다가 평생 등이 굽은 체형이 되기도 한다. 자신의 몸이 새롭게 변하고 있을 때 바로 그 변하는 부위를 들먹이며 놀리거나 함부로 취급한다면 굉장한 모멸감과 굴욕감을 느낀다. 어느 정도인가 하면 자신의 존재를 완전히 없애버리고 싶거나 가슴이 없어졌으면 좋겠다고 생각할 정도다. 내가 그 선생님을 짐승으로 규정하고 완전히 싹 잊은 것은 그만큼 상처가 컸기 때문이다. 그 순간 나는 왜 여자로 태어나 이런 수모를 당해야 하는지를 생각하며 분노를 느꼈다.

철없는 남자 아이들까지 합세해 킬킬거리게 만들다니. 미쳤군, 미쳤어. 선생이 더 나빠. 아주 쓰레기 같은 존재들이라고 취급했다.

아마 애나 어른이나 남자들이 여자에 대해 제일 모르는 부분이 이 부분일 것이다. 장난스럽게 던진 말 한 마디가 여성에게 얼마나 큰 상처가 되는지 대부분 모르고 있다. 짓궂은 남자애들이야 말할 것도 없고 어른들조차 귀엽다고 던지는 그 말 한마디가 사춘기 소녀들에게 얼마나 모멸감을 주는지 알아야 한다. 몸을 아래위로 훑어보며 "아이고 이제 여자 다 됐네" 하는 말에도 상처를 받는다. 그냥 아무 말 없이 친절하고 소중하게 대접만 해주면 좋겠다. 초등학교 5~6학년 학생에게 성교육을 할 때가 가장 조심스럽다. 어쩌다 '섹스'라는 용어를 쓰면 남자아이들은 킬킬대지만 여자아이들은 인상을 쓰고 짜증을 낸다. 그 정도로 예민하다. 아마 이 나이 여학생들이 제일 많이 쓰는 용어는 '짐승', '엽기', '변태'일 거다.

직장에서나 대학에서나 성희롱 문제로 다툼이 많은데 남성들이 제일 이해 못하는 부분이 바로 이러한 배경을 모르기 때문이다.

여성의 몸을 가볍게 대하거나 장난치는 것. 그 자체가 엄청 상처인 것이다.

말로 했든, 건드렸든 눈짓을 했든 그 방법이 중요한 게 아니라 우습게, 장난거리로 대했다는 것이 문제인 것이다. 여성을 제대로 알려면 이 점을 명심해야만 한다. 여성의 몸이 아주 귀하고 소중하다는 생각을 머금고 그 생각이 몸의 태도로, 평소의 매너로 나타나는 남자. 그런 남자를 좋아하는 것이다.

나는 남성들과 성에 대해 열린 대화를 하는 편이다. 남성의 성문화에 대해 어느 정도 이해를 하기 때문에 웬만한 내용은 웃어넘기며 받아주곤 한다. 과장되게 오버 해서 하는 말도 그러려니 하고 넘겨버린다. 그런데 아무리 이해를 하려고 해도 이건 너무하다 싶은 게 있다. 그건 부인과 성관계를 맺은 것에 대해 얘기할 때인데 자신의 능력을 너무 높이려고 하는 것인지 아예 남성들 문화가 그런 식의 얘기를 즐기는 것인지 도무지 이해할 수가 없다. "어젯밤 와이프랑 했는데 허리 끊어지는 줄 알았어. 피곤해 죽겠는데 밤새 엉겨붙는 거야. 제발 살려달라고 애원을 하는데도 내가 끝내준다며 밤새 떡방아를 찧는 거야. 야 밤이 무섭다 무서워."

설령 그랬다고 치자. 남편이 정말 끝내주게 좋아서 밤새 했다고 하자. 그래도 여러 사람 앞에서 그렇게 말하는 것을 만약 부인이 들었다면 어땠겠는가?

무척이나 굴욕감을 느꼈을 것이다. 제3자인 내가 들어도 부인이 마치 칭칭 감긴 뱀처럼 느껴진다. 밥도 안 하고 빨래도 안 하고 오로지 남편과의 잠자리만 밝히는 존재처럼 여겨진다. 성에 대한 얘기는 하도 강력하게 꽂히는 경향이 있어서 그 부분으로 부인의 존재가 상징된다. 아마 이후에 직장 동료들의 부부 동반 회식 자리가 마련된다면 그 얘기를 들었던 동료들은 그 부인을 바라볼 때 아주 밝히는 여자로 보게 될 것이다. 남편이 부인을 가볍게 만들어 놓은 것이다. 힘과 능력을 중심으로 하는 세계가 부인과의 잠자리에서도 능력을 과시하게 만들었는지 몰라도 남성들에게는 한낱 우스개 소리로 넘길 그런 얘기가 여성들에게는 굴욕감과 모멸감을 느끼게 하는 것이다. 부인에 대한 얘기는 가능한 아끼고 문제가 있다면 진지하게 상담을 통해 해결할 사안인 것이다. 결코 술자리에서 안주 삼아 장난으로 대할 문제가 아닌 것이다.

남자 선생님들이나 아빠들이 남학생이나 아들에게 성에 대해 말해줄 때 제일 우려되는 부분도 바로 이런 장난스러운 자세와 태도의 문제다.

더운 여름 점심을 먹고 수업을 하려고 하면 아이들이 졸기 쉽다. 잠을 깨게 해준다고 하는 말들은 무엇인가? 주로 성에 대한 이야기다. 내가 언제 총각 딱지를 뗀 줄 아나? 여자 꼬시는 방법을 알려주겠다. 내가 처음으로 여자 집에 갔을 때… 내 여자로 확실히 만들려면… 등등이다. 잠은 깰 것이다. 그래서 수학 문제 하나를 더 풀 수 있을 것이다. 그러나 그때 박힌 여성에 대한 관점은 물건 같은 관점일 것이다. 성에 대해서도 장난스러운 느낌일 것이다. 찌그러진 영웅의 남성상을 심어주기도 할 것이다.

성담론에 있어서 유머를 부정하는 것이 아니다. 성이란 본능적인 것이고 즐겁고 재미있는 것이기에 잠이 깰 정도로 관심이 있는 것이고 저절로 입을 벌려 웃게 되는 것이다. 얼마든지 호탕하게 웃을 수 있고 생활의 활력소가 될 수 있다. 성담론은 유머의 소재 중에 으뜸이라 할 수 있을 것이다. 앞으로도 재미있는 성의 유머로 또 웃고 웃어야 한다.

그런데 문제는 기본선을 지키지 않을 때 성에 대한 유머는 음담패설로 변해 성을 지저분하게 만들어버린다.

다른 소재도 그렇겠지만 특히 성에 대한 유머는 그 경계선이 지켜지지 않으면 아주 추해지고 상처까지 받게 된다. 진정한 유머를 만드는 기본선이란 인격에 대한 존중이다. 인간의 본능적인 솔직함과 적나라함을 한 순간에 포착해 터뜨리는 것이 유머인데 그 적나라함 속에서도 인간에 대한 존중이 담겨 있어야 정말 유쾌하게 웃을 수 있는 것이다. 남녀가 함께 웃을 수 있는 것이 유머인 것이다. 한 쪽은 재미있다고 웃는데 다른 한 쪽에서는 모멸감을 느껴 기분 나빠하거나 분노까지 느낀다면 그것은 유머가 아니라 음담패설, 성희롱 수준인 것이다.

남성이든 여성이든 그 인격이 존중되면서도 그 한가운데서 인간으로서 느끼는 본능적인 솔직함이 응축되어 터져나올 때 그때에야 기똥찬 유머가 되는 것이다.

직장 내 성희롱 예방 교육을 하다보면 남성들이 성에 대해 우스개 말도 못하냐고, 그런 말은 삶의 활력소가 되는 것인데 여성들이 너무 지나치게 예민해한다며 불평을 늘어놓기도 한다. 맞는 말이다. 삶의 활력소가 된다는 부분을 인정한다. 그리고 어떤 여성은 지나친 피해의식으로 예민하게 대응하는 경우도 있긴 하다. 그러나 대부분의 경우 남성들이 미처 생각하지 못한 부분은 바로 일방적인 재미와 활력소라는 데 있는 것이다. 혹시라도 한 쪽의 인격이 손상되는 말은 아니었는지 생각해 볼 일이다.

지금이라도 한번 옆의 여직원에게 물어보라. 여성들도 남성처럼 재미있었을 것이라고 믿어버렸던 그 믿음이 얼마나 황당한 믿음이었는지 확인해보시라. 지금까지 여성들은 마음속으로 짐승을 외칠 뿐 대항하지 않았다. 남성들이 형성하는 장난스러운 분위기가 너무나 당연한 것처럼 판에 박혀 있어 끼어들 수도 없었고 오히려 기분 나빠하는 여성 자신이 잘못된 것인지, 너무 이해 폭이 좁은 것인지 헷갈릴 정도였다. 자리를 피하거나 모른 체 참고 있다가 어떤 여성은 너무나 화가 나면 순식간에 대들어버린다. 그 때 갑자기 대드는 모습만 보고서 남성들은 그 여성이 예민하고 지나치다고 말하는 것이다. 그동안 얼마나 인격적인 손상을 당했는지도 모르고 말이다.

앞으로 직장 내의 분위기가 활기차고 좋아지려면 성에 대한 진정한 유머가 자리잡혀야 한다.

직장 내 성희롱 예방 교육만으로 해결되지는 않을 것이다. 예방 교육은 생산성을 위한 최소한의 조치다. 성적인 모멸감이 생산성에도 큰 영향을 끼치기에 취해진 조치였다. 더 나아가 웃음과 활력이 넘치는 직장 분위기가 되려면 성에 대한 유머가 거리낌없이 터져나올 수 있어야 한다.

음담패설이 아닌, 성희롱이 아닌 진정한 유머에 대한 센스를 익히시기 바란다. 여성도 그것을 바라는 것이다.

자라나는 아이들에게도 이런 센스 있는 유머의 주인공이 되도록 해야 한다. 어떤 에너지보다 그 강도가 센 성 에너지를 억압해서 왜곡되게 푸는 것이 아니라 즐겁고 반듯하게 풀어낼 줄 알아야 한다. 어린 자녀가 부모에게 성에 대해 이런 저런 질문을 할 때 그때 아빠의 태도가 중요하다. 질문 자체에 대한 정답보다도 그 질문에 대응하는 아빠의 자세가 더 중요한 것이다. "아빠, 아기는 어디서 나와?" 하고 물었을 때 웃기는 소리로 얼버무리지 말자. "야 이 놈아, 나오긴 어디서 나와. 그냥 다리 밑에서 주워 왔지" 하며 이상한 표정을 짓지 말자. 절대로 5학년 때 나의 담임선생님과 같은 요상한 표정을 짓지 말기를 바란다.

아이는 정답보다 그 느낌을 배운다. 아이는 자연스럽고 진지하게 물은 것인데 아빠는 웃기고 요상한 것으로 느끼게 만든 것이다. 특히 아들에 대한 아빠의 교육이 아주 중요하다. 여성의 몸을 아끼고 존중하면서도 남성과 다르게 생겼기에 신기한 점이 있다는 듯이 밝고 건강하게 느끼도록 해줘야 한다. "궁금하지? 여자 몸에는 아기를 만드는 곳도 있고 아기가 밖으로 나오게 하는 길도 있어. 그 길의 이름은 질이라고 하는데 밖에서는 잘 안 보여. 엄마 아랫배 속에 감추어져 있지. 우리 남자들 몸하고 아주 달라. 아주 신기하지. 우리가 잘 아껴줘야 해." 이 정도로 말해주면 어떨는지?

어린 나이에 지나치게 관심을 집중시켜도 좋은 것은 아니고 어차피 나중에 자세히 알게 되는 것이니 우선 그 느낌이 밝고 건강하도록 대해주는 것이 좋겠다.

초등학교 고학년이 되면 남자아이들은 짓궂은 장난들을 많이 한다. '똥 침'도 좋아하고 아이스케키 놀이도 하고 팬티 색깔 알아 맞추기, 브래지어 잡아당기기, 생리대 놀리기, 가슴 만지기, 뽀뽀하기 등 지나친 장난도 많이 한다. 물론 한때 지나가는 행동이라 심하게 야단칠 것은 없지만 그런 행동은 상대 여자아이들에게 상처가 되며 여자 몸을 아껴주는 것은 아니라고 말해줘야 한다. 멋진 남자의 행동이 아니라고 일관되게 알려줘야 한다.

특히 지나친 행동으로 문제가 생겨 당한 여자아이 쪽에서 항의가 들어왔을 때 아빠의 한마디는 너무나 중요하다. "자라나는 남자애들이 한창 때 그럴 수도 있지. 뭐 그런 걸 가지고 난리를 떨어. 여자애가 칠칠치 못해서 그랬나보지. 창피한 줄도 모르고 이렇게 시끄럽게 굴다니. 한심하다, 한심해." 이렇게 말한다면 아들은 어떤 생각을 하게 될까?

남자애들은 다 그런 것이라고 믿어버리고 오히려 잘못은 칠칠치 못한 여자아이에게 있다는 합리화를 배울 것이다. 더 짓궂은 아이가 될 것이다.

그렇다고 "이 새끼, 하라는 공부는 안 하고 엉뚱한 짓만 하고 다녀. 가뜩이나 피곤해 죽겠는데 왜 시끄럽게 일을 만들고 그래" 하면서 매를 들고 패면 그 아들은 어떤 생각을 하게 될까? 고자질한 여자아이 쪽을 원망하고 아빠를 미워하면서 더 독한 마음을 갖게 될 것이다. 어떻게 말해줘야 하겠는가? "네가 잘못한 거야. 남자친구들끼리 재미삼아 해봤다는 것은 이 아빠도 알아. 또 실제 해보면 재미도 있고. 그런데 당하는 여자아이들은 남자들하고 달라. 엄청 상처받는 거야. 그리고 여자 몸을 그렇게 함부로 놀리는 게 아니야. 네가 몰라서 그랬겠지만 이제는 그렇게 하지 마라. 야, 자식아. 멋진 남자가 되어야지. 멋진 남자는 여자를 잘 위해주는 거야. 그렇게 여자를 놀리는 놈은 비열하고 좀스러운 거야. 다음부터 하지 마. 아빠는 널 믿을게. 잘못한 것은 인정할 줄 아는 게 진짜 사나이야. 어서 가서 정중하게 사과해" 하며 아빠부터 항의하는 여자아이 집에 정중하게 사과를 한다. 아이들은 실수를 통해 삶을 배운다.

무엇이 잘못인지 알게 되고 아빠가 자신을 믿어주기 때문에 그 아들은 잘못을 고칠 수 있고 멋있고 반듯한 사람이 될 것이다. 이 사회의 젠틀맨은 아빠가 만드는 것이다.

경건한 자세와 태도

오! 성의 신비여! 생명의 신비여!
성은 분명히 신비롭고 장엄한 부분이 있다

오! 성의 신비여! 생명의 신비여!
성은 분명히 신비롭고 장엄한 부분이 있다.

생명이 생겨나는 과정도 경이롭고 태아가 자궁 안에서 커가는 모습도 신비롭다. 아기가 마지막으로 엄마의 힘주는 소리와 함께 세상 밖으로 쏟아져 나올 때는 눈물이 날 정도로 장엄하기도 하다.

한 달에 한 번 정도 배란되는 난자의 움직임도 신비롭다. 난소에서 난포 호르몬에 의해 성숙된 난자는 난소를 뚫고 나와 난관으로 오는데 나는 아직도 그 신비를 알 수가 없다. 난자는 난관의 제일 넓은 부분 팽대부에서 정자를 기다리고 있다가 정자가 오면 그곳 팽대부에서 만나 수정을 한 다음 그 다음에서야 자궁을 향해 이동을 한다. 그런데 난소와 난관은 붙어있지 않다. 난자가 생겨나는 장소인 난소는 정자를 기다리며 만나는 난관과 떨어져 있는 것이다.

어떻게 해서 난소에서 나온 난자가 난관에 오게 되는 것일까? 난자가 커서 배란될 때가 되면 호르몬의 작용으로 난관 끝에 피가 몰려 넓어진다고 한다. 난관 끝은 느타리버섯처럼 여러 갈기가 있는데 그 부분이 고여든 혈액으로 넓어져 난관과 난소의 떨어져 있던 거리가 좁혀진다. 늘어난 난관 끝이 다리 역할을 하여 난자가 엉뚱한 데로 굴러 떨어지지 않고 안전하게 옮겨질 수 있다는 것이다. 난관 끝이 늘어나도 그렇지, 어쩌면 그렇게 난자를 잘 받아내며 난자는 또 그렇게 잘 안길 수 있는가? 참 기가 막힌 일이다.

질 속에 들어온 정자가 난자를 만나는 과정도 신비 그 자체다. 최근에 나온 학설에 의하면 정자는 세 부류가 있다고 한다. 쉽게 말해 수비형과 공격형, 미팅형이 있다고 한다. 수비형은 혹시라도 다른 사람의 정자가 섞였을 경우 그것으로부터 자신들을 보호하기 위해 수비를 맡는 역할이고 공격형은 더 적극적으로 적들을 찾아가서 죽이는 역할을 한다고 한다. 미팅형은 이런 동지들 덕분으로 난자를 찾아가 수정을 성사시키는 부류다. 자기가 힘세고 잘나서 난자를 차지한 것이 아닌 것이다.

수많은 동지들의 희생과 헌신을 딛고 짝짓기를 할 수 있었던 것이다. 이 또한 얼마나 신비로운 일인가?

아기가 자궁 안에서 자라면서 엄마가 먹은 음식이 태반과 양수를 통해 아기에게 전달되는 과정도 기가 막히다. 엄마가 과일이나 보리차를 먹으면 아기가 너무 좋아 양수를 홀딱 홀딱 먹어버려 양수가 많이 준다. 엄마가 우유를 먹으면 아기는 아주 싫어한다. 양수가 거의 줄지를 않는다. 엄마가 우울하면 아기도 같이 우울해지고 엄마가 속 상해 술을 먹으면 아기도 술에 취한다. 아기는 양수를 마시고 양수에 오줌을 싸는데 어떻게 더러운 것이 걸러져 양수가 오염되는 것을 막을 수 있는지 그것도 신비 중에 신비다.

6개월이 넘으면 밖에서 아빠가 아기를 부를 때 배 안에 있던 아기는 아빠가 있는 방향으로 고개를 돌린다. 초음파로 보면서 관찰하면 너무나 분명하다. 아빠가 이쪽으로 저쪽으로 가서 부를 때마다 아기는 이리 저리 고개를 돌리느라 바쁘다. 어찌 이럴 수가 있는가? 과학적으로 아무리 자세히 설명해도 신비로운 것은 어쩔 수가 없다.

가끔 성당에서 강연이 있을 때가 있다. 제일 까다로운 곳이다. 어떤 신부님은 내가 강연할 내용을 미리 요약해 보내달라고도 하고, 어떤 때는 먼저 기준을 제시해 보내오기도 한다. 이런 곳은 그나마 다행이다. 성당의 어떤 부서에서 행사 계획을 잡아 진행하다 보면 신부님과 수녀님이 반대를 하신다. 결국 추진하다가 무산되는 경우가 많다. 그 이유는 내가 말할 것으로 예상되는 그 내용이 경건하지 않다는 것이다.

생명의 신비와 존엄만 애기하면 좋겠는데 뭔가 노골적으로 까발려 쾌락의 느낌을 강조할 수 있고 생명을 말하더라도 경건하지 못하고 웃기면서 경망스럽게 할 수 있다는 것이다.

낙태에 대해서도 무조건 반대해야 하는데도 인정하고 넘어갈 여지가 있고 한 마디로 성당 입장에서 보면 안전하지 않다는 것이다. 물론 제일 큰 반대 이유는 강사비가 비싸다는 것일 게다. 어쨌든 성당만이 아니라 교회나 학교에서나 여러 곳에서 성에 대해 경건함과 신비함만 인정하려는 자세와 태도가 아직도 많이 남아 있다. 어찌하겠는가? 깨끗하고 경건하게 사시겠다는 데!

"금강산 찾아가자. 일만 이천 봉. 볼수록 아름답고 신비하구나…"
성은 일만 이천 봉우리를 담고 있는 금강산과 같은 것이라 아름답고 신비한 모습이 분명히 있다. 철 따라 고운 옷만 갈아입을 수도 있다. 하지만 그것은 바라보는 사람의 마음일 뿐이다. 아름답기를 바라고 아름답다고 느끼는 사람의 마음이 만든 것이다.
실제 금강산은 피고 지는 꽃들과 낙엽. 흐르는 물과 썩은 웅덩이. 먹고 먹히는 짐승들이 한데 어우러져 숨쉬고 있는 것이다. 양지와 그늘,. 어둠과 빛, 추위와 더위, 강자와 약자, 썩음과 핌이 한데 섞여 음양의 조화를 이루고 있는 곳이다. 멀리서 바라보면 아름답지만 그 속에 있는 각 생명체들은 한순간도 쉬지 않고 숨쉬며 견디고 죽었다가 다시 살아나는 치열한 생명 운동을 하고 있는 것이다. 신부님과 교장 선생님은 성이 아름답고 경건하기를 바라고 계시겠지만 실제 신도들과 학생들은 순간 순간을 이렇게 치열하게 살아가야 하는 것이다.

성은 과정이다. 어떤 결과가 아니다. 어떤 한 사람의 성이 어떤 순간에는 아름답다가도 어느 순간에는 추하기도 하다.

인간의 성은 아름답고 추한 모습을 다 담고 있는 것이다. 살아가는 과정 속에서 이런 저런 모습으로 나타나는 것이다. 추한 것을 인정하지 않고 깨끗하고 경건한 것만 강조하다 보면 인간성을 불구로 만든다. 지나친 죄책감만 만든다. 인간의 몸을 죄악시할 수밖에 없다. 경건함을 강조할수록 실제는 더 추해질 수 있는 것이다. 지나친 죄책감이 변태를 만들고 불감증을 만든다. 건강까지 해치는 것이다. 인간의 몸에서 저절로 느껴지는 반응과 흐름을 있는 그대로 인정하지 않고 죄악시하며 억지로 누를 때 몸과 마음에 병이 들어버린다. 물론 인간이 느끼는 그대로 막 살 수는 없다. 잘 다스려야 하는 것이다. 인간의 최대 과제는 감정과 욕구를 잘 다스리는 것인데 어떻게 해야 잘 다스릴 수 있는가? 그것은 몸의 느낌과 흐름을 인정해야만 가능하다. 몸의 느낌과 마음의 흐름을 긍정적으로 인정할 때 그 다스림도 밝고 아름답게 이루어지는 것이다.

어떤 목사님 사모님이 간곡하게 상담을 요청해왔다. 일곱 살 된 딸아이가 심하게 자위행위를 하는데 고칠 방도가 없다고 했다. 그 과정을 들어보고 나서 나는 아이의 아버지인 목사님이 상담치료를 받아야 한다고 말했다. 딸아이는 여섯 살 때부터 자위행위를 하기 시작했다. 아버지가 보게 되었다. 아버지는 얼른 회초리를 가져다가 아이를 패기 시작했다. 그냥 때린 것이 아니라 아이를 흉악한 죄인으로 취급했다. 아주 나쁜 짓을 했다고 하면서 때린 후 하나님께 회개 기도를 하고 다시는 안 하겠다고 약속을 하라고 했다. 몇 차례 이런 일이 있고 나서 아이는 그 행동을 멈췄다. 다행이다 싶었다.

1년이 지난 어느 날 아이가 다니는 피아노 학원에서 선생님이 찾아왔다. 학

앞에만 오면 피아노 칠 생각도 안 하고 심하게 자위행위만 하고 있다는 것이다. 곧 나아지겠거니 생각하며 기다렸었는데 점점 더 심해지는 것 같아서 이렇게 찾아왔다고 했다. 아버지는 너무나 화가 나서 아이를 심하게 때렸다. 절대로 다시는 안 하겠다고 약속을 하도록 강요했다. 그런데도 아이는 잠 잘 때나 아버지가 없을 때 계속 하고 있다고 했다. 얼마나 심하게 했는지 외부 생식기가 다 헐어있을 정도라고 한다. 아버지는 지금 모르고 있지만 엄마는 불안한 마음에 말도 못하고 걱정만 하고 있었다.

나는 아이도, 아빠도 치료를 받으라고 했다. 이미 죄책감과 함께 습관이 된 행동이라 쉽게 고칠 수가 없어 보였다. 아빠가 바뀌지 않는 한 일시적으로 고쳤다고 해도 또 더 큰 문제가 생길 것이다. 그 아빠도 대부분의 부모들처럼 유아기의 자위행위는 자연스럽게 할 수 있는 행동이라는 것을 모를 수 있다. 하지만 그보다도 더 심각한 것은 아빠가 성을 대하는 자세와 태도에 있다.

기독교적인 관점에서 비롯된 것인지는 몰라도 성에 대해 지나치게 경건한 자세를 가짐으로서 자연스레 느껴지는 몸의 반응일 뿐인 유아 자위행위를 인정하지 못한 것이다.

그냥 인정만 하고 내버려두었더라면 차츰 없어질 문제인데 죄의식으로 강조를 해줬기 때문에 병으로까지 발전한 것이다. 어린이의 경우 성과 관련된 어떠한 문제에도 죄책감을 심어줘서는 안 된다. 몸의 느낌을 있는 그대로 인정하고 밝게 다스릴 수 있도록 안내해 주는 것이 필요한 것이다.

자신의 추한 것을 인정할수록 사람들을 더 잘 이해하고 포용하는 법이다. 아름답기만 하고 추하기만 한 사람은 이 세상에 없다.

사람이란 그렇게 만들어지지가 않은 것이다. 나에게도 그럴 만한 경험이 있었다. 지난 3년 동안. 나는 아주 힘든 시간을 보냈다. 과거와 미래가 그 3년이란 시간 속에 압축되어 있었다고 할 수 있다. 내 의지와는 무관하게 이미 유명해져버린 현실 속에서 지난 과거를 총결산하고 시대가 요구하는 아우성의 미래를 설계해야만 하는 치열한 몸부림이 있었다. 많이 힘들었던 것이 술자리에서 터져 나왔나 보다. 술을 마시고 싶은 적은 한번도 없었지만 일단 술을 마시면 제법 마신다.

방송에 몸 담고 있는 사람들과 술을 마셨다. 10여 명 정도의 인원이었고 남녀가 반반이었다. 당연히 내가 나이가 제일 많았다. 즐겁게 술을 마시다가 2차로 노래방에 갔다. 그때쯤부터 기억이 희미하다. 노래방에서 일이 벌어진 것이다. 내가 추태를 보인 것이다.

어떤 총각이 노래를 부르는데 내가 달려나가더니 그 총각을 끌어안고 난리를 치더라는 것이다. 내 스케줄을 관리하며 보살펴주던 여자 후배가 들려준 말이다. 아차 싶어 그 후배가 나를 끌어내려 해도 어찌나 힘이 센지 막무가내로 그 총각의 마이크를 빼앗고 어깨동무를 하며 나중에는 몸도 끌어안고 볼도 비비려고 하고. 이건 완전히 망가진 아우성이었단다. 그곳에 있던 모든 사람들이 나를 아껴서 다독이고 말렸으니 망정이지 내버려두었으면 아주 큰 망신을 당할 뻔한 것이다. 얼마나 황당하고도 창피했던지 1주일도 넘게 혼자 가슴앓이를 해야만 했다.

단 한 가지 크게 깨달은 바가 있다. 이 과정을 통해서 나는 인간에 대해 이해의 폭이 엄청 넓어졌다. 내가 아우성을 외친다고 아름다운 사람이라고 할 수 없고, 다른 사람이 어느 순간 추한 모습을 보였다고 그 사람이 추한 사람이라고 단정지을 수 없다는 것이다. 사람은 상황에 따라 몸의 상태에 따라 여러 가지 모습을 보일 수 있다는 것이다. 그때 그 모습이 아름답다거나 추하다고는 할 수 있지만 그 사람 자체는 함부로 규정할 수 없다는 것이다.

내가 보인 그때의 모습은 분명히 추한 모습이었다. 그러나 그 이외의 모습에서는 나 스스로 생각해봐도 그리 추한 적은 별로 없는 것 같다.

아름답다고 할 것까지는 없어도 순수하기도 하고 귀엽기도 하고 그런 대로 봐 줄만 하다. 내가 그렇다면 다른 사람도 마찬가지일 것이다. 연예인들이 안 좋은 일로 뉴스에 나오더라도 이해의 폭이 넓어졌다. 그때 그 상황에 처한 인간을 구체적으로 알 수 없는 것이다. 나도 내가 왜 그랬는지 모르는데 어떻게 남의 사정을 알 수 있단 말인가?

나는 나를 너무 몰아세우지 않기로 했다. 뭔가 몸에서 굳어져 있던 욕구가 술의 힘을 빌어 터졌을 것이다. 그러면 어떤가? 그런 숨어 있던 욕구 그 자체가 추한 것은 아니다. 오히려 나를 발견하게 해주는 것일 수도 있다. 몸도 풀어주고 욕망도 채워줘야 한다는 신호탄일 수도 있다. 고마운 것이다. 내 추한 모습을 있는 그대로 인정하면서 또 그것이 나의 다가 아니라는 것도 생각하니 마음이 편해졌다. 웬만한 게 다 이해가 되었다. 술집에서 아가씨들을 붙들고 춤추는 아저씨들도 이해가 됐고, 남자친구와 술을 먹었는데 뭐가 어떻게 됐는지 기억이 없다며 상담하는 청소년들도 이해가 갔다. 맨 정신에 그들을 보면 한심해 보이지만 그 사람들은 항상 그렇게 사는 건 아니다. 정신을 차리고 나서는 얼마나 황당하고 창피했을까? 나처럼 얼마나 자괴감에 빠졌을까?

사람을 믿는다는 것은 그런 추한 경우에도 그렇지 않았을 모습으로 떠올려 총체적으로 바라봐 주는 것이다.

그때의 모습을 그 사람이 살아가는 과정 중의 한 순간의 모습으로 바라봐 주는 것이다. 자신의 추한 모습을 인정한다는 것은 많은 사람을 이해하고 포용하게 해주는 것임을 알았다. 경건함을 함부로 내세우지 말아야 한다. 금강산에서 숨쉬고 있는 개체들은 균형을 찾기 위해 순간마다 자신을 다스리고 있다. 다스림의 중요성을 강조하기 위해서는 그보다 먼저 아픔과 추함을 인정해야만 하는 것이다.

자연스럽고 진지한 자세와 태도

강요할 필요가 없는 것이다. 오히려 불편해 하고 어색해 하는 모습이
성을 부자연스럽게 만드는 것이니까 그것이 더 안 좋은 일이다

성을 아름답고 건강하게 대하려면 자연스럽고 진지한 자세와 태도가 요구된다. 성에 대한 부정적인 자세와 태도는 성을 무섭고 더럽게 만들고 장난스러운 자세와 태도는 성을 너무 가볍게 만들어 문란함과 상처를 남기고 경건한 자세와 태도는 깨끗한 것만 강조해 성을 불편하고 죄스럽게 만든다. 몸의 느낌과 마음의 흐름을 있는 그대로 느끼고 받아들여서 균형과 조화를 이루게 하려면 자연스러운 자세와 태도가 요구되는 것이다.

자연스러운 태도란 어떤 것인가?
흔히 자연스러운 태도라고 하면 서구 문화에서처럼 성에 대해 개방적인 것을 떠올리는 것 같다.

엄마 아빠가 아이들 앞에서 뽀뽀를 하고 옷도 아무렇지 않게 벗고 같이 목욕도 하고 야한 비디오도 아이들과 함께 보면서 얘기하는 등 거침없이 성을 대하는 것 같이 생각한다. 그래서 어떤 엄마는 걱정을 한다. "우리 아이 아빠는 너무 보수적이라 큰일이에요. 아, 글쎄 다른 집 아빠들처럼 아이들하고 함께 목욕도 하고 그랬으면 얼마나 좋아요? 아무리 얘기를 해도 말을 안 들어요. 자기는 쑥스러워서 못 한대요."
개방적인 태도가 자연스러운 태도일까? 그렇지 않다. 개방적인 것이 자연

스러울 수도 있고 반대로 부자연스러울 수도 있는 것이다. 자연스러운 자세와 태도란 그 시점, 그 공간에 있는 사람들이 모두 편안하게 성을 대할 수 있는 분위기를 뜻한다. 그 자리의 구성원 중에 한 사람이라도 불편해하거나 당황해한다면 자연스러운 것이 아니다. 특히 아이들에게는 당황해하는 것이 더 눈에 띄고 인상에 남는 것이다.

즉, 성에 대해 뭔가가 걸려 더 관심을 집중시키게 되는 것이다. 어떤 집은 개방적인 분위기가 자연스러울 수 있지만 어떤 집은 불편할 수 있는 것이다.

나는 집에서 성에 대한 얘기를 할 때 아들과 단 둘이 있을 때와 남편과 함께 세 명이 있을 때 그 분위기를 달리한다. 그렇게 하는 것이 편하기 때문인데 그럴만한 계기가 있었다.

아이가 여섯 살 때쯤이었을 것이다. 여름이었는데 세 식구가 저녁밥을 먹고 있었다. 밥상 앞에서 밥을 먹고 있던 아이가 밥을 먹다 말고 자기 생식기를 심하게 긁어댔다. 어찌나 심하게 긁어대는지 무척이나 가려운 모양이었다. 나는 그 소중한 곳이 상할까봐 깜짝 놀라 "너 왜 음경을 긁고 그래? 거긴 함부로 긁으면 안 되는 곳이야. 큰일 나" 했다. 아이는 거의 울상이 되어 "가려우니까 그렇지. 가려운데 그럼 어떻게?" 했다. 나는 수저를 놓고 아이를 일으켜 세웠다.

가렵다고 하는 데를 살펴보니 아이고 하필이면 음경 한가운데가 모기에게 물려 뻘겋게 부풀어올라 있었다. 아주 왕모기에게 물렸나 보다. 많이 가렵게 생겼다. 이 일을 어쩌나. 아쉬운 대로 마시려고 떠놓은 생수를 발라주고 나서 식사 후에 깨끗이 목욕하고 약을 발라줄 테니 밥 먹을 동안만 참으라고 했다. 계속 가렵다고 보채는 아이에게 "가려워도 함부로 긁으면 안 된다니까. 너무 가려우면 그냥 옷 위에서 손으로 음경을 툭툭 치고 있어. 긁지는 말고" 하며 달랬다. 아이도 소중한 곳이라 강조를 해서 그런지 가끔씩만 음경을 두드릴 뿐 꾹 참으며 밥을 먹고 있었다. 대충 마무리를 하고 다시 식사를 하려고 수저를 드는데 남편이 조금 이상했다. 괜히 안절부절 하면서 머리를 상 밑으로 숙였다 뺐다하며 아주 어색해하고 있었다. 아이도 "아빠 왜 그래?" 하고 물었다. 슬쩍 흘리는 말이 "음경이 뭐꼬? 음경이!"였다.

내가 누군가? 당대에 잘 나가는 성교육 강사다. 그런데 적어도 성교육 강사 남편 정도 되려면 성에 대해 기본은 좀 되어 있어야 하는 거 아닌가? 이건 뭐 "음경"이라는 생식기 용어 하나도 감당하지 못해 아이 앞에서 죽을 쑤고 있으니….

아이는 어색해하는 아빠가 더 궁금했다. 도대체 아빠가 왜 그러는지 이해가 안 되나 보다. "아빠. 음경이 왜? 음경이 뭐냐고? 바로 이거 아이가" 하며 벌떡 일어나 바지를 내리는 거였다. 남편은 질린 얼굴이 되어 "알았다. 알았어. 그냥 밥 묵으라. 됐다. 마" 했다.

이 사건 이후로 나는 남편 앞에서 함부로 생식기 용어를 쓰지 않는다. 아빠의 어색해하는 모습을 보고 아이가 궁금해 물을 때 아이에게 답변해주기가 더 곤란했기 때문이다.

아이와 단 둘이 있을 때는 아이가 묻는 것에 대해서는 아는 대로 다 대답해 준다. 성에 대해 구체적인 얘기를 할 때도 아이나 나나 이상하지 않고 편안하게 대화를 한다. 그러면 된 것이다. 남편과 함께 있을 때는 가능한 성에 대한 얘기를 나누지 않는다. 기침을 하고 재채기를 하고 어색해하기 때문이다. 굳이 그렇게 불편하게 할 필요가 없는 것이다. 이게 우리 집의 자연스러운 분위기인 것이다.

어떤 아빠는 성에 대해 아주 밝게 생각해서 스스럼없이 아이들과 목욕도 같이 하고 목욕 후에도 자연스레 벗은 몸을 다 보이며 옷을 입기도 한다. 아이들도 어려서부터 당연하게 생각되어 그러려니 하고 보아 넘긴다. 그런 집에서는 그것이 자연스러운 것이다. 하지만 아빠가 성에 대해 부끄러워하면서 노출을 꺼리고 함께 목욕하는 것을 부담스러워 한다면 아빠의 그런 태도를 인정해주어야 한다.

강요할 필요가 없는 것이다. 오히려 불편해하고 어색해하는 모습이 성을 부자연스럽게 만드는 것이니까 그것이 더 안 좋은 일이다.

부인이 억지로 남편 등을 떠밀어 아이들이 있는 목욕실에 넣었다고 하자. 아빠의 행동이 어떠하겠는가? 수건을 가리고 엉덩이를 한 쪽으로 내밀고 엉거주춤 아이를 씻기지 않겠는가? 그러다가 수건이 풀어져 땅에 떨어졌다면 그땐 또 어떤 모습일까? 아이구머니나! 깜짝 놀라 소중한 곳을 손으로 가리면서 허겁지겁 수건을 주워들고 뒤로 돌아 수건을 다시 걸치지 않겠는가? 이 모든 광경을 아이가 보고 있다고 생각해봐라. 아주 어린아이는 아빠의 그 행동이 너무나 재미있어서 아빠에게 또 그렇게 해보라고 조를 것이며, 조금 큰 아이는 생식기는 부끄러운 곳이라는 느낌이 들었을 것이다. 그냥 보아 넘길 것도 더 유심히 보게 되고 관심을 집중시킬 것이다. 그러면서 아빠의 반응이 어떤지 힐끗힐끗 곁눈질해 볼 것이다.

이미 오래 전부터 형성되어온 아빠의 성에 대한 태도를 하루아침에 고칠 수도 없고 고칠 필요도 없는 것이다. 개방적인 태도가 무조건 좋은 것은 아니니까. 그냥 모두가 편하게 성을 대하면 되는 것이다.

우리 부모 세대들은 성에 대해 그렇게 부끄럽고 은밀한 태도를 가질 수밖에 없었다. 초등학교에 다닐 때를 떠올려 보시라.

성교육이라는 것도 별로 없었지만 어쩌다가 성교육이라는 것을 받았을 때 어떠했는가? 우선 남자와 여자를 확실히 구분해서 주로 여자에게만 성교육이 이루어졌다.

어느 날 양호선생님이 들어와서 남자애들에게는 운동장에 나가서 놀라고 한다. 그러면서 당부를 한다. 절대로 교실을 기웃거리지 말고 운동장에서만 놀라고 한다. 남자애들은 궁금해 죽는다. 당부를 강하게 한 만큼이나 비례해서 교실을 기웃거려 본다.

일단 남자애들을 쫓아낸 다음 양호선생님은 속삭이는 소리로 여자애들에게 앞으로 모여 앉으라고 한다. 비밀 모임도 아닌 것이 이건 뭐하는 것인지 모르겠다. 요상한 분위기를 눈치챈 여자아이들은 요상한 결속력으로 앞에 모여 앉는다.

성교육이 시작되었다. 양호선생님이 아주 조그마한 소리로 여성의 생리 현상에 대해 얘기해 준다. 자궁의 그림도 칠판에 아주 조그맣게 그린다. 속닥속닥 교육이 한참 진행 중인데 교실 유리창 너머로 어떤 남자 선생님이 교실 안을 들여다 본다. 이때다. 남자선생님을 먼저 발견한 양호선생님이 갑자기 "어머나!" 하면서 교탁 밑으로 몸을 숨긴다. 숨 죽여 듣고 있던 여학생들도 남자선생님을 발견하고는 "악! 어떡해. 어떡해!" 하며 책상 위로 몸을 엎드리며 발을 구른다. 갑자기 교실은 아수라장이 된다.

눈치를 챈 남자선생님은 요상한 웃음을 지으며 물러가신다. 양호선생님이 일어나 사태를 수습하고 다시 교육을 시작한다. 조금 더 하려니까 이제는 운동장 쪽 유리창에서 이상한 소리가 들린다. 어떤 여학생이 교실을 들여다 보고 있는 짓궂은 남학생을 발견하고 "야, 또 본다!"하고 소리를 지른다.

이제 또다시 교실은 아수라장이 된다. 남학생들은 더 신이 나서 집단으로 들여다보며 "얼레리꼴레리"를 외친다. 양호선생님은 부리나케 칠판에 그렸던 생식기 그림을 지우고 유리창 쪽으로 달려간다. 어서들 저리 가라고 호통을 친다. 남자애들은 조금 물러나는 것 같더니 다시 몰려오고 자기들한테도 가르쳐달라고 조르고 어떤 남자애는 친한 여자애에게 지금 뭐하고 있는 거냐고 묻지를 않나, 정신이 없다. 전혀 수습이 안 된다. 어떤 여학생은 왜 그러는지 발을 동동거리며 울기도 한다.

사태를 수습하려고 양호선생님이 갈팡질팡하는데 수업종이 울리고 만다. 지금 도대체 무얼 하고 있는 것인가? 여학생들은 무엇을 배웠을까?

생리 현상에 대한 지식을 얼마나 배웠는지는 모르겠다. 그것보다 머리에 확박힌 것은 성에 대한 은밀한 태도가 아니었을까? 특히 여성의 성이란 부끄러운 것이기에 더욱 은밀하게 취급되어야 한다는 것을 확실히 느꼈을 것이다. 부끄러운 것이기에 양호선생님이 그렇게 놀라 자빠지시는 것이고 속삭이며 들어야 하는 것이고 남자아이들 몰래 배워야 하는 것이다. 그렇게 배운 여학생들이 지금 엄마가 되었기에 아이들의 작은 질문에도 놀라고 당황하며 숨기고 있는 것이다.

남학생들은 또 어떤가? 자신들은 궁금해하는데 가르쳐주기는커녕 양호선생님을 비롯한 여자들은 감추기 바쁘고 뭔가를 알아보려고 교실을 들여다 보니 호통을 친다.

성이란 여자들만 신경 쓸 문제지 남자들과는 아무 상관이 없는 것이다. 알 필요도 없고 알면 안 되는 영역인 것이다.

관심을 보이면 여자들이 난리를 치니 이제는 그 반응이 재미있어 더 놀리고 있다. 놀리는 성. 장난치는 성이 될 수밖에 없다. 성교육이라고 제대로 받아본 적이 없던 그 남학생들이 지금 아빠가 되었기에 자녀 성교육에는 여전히 무심하고 자녀들의 작은 질문에도 장난스럽게 대꾸하고 있는 것이다. 지난날의 성교육은 남녀학생 모두에게 자연스럽고 진지한 성이 될 수 없었다.

독일에서 이루어지는 초등학생 성교육이 참 인상적이었다. 두 번의 독일 방문을 통해 그곳에서의 성교육이 어떻게 이루어지는지 대략은 알고 있었지만 얼마 전 KBS 방송 수요스페셜에서 마련한 독일 성교육 장면을 보고 더 구체적으로 알게 되었다.

독일에서는 사춘기를 맞는 초등학생들에게 의무적으로 성교육을 하고 있다. 성교육만 전문으로 하는 담당교사는 따로 없고 그 학년을 맡은 모든 선생님들이 해당 시간이 되면 성교육을 하고 있었다.

마흔 살이 넘어 보이는 남자 선생님이 수업을 진행하고 있었다. 여성의 생리에 대한 교육을 하고 있었는데 당연히 남녀학생 모두 함께 참여했다. 먼저 교육 기자재를 이용해 화면을 보면서 생리가 일어나는 현상에 대해 그 이론적인 원리를 가르쳐주었다. 그 다음에는 교탁 위에 실린더 5개를 가져다 놓고 생리 양을 측정해 보았다. 생리 기간 3~5일 동안에 여성들이 흘리는 피의 양이 대략 65cc 정도 되는데 비커에 물 65cc를 담아와서 그것을 보여 주었다. 그리고 나서 하루에는 얼마나 되는지 시험관 4~5개에 나누어 물을 부어보았다. 그러니까 하루 동안 흘리는 생리 양을 가늠해본 것이다. 선생님이 먼저 부어보고 나서 이어서 남녀학생 서너 명을 불러 부어 보라고 했다. 여학생도 그랬지만 남학생이 아주 진지하게 물을 부었다. 한 방울이라도 흘리면 큰일 나는 줄 알고 조심조심하면서 5개 시험관에 아주 골고루 균등하게 붓고 있었다. 그러더니 이번에는 선생님이 생리대를 보여주면서 생리대로 어떻게 피가 흡수되는지 그 원리도 알려주고 사용법도 알려주었다.

모든 설명이 끝나고 질문을 하라고 했다. 남학생들이 손을 들고 많은 것을 질문했다. 수업을 마치면서 여학생들에게는 생리대를 나누어주었다. 그런데 선생님이 여학생들에게만 생리대를 주는 것을 보고 남학생들이 자기네들도 달라면서 생리대를 요구했다. 선생님은 너희들은 필요하지 않은데 왜 달라고 하는지 물었다. 그랬더니 어떤 남학생이 누나를 갖다주려고 한다며 계속 졸랐다. 무뚝뚝한 선생님은 웃지도 않고 야단치지도 않고 생리대도 주지 않았다.
수업을 마치고 난 학생들에게 인터뷰를 했는데 남학생들의 소감이 감동적이었다.

여자들이 생리를 한다는 것은 알고 있었지만 이렇게 구체적으로 알지는 못했는데 이번 교육으로 많이 알게 되어 여자들을 더 잘 이해하고 배려할 수 있게 되었다고 했다.

유감인 것은 남학생들에게도 생리대를 주었으면 더 좋았을 텐데 그 점이 몹시 아쉽다고 했다.

내가 이 방송을 보고 제일 놀란 것은 수업의 분위기와 참여자들의 표정이었다. 한 마디로 성에 대해 자연스러우면서도 진지한 자세와 태도가 배어있었다는 것이다. 생리에 대해 아주 노골적일 정도로 구체적인 설명을 하는데도 선생님이나 아이들이 하나도 어색하고 불편한 기색 없이 자연스럽고 진지하게 대하는 거였다.

특히 여학생들이 부끄러워하지 않고 담담하게 쳐다보며 듣고 있었고 남학생들 또한 킬킬거리거나 이상한 표정을 짓지 않고 또렷한 눈망울로 차분히 듣고 있었다. 그럴 수밖에 없는 것이 가르치는 남자 선생님이 너무나 진지하여 무슨 과학 실험을 연상시킬 정도였다. 여자 몸이 소중하다고 한 번도 말한 적은 없었지만 이미 남자 선생님의 태도에서 그 소중함이 배어있었다. 여자 몸이 원래 그러한 것이라는 자연스러움 속에 녹아든 소중함이었다. 생리대를 요구하는 남학생들의 표정도 짓궂은 것은 아니었다. 그 시기에 당연한 원초적 호기심과 탐구심이 엿보였을 뿐이다.

나는 조금 충격을 받았다. 우리는 한참 멀었구나. 저런 태도와 분위기가 형성되려면 언제나 가능할까?

지금 우리 초등학교 남자 선생님들이 저렇게 성교육을 할 수 있을까? 우리 5~6학년 아이들은 저렇게 진지할 수 있을까? 남자 선생님이 생리대를 들고 나와 설명할 때 우리 여학생들은 어떤 표정을 지을까? 소신을 가지고 자연스럽고 진지한 자세로 기꺼이 성교육에 임하려고 하는 선생님은 몇이나 될까? 우리 남학생들은 여학생들을 놀리지 않고 차분히 듣고 있을 수 있을까? 그럴 것이라고 말할 자신이 없었다.

왜 그럴까? 우리 나라와 독일은 왜 다를까? 우리도 생리 현상에 대해 가르치고 있고 배우는 아이들도 연령이 비슷한 사춘기 또래이고 같은 인터넷 환경에 있는 것인데 무엇이 다르길래 수업 분위기가 그렇게 차이나는 것일까?

그 이유는 어른들에게 있다고 본다. 부모와 선생님들이 성에 대해 어떠한 자세와 태도를 가지고 있느냐에 따라 차이가 나는 것이다.

어린이들은 어느 나라나 다 똑같다. 물론 역사나 문화 환경이 다르긴 해도 모든 사물에 대해 편견 없이 있는 그대로 바라보는 것은 다 비슷하다. 어린이들은 본래부터 자연스러운 존재이고 다 순수한 동심을 가진 존재인 것이다. 그런 순수한 동심들이 어른들에 따라 영향을 받고 달라져 가는 것이다.

어른들이 성에 대해 솔직하고 자연스럽게 대하면 아이들도 그렇게 되는 것이다. 성에 대해 숨기고 놀란다면 아이들도 따라서 눈치보며 숨길 수밖에 없다.

KBS 방송에서 했던 '접속, 어른들은 몰라요'라는 청소년 프로그램에 나간 적이 있었다. 그곳에서 만난 어떤 여중생이 너무나 궁금한 게 많다며 질문을 쏟아냈다. 대답을 모두 해주고 난 후 내가 말했다. "그렇게 궁금한 게 많은데 왜 가만히 있었어? 부모님한테 물어보지 그랬어. 다 대답해주실 수 있는 질문인데." 그 여중생은 부모님에게는 못 물어보겠다고 하면서 그 이유를 솔직히 말했는데 그 이유란 부모님이 자신을 너무나 착하고 성에 대해 아무 관심이 없는 아이로 믿고 있기 때문이라고 했다. 옆에 있던 또래 친구들도 모두 그 말에 동의했다. 어떤 남학생이 덧붙여 말했다. "우리도 보통 청소년이거든요. 뉴스에 나오는 아이들하고 다를 게 없어요. 행동을 그렇게 안 할 뿐이지 볼 건 다 보고 느낄 건 다 느끼지요. 우리 엄마는 내가 자위행위도 안 하는 줄 알고 있어요. 우리 또래들 99%가 다 하는데 말이에요. 나를 그렇게 믿고 알고 있는데 어떻게 말해요? 엄마 기절하게요? 죽어도 말 못해요."

홈페이지 9sungae.com을 운영하면서 나는 그 심각함을 알았다. 어렸을 때 거침없이 부모에게 질문을 퍼부었던 아이들이 사춘기를 지나 청소년이 되면서 부모와는 성에 대해 거의 대화를 하지 않고 있었다. 일상적인 대화야 안 할 수도 있지만 임신이나 낙태, 성폭행과 같이 심각한 상황에 처했을 때조차 부모에게 도움을 청하지 않고 있었다. 죽어도 부모에게는 말 할 수 없으니 무조건 도와달라고 한다. 그 표현도 아주 절박하다. 제발 살려달라고 한다. 거의 다 부모가 있는데도 99%의 청소년이 부모에게 알릴 수 없다니 왜 그러는 것일까?

또 강조하는 바이지만 부모나 교사들이 성을 대하는 자세가 제대로 확립되어 있지 않기 때문이다. 자연스러운 태도가 무엇인지 모르기 때문이다.

서구 나라들도 성문제는 많다. 하지만 우리와 비교해볼 때 성에 대한 자세와 태도는 우리보다 자연스럽고 진지한 것 같다. 우리는 성에 대해 뭔가 두려움이 있는 것 같다. 무엇에 대한 두려움인가? 다른 사람들의 이목과 평판에 대한 두려움이지 싶다. 그 이유가 공동체를 강조하는 동양권 문화에서 왔든 고려말부터 시작된 성리학과 유교주의에서 왔든 어쨌든 우리는 한 개체의 성장과 발전보다는 그 순간의 집단적 평가를 더 중요하게 생각하는 사고방식을 갖고 있는 것 같다. 자녀들에게 성문제가 생겼을 때 부모들은 자녀의 건강과 행복을 먼저 따지기보다는 집안 망신을 먼저 생각한다. 망신스러운 일이면 일단 숨기고 감춰야 하는 것이다. 다른 문제보다 성문제는 더더욱 그렇다. 이 '집안 망신'의 개념이 우리 머리 속 깊이 뿌리박혀 있어 성을 자연스럽게 대할 수가 없는 것이다. 성이란 원래 저절로 일어나는 몸과 마음의 파도인데 그 본능조차 집안 망신 때문에 모른 체하고 큰기침을 해야 한다.

2년 전인가 어떤 지역에서 여고생이 혼자서 아기를 낳았다. 고1 겨울 방학 때 채팅을 해서 20살의 대학생을 만났다. 두 번째 만났을 때 성관계를 했다.

한 번 하니 자꾸 하게 되었다. 임신이 되었다. 처음에는 몰랐는데 생리가 계속 없고 배가 불러오자 고민 끝에 진찰을 받았다. 벌써 임신 5개월이었다. 수술도 어렵다고 했고 수술비용도 비싸다고 했다. 비용을 어떻게든 마련해보려고 했으나 이미 그 대학생은 임신 사실을 알고 떠나버렸고 부모에게는 죽어도 말을 할 수가 없었다. 고민 속에서 시간은 흘러갔다. 복대로 배를 누르고 몸을 웅크리며 학교를 다녔다. 10개월이 다 되어 진통이 있던 날 아픔을 참으며 수업을 끝까지 마쳤다. 집으로 돌아오는 길에 아기가 나올 것만 같았다. 힘이 주어지고 아기가 밑으로 빠질 것 같아 더 이상 걸을 수가 없었다. 아쉬운 대로 길옆에 있는 4층 짜리 건물에 들어갔다. 1층에서 2층으로 올라가는 계단 중간에서 아기가 나오기 시작했다. 주저앉아 아기를 낳았다. 이어서 태반도 나왔다. 그곳은 사람의 왕래가 잦은 곳이니 좀 더 한적한 곳으로 가서 쉬기로 했다. 일단 가방을 열고 책을 다 꺼낸 후 아기와 태반을 가방에 넣었다. 그리고 가방을 끼고 그 건물 4층으로 올라가 구석에 앉아 있었다. 시간이 얼마나 흘렀는지 모른다. 어떤 아저씨가 찾아왔다. 그 아저씨는 아기가 나왔던 계단을 지나다가 피와 양수의 흔적을 발견하고 흔적을 따라 올라온 것이었다. 아저씨는 여고생을 병원으로 데리고 가 주었다. 가자마자 아기가 담겨 있는 가방을 열어보았다. 아기는 죽어 있었다. 엄마인 여고생은 잠시 입원을 하게 되었고 가족에게 연락이 되었다.

그 후 여고생은 어떻게 되었는가? 집안 망신, 학교 망신 때문에 학교도 그만두고 아무도 모르는 곳에서 숨어살게 되었다.

프랑스 어떤 병원에서 여고생이 아기를 낳고 있었다. 의사와 간호사는 물론 여고생의 어머니까지 들어와서 힘주는 것을 도와주고 있었다. 엄마는 사랑스럽고 애처로운 눈으로 딸을 쳐다보며 볼을 비비고 있었다. 괜찮다며, 아주 잘하고 있다며 격려와 용기를 아끼지 않았다.
드디어 모두의 축복 속에 아기가 나왔다. 여고생은 아기를 받아 안고 볼을 비비며 기뻐했다. 여고생의 엄마가 다가와 딸과 아기를 함께 껴안으며 좋아했다.

태어난 아기를 쳐다보는 그 여고생 엄마의 표정도 정말 기쁜 표정이었다. 그 다음 이 여고생은 어떻게 되었는가? 여전히 다니던 학교를 다니고 있었다. 그런데 혼자서 학교에 가는 것이 아니었다. 아기를 업고 학교에 갔다. 학교에는 영아실이 마련되어 있었다. 아기를 먼저 그곳에 내려놓고 담당 보육사에게 필요사항을 알려주고 교실로 향했다. 아이들과 어울려 공부를 했다. 쉬는 시간에 여고생은 영아실로 가서 아기를 안아주다 돌아왔다. 수업을 마치자 아기를 찾아 업고 집으로 갔다. 아기를 침대에 눕히고 우유도 주더니 아기와 재미있게 놀았다. 저녁을 먹고 나더니 아기는 자고 여고생은 책을 봤다. 아기 아빠는 헤어졌는지 보이지 않았다.

독일을 비롯한 서구 나라들과 우리를 비교해 보았을 때 크게 3가지가 다르다.

첫째, 서구의 부모들은 몸에서 일어나는 현상, 욕구, 감정에 대해 열린 태도를 가지고 있다. 몸의 느낌과 감정에 대해 있는 그대로 인정하고 솔직하게 표현하는 편이다. 특히 생리 현상과 생명에 관한 부분에 있어서는 독일의 성교육 교사나 프랑스의 여고생 엄마처럼 대자연의 이치로 받아들여 아주 당연하고 관대하게 대한다. 학교나 사회에서도 영아실을 만들 정도로 그럴 수 있는 일로 편견 없이 받아들인다.

부모 자신도 본인이 느꼈던 몸의 느낌이나 욕구, 감정에 대해서 솔직히 인정하고 표현한다.

이에 비해 우리 나라 부모들은 그런 인정과 표현에 인색하다. 몸의 느낌과 욕구, 감정을 인정해 준다면 무슨 일을 저지를 수 있을 것 같아 두려워한다.

더 나아가 그런 인정과 표현이 아이들을 자극시켜 오히려 문제를 부추길 수 있다고 믿는다. 그냥 때가 될 때까지 아무것도 모르고 지내주었으면 한다. 고민이 많은 그 당시에 풀어주고 짚어줘야 할 문제도 일단 덮어버리고 나중에 대학 가서 풀라고 한다.

아이들은 부모가 뭘 원하는지 귀신같이 알아낸다. 저절로 올라오는 욕구와 느낌까지도 함께 나눌 사람이 없다. 그것은 그냥 그 때에 그렇게 느껴지고 일어나는 것인데 죄책감을 느껴야 하고 눈치를 봐야 한다. 부모를 실망시키기는 더더욱 싫다. 얼마나 자신을 기대하고 믿고 있는지 너무나 잘 안다. 그렇지만 호기심과 욕구, 끌리는 감정은 어쩔 수 없다. 경험자를 통해 반듯하게 풀 수 없으니 다른 풀 수 있는 거리를 찾는다. 음란물이나 채팅에 빠진다. 친구들과 킬킬거리며 푼다. 친구와 어울려 이런 저런 행동도 해본다. 문제가 생긴다. 혼자 무지하게 고민한다. 그러나 부모에게 말할 수는 없다.

그 믿음과 기대의 장벽이 깨지는 광경을 어떻게 본단 말인가. 아무리 생각해도 부모에게 말할 수는 없다. 모색을 해본다. 상담도 해본다. 또 부모와 의논하란다.

또 한번 생각해본다. 그래도 도저히 말할 수 없다. 가뜩이나 성적도 엉망인데 어떻게 이런 말썽까지 피운단 말인가. 친구들과 무리한 방법을 찾아본다. 그것도 안 되면 할 수 없이 고민 속에 하루하루를 지내게 된다. 수많은 밤을 하얗게 새우는 한이 있어도 부모에게는 결코 말할 수 없다.

자연스러운 자세와 태도란 인간으로서 마땅히 느껴지는 욕구와 감정을 일단 그대로 인정하는 것을 뜻하는 것이다. 부모는 자신의 사춘기 시절로 되돌아가 솔직한 경험을 얘기해주고 나눌 수 있어야 한다.

둘째로 다른 것은 서구 부모들은 자녀의 성문제를 80평생을 살아가는데 겪는 전략적 관점에서 대하는 반면, 우리 나라 부모들은 한 순간에 결판날 문제로 대하는 것 같다.

프랑스의 여고생이 아기를 낳을 때 어떻게 그 엄마는 태어난 아기를 바라보며 마음껏 기뻐하고 웃을 수 있을까?

분만실에서 함께 아기를 받는 의료인들의 표정도 그렇게 밝을 수가 없었는데 어떻게 여고생이 아기를 낳는 과정을 보고 불쌍한 '미혼모'라는 편견 없이 도와줄 수 있는가? 학교도 그렇다. 다른 학생들에게 악영향을 끼칠 수 있는 문제이고 불명예스러운 일임에도 어떻게 학교에 버젓이 영아실을 만들어 육아를 도와주며 공부를 할 수 있게 한단 말인가? 우리네 어르신들이 보시면 "허참. 말세로다" 할 일이다.

그렇다면 우리네 어르신들은 어떻게 문제를 해결했는가? 어르신들의 상징인 우리 부모들은 어떻게 문제를 풀어갔는가 말이다. 그 점잖음과 체면 때문에 우리의 여고생은 계단에서 아기를 낳고 아기는 책가방 안에서 죽었다. 그것도 모자라 학교도 그만 두고 어디론가 잠적했다. 고등학교 2학년. 열일곱 살 나이에 말이다. 그 정도로 큰 죄를 지었는가? 죄를 지었다면 그 여고생이 혼자 다 짊어져야 할 문제인가? 큰 죄를 지은 것도 아니고 혼자 뒤집어 쓸 일도 아니다. 열일곱 살 청소년 시절에 얼마든지 있을 수 있는 일이었다. 피임법은커녕 성에 대해 아무것도 말해주지 않는 부모와 교사가 대부분인 한국 현실에서는 얼마든지 있을 수 있는 일이었다. 음란물에 헐떡이며 채팅 속에서 여고생을 유혹하려는 남자들이 판치는 우리 사회에서는 그럴 수밖에 없는 일이었다. 임신을 시켜놓고도 책임지지 않는 무책임한 아들인 줄은 모르고 그래도 대학에 들어갔다고 엉덩이 두드리는 부모들이 대부분인 우리 나라 현실에서는 어쩔 수 없는 일이었다.

공부가 그렇게나 중요하다면 아기를 낳고도 학교를 다니게 해야지. 왜 잠적을 하게 만들었는가?

학교야말로 공부를 시키는 곳인데 부모가 아이를 빼돌리면 교사가 부모를 설득해 학교에 계속 다니게 하는 것이 옳은 일 아닌가? 왜 모두들 쉬쉬하며 잠적하게 했는가? 집안 망신과 학교 망신이 더 중요했던 건 아닌가? 사회에서 버림받아도 부모와 교사는 지켜줘야 하는 것인데 그 마지막 보루가 될 사람들까지 버렸으니 그 여고생은 무슨 힘으로 삶을 살아가겠는가? 살면서 사랑하는 사람을 만나도 떳떳할 수 있겠는가?

부모와 교사가 죄인으로 이미 낙인찍어 주었는데 어떻게 당당하고 떳떳하게 살 수 있겠는가? 창창하게 남은 날들이 많은데 어쩌자고 그 한순간에 결판을 내고 말았는가?

미국 미시간 주 호튼 시에 견학을 하러 갔을 때 어떤 대안학교에 갔다. 그곳은 일반 학교가 싫어서 온 아이들과 디자인이나 컴퓨터 그래픽 등 자기가 좋아하는 것만 하고 싶은 아이들, 그리고 미혼부모가 된 아이들이 다니는 학교였다. 몇 쌍의 미혼 엄마·아빠가 있었다.

학교라고 해야 한 마을 안에 있는 2층집이었는데 2층은 학생들이 배우는 교실이었고 아래층은 미혼부모들이 학교에 올 때 같이 데리고 온 아이들을 돌보아주는 곳이었다. 미혼부모가 2층에서 공부를 할 때 아래층에서는 마을에서 자원봉사로 나온 아줌마들이 그 아이들을 돌보아주었다.

수업에 함께 참여해보았는데 인생을 생각하는 집단 상담 시간이었다. 20여 명의 학생들이 둥그렇게 둘러앉아 있고 그 중 한 학생이 주인공이 되어 자신의 입장을 발표했다. 3가지 주제에 대해 미리 생각하여 큰 종이에 적은 것을 앞에 붙여놓고 있었다. 그 3가지 주제란 자신의 희망 사항, 그것을 이루는 데에 장애물, 그리고 그 장애물을 돌파할 방안에 대한 거였다. 마침 5개월 된 아기를 키우고 있는 열일곱 살 된 미혼 엄마가 발표를 했다. 자신의 희망사항은 캘리포니아에 가서 사는 것이고 빨간 자동차를 갖는 것이었다. 그 꿈을 이루는 데에 장애물은 돈을 벌 수 있는 기술이 없다는 것이다. 극복 방안으로는 지금 자신의 무기력을 이겨내야 한다는 것이었다. 둘러앉았던 동료 학생들이 3가지 주제에 대해 물어보기도 하고 조언도 해주고 장점을 부추겨 용기도 주었다.

나중에 나는 그 미혼 엄마를 따로 만나서 인터뷰를 했다. 솔직하게 말해 지금 사는 것이 어떠냐고 물어보았다. 너무 힘들다고 했다. 아빠 되는 고등학생과 함께 셋이 살고 있는데 그 아빠 되는 남자아이가 싫다고 했다. 예전에는 분명히 사랑했는데 지금은 또 분명히 사랑하지 않는다고 했다. 캘리포니아에 간다면 파트너와 헤어져 아기하고만 가고 싶다고 했다. 아기를 키우는 것에 대해서는 아기는 예쁜데 너무나 생활이 힘들다고 했다. 먹이고 입히고 재우면서 공부를 한다는 것이 무척 힘들다며 자기가 결심한 것이 있는데 일반 고등학교에 가서 미혼부모 예방교육을 할 거라고 했다. 자기가 겪은 것을 솔직히 말해주어 함부로 임신하지 않도록 하고 10대의 사랑은 너무나 불안정한 것이라고 말할 것이라고 했다. 나는 아주 훌륭한 생각이라며 깊은 포옹을 해주었다.

나는 많은 것을 느꼈다. 임신을 했든 아기를 낳았든 어쨌든 미혼부모들이 계속 학교를 다닐 수 있도록 도와주는 그런 시스템이 있다는 것에 감동을 받았다.

동네에서 그 아이들을 돌봐주는 자원봉사 아줌마들도 아름다워 보였다. 힘들어 보이기는 했지만 그래도 눈치보지 않고 당당하게 자신의 꿈을 얘기하는 미혼엄마의 자세도 놀라웠다. 또한 동료 학생들의 애정 어린 조언과 격려도 감동이었다. 나중에 미혼엄마가 예방교육에 나설 것이라는 말에는 존경심까지 들었다. 실수도 하고 어려움도 겪지만 그것을 있는 그대로 무엇이든 다 터놓고 얘기할 수 있다는 분위기가 제일 놀라운 것이었다. 청소년 시절은 80 평생 중에 4분의 1도 안 되는 10대에 해당되는 시기인 것이다. 어떤 일이 일어났더라도 4분의 3이 남아 있고 그 남은 시간들을 정말 행복하게 사는 것이 더 중요한 것이다. 그런 장기적 관점에서 청소년의 존재를 바라보기에 이런 대안학교와 프로그램을 마련할 수 있는 것이다.

자연스러운 자세와 태도란 인간이 살면서 별의별 일을 다 겪을 수 있다는 것을 인정하는 자세인 것이다.

세 번째, 서구 부모들은 자녀를, 선택하며 살아가야 할 존재로 보는 반면 우리는 자녀를 말 잘 듣고 따라야 하는 길들임의 존재로 보는 것 같다. 우리 부모에게는 뭔가 강한 틀이 있다. 이러면 큰일 나고 저런 것은 절대로 안 되고 이것만은 용납하지 못한다고 한다. 서구의 부모들은 자녀들에게 참고서 같은 역할을 하려고 하는데 우리 나라 부모들은 교과서 같은 역할을 하려고 한다. 왜 그럴까? 서구 부모들은 자녀를 독립적으로 살아가야 할 개체로 보는 반면 우리는 자녀를 집안과 자신의 분신으로 보는 경향이 더 크기 때문이다.

철학적으로 엄밀히 따져보면 인간은 모두 혼자인 것이다. 태어나는 것은 자신의 의지와 상관없이 태어나지만 생을 마감하기까지 살아가는 동안은 혼자서 살아가야 하는 것이다. 옆에 부모가 있고 배우자가 있고 자녀가 있어 위안과 도움을 주더라도 그 또한 또 하나의 환경일 뿐이다. 얽히고 설킨 그 관계 속에서도 자기만의 독특한 색깔과 향기를 내뿜으며 살아야 하는 독자적인 한 개체인 것이다. 그 자리 그 상황에 처한 존재는 자신밖에 없다. 비슷한 환경 속에서 비슷한 유형으로 사는 사람은 있을지 몰라도 변화하는 시공간 속에서 똑같이 느끼고 똑같이 판단해 똑같이 행동할 수 있는 사람은 아무도 없는 것이다. 그래서 인생은 외롭고 고독한 것이지만 그렇기 때문에 인생은 재미있고 흥미로운 것이다.

이 세상에서 부모가 자식을 위해 모든 것을 다 해준다고 해도 단 한 가지 도저히 대신 해줄 수 없는 것이 있다. 그것은 무엇인가? 깨닫는 것이다. 깨닫는 것은 오로지 자신만이 할 수 있는 것이다. 부모나 교사는 깨달을 수 있는 계기만 줄 수 있다. 대신 깨달아 줄 수가 없는 것이다. 멋진 인생을 살려면 많이 깨달아야 하는데 그것은 자녀 혼자서 감당해가야 할 몫인 것이다.

순간의 선택을 통해 더 큰 깨달음을 얻고 더 좋은 선택을 향해 걸어가야 하는 것이다. 자신이 선택해야 깨달을 수 있다.

청소년 시절에 이성 교제나 연애를 많이 한 경우 대부분 결혼을 잘 하는 경향이 있다. 한창 공부할 나이에 공부는 안 하고 연애질이나 한다며 꾸중들었던 아이들이 나중에 결혼할 때가 되면 그간의 경험이 진가를 발휘한다. 여자 보는 눈, 남자 보는 눈이 생겨 함께 살아가는데 적합한 배우자를 잘 가려내는 것이다. 이것저것 다 겪어봐서 미련이나 여한도 없다. 해볼 것 다 해봤으니 앞으로가 중요하다. 진실하고 성실하게 살아갈 수 있는 배우자에 만족하고 열심히 뜻을 맞춰 재미있게 살아간다.

그러나 한편 어떤 경험도 없이 공부만 하다가 얼떨결에 결혼하게 된 사람은 문제와 갈등이 훨씬 더 많다. 경험이 없으니 분별력도 없어 엉뚱한 사람과 결혼해 곤욕을 치르기도 한다. 잘 속아 사기도 당하고 배신도 당한다. 평생을 후회할 일을 한 것이다. 뒤늦게 큰 상처를 받고 보니 쉽게 툭툭 털고 일어나지도 못한다. 폐인이 되다시피해 아주 다른 사람으로 변하기도 한다.

젊은 시절에 열병도 알아보고 상처도 받아보고 배신도 당해보면서 엄청난 성장을 하는 것이다. 자신에 대해서도 알게 되고 상대방에 대해서도 많이 배우면서 이해 폭이 넓어지고 서로가 잘 맞는 부분이 어떤 것인지도 터득하게 되는 것이다. 작은 선택들을 통해 교훈을 얻고 깨닫는 것이다.

우리 부모가 해야할 일이란 자녀가 보다 잘 선택할 수 있도록 참고할 정보를 주는 것이며 선택을 통해 고통과 좌절을 겪을 때 올바로 깨달을 수 있도록 또 참고서가 되어주는 것이다. 부모가 살아오면서 얻은 정보를 자녀의 선택에 도움이 될 수 있도록 솔직하게 알려주는 일만 남은 것이다.

성에 대한 자연스러운 태도란 선택을 존중하며 선택을 통한 깨달음에 도움을 주려고 애쓰는 자세를 뜻한다.

이제 우리 부모들이 이 세 가지의 자연스러운 자세와 태도를 익힌다면 자녀들은 훨씬 더 자유롭고 안정된 분위기 속에서 갖가지의 성문제를 해결할 수 있을 것이다. 인간으로서 마땅히 느끼는 욕구와 감정을 일단 있는 그대로 인정할 수 있다면, 우리 아이들은 묻고 싶었던 엄청난 질문들을 쏟아낼 수 있을 것이다. 부모가 스스로 자신의 느낌과 감정을 표현해준다면 아이들은 부모에게 다가와 대화를 더 하자고 조를 것이다.

부모들이 인간이 살면서 별의별 일을 다 겪을 수 있고 얼마든지 극복할 수 있다는 것을 인정할 수 있다면, 임신이나 낙태·성폭행과 같은 힘든 일을 당했을 때 숨기지 않고 달려와 부모를 붙들고 도움을 청할 수 있을 것이다. 계단에서 아기를 낳는 일도 없을 것이다. 협박 속에서 당하고 있는 성폭행 사실도 울면서 털어놓을 것이다. 그리고 부모의 격려와 사랑 속에서 버림받지 않고 꿋꿋하고 당당하게 일어설 것이다.

부모들이 선택을 존중하며 선택을 통한 깨달음에 도움을 주려고 애쓴다면, 아이들은 선택하기 전에 조언을 구할 것이다. 그래서 최선의 선택을 할 것이다. 잘못된 선택으로 상처를 받아도 다시 조언을 구할 것이다. 그 원인을 알려고 캐물을 것이다. 다음 번에는 좀 더 나은 선택을 했다고 자랑할 것이다. 절대로 속지 않았다고 통쾌해 할 것이다. 세상을 보는 눈도 밝아질 것이며 삶에 자신감도 생길 것이다. 책임지는 사람도 될 것이다.

이 모든 가능성이 바로 우리 어른들의 태도 변화에 달려 있다. 성에 대한 자연스러운 자세와 태도가 얼마나 중요한 것인지 모른다. 부디 어른들의 변화가 하루빨리 이루어지기를 간절히 바란다.

발달 단계에 맞게 이해하기①

– 유아동기(1~10세)

{ 유아 자위행위 }

유아 자위행위에는 크게 봐서 두 가지가 있다.

하나는 성기 기관에서 발생하는 순수한 신체 자극에 원인이 있는 것으로 성기의 쾌감을 만족시키는 자위행위이고, 또 하나는 외부 환경이 이러한 자연스런 욕구를 모욕하고 경멸하며 제한하는 데에서 비롯된 반동으로 일어나는 자위행위이다.

싹이 트고 있어요

유아 성교육의 최종 목표는 좋은(Good) 성 만들기다

　자녀에 대해 희망이 제일 많을 때가 유아기다. 가능성이 많은 시기인 만큼 자녀에 대한 기대도 크고 소망도 크다. 최선을 다해 정말 잘 키우고 싶다.

　앞으로 자녀가 커서 어떤 성생활을 하기를 원하는가? 생각해둔 것이 있는가? 바라는 이상형이 있어야 어렸을 때부터 목표를 향해 노력할 것이 아닌가? 그냥 막연히 훌륭한 사람이 될 것을 기대하면서 하루하루 보내다가 조금이라도 이상한 성 반응이 나타나면 깜짝 놀라 별의별 생각을 다하고 있는 건 아닌가?

　유아 성교육의 최종 목표는 좋은(Good) 성 만들기다. 좋은 성이 행복한 성이고 행복한 성이 아름다운 성이다.

　좋은 성이란 어떤 성일까? 좋은 성이란 성의 3요소, 생명·사랑·쾌락이 조화롭게 어울려 활짝 꽃피는 성이다.

　아기를 낳고 싶을 때 건강한 아기를 낳을 수 있으며 뜨거운 열정과 배려로 아름다운 사랑을 나누며 생생한 몸의 느낌과 충만한 교감으로 상쾌한 즐거움을 만끽하는 것이다. 우리 부모 자신이 진정으로 원하던 생활이 아니었던가? 튼튼한 정자와 난자로 아기를 잘 잉태하고 순조롭게 출산하여 건강한 아이를 키우면서, 연애 때와 같은 식지 않는 열정으로 한결같이 사랑하며, 힘들고 미울 때조차 아끼고 배려하는 그런 사랑을 원하지 않았던가? 또한 꿈틀대는 몸

의 욕망이 꺾이거나 눌리지 않고 서로가 서로를 다 표현하면서 뜨거운 합일의 극치를 만끽해보고 싶지 않았던가? 그렇다. 우리는 생명과 사랑, 쾌락이 한데 어우러져 흐드러지게 꽃피는 그런 성생활을 원하고 있다. 우리가 원하는 만큼 우리 자녀들이 그렇게 살 수 있도록 다부진 꿈을 꾸어야 한다.

꿈은 이루어진다고, 좋은 성을 만들어주겠다는 목표와 의지가 필요하다. 생명과 사랑, 쾌락이 활기차게 꽃피기 위해서 유아기 때 부모가 힘써야 할 것은 무엇일까?

먼저 유아기의 자녀가 성과 관련해 어떤 존재인지 그 발달 단계를 잘 알아야 한다.

열 살 이하의 유아는 씨앗이 발아가 되어 움터 나오는 '싹'과 같은 존재다. 싹을 알려면 먼저 씨앗의 특징을 잘 알아야 한다. 씨앗은 단순한 알맹이가 아니다. 씨앗 속에는 성장의 모든 가능성이 다 내포되어 있다. 뿌리와 줄기, 잎과 꽃이 될 요소들을 이미 다 함축하고 있다는 것이다. 씨앗이 흙 속에 묻혀 있다가 온도와 습도와 빛을 받아 적당한 때가 되면 발아가 되고 이어서 싹이 터서 땅 위로 솟아나온다. 처음에 나온 싹을 보고서는 그것이 무슨 꽃인지 잘 모른다. 채송화인지 분꽃인지 알 수가 없다. 그렇지만 그 싹에도 이미 씨앗일 때부터 가지고 있었던 채송화로서의 성장 요소들은 다 들어 있는 것이다.

인간의 싹인 유아도 마찬가지다. 애초부터 성에 대한 요소들을 다 품고 있던 존재였다. 인간의 씨앗인 수정란 때부터 성적 존재였다. 엄마의 자궁 안에서 자라면서 성적인 존재로 발아되기 시작해서 유아 때는 싹을 피우기 시작하는 것이다. 자궁 안에 있는 태아가 얼마나 성적 활동을 활발하게 하는 줄 아는가?

Y염색체를 가진 남자태아는 수정된 지 7~8주만 되면 몸에서 성호르몬이 돌기 시작한다. 그 힘으로 남자 생식기가 생긴다. 복강 안에서 생긴 고환을 7개월 정도 되면 음낭으로 내려보내는 것도 바로 테스토스테론이라는 남성호르

몬 역할이다. 이때 테스토스테론이라는 호르몬이 제대로 나오지 않으면 Y염색체임에도 남성이 될 수 없다. 이렇게 호르몬의 작용으로 생식기가 생기면서 그 이후에야 뇌도 변한다. 남자의 뇌로 되는 것이다. X염색체를 가진 여자아이도 수정 후 11~12주정도 되면 여성 호르몬이 나와 여성 생식기를 만들기 시작하고 여자의 뇌도 형성한다. 호르몬의 활성화로 생리 현상과 같은 작용도 한다.

초음파를 보면 7개월이 넘은 남자아이가 발기하는 것도 보인다. 태아가 손가락을 입에 넣어 빨고 있을 때 생식기를 보면 음경이 발기되어 있다. 성관계 할 때 나오는 옥시토신이라는 호르몬이 이미 태아 때에도 있기 때문이다. 손가락을 빠는 아기의 얼굴 표정도 아주 오묘하다. 절대로 찡그린 얼굴은 아니다. 그것뿐인가? 엄마가 밝은 마음 상태에서 밝은 목소리를 내어 사랑한다고 하면 그 느낌을 전해 받는다. 아마 엄마가 아기에게 개그콘서트를 열어주면 껄껄 웃어젖힐지도 모른다.

아무튼 엄마가 정말로 행복한 마음에서 아기에게 사랑을 고백하면 아기는 실제 미소를 지으며 기분 좋아한다.

엄마의 최고의 몸 상태를 감지할 수 있기 때문에 사랑의 느낌을 느낄 수 있는 것이다. 이렇게 태아는 성호르몬이 분비되어 생식기를 만드는 생명 활동도 이미 했고 사랑의 마음도 느꼈다. 손가락을 빨 때 음경이 발기되는 즐거움의 감각도 익혔다. 생명과 사랑, 쾌락을 꽃피울 수 있는 성적인 요소들을 이미 다 갖고 태어난 것이다.

프로이드는 이 유아기의 아이들도 당연히 성적인 존재라고 했다. 성 활동이 본격적으로 이루어지는 사춘기 이전에도 성 에너지는 여전히 형성되어 있다는 것이다.

프로이드의 학설에 대해 아직까지 의견이 분분하지만 크게 두 가지는 인정하는 편이다. 하나는 유아도 성적인 존재라는 것과 또 하나는 무의식의 세계를 밝힌 것이다. 어쨌든 프로이드는 어린아이들도 성적인 존재로서 몸 세포 전체에 강한 성 에너지가 흐르고 있는데 그 에너지는 시기 별로 몸의 여러 기관으로 집중되어 표출된다고 했다. 처음에는 입으로 그 다음은 항문으로 그리고 3~5세가 되면 성기로 관심을 쏟으며 에너지를 표출한다는 것이다. 그리고 이 에너지의 흐름이 과정마다 무리 없이 잘 흐를 때 건강한 성이 된다고 했다. 막히거나 눌리거나 꺾였을 경우 어른이 되었을 때 각종 정신적, 성적인 장애를 갖는다고 했다. 그의 이론이 100% 다 맞는 것은 아니지만 아이를 키우다 보면 어느 정도는 인정이 되기도 한다.

나는 최근에 유아 자위가 너무 많아진 것을 보면서 여러 가지 생각을 해보았는데 스트레스, 자극적인 문화, 핵가족, 아파트 구조, 지나친 관심 등 여러 가지 이유가 있겠지만 프로이드가 말한 입으로의 만족이 충분히 이루어지지 못한 것에 관심을 두었다. 전반적으로 자연에서 멀어져 인공적인 것들이 많아지면서 발생하는 문제로 생각되는데 그 중에서도 맨 처음으로 나타나는 본능적인 욕구, 입으로 빠는 욕구가 가장 큰 영향을 미칠 것이라고 생각된다. 특히 7개월이 넘은 태아가 손가락을 빨 때 생식기가 발기되는 것을 보면서 입과 성기의 관계가 깊다고 생각했다. 입으로 빠는 즐거움이 충분히 이루어진다면 성적인 즐거움도 함께 해결되는 것은 아닐까?

첫 단계에서 충분히 만족감을 얻는다면 남아 있는 갈증이 적어 지나치게 성기에 집착하지는 않을 것 같다.

입으로 빠는 즐거움은 엄마 젖을 먹을 때 최대로 이루어진다. 젖을 빠는 것은 엄청난 노동이다. 아기 코에 땀방울이 맺혀 있을 정도다. 온 몸에 퍼져 있던 에너지가 입으로 모아졌다가 빨아내는 힘든 노동을 통해 에너지가 해소된다. 힘든 노동의 대가도 주어진다. 엄마 젖을 통해 들어온 옥시토신과 엔도르

핀이라는 호르몬에 취해 황홀경에 젖게 된다. 엄마는 젖을 먹이는 동안 엄청난 양의 옥시토신과 엔도르핀이 분비된다. 옥시토신은 남을 사랑할 수 있는 이타적인 호르몬으로 알려져 있고 엔도르핀은 몸 안에서 만들어지는 자연산 마약이다. 입으로 빤다는 것은 성 에너지의 방출과 함께 평화로운 마음과 황홀경의 쾌락까지 맛보는 것이다.

더 갈구해야 할 즐거움이 있겠는가? 처음부터 이렇게 흐드러질 만큼 충만한 쾌락을 즐겼다면 이후의 과정에서도 필요한 만큼 적당하게 순조로운 과정을 거쳐갈 것이다.

그런데 분유를 먹이면서 모든 것이 흔들린 것 같다. 인공 젖꼭지를 빠는 것은 너무도 쉽다. 몸에 퍼져있던 성 에너지가 몰려서 다 발산되기에는 그 힘이 너무도 미약하다. 엄마와의 스킨십도 없다. 황홀감에 젖게 하는 호르몬도 없다. 무미건조하다. 고무 젖꼭지의 구멍이 뚫린 만큼 받아먹으면 된다. 충분히 해소되지 않은 에너지들이 갈 곳을 찾는다. 항문으로 가든 성기로 가든 어떤 곳으로 가서 그곳에 머물게 되면 흘러가지 않고 멈추어 있다가 굳어지기도 하고 집착하기도 한다. 그런 이유에서 한두 번 해보다 흘러가야 할 자위행위가 습관으로, 중독으로 자리잡는 것은 아닌지?

학교에 계신 분들과 함께 조사하고 연구하고 싶다. 모유 수유와 유아 자위의 상관 관계에 대해 심도 있는 연구가 이루어졌으면 좋겠다. 분유를 제일 많이 먹이는 곳과 이슬람 국가들을 비교해보고 싶다. 코란에는 아기에게 젖을 먹이는 기간이 명시되어 있다. 2년 동안 먹여야 한다. 그렇게 오래 먹인 나라에서는 유아 자위나 기타 성문제가 어떻게 나타나는지 알고 싶다. 원초적인 즐거움을 충족하기 위해서는 젖을 오래 먹이는 것이 좋다고 생각한다. 흔히 이유시기라고 말하는 6개월이 지나면 다른 영양소를 보충해주더라도 엄마 젖은 계속 먹이는 것이 좋을 것이다. 옛날로 돌아가 한 3~4년 쫙 먹여보면 어떨까? 나쁠 것은 없을 것이다.

엄마의 젖을 먹이는 문제는 생명과 사랑, 쾌락에서 아주 중대한 의미가 있는 것이다. 모유 수유는 일거양득이 아니라 일거백득쯤 될 것이다.

너무 깔끔하게 키우는 것도 문제가 많다.
서울 송파 지역에 갔을 때다. 미술학원연합회에서 나를 초청했는데 강연을 마치고 점심을 같이 먹으면서 나눈 이야기였다. 어떤 학원에 다니는 6살짜리 남자아이였는데 이 아이는 미술학원에 올 때 팬티를 5개를 가지고 온다고 했다. 손을 씻다가 조금이라도 물이 튀면 옷을 갈아입어야 하고 소변을 보다가 조금이라도 소변이 묻으면 무조건 팬티를 갈아입어야 한단다. 거의 매일 4~5개의 팬티를 갈아입고 있단다. 엄마는 직장에 다니고 할머니가 아이를 돌보는데 할머니가 아주 깔끔하신 편이라고 했다.
프로이드가 말했듯이 대소변을 가리는 시기에 지나치게 깔끔하게 하거나 무리하게 간섭하면 강박적인 성격이 된다고 했는데 이 남자아이의 경우 거기에 해당된다고 하겠다. 나는 상담을 요청한 원장님에게 미술학원 프로그램으로 진흙탕에서 뒹구는 것을 해보라고 했다. 진흙이 있는 강가로 수련회를 가서 모두 다 원시적으로 질척이며 뒹굴어 보는 것이다. 많은 아이들이 무척 좋아할 것이다. 다른 친구들이 좋아하며 뒹굴 때 그 아이도 따라서 뒹굴어보도록 하는 것이다. 미술학원에서 아무리 그렇게 하지 말라고 해도 가족들이 변하지 않으면 효과가 없을 것이다. 차라리 질척이는 느낌을 화끈하게 갖도록 해주면 그 새로운 느낌이 기억에 남아 언젠가는 도움이 될지 모른다.

한두 살 때의 영아들은 질척거리는 느낌을 아주 좋아한다. 자기가 똥을 싸 놓고도 엄마가 안 보는 사이에 손으로 만지며 놀고 있고. 오줌을 싸놓고 그곳에 앉아 손으로 차차차 오줌을 치고 논다. 딸기를 먹으라고 주면 손으로 주물러 다 뭉개 놓고 있다. 이런 것들이 중요한 것이다. 이런 것을 더럽다고 다 차단시켜 놓고 나서 나중에 공작 시간에 진흙 빚기를 잘 안 한다고 안타까워하고 있는데 뭔가 근본이 잘못된 것이다. 무균 상태일 때 더 병이 잘 걸리는 것이다.

얼마 전 뉴스에서도 너무나 깨끗하게 키운 아이들이 피부 알레르기 가 더 잘 생긴다고 했다. 적당히 대충 키울 때 면역력도 생겨 건강하 게 클 수 있는 것이다.

유아 때의 질척거리는 느낌은 이후 결혼 생활에서도 아주 중요하다. 팬티를 한 시간에 한 번 정도로 갈아입는 그 아이 얘기를 들으면서 나는 그 아이의 결 혼 생활을 염려했다. 공부를 잘 해 좋은 곳에 취직이 되었다고 해도 부인과의 잠자리가 원만하지 않을 것 같다. 좋은 성이 되려면 질척거리는 느낌도 필요 하기 때문이다.

사랑하는 부부가 합일을 이루는 과정에서 갖가지의 애무도 해야 한다. 입으 로 하는 애무도 많다. 서로가 원할 때 거리낌없이 응할 수 있어야 한다. 아주 예민한 부분이기 때문에 조금이라도 기피하거나 싫어하면 많은 상처를 받게 된다. 뜨거워지던 몸이 싹 식을 정도. 다시는 그런 요구를 하지 않겠다고 결심할 정도다. 몸의 욕망이 접히는 순간이다. 점점 무미건조해진다. 특히 여 성은 남편이 자신을 진정으로 사랑하지 않는다고 생각한다.

혹시 다른 여자가 생겼나? 내 몸이 매력이 없나? 별별 고민을 다 하게 된다. 이런 문제에서 갈등이 시작되는 것이다.

그래서 부부 간에는 성에 대해 어떤 금기도 없어야 하고 서로가 몸을 대할 때 모든 곳이 다 소중하다는 느낌을 갖도록 정성껏 대해야 하는 것이다. 그런데 지나치게 깔끔했던 습관은 서로의 몸을 격의없이 받아들이는데 방해가 된다. 갈등의 불씨를 던지게 되는 것이다. 깨끗하기도 하고 질척거리기도 한 적당하게 섞인 느낌들이 다 필요한 것이다. 요즈음 들어 너무나 깔끔해진 엄마들이 많은데 자녀가 다양한 몸의 느낌을 만끽하도록 대충 대충 키우도록 하자.

생식기 명칭도 자연스럽게 쓰자. 나는 아들에게 '음경'이라고 표현했지만 내가 생활 속에서 필요할 때 그렇게 말한 것이지 아들에게 일부러 주입시킨 것은 아니었다. "따라해 봐. 음경!" 이렇게 한 것은 아니었다. 생식기를 지칭할 때 올바른 명칭은 필요한 것이지만 그 명칭보다 더 중요한 것은 자연스러운 느낌인 것이다. 일부러 올바른 명칭을 가르친다고 더 집중시킬 필요는 없다는 것이다. 어떤 집에서는 예전부터 '고추', '잠지'라고 했다면 그렇게 쓰는 것이 더 좋다. 어차피 정식 명칭이야 초등학교 다니면서 배우면 되는 거니까. 성기에 관심이 많은 5~7세 나이의 유아에게는 눈은 눈, 코는 코처럼 성기는 성기로 대해주는 것이 가장 좋다.

실제 아이들은 그렇게 받아들인다. 우리 어른들이 놀라거나 어색해하지 않는다면 대수롭지 않게 받아들이는 것이다.

엄마 아빠가 성관계를 하다가 들켰다고 해도 부모가 놀라서 당황하지 않으면 조금 이상하긴 하지만 그냥 흘려버릴 수 있다. 부모가 놀라는 것을 보고 아이가 놀라는 것이다. 그러면서 그 이상했던 장면과 분위기가 더 각인되는 것이다. 아이가 "지금 뭐했어?" 하고 물으면 별 일 아니라는 듯이 "응. 엄마 아빠가 서로 사랑했어" 하면 된다. 물론 안 들키도록 노력하는 것이 좋지만 이왕 들켰다면 그렇게 하는 것이 최상책일 것이다.

아무튼 유아기에 염두에 둘 것은 지나치게 집중시키지 않는 것이다. 너무 소중하다고 유난 떨 것도 없고 큰일 났다고 놀랄 것도 없다. 유아기는 싹일 뿐이다. 웬만하면 다 괜찮은 것이다.

관찰과 노출의 욕구

아이들은 눈으로만 관찰하는 것이 아니다. 몸으로도 관찰한다

인간의 싹인 유아기에 나타나는 성반응은 어떤 게 있을까? 이미 태아 때부터 성적인 요소들을 담고 있었던 존재가 사춘기가 되기 전까지 어떤 과정을 거치는 것일까?

제일 먼저 나타나는 것은 생식기의 감각을 느끼는 것이다. 한 살만 되도 음경의 느낌을 느낀다.

엄마 등에 업혀서, 엄마 배 위에 누워서, 방바닥에 엎드려서 힘을 주며 있다. 음경과 음핵의 조직은 다른 기관과 다르다. 혈관의 분포도 많고 스펀지 같은 해면체 조직이라 예민하여 쉽게 그 감각을 느낄 수 있다. 자궁 안에서도 발기를 했는데 유아기에도 얼마든지 발기할 수 있는 것이다. 남자아이의 생식기가 밖으로 돌출되어 있어서 더 자주 눈에 띄긴 하지만 여자아이도 다리를 오므리며 힘을 주는 등 음핵에 대한 감각은 얼마든지 느끼고 있다. 그러한 이유로 두세 살까지 그냥 아무 생각 없이 자기 생식기를 만지고 놀 수 있다.

인지 발달과 사회성이 발달하는 5~6세가 되면 이런 발달의 종합적인 결과로 성에 대해 한 단계 더 눈을 뜨게 된다. 성기에 대한 관심도 높아지고 엄마, 아빠를 모델로 삼아 여자와 남자의 성역할도 따지고 흉내도 내며 친구들과 어

울려 성적인 놀이도 한다. 빌헬름 라이히(Wihelm Reich)라는 사람은 이때의 성적인 에너지를 통털어 관찰과 노출에 대한 욕구라고 하였다. 프로이드의 제자였던 라이히 또한 당연히 유아도 성적인 존재로 보면서 유아기에는 성 에너지가 자연스럽게 관찰과 노출의 욕구로 나타난다고 했다. 태아 때부터 성적인 요소를 가지고 있었던 아이가 유아기에 들어서면 성기에 대해 관찰하고 싶은 욕구와 자신의 성기를 노출하고 싶어하는 욕구로 그 성적 존재를 드러낸다는 것이다. 이 욕구는 아주 건강한 욕구이고 자연스러운 욕구인데 어른들이 이 욕구의 건강함을 모르기 때문에 엄청난 실수를 저지른다고 했다.

나쁘고 불량스러운 일로 여겨 야단치며 금지시키는데, 바로 이것이 성의 억압을 만들어내는 근본이라고 했다.

관찰 욕구와 노출 욕구라!
아이를 키워본 부모는 금방 사례가 떠오를 것이다.
관찰 욕구가 제일 많이 나타나는 곳은 역시 화장실일 것이다. 그동안 아빠와 아무렇지도 않게 목욕을 잘 하던 다섯 살짜리 딸아이가 어느 날 갑자기 목욕을 하다말고 아빠의 생식기를 뚫어지게 바라본다. 아빠가 너무 당황스러워 목욕을 대충 시키고 나서 얼른 밖으로 나온다. 그리고 부인에게 말한다. "나 이제 쟤랑 다시 목욕 못 하겠어. 너무나 뚫어지게 쳐다 봐서 몸둘 바를 몰랐어. 다음부터 당신이 시켜" 한다. 딸아이는 엄마에게 묻는다. "아빠 고추는 왜 그렇게 생겼어? 무지 크다? 왜 그런 거야?" 한다.
남자아이는 또 자기 생식기와 아빠 것을 비교하면서 자기 것은 작은데 언제 아빠처럼 커지고 털이 나느냐고 묻는다.

처음 몇 번만 주의 깊게 바라보는 것이지 항상 그런 것은 아니다. 이때 아빠는 태연하게 고비를 넘겨야한다. 그 시점에 새로워보였을 뿐이다. 몇 번 그러다가 만다. 만약 그 다음부터 함께 목욕을 안 하면 딸아이는 자신을 거절하는 것으로 안다. 그리고 아빠의 생식기는 신비에 싸이게 된다. 관심이 집중되는 것이다. 또한 아이의 질문에 대해서는, 왜 그렇게 생겼냐고 하면 남자는 이렇게 생겼고 어른이 되면 커진다고 담담하게 대답하면 된다.

아빠가 지나치게 몸을 숨기며 다시는 보여주지 않을 때 웃기는 일도 많이 생긴다. 딸아이는 이제 아빠와 함께 목욕하며 궁금한 것을 실컷 볼 수 없기 때문에 아빠의 생식기를 어떻게 해서든지 보려고 애쓴다. 아빠가 당황하는 모습을 본 만큼 재미도 있다. 아빠가 혼자서 목욕을 하고 나오면 얼씨구나 때가 되었구나 싶어 달려들기 시작한다. 아빠가 팬티를 화장실 밖에 두고 수건을 가리고 나오게 되면, 옷 입을 틈을 주지 않고 만져보겠다고 덤벼든다. 아빠는 옷도 못 입은 채 놀라서 도망가고 아이는 더 좋다고 잡으러 가고 엄마는 이 광경을 보고 배를 잡고 웃는다. 재미있는 사건일 수 있으나 궁금할 때 모른 척하고 보여주는 것이 더 좋은 일이다.

유치원이나 학원에서도 화장실 사건이 많다. 6~7세 된 남자아이들이 여자아이가 소변 보는 곳에 들어가 밑에서 생식기를 쳐다보고 있다. 문을 열면 우르르 서너 명이 쏟아져 나온다. 여자의 성기를 관찰하고 싶은 것이다. 여자아이가 상처를 받지 않았다면 큰 문제는 아니다. 여자아이도 엉뚱한 짓을 한다. 어느 날 문득 남자아이가 오줌 누는 것을 바라보다가 자기도 서서 오줌을 누어 본다.

물론 엄마한테 옷 버렸다고 꿀밤 한 대 맞는다. 때릴 필요가 없다. 머리 속으로 "오우! 관찰 욕구!" 하면 되는 것이다.

여자아이가 남동생이 태어나면 남동생의 생식기에 아주 관심이 많다. 어떤 때는 엄마 몰래 기저귀를 풀고 만져보기도 한다. 만약 엄마가 발견했다면 "궁금해서 그랬지? 남자 고추는 이렇게 생긴 거야" 하며 궁금증을 해소해주면 그것으로 끝나버린다. "너 뭐했니? 지금? 얘 좀 봐. 큰일 나겠네? 아기 고추가 얼마나 중요한 곳인데 함부로 만져? 앞으로 또 만지면 너 혼날 줄 알아. 알았어? 어서 저리 가." 이럴 경우 어린 딸은 남자 생식기에 대한 궁금증이 신비로변할 수 있고 더 집요하게 보고 싶은 마음도 생긴다.

아이들은 눈으로만 관찰하는 것이 아니다. 몸으로도 관찰한다. 어떤 아빠가 다섯 살 된 딸아이와 레슬링을 하고 있었다. 엎어지고 올라타고 뒤엉켜 놀고 있는데 갑자기 딸아이가 정색을 하고 물었다. "아빠. 이거 뭐야?" 하면서 아빠의 생식기 부분을 손으로 만졌다. 아마 그 부분을 몸으로 느꼈나 보다. 아빠는 놀라서 벌떡 일어났다. 아이는 아빠를 잡고 그게 뭐냐고 자꾸 물었다. 아빠는 뭐라고 대답할 수가 없어서 "그냥. 아무것도 아냐. 아무것도" 했다. 딸아이는 완강히 거부하면서 "아냐. 뭐가 있단 말이야. 뭔데?" 했다. 아빠는 용기를 내어 "그냥 주머니야. 주머니라니까?" 하면서 바지 주머니를 꺼내 보였다. 아이는 확신에 찬 목소리로 "아냐. 주머니 아니란 말야. 주머니 속에 뭐가 들은 거야. 그게 뭔데? 고구마지?" 했다. 더 이상 대답할 수가 없게 된 난감한 아빠는 아이 손을 뿌리치고 밖으로 도망을 갔다. 아이는 울면서 엄마에게 왔다. 하는 말이, "엄마. 아빠가 주머니에 고구마 같은 것이 있는데 아무것도 아니라면서 도망갔어. 나도 고구마 줘" 했다. 귀여운 녀석들이다.

노출에 대한 욕구도 많이 나타난다. 아이가 언제부터인지 팬티를 벗으면 너무나 좋아한다. 옷을 입히려고 부르면 잠시 왔다가 옷 입히려는 것을 알고는 달아나 버린다. 몇 번을 부르다가 엄마가 쫓아가서 아이를 잡아와 결국 팬티를 입힌다. 안 입으려고 떼를 쓰다 볼기짝을 한 대 맞고서야 억지로 옷을 입는다. 얼마 있다가 보니까 어느새 옷을 홀라당 벗어놓고 뛰어다니고 있다. 그야말로 팬티와의 전쟁이다.

6~7세 된 남자아이들은 오줌을 누며 장난을 친다. "야. 여기 봐라" 하며 소리를 치며 음경을 흔들어댄다. 여자아이들한테 자기 것을 보라고 요구도 한다. 서로 만지기도 한다.

서너 살 된 남자아이가 아침에 일어나서 엄마에게 달려왔다. "엄마. 고추가 커졌어" 한다. 엄마는 잠에서 깬 아들이 귀여워 "아이고. 깼어? 뭐? 고추가 커졌다고? 어디 봐. 아이고 정말 커졌네? 어서 가서 오줌 누고 와. 그러면 돼" 하며 엄마 자신도 모르게 아이 음경을 만지며 맞장구를 쳐준 뒤 화장실 방향으로 밀어준다. 다음날 아이는 또 잠에서 깼다. 어제와 같이 엄마에게 달려온다. 또 고추가 커졌다며 몸을 내민다. 그런데 오늘 엄마는 시큰둥하다. "그래. 오줌이 차서 그렇다니까? 어서 가서 오줌 누고 와" 한다. 아이는 머리를 기우뚱하면서 화장실로 간다. 화장실에 다녀오더니 아이는 엄마에게 와서 바지를 내리며 말한다. "엄마. 여기 또 만져줘" 한다. 어제 잠시 만져주었던 그때의 느낌이 좋았나 보다. 이후에도 생각만 나면 바지를 내리고 자기 것을 보라고 하고 만져달라고 한다.

남자아이나 여자아이 모두 서로의 몸을 보여주는 것을 좋아하고 서로가 관찰하고 싶어한다.

소꿉놀이, 의사 놀이도 모두 성기를 보고 보여주는 놀이다. 자위행위나 성적 놀이도 다 이런 기본적인 욕구에서 비롯되는 것이다.

이 모든 것이 빌헬름 라이히가 말하는 관찰과 노출의 욕구다. 지극히 자연스럽고 당연한 욕구인 것이다. 이런 행동들은 아이가 성적으로 아주 건강하다는 것을 뜻한다. 라이히는 오히려 이런 모습이 나타나지 않을 때 걱정해봐야 한다고 말한다. 아이들의 활력은 자발적인 운동성에서 나오는데 성 에너지가 이렇게 표출되어야 자발적인 운동성이 생기고 그래야 활력이 생긴다고 한다. 이 활력은 나중에 어른이 되어 성생활을 영위할 때 기초가 되는 아주 중요한 것이다. 몸과 마음의 병이 없고 창의적인 에너지가 샘솟는 활기찬 성생활이 되기 위해서 제일 중요한 것은 최고의 절정감(오르가슴)을 느낄 수 있어야 한다는 것이다. 오르가슴의 능력이 부족할 때 신경증이 생기고 몸도 굳어지고 관계도 소원해지는 것이다. 그만큼 성적 능력에서 오르가슴 능력은 중요한 것인데 이 능력의 원천이 바로 유아기 때의 관찰과 노출에 대한 욕구에서 비롯된다는 것이다. 이 욕구가 원만하게 해결될 때 성적 능력의 기초가 닦여지고 풍부한 성생활을 할 수 있는 것이다. 반면 이 욕구가 어린 시절에 억압되거나 차단되었을 경우 그 피해는 엄청나다는 것이다.

라이히는 그 억압이 가져오는 결과에 대해 아이의 심리적 기전을 두 가지로 설명하고 있다.

첫째는, 어른이 하지 말라고 했는데도 아이가 계속 자위행위나 놀이를 했다면 금지된 행위를 했다는 것 자체로 심한 죄의식을 느끼게 된다. 죄의식은 불안과 두려움을 만든다.

둘째는, 하지 말라고 해서 안 했을 경우에는 아이들은 생식기를 감추고 성적인 놀이를 철저하게 금지한다. 그리하여 생식기나 성과 관련된 모든 것들이 신비적인 특성을 얻게 된다. 이 신비스러운 특성 때문에 원래의 자연스러운 관찰욕구는 음탕한 호기심으로 변해간다.

그러면서 여전히 욕구는 남아 있는데 금지 사항은 지켜야 하니 그 욕구와 금지 사항 사이에서 갈등이 생긴다. 이 갈등이 아이 자신에게도 너무나 힘들다.

이 힘든 갈등에서 벗어나려면 아이는 스스로 자신의 충동을 억압하고 자제해야 하는 것이다. 이 억압의 정도가 얼마나 큰가에 따라서 수치심과 부끄러움, 음탕한 마음이 강하게 발전한다. 수치심과 음탕한 마음은 거의 버릇이 되다시피 내면 속에 따로따로 존재하게 된다. 시간이 지날수록 이 갈등은 계속 발전하여 극한적인 가능성을 잉태시킨다. 노출 욕구를 억압함으로써 주고받는 사랑의 관계가 파괴되고 노이로제 증상이 형성될 수 있으며 성도착증이나 성기 노출증이 형성되기도 한다. 더 심해지면 어떤 일까지 벌어지게 될지 모르겠지만 우려되는 바는 너무도 많다.

우리 홈페이지 9sungae.com에서 상담을 받아보면 너무나 놀라운 사실이 많다. 친오빠는 그렇다고 치더라도 친아버지가 자신의 딸을 성폭행하는 경우가 의외로 많다. 친할아버지가 아홉 살 된 친손녀를 건드리고 큰아버지가 한 살 된 조카딸을 건드리는 등 상상을 초월하는 사건들이 너무도 많다. 피해자에 대해 나름대로 상담을 해주면서도 너무나 늘어나는 이런 현상에 놀라 무력감에 빠지곤 한다.

왜들 그런가? 혼자 생각해 봤다. 이 어른들의 어린 시절은 어땠을까? 혹시 유아기에 나타나는 자연스러운 욕구, 관찰과 노출의 욕구가 심하게 손상된 것은 아닐까? 유아기 성에 대해 무지몽매했던 그 당시 어른들에 의해 심하게 금지 당하고 억압당하지 않았을까? 그랬다면 그때의 억압이 갈등으로 발전해 라이히가 말하는 극한 상황까지 오게 된 것은 아닐까? 나는 점점 그런 쪽으로 생각이 기울어진다.

복잡한 인간의 문제를 그렇게 단편화시킬 수는 없겠지만 상당한 원인은 될 거라고 생각한다. 지금의 우리 어른들은 전통적인 성문화 속에서 성도 몸도 눌려 살아왔다. 눌리고 꺾였던 어린 시절의 성들이 제대로 정리되지 못한 채 어른이 된 것이다. 갈등이 더 발전해 얼마든지 성도착증세를 보일 수 있는 것이다.

공개적으로 밝힌 글이기에 이곳에 싣는다.
9sungae.com 아우성 게시판에 올린 어떤 남학생의 글이다.

저는 오늘 충격을 먹었습니다. 내가 아는 여자동생이 이런 말을 하더군요. 울면서 전화가 와서 "아빠 때문에 집 나갈 거라면서" 그만 울고 참으라고 말했습니다.
저는 그래도 아빠니까 참으라고 그러니까 아빠도 아니라면서 그거는 사람도 아니라고 말했습니다. 저는 아이가 철이 없어서 그러는 줄 알았습니다. 그런데 얘기를 하는 것이었습니다.
자기가 불임이라고. 왜 그러냐고 묻자 , 어렸을 때부터 아빠가 성폭행을 했다고 합니다.

초등학교 때는 그 여자아이는 밥먹듯이 그런 건 줄 알았습니다.

하지만 점차 커서 성교육을 배우고 나서 아빠가 자기한테 어떤 짓을 한 걸 알았습니다.

솔직히 내가 보면 이해가 안 갑니다. 저라면 그 사람을 죽였을 것 같습니다. 그 사람은 사람이 아니기 때문에 성교육을 가르쳐야 할 부모가 자식을 한낱 성 노리개 감으로밖에 안 본답니다.

최근에도 성폭행을 당한다고 합니다. 오늘도 때려서 저한테 새벽에 전화 와서 집 나가고 싶다고…

내가 그 사람 신고하라고 하자 자기 엄마 때문에 그러지도 못 한다고 했습니다. 남인 내가 그토록 한이 되는데 그 아이는 얼마나 속이 터지겠습니까.

저는 그 아버지라는 사람을 절대 가만히 못 둡니다. 평생 가만 못 둡니다. 그게 이해나 상상이 안 갑니다. 이 사람을 처벌을 했으면 좋겠습니다. 어찌해야겠습니까.

나는 이런 글들을 볼 때마다 눈을 지긋이 감고 주먹을 쥔다. 이런 일을 줄이기 위해서 나는 무엇을 해야 하나?

급한 마음에 달려들어 요절을 내본 적도 있었다. 경찰에 신고해서 구속시키고 재판도 받아 징역을 살게도 해봤다. 부인에게는 아이를 위해 이혼하라고 했다. 용감한 엄마는 이혼을 했지만 대부분 그대로 살았다. 신고조차 하지 않고 딸에게 참으라고 하는 엄마가 더 많았다. 모두가 병들어 있었다. 수감 중인 아버지는 면회 오는 부인에게 빌고 빈다. 다시는 하지 않겠다고. 고소를 취하해서 다시 집에 돌아온 아버지는 고치지 않고 여전했다. 제일 고질적인 문제였다. 애쓰는 만큼 효과가 없는 문제인 것이다. 어른들의 성도착증은! 그런데 이런 일이 너무나 많다는 것이다.

나는 무엇을 해야 하나? 주먹을 쥐며 결심한 것은 사후 처리보다 사전 예방을 하자는 거였다. 지금의 어른들을 신경 쓸 게 아니라 지금의 어린이들을 잘 키워야 한다는 것이었다. 지금의 어린이들만큼은 억압된 성을 만들어주지 않아야 한다. 눌린 성, 꺾인 성, 접힌 성을 만들어서는 안 된다. 자연스러운 욕구에 대해서 자유롭게 펼치도록 해줘야 한다. 그래야 우리 아이들이 이후에 어른이 되어 지금의 어른 같은 변태적인 행위를 하지 않게 될 것이다.

지금 당장 표가 안 나고 시간이 걸리더라도 어린이들을 밝게 만드는 사업을 최우선으로 해야 근본적으로 문제가 해결될 것이다.

지금의 우리 부모들 또한 유아기의 성욕구를 몰라 본의 아니게 억압하고 있는지 모른다. 부모도 만나고 교사도 만나서 유아기의 성욕구인, 관찰과 노출에 대한 욕구에 대해 잘 알려줘야겠다. 이와 함께 유아기의 성특징을 바로 알려 부모들 자신들이 염원했던 즐거운 성생활의 꿈을 우리 아이들만큼은 이룰 수 있도록 도와줘야겠다. 튼튼한 생명도 낳고 열정적인 사랑도 하고 오르가슴의 능력도 길러 성적인 즐거움도 누리도록 해줘야겠다는 생각을 깊이 다짐하게 되었다.

유아 자위행위

엄마의 감시와 협박이 더 심해지면 아이의
자위행위는 문제 행위로 바뀌게 된다

어떤 한 엄마가 공개적으로 질문한 내용을 일단 옮겨본다.

지금까지 위의 글을 다 읽으신 분은 이 상담 글 내용에서 걸리는 부분들이 있을 것이다. 읽으면서 각자 생각해보고 같이 토론해 보았으면 한다.

[질문]

저는 일곱 살 짜리 딸 아이 때문에 고민입니다.

초등학교에 들어가기 전부터 아이가 이상하다는 걸 알았습니다. 땀을 뻘뻘 흘려가며 자위행위를 하는 것을 여러 번 목격했습니다. 그렇다고 팬티 속에 손을 집어넣는 것은 아닙니다. 엎어져서 엉덩이만 들썩들썩 하는 것입니다. 그래서 유치원 시절에는 원장을 의심하기도 했습니다. 또 그때는 그런 유아 성폭행 같은 걸 구성애님께서 방송에 나와 얘길 하실 때입니다. 그러니 제가 얼마나 걱정이 되겠습니까?

그렇다고 저희 부부가 관계 갖는 걸 아이들에게 보여준 적도 없습니다. TV에서 키스신만 나와도 채널을 돌리곤 했죠.

아이한테 도대체 그걸 왜 만지냐고 타이른 적도 있습니다. 그랬더니 아이는 울먹이며 자위행위를 하고 있으면 기분이 좋다는 것입니다. 그러니 제가 얼마나 기가 막히겠습니까?

아이가 그러는 걸 아빠는 모르고 계십니다. 몇 번이나 말을 해서 같이 고민할까도 생각했는데. 그런 말을 한다는 것조차 창피하더라고요.

혼내도 보고 타일러도 보고 구성애님 강의처럼 자꾸 그걸 만지면 이 다음에 커서 아기도 못 낳고 시집도 못 가는 거라고 협박도 해봤는데 "다신 안 그럴게" 하던 아이가 요즈음 들어 부쩍 자위행위를 하는 것 같아요. 이럴 땐 어쩌면 좋을까요?? 좋은 자문 부탁드립니다.

자, 어떻게 좋은 답변을 할 것인가?
우선 문제점을 뽑아내보자.

① 일단 엄마의 생각이 유아 자위행위에 대해서 아주 부정적임을 알 수 있다. 처음부터 "이상하다"는 표현을 했는데 비정상적인 행위라고 단정짓고 있었다. 팬티 속에 손을 넣지 않은 것은 다행으로 여겨 약간 위안이 되기는 하지만 엉덩이를 들썩거리는 것조차 이상한 행동으로 보고 있다. 게다가 나의 방송을 듣고 성폭행까지 생각했다. 이제는 '이상한 행위'에 끔찍한 느낌까지 첨가되었다.

② 엄마는 원인을 생각해봤다. 가정에서는 어떤 자극적인 계기는 없었다고 정리했다.

③ 엄마는 원인도 잘 모르면서 아이에게 타일렀다. 아이가 울면서 얘기했다는 것을 봐서는 정말 궁금해서 물어본 것은 아닌 것 같다. 그것은 당연히 하지 말아야 하는 행동인데 도대체 왜 하고 있냐고 몰아세운 느낌이 든다. 그런데도 아이는 솔직하기 때문에 울먹이면서도 "기분이 좋다"고 말을 했다. 아이의 심정이 어땠을까? 눈치로 봐서는 하지 말아야 하는 것인데 몸에서 느껴지는 것은 기분이 좋으니 난들 어쩌란 말인가? 눈물이 나올 수밖에 없지 않은가?
라이히의 말처럼 하지 말라는 것을 했을 때 엄청난 죄의식을 느꼈을 것이다. 더 심해지면 불안과 강박관념도 생길 것이다. 한편 엄마는 더 기가 막힐 수밖에 없다. 다시는 안 하겠다고 하며 용서를 빌어도 시원찮을 판에 아이가 울면서까지 기분 좋다고 하니 이 일을 어쩌란 말인가?

④ 혼자서는 감당할 수가 없기에 아빠와 의논할 것을 생각해봤다. 그런데 창피한 생각이 들어 말을 하지 못했다. 엄마는 왜 창피한 생각이 들었을까?

혹시 엄마 자신이 딸아이를 볼 때 성적으로 이상하게 밝히는 애로 봤던지 추하다고 생각하지는 않았을까? 같은 여자로서 남자인 아빠가 볼 때 엄마까지 포함한 여자의 문제로 보게 될 것을 우려하지는 않았을까? 엄마와 딸을 연결시켜 같이 추하다고 생각할까봐 두려웠던 것은 아닐까? 아빠가 이해를 잘못해 큰 도움이 안 될 것 같아 말을 안 했다면 몰라도 창피해서 안 했다니 그것이 마음에 많이 걸린다.

⑤ 결국 혼자서 해결할 수밖에 없었던 엄마는 강도를 높였다. 엄마 말대로 혼도 내보고 타일러도 보고 협박까지 했다. 내가 그런 대목에서 '아기도 못 낳고 시집도 못 간다'는 식으로 그렇게 협박하라고 말한 적은 없는 것 같은데 엄마는 하도 절박하니까 엄청난 얘기까지 해버린 것 같다.

⑥ 결국 아이는 어떻게 되었는가? 안 하겠다고 약속을 해놓고는 더 심해진 것이다. 죄의식이 깊어지면 더 집착하게 되는 것이다. 불안감과 강박관념도 더 심해질 것이다. 과연 누구의 잘못이 더 크다고 생각되는가? 아니, 일곱 살 짜리 아기에게 잘못이 있다고 생각하는가? 자위행위는 과연 이상한 행동인가? 유아의 특성을 모르는 엄마가 오히려 아이를 죄의식으로 몰아가고 있는 것이다. 조금 하다가 그만 둘 수 있는 행동을 더 강화시켜 준 것이다.

엄마의 감시와 협박이 더 심해지면 아이의 자위행위는 문제 행위로 바뀌게 된다. 자연스레 일어나는 몸의 느낌을 표현한 대가치고는 너무나 가혹하다. 불쌍한 아이들…

이런 일이 각 가정에서 무수히 일어나고 있다.
내가 올린 답변은 이러하다.

[답변]

아이들이 자위행위를 하는 것은 어쩌면 너무나 자연스런 과정인데 부모들이 준비가 안 되어 문제를 더욱 크게 만들 수 있습니다. 먼저 부모님이 어린이 자위행위에 대해 올바로 바라봐야만 문제를 잘 해결할 수 있습니다.

1. 어린이 자위는 일종의 몸 놀이일 뿐입니다

어른들처럼 성에 대해 어떤 의식이 없습니다. 블록을 가지고 놀듯이 자기 몸을 가지고 노는 것입니다. 우리가 아이들을 야단치고 걱정하는 주 이유는 어른들의 성 의식에 입각해 '나쁘고 흉한 짓'이라는 개념이 있어서 그런 겁니다.

사람은 태어나기 전부터 성적인 존재입니다. 배 안에서 이미 성호르몬의 영향을 받고 생식기도 형성되어 태어납니다. 음핵과 음경의 조직은 다른 곳보다 더 예민하고 자극되었을 때 감각을 느낍니다.

우연한 기회에 아이들이 생식기 감각이 다르다는 것을 알고 신기해하며 관심을 가지고 놀게 됩니다. 그것뿐입니다. 그런데 어른들은 그 자체를 이해하지 못하고 발을 동동 구릅니다. 님의 딸 경우처럼 왜 자꾸 하냐고 물었을 때 기분이 좋아서 그런다고 했는데 그 말이 정답입니다. 기가 막히다니요? 너무나 당연한 것을 가지고요.

이렇게 아이들 차원에서 자위를 이해해야 아이를 억압하지 않고 아무렇지 않게 대할 수 있습니다.

2. 구체적인 방침으로 들어갑시다

첫 번째 단계는 더 심해지지 않도록 하는 것입니다.

그것은 죄책감이 들지 않게 하는 것입니다. 엄마가 더 집착을 갖고 체크하고 야단치고 협박하면 더 심해집니다. 어떨 때는 엄마가 있을 때는 안 하는 것 같지만 혼자서 몰래 더 심하게 하기도 합니다.

차라리 대안이 없으면 야단치는 것보다 그냥 놔두는 것이 훨씬 좋습니다. 어쨌든 바라보는 눈부터 아무렇지 않게 대하려면 엄마가 1번에서 말한 대로 진정으로 자위행위에 대해 이상한 것이 아니라는 인식이 필요합니다.
일단 협박과 억압을 멈추십시오.

두 번째 단계는 순간 유도 방법입니다.
아이들은 단순해서 순간적인 자극이나 유도에 잘 이끌립니다. 아이가 손이 생식기로 가려고 하는 조짐이 보일 때 엄마가 얼른 다른 곳으로 관심을 돌려줍니다. 좋아하는 먹을 것을 준다든지. 같이 놀아준다든지 하는 거지요. 상당히 효과가 있습니다.

세 번째 단계는 다른 흥미 거리를 만들어주는 것입니다.
아이가 원하는 놀이 감이나 몰입할 수 있는 게임이나 자전거나 등등… 연구해서 놀이 감을 마련해줍니다.
이 세 가지 방법을 적용해서 시시각각 해보다 보면 어느새 아이들은 점점 커가고 성의식도 생기면서 다른 것에 관심을 갖게 됩니다.

3. 자주자주 안아주며 애정을 표현해줍니다
정서적인 안정이 있으면 훨씬 덜해집니다. 눈에는 눈, 이에는 이라고, 피부에는 피부입니다. 더 푸근하고 상호적인 포옹은 혼자만의 놀이보다 더 큰 만족감을 줍니다. 더 많이 안아주고 보듬어 주세요.
또 스트레스가 많은지 살펴보세요. 요즈음 연구에서는 유아 초등 어린이들이 스트레스로 인해 자위가 늘고 있다는 보고도 있었습니다. 지나친 학습이나 잔소리가 아이들을 힘들게 하고 우연히 알게 된 몸의 감각에 더욱 몰입하게 할 수 있습니다.
스트레스가 많다면 일정을 조절해주고 어느 날 하루 바닷가나 산에 가서 마음껏 뛰어놀며 몸을 풀 수 있게 해 주는 것도 좋은 방법입니다.

자신의 아이는 엄마가 제일 잘 알지요. 딸에게 제일 적당한 방법이 무엇인지 연구를 하셔서 이리저리 적용해보시기 바랍니다.

마지막 부탁드릴 것은 그 어떤 것도 눈치채지 못하게 어떤 강요나 부담 없이 자연스럽게 이루어져야 한다는 것이지요. 말보다는 분위기와 계기, 구체적인 행동 방법으로 조절해보시기 바랍니다. 그러기 위해서는 엄마부터 근본적으로 바뀌셔야 합니다. 아이가 몸의 감각을 느낄 수 있다는 것은 이후 즐거운 성생활에 도움이 된다는 긍정적인 생각으로 마음을 바꿔보세요. 그럼 엄마부터 행복한 하루하루 보내시길 빌며…

답글을 쓰면서도 엄마의 변화에 대해서 확신이 가지 않았다. 엄마의 성에 대한 태도가 너무나 부정적으로 느껴졌기 때문이다.

엄마의 어린 시절부터 거슬러 올라가 지금의 결혼생활까지 살펴보면서 어디에서 성이 꺾이고 접히고 눌렸는지 알아보고 싶었다. 정작 상담이 필요한 사람은 엄마 자신일 거라는 생각이 들었다. 엄마와의 상담은 이루어지지 않았다. 솔직히 말해 나의 힘이 거기까지 미치지 못했다.

유아 자위행위에는 크게 봐서 두 가지가 있다.

하나는 성기 기관에서 발생하는 순수한 신체 자극에 원인이 있는 것으로 성기의 쾌감을 만족시키는 자위행위이고, 또 하나는 외부 환경이 이러한 자연스런 욕구를 모욕하고 경멸하며 제한하는 데에서 비롯된 반동으로 일어나는 자위행위이다. 이것은 아이가 느끼는 불안과 저항을 성기의 자극으로 해소하려는 것으로 점점 강화될 때 과도한 자위행위로 발전한다. 대개 첫 번째의 순수한 자위행위가 억압받고 제한 받았을 때 이차적으로 발전되는 경우가 많다. 위의 사례에서처럼 아이가 처음에는 순수하게 시작했던 자위행위가 엄마의 부정적인 태도로 인해 더 심각하게 되는 것이다. 엄마가 고치지 않는다면 아이는 완전히 두 번째 유형으로 굳어질 수 있다.

첫 번째 순수한 자위일 경우 부모는 건강한 증상으로 보고 어떠한 억압도 하지 말아야 한다. 유아기 때는 무조건 자유롭게 해주어도 문제가 없다. 오히려 이후 더 좋은 성이 될 수 있는 것이다. 어떤 조사에서는 어렸을 때 자위행위를 해보지 않았던 어른이 오르가슴의 능력이 훨씬 떨어졌다는 결과가 나왔다. 건강하고 활기찬 성생활을 위해서는 유아기의 순수한 자위는 이롭다는 결론이 나온 것이다.

그러나 두 번째의 자위행위는 그렇게 간단하지가 않다. 대대적인 개편이 필요하다.

부모의 근본적인 태도가 긍정적으로 바뀌어야 하고 아이의 죄의식을 풀어줄 프로그램이 필요하고 아이의 생활도 스트레스가 없게 자유로운 생활로 만들어줘야 한다.

스킨십도 자주하여 정말로 사랑 받는 귀중한 존재라는 것도 느끼게 해야 한다. 소아정신과의 치료도 필요하며 부모의 상담도 병행해야 한다. 제일 바람직한 것은 두 번째의 유형으로 접어들기 전에 순수한 신체적 쾌감으로서 이루어지는 첫 번째 자위행위에 대해 긍정적인 생각으로 지혜롭게 임해야 한다는 것이다. 죄의식과 억압은 유아기 아이들에게 이렇게 치명적인 것이다.

갑자기 아이가 자위행위를 시작했을 경우 다음의 세 가지를 점검해봐야 한다.
첫째, 성기 부위를 살펴본다. 우리 아들처럼 모기에 물려 긁는 것일 수도 있다. 여자아이들은 염증도 쉽게 날 수 있다. 일단 살펴보는 것이 필요하다. 옷이 끼어 불편한지도 알아봐야 한다. 아이들은 금방 크기 때문에 옷이 몸에 꼭 낄 수가 있다. 또한 예쁘게 보이려면 몸에 딱 맞는 옷을 입힐 수 있는데 옷이 성기나 항문을 조여 불편해서 손이 가는 경우도 있다.
둘째, 아이의 전반적인 생활을 살펴본다. 너무 스트레스가 많은 생활은 아닌지, 운동이 너무 부족하지는 않은지, 친구가 너무 없지나 않은지 살펴볼 일이다. 예전에는 집의 구조도 열려져 있었고 이웃들과 교류도 많았다. 아이들은 산과 들로 뛰어 다니며 놀 거리도 많았다. 외부 세계에 관심 둘 것이 많아 성기의 감촉을 느꼈더라도 관심을 다른 곳으로 돌릴 수 있었다. 그런데 요새는 막혀있는 주택 구조에 이웃도 없고 형제들도 적다. 친구들도 모두 학원을 다닌다. 어쩌다가 느껴진 성기의 감각에 쉽게 빠져들 수가 있다. 외부 세계의 관심사가 적어진 데서 오는 집중인 셈이다. 뭔가 전반적으로 답답한 생활이거든 숨통이 트이게 확확 열어줄 필요가 있다.

부모와 함께 운동을 시작하든지 놀이를 하든지 관심거리를 많이 만들어 줄 필요가 있다. 앉아서 혼자 하는 컴퓨터 게임 같은 것보다는 뛰어다니며 활력을 찾을 수 있는 것들이 좋다.

셋째, 혹시나 주위에서 성추행 같은 일이 없었는지 아이의 태도도 살피며 주위 환경을 체크해볼 필요가 있다. 모르고 있다가 추행이나 폭행의 계기로 감각을 알게 되어 탐닉할 수도 있기 때문이다. 심하게 아이를 다그치지 말고 이리저리 신중하게 살펴볼 일이다. 추행이나 폭행을 당했을 경우에는 뭔가 아이가 느낌이 다르다. 의기소침해지기도 하고 안아줄 때 자신도 모르게 몸을 움찔대며 피하기도 한다. 밤에 자다가 꿈을 꾸며 울기도 하고 뭔가 부모에게 숨기는 것이 있는 것도 같고 신경질도 많이 낼 수 있다. 어쩌다가 한 번 당한 것이라면 잘 수습하면 괜찮아지겠지만 지속적으로 당하는 경우에는 문제가 심각해진다.

아이들끼리 즐겁게 성적인 놀이를 하다가 감각을 느껴 자위행위를 한 거라면 크게 염려할 필요는 없다. 강압적으로 폭력적으로 이루어진 것이 아니라 즐거운 놀이로 그랬다면 부모가 유난을 떨지 않는 한, 한때 하다가 넘어간다. 조금 계속 되더라도 크게 염려할 바는 못된다. 심리적인 상태가 더 중요한 것이기 때문이다.

성적 놀이

유아기 때의 성적 놀이가 그만큼 중요한 것이다. 유아기의 자연스런
성 장난을 어른들이 어떻게 대하느냐에 따라서 최고의 쾌락을
누릴 수도 있고 성 혐오자가 될 수도 있는 것이다

삶을 사랑하는 자유로운 사람을 만들기 위해 세워진 실험학교가 있다. 영국
런던 근처에 있는 서머힐 학교다. 1921년에 니일(A.S Neill)이라는 사람이
세웠는데 지금까지 현존하고 있다. 이곳은 5살부터 16살까지 세계 각국에서
온 아이들이 다니고 있는데 세계적으로도 잘 알려져 나라마다 실험학교, 대안
학교가 세워지는데 하나의 모델이 되기도 했다.

이 학교의 니일 교장처럼 유아와 사춘기 아이들을 깊이 있고 지속
적으로 연구해본 사람은 없을 것이다. 우리 나라에도 『행복한 학교
서머힐』이라는 책이 번역돼 나와있다.

니일 교장은 소위 문제아로 찍힌 아이들과 함께 생활하면서 중요한 것을 발
견했다. 학교에 불도 지르고 물건도 훔치고 공격적인 아이들일수록 그 밑바닥
에는 엄청난 억압이 있었다는 것을 알았다. 그런데 이 억압을 이루는 내용은
크게 '성'과 '힘'의 문제였다. 유아기 때 자연스런 성적 욕구를 심하게 억압하
여 죄의식을 주었을 경우와 부모나 교사의 권위주의적인 태도로 생활 전반에
서 물리적, 심리적 힘이 행사된 경우에 그 정도에 따라 문제가 심각해짐을 알
았다.

물론 불을 지르는 아이처럼 가장 고질적인 것은 성과 힘이 합해진 경우였다.

그래서 이런 아이들을 무조건 믿어주면서 자유를 주었다. 공부가 하기 싫으면 그대로 두고 도둑질을 해도 훔치고 싶었던 물건을 사라고 오히려 돈을 주었다. 그런데 이런 결정은 니일 교장 혼자서 내린 게 아니고 전체 회의를 통해서 결정되었는데 그 전체 회의란 다섯 살부터 교장까지 모두가 다 참여하는 회의였다. 그 회의는 교장도 한 표밖에 행사할 수 없기 때문에 지나칠 정도로 아이 판이었다. 엉뚱한 결론으로 끝나 시행착오도 겪긴 했지만 그런 시행착오까지 같이 겪어내면서 모두들 함께 성숙해갔다.

몇십 년 동안 갖가지 방법으로 권위와 위선과 싸우며 자유를 찾게 하는 과정에서 니일 교장이 깨달은 것은 어린이는 태어날 때부터 본성적으로 슬기롭고 실제적인 존재라는 것이었다.

성에 대해서도 자위행위는 물론 어떤 것이든 자유롭게 표현하게 했고 새로 들어온 고학년 학생이 야한 그림을 보여주며 야한 얘기를 하더라도 내버려두었다. 성에 대한 어떤 발칙한 질문을 하더라도 진실 되게 솔직히 다 대답해주었다. 모든 것이 변하게 되었다. 야한 얘기를 듣는 어린아이들도 시시하다는 듯이 관심을 보이지 않았다. 벌써 실제적인 얘기들을 다 들어 알고 있기 때문이었다. 어색해진 고학년 학생은 더 이상 잘난척 할 수 없었다. 음담패설도 힘을 잃었고 자위행위도 줄어들고 성 놀이와 성추행도 나타나지 않았다. 도둑질도 재미가 없어졌고 모든 것을 부정하며 거부하던 아이들도 인간에 대해 믿음이 싹트면서 뭔가에 의욕을 보이기 시작했다.

이런 것을 보면서도 가장 바뀌지 않는 사람은 역시 부모들이었다. 부모가 변하지 않는 아이들은 갈등 속에서 학교를 떠나기도 했다.

니일 교장이 성에 대해 자유롭게 표현하게 하며 일체의 억압을 없애려고 한 데에는 자기 자신에 대한 경험도 한 몫을 했다. 여섯 살 때 한 살 어린 여동생과 성기를 서로 보여주며 만지는 놀이를 했었다. 우연하게 서로의 성기를 발견하고 자연스레 성기를 가지고 놀았는데 어느날 엄마가 그것을 보았다. 난리가 났다. 둘 다 호되게 매를 맞고 니일은 몇 시간이나 어두운 골방에 갇혀 있게 되었다. 그것만이 아니었다. 나중에는 무릎을 꿇고 하나님께 용서를 빌어야 했다. 니일은 말한다. 이 때의 충격에서 벗어나는 데에 수십 년이 걸렸다고. 그리고 어떤 때는 아직도 완전히 벗어나지 못했다는 것을 느끼고 있다고.

그 때 만약 엄마가 여동생과의 성적 놀이를 그냥 아무렇지도 않게 넘겨버렸다면 자신과 여동생은 성에 대해 건전한 태도를 갖고 성장할 수 있었을 것이라고 했다.

니일은 더 나아가 유아기의 성적 놀이에 대해 그 중요성을 강조한다. 어른이 되어서 남성의 성교 불능과 여성의 불감증이라는 것이 어린 시절 이성과의 성 놀이를 했을 때 맨 처음으로 방해받은 것에서 유래될 수 있는 것으로 생각한다. 그리고 부모들이 같은 남자나 여자 아이들끼리, 동성끼리 성적인 장난을 하는 것은 그래도 묵과하지만 남자와 여자 사이에서 이루어지는 성 놀이에 대해서는 철저히 금하는 데서 동성애가 많이 생겨난다고 보고 있다. 그러면서 니일은 어린 시절의 이성간의 성 장난이야말로 어른이 된 후의 건강하고 균형 잡힌 성생활을 영위하는데 그 왕도가 되는 길이라고 믿고 있다. 그리고 실제로 어린이들이 성에 대한 도덕적 억압을 받지 않았을 때에는 난잡스러운 사춘기가 아니라 건강한 사춘기에 이른다는 것을 긴 세월 학생들과 함께 하면서 직접 확인도 할 수 있었다.

이어서 니일은 자신의 쾌락에 대한 입장을 펼친다.

물론 인생에 있어서 성이 전부는 아니다. 우정, 일, 즐거움과 슬픔 등 여러 가지가 있지만 살아 있는 인간에게 있어서 성은 인생의 최고의 쾌락일 수가 있다. 애정이 수반된 성행위는 황홀경의 최고의 상태다. 이유는 그것이 서로를 주고받는 최고의 상태이기 때문이다. 그런데도 어른들은 성을 혐오하고 있다. 혐오감 속에서 영화나 잡지, 쇼와 음담패설 등 한낱 성의 대용물들로 성을 즐기고 있다. 실제 만족스러운 애정생활을 하는 사람이라면 이런 대용물로 성을 풀지는 않는다. 알고 보면 대부분의 사람들이 세상 최고의 쾌락을 죄의식을 가지고서 즐기고 있는 것이다. 이러한 억압은 인간생활의 모든 면에 영향을 끼쳐 인생을 좁고 불행하며 증오심에 가득 차게 만든다는 것이다. 그러므로 성을 혐오하면 삶을 혐오하는 것이 되는 것이다. 성을 혐오하면 이웃을 사랑할 수가 없다. 정말로 성을 혐오한다면 가장 나쁘게는 발기 부전이나 불감증의 성생활이 될 것이고, 가장 좋더라도 성적 만족을 충분히 얻지 못할 것이다. 그리고 성욕구가 충족되지 않으면 그 힘은 반드시 어디론가 딴 곳으로 가게 마련이다.

왜냐하면 그것은 너무나도 강한 충동이어서 그냥 사라지지는 않기 때문이다. 그것은 불안과 증오심으로 변하게 된다.

나는 실제 긴 세월 아이들과 숙식을 함께 하며 터득한 니일 교장의 얘기에 상당히 공감하는 편이다. 유아기 때의 성적 놀이가 그만큼 중요한 것이다. 유아기의 자연스런 성장난을 어른들이 어떻게 대하느냐에 따라서 최고의 쾌락을 누릴 수도 있고 성혐오자가 될 수도 있는 것이다. 니일의 실제 고백과 몇십 년을 아이들과 함께 지내면서 터득하고 변화시킨 실제 경험들이 있기에 다른 어떤 근거보다 신뢰할 수 있는 것이다. 그렇다. 자유로운 어린이, 자유로운 사람은 문란하지 않다. 오히려 좋은 성에 다가갈 수 있는 것이다. 삶을 사랑하기에 생명의 소중함을 보다 많이 느끼고 믿음과 존중을 익혔기에 진실한 사랑을 나눌 수 있으며 살아 있는 몸의 감각도 충분히 느꼈기에 주고받는 최고의 쾌락도 즐길 수 있는 것이다. 충분히 즐겨봤기에 음란물이나 음담패설을 좋아하는 음탕한 호기심도 물러갈 것이다.

그래도 우리 부모에게는 남는 문제가 있을 것이다.
아이들의 성 놀이를 이해는 하겠는데 그런 일이 벌어진 상황에서 구체적으로 어떻게 해야 한다는 것인지, 그냥 모른 체 하라는 것인지 그래도 뭔가 말을 해줘야 하는 것인지. 또 참아야 할지 그 판단이 서지 않는다는 것이다. 그것은 사실 구체적인 상황에 따라 다르다.

우선은 크게 성장난과 성추행을 분별할 줄 알아야 한다. 어디까지가 성 장난이고 어디서부터가 성폭행인지 구분이 필요할 것이다.

어린이의 성기 접촉에는 그 대상에 따라 세 가지가 있을 것이다.

첫째는 자기 자신이 하는 성기 접촉이고
둘째는 또래끼리 이루어지는 성기 접촉
셋째는 청소년을 비롯해 어른들로부터 이루어지는 성기 접촉이 있을 것이다.

자기 자신이 하는 것은 자위행위이고 유아기 또래끼리 만지며 접촉하는 것은 성장난인 것이다. 그리고 세 번째 청소년 이상 성인들에 의해 이루어지는 성기 접촉은 성추행이나 성폭행인 것이다. 상담을 받으면서 느낀 것인데 부모나 교사들이 제일 혼란을 가져오는 것이 또래끼리의 성놀이를 성폭행과 혼동하는 것이다.

또래끼리의 성놀이라고 하더라도 그 방식이 자발적인 참여냐 강제적인 것이냐에 따라 양상이 다르긴 하다. 아무리 어린 나이라고 하더라도 강제성을 띠어 상처를 주는 행동이면 피해자가 있게 마련이고 가해자도 생기게 마련이다. 그러나 넓은 의미로 본다면 그 방식이 잘못되어 교정이 필요하긴 하지만 또래끼리의 성접촉은 성놀이의 범주로 넣어야 한다고 본다. 나이 차이가 조금 있더라도 모두가 유아기 아이라면 성놀이로 보아야 한다.

상처는 인정하지만 그 행위의 본질을 성놀이로 보느냐 성추행으로 보느냐는 유아기 아이들에게 있어서 아주 중요한 문제가 된다.

다음 사례를 함께 살펴보자.

저는 두 아이의 엄마입니다. 네살 된 딸아이를 가끔 가까이 사는 시누이 집에 맡겼는데 지금 생각해 보니 그때부터였던 것 같습니다. 시누이 집에는 일곱 살 난 남자아이와 그 동생, 두 아들이 있습니다. 네살 된 딸아이는 남자아이들이랑 놀아서 그런지 어수선해지고 자기의 성기에 대해 관심이 많으며 "엄마 잠지는 엄마만 보는 거지?" 하며 되묻곤 했어요. 어떨 때는 음부가 아프다고 하고 괜히 바지를 벗고 "아이 창피해" 하면서 할머니 할아버지한테 보여주고 했어요. 그땐 그냥 호기심이 나서 그런가보다 하면서 아이를 타일렀는데…
요 며칠 전 저희 시누이 집에서 저녁을 먹었어요. 아이들이 노는 방을 잘 놀고 있나 보러 들어가는데 한구석에서 일곱 살 난 녀석이 저희 아이를 무릎에 앉히고 무언가를 하는 듯 했습니다. 나는 슬쩍 "뭐해?"하고 물었는데 일곱 살 난 녀석이 놀라면서 "자꾸 애가 어쩌구저쩌구" 얼버무리는데…

저는 저희 아이가 사람을 잘 따르고 노는 것을 너무 좋아해서 일곱 살 난 녀석을 귀찮게 했나 싶어 "아가야! 오빠한테 그러지 마" 하면서 나왔죠.

그리고 나서 한참 뒤 아이들보고 자라고 이불을 내주었는데. 아이들이 이불장난 좋아하잖아요? 장난하나 보다 하고 불을 끄고 나왔는데 한참 뒤 제가 이상하다 싶어 몰래 들어갔지요.
저희 아이랑 일곱 살 난 아이가 이불을 뒤집어쓰고 무언가를 하는 듯했습니다. 저는 몰래 엿들으려 했는데 일곱 살 난 아이가 눈치를 채고 있더군요. 저는 꺼림칙해서 저희 아이를 데리고 나왔지요. "아기야 오빠랑 그러고 있으면 안 돼" 그랬는데 지금 생각해보면 꽤 오랜 시간을 일곱 살 난 아이가 저희 아이의 몸을 만졌던 것 같네요. 그날도 저희 아이가 "엄마 짬지 아파"소리를 두 번이나 해서 두 번이나 물로 닦아주었으니까요 그리고 가슴 젖꼭지가 아주 빨개져있어서 열흘이 넘도록 상처가 남겨져 있었거든요.
그 사실을 확실히 알게 된 것은 어제였습니다. 저희 집에서 두 조카가 함께 자게 되었습니다. 어제 저녁 제 침대에 세 명의 아이들 모두를 누이고 일찍 자라고 불을 끄고 나왔지요 저는 4개월 된 아기도 재워야 했기에 업고 거실을 뱅뱅 돌고 있는데 장난하는 소리가나서 군기잡고 재운다고 몽둥이를 들고 문을 열고 들어갔는데 동갑내기 조카는 저만치 있고 저희 아이와 일곱 살 난 아이는 이불에서 소곤거리고 있었어요. 순간 아찔하여 이불을 확 젖히는데 저 너무 흥분하여서 들고 간 몽둥이로 일곱 살 난 아이 엉덩이를 한대 때렸습니다. 일곱 살 난 아이가 바지를 내리고서 저희 아이보고 엉덩이를 만지라고 하고 있더군요. 그리고 저희 아이의 위의 옷은 올라가 가슴이 드러나 있고요.
"그러면 안 돼. 동생이야. 다시는 그런 짓 하지 마" 했어요. 저희 아이는 잠 안 잔다고 혼난 줄 알고 얼른 눈을 감고 자는 척하더라고요. 일곱 살 난 아이에게도 자라고 하고 이불을 덮어주고 나왔지요. 일곱 살 난 아이도 배려하는 마음으로…
아무래도 안되겠다 싶어 3분도 안되어서 두 조카를 어머니 방으로 보내고 저는 얼른 흥분된 마음을 달래면서 딸에게 물었어요.

나: "아가야! 오빠랑 이불 속에서 뭐했어?"
아이: "소꿉놀이! 소꿉놀이야!"
나: "어떻게 하는 건데? 엄마랑 해보자"
아이: "어어 이렇게. 이불을 쓰고 누워. 그리고 바지에 손을 쑥 넣어 팬티 속에 쑥 넣어서 짬지를 만지고 배꼽을 만지고 엉덩이 그리고 쭈쭈를 만져.."
나: "그러면 오빠 고추 보았어?"
아이: "응"

만져도 보았다더군요. 오빠 고추가 크고 짬지가 아프다고 하더라고요. 저는 다음날 그 사실을 일곱 살 난 아이에게 확인하고 엄마한테는 비밀로 하지만, 다시 그러면 안 되는 이유를 이야기해주었는데… 그리고 시누한테 이야기하면서 성교육시키라고 했죠.
아이들을 어떻게 추스려야할지 걱정과 우리 아이가 어이없이 어린 오빠에게 성추행 당한 생각을 하면서 밤새 눈물로 지새웠습니다.

저희 아이가 그렇게 신호를 엄마한테 보냈는데도 알지 못했던 제 자신이 밉습니다. 다만 저희 아이가 그러한 것을 잊기를 바라고 -자꾸 얘기하면 기억에 뚜렷이 남을까봐 "아가야 엄마가 오빠 엉덩이 때려준 것 보았지? 아가를 아프게 하면 엄마한테 일러. 알았지? 엄마가 때려줄 거니까 등등" 이야기했는데요.

앞으로도 걱정이 많네요. 여자아이다 보니… 별일이…

혹시나 일곱 살 난 아이도 무슨 일이 있나 해서 이것저것 물어보는데 TV에도 시누이의 잠자리도 본적이 없다더군요. 혼내는 것이 아니라 아이 입장에서 이야기했기 때문에. 그 뒤에도 외숙모하고 잘 따르는데 다음에 일곱 살 난 아이를 만나면 너무 미워서 어찌해야할지…

저 또한 지금 생각해보면 어릴 때 은근슬쩍 나를 만졌던 아는 오빠가 있었어요. 그때는 뭔지 몰랐지만 이상하다고 느꼈는데… 그것은 성추행이었습니다. 그것이 아이들이 커가는 가정에서까지 일어난다면, 어쩔 수 없이 우리 주변에 그러한 위험이 있다면 우리 아이들은 어떻게 해야 하나요? 그래서 특별히 신경 쓴다고 한 것인데 등잔 밑이 어두웠네요…

저 정말로 괴롭습니다. 조언 좀 부탁드려요.

전체적인 느낌이 어떤가? 우리는 여기서 많은 것을 확인하게 되었다.

첫째, 유아기 아이들에게는 역시 성놀이가 소꿉장난인 것이다.

그것도 자연스레 일어나는 발견과 장난일 뿐이다. TV나 부모의 성행위 장면과 상관이 없이 이루어진다. 엄마의 어린 시절 경험도 그 오빠라는 사람이 어느 정도의 나이인지는 모르지만 열 살 내외라면 그것도 성장난이었을 것이다. 엄마도 이제서야 성추행이라는 문제의식을 가졌지 그때에는 아무 문제가 없었다. 예나 지금이나 유아기 시절의 아이들은 그랬던 것이다.

둘째, 아기 엄마의 마음이 밝은 것이 느껴진다.

엄마 자체가 순수한 동심 같다. 이불 장난을 이해하는 것이라든가 조금 이상한 행동에서도 선입견 없이 대한 것이라든가 아이들 차원에서 대화하는 것을 봐서 엄마의 마음이 밝고 예쁘다. 그래서 큰 문제는 없을 것이다. 엄마가 딸아이와 대화를 나누는 방법도 탁월하다. 아무 거리낌없이 이불 속 장난을 신나게 얘기하는 아이의 모습이 그려진다. 그러면 된 것이다. 일곱 살 아이도 엉덩이를 한 대 맞긴 했지만 상처받은 느낌은 안 든다. 엄마가 뭐라고 얘기했던 밝은 마음과 좋은 느낌이 손상된 것이 아니기에 이런 경우에 큰 문제는 생기지 않는다.

셋째, 엄마가 잘못 생각하고 있는 것들은 무엇인가?

딸아이가 그렇게도 신호를 보냈는데 엄마가 알아차리지 못해 자신이 밉다고 했는데 그건 오버한 것이다. 아이는 구조 요청의 신호를 보낸 적이 없다. 오빠에게 일방적으로 당한 것이 아니라 함께 즐거워한 것이다. 이건 분명히 성놀이였지, 추행이 아니었다.

빨리 잊기를 바란다고 했는데 아이는 마음의 큰 상처가 없기 때문에 잊고 자시고 할 일이 없다. 엄마가 더 이상 문제시하지 않는다면 아이는 그냥 흘러가는 경험으로 남아 있을 것이다. 먼 훗날 문득 그 장면이 떠오를 수는 있지만 죄의식을 주지 않았다면 그렇게 나쁜 기억도 아닐 것이다. 약간 쑥스러워하면서 비시시 웃을 것이다. 아이는 성놀이를 할 때도 그렇고 지금도 아주 건강하다.

일곱 살 짜리 조카는 이미 눈치보는 나이가 됐기 때문에 눈치를 보긴 하지만 오히려 그 전에 해왔던 성 놀이에 대해 어른들이 몰랐기에 그래서 어떤 억압도 받지 않았기 때문에 아직까지는 건강한 편이다. 등잔 밑이 어두웠던 게 천만다행이었다. 숙모에게 엉덩이는 한 대 맞긴 했지만 그 시절이 미운 일곱 살이라 그 일 말고도 다른 일로도 자기 부모에게 꿀밤을 많이 맞았을 것이다. 그런 꾸지람을 듣는 일 중의 하나로 느낄 것이다. 그리고 여자아이다 보니 별 일을 다 당한다고 했는데 그것도 조금 지나친 생각이다. 여자들도 성적인 존재고 유아기에는 여자아이도 서로 같이 놀이를 하는 것이다.

밝히는 아이라서 그런 게 아니다. 그냥 그런 것이다. 당했다는 생각과 앞으로도 가정에서까지 당할 수 있다는 문제의식이 피해의식을 만든 것이다. 어린 오빠에게 성추행을 당한 걸 생각하며 밤새 울었다니 괜히 울었던 것이다. 당한 것이 아니라 같이 논 것이기 때문이다. 여자는 성을 모른다는 생각과 여자는 성적인 표현을 하면 안 된다는 지난날의 사회적 인식이 알게 모르게 엄마에게도 배어있기 때문에 그렇다. 여자고 남자고 유아기 때 자연스런 성놀이를 하는 것은 아무 죄가 되지 않는다. 엄마는 웃어야 한다. 딸의 마음이 여전히 밝다면 그 아이는 성인이 되어서도 좋은 성의 주인공이 될 수 있을 것이다.

넷째, 남는 문제는 무엇일까?

놀이를 하며 만졌던 성기가 자꾸 아픈 것이다. 일시적이긴 하지만 몸에 상처가 남았다는 것이다. 큰일 난 것은 아니지만 앞으로 또 성 놀이를 계속할 경우에는 성기도 계속 아플 수 있다. 엄마는 어떻게 했어야 옳았을까? 바로 성기가 아프다는 그 부분을 솔직하게 얘기했어야 했다. 협박으로서가 아니라 사실로 나타난 것을 있는 그대로 말하는 것이다.

이랬으면 어땠을까? 엄마가 일이 있었던 다음 날 일곱 살 난 조카를 불러 따로 말했다고 했는데 그때 이렇게 말했으면 어땠을까? 엄마는 먼저 조카에 대해 미워하는 감정이 없도록 마음 정리부터 해야 한다. 이상하게 밝히는 아이로 봐서도 안 된다. 조카에게는 엄마의 눈빛과 태도가 말보다 더 중요하기 때문이다.

"숙모가 부른 것은 너를 야단치려고 부른 게 아니야. 숙모가 너와 의논할 게 있어서 부른 거야. 어제 너 동생이랑 이불 속에서 놀았잖아? 그 전에도 몇 번 놀았었지? 서로 몸을 만지며 노는 게 재미있었지? 그래. 숙모도 이해해. 그렇게 논 것은 잘못한 게 아니야. 궁금해서 그랬을 거야. 너는 똑똑한 아이라 궁금한 게 많았을 거야. 그런데 걱정할 일이 생겼어. 동생이 잠지가 아픈데 내가 보니까 자꾸 만져서 그런 것 같아. 저 번에 너네 집에서 이불장난 하고 나서도 동생이 두 번이나 잠지가 아프다고 해서 씻어주고 그랬거든. 그때는 숙모도 왜 그런지 몰랐는데 어제 알게 된 거야. 너는 안 아프니? 고추가 아픈 적 없었어? 안 아팠다면 다행이야. 너도 아팠다면 고추를 너무 만져서 아팠을 거야. 동생은 여러 번 아팠는데 여자애들은 잠지가 아프면 나중에 안 좋은 일이 생길 수 있어. 여러 번 아프게 되면 그곳에 병이 날 수 있어. 그래서 숙모도 동생 잠지를 아주 소중하게 생각하고 함부로 만지지도 않아. 앞으로 자꾸 만지면 또 아플 건데 어떡하면 좋겠니? 너는 오빠잖아? 너 동생을 좋아하지? 동생은 너 말고 다른 오빠도 없잖아. 네가 지켜줘야 하는데 어떻게 해야 할까? 숙모 생각은 이래. 지금까지 서로 재미있게 놀아봤으니까. 이제는 소꿉놀이를 바꿔보면 어떨까? 다른 것으로 말이야. 서로 몸에 대해서도 다 알게 되어서 궁금한 것도 없을 것 같아. 동생이 잠지가 아프다니까 이제부터는 만지지 말고 네가 동생을 잘 지켜줬으면 좋겠어. 아프면 안 되잖아? 혹시 동생이 자기 몸이 아픈데도 또 장난하자고 너를 조르면 그 때도 네가 잘 지켜줘. 만지면 아프니까 하지 말자고 해. 동생은 어려서 잘 모르거든? 너는 멋진 오빠니까 잘 지켜줄 거야. 숙모는 너를 믿는다.”

아무리 어린아이라 하더라도 진심은 통하는 법이다. 오히려 어린이라서 더 잘 통한다. 우리는 무수한 어린이와 함께 살았던 니일 교장의 말을 귀 담아 들어야 한다.

그의 결론. 어린이는 태어날 때부터 본성적으로 슬기롭고 실제적인 존재라는 것을 새겨둘 필요가 있다. 서머힐 학교에서는 다섯 살짜리 학생도 회의에 참여해 의견을 내놓는다. 일곱 살짜리 조카라고 못할 리 없다. 그 정도 나이면 느낌도 있고 의견도 있다. 자신을 믿어주고 인정해주느냐 아니냐에 따라 결과가 달라질 뿐이다. 그 아이를 미워할 이유가 없지 않은가? 정말 딸아이의 진정한 오빠로서 믿어주는 것이 중요하다. 그래서 의견도 묻고 부탁도 해보는 거다. 인간 대 인간으로서 말이다. 한 번에 효과가 없다고 실망할 것도 없다.

죄의식을 심어주지 않은 상태에서 몇 번이고 믿어주고 부탁하다보면 진심은 통하게 마련이고 진정한 오빠 동생 사이로 자리잡아 갈 것이다. 두 집도 화목하게 지내게 될 것이다.

유치원이나 학원, 초등학교 저학년에서 많이 벌어지는 일이다. 아이들끼리 성 놀이가 일어났을 경우 그것이 학부모에게 알려지면 대부분 여자아이 쪽이지만 당했다고 생각하는 학부모가 흥분을 한다.

마치 엄청난 성폭행이 이루어진 것처럼 놀라서 아이에게 캐묻고 상대한 아이를 가서 혼내며 그 집 부모에게 항의를 한다.

아이 교육 좀 똑바로 시키라며 호통을 치면서 무조건 사과를 하라고 하고 심한 부모는 보상을 요구하기도 한다. 남자아이 부모 쪽에서는 아이들이 커가면서 그럴 수도 있는 문제를 가지고 지나치게 호들갑을 떤다며 기분 나빠한다. 당했다고 생각하는 부모는 상대 부모의 태도가 더 잘못되었다면서 도저히 용서할 수가 없다며 갈등을 증폭시킨다.

유치원이나 학원 원장이 중간에 서서 이해를 시키려고 해도 화해는커녕 유치원도 책임이 있는데 오히려 한쪽 편만 든다고 가만히 안 있겠다고 한다. 시간이 지나도 원만한 수습이 안 되면 이런 곳에 못 다니겠다며 나가는 사람도 있고 자신이 나갈 이유가 없으니 상대 쪽에서 나가라고 종용하기도 한다. 원장이나 교사도 문제에 대한 자각과 원칙 없이 무조건적인 화해를 요구할 때도 있다. 괜히 소문이 나면 유치원 경영에 어려움을 겪을까봐 쉬쉬하며 문제를 은폐하기도 한다.

왜 이런 일이 벌어지는 것일까? 다 알다시피 성놀이와 성폭행을 구분하지 못해서이다. 자기 자녀만 중요한 유아기의 어린이고, 상대 아이는 유아기의 어린이가 아니다. 성추행범인 것이다. 모든 어린이가 '유아기 어린이' 라는 것을 제일 중요한 개념으로 잡고 문제를 풀어야 한다. 그것이 핵심 사항이다.

서로 즐겁게 놀면서 이루어진 일이라면 모두가 관대하게 대해야 한다. 짓궂은 아이가 강제적으로 과격하게 힘을 행사한 일이라면 당한 아이는 상처를 빨리 아물게 하는 방향으로 모색을 해야 하고 그 짓궂은 아이는 부모와 교사는 물론 당한 아이의 부모까지 더 정성을 들여 아껴줘야 한다. 그래야만 문제가 풀린다. 절대로 흉악범으로 대해서는 안 된다. 그렇게 대하는 것 자체가 장차 흉악범이 될 소지를 만드는 것이다. 성 문제로 인해 파렴치한이 된 느낌을 받는다면 그 상처는 엄청 커서 심한 죄책감에 빠지거나 반항과 저항으로 더 심한 행동을 하게 될 것이다.

다른 것보다도 성에 관한 문제는 그만큼 예민한 것이다. 조금 심한 성 놀이를 한 대가 치고는 너무 가혹한 것이 아니겠는가? 정말 그래서는 안 된다.

한편 뭔가 잘못을 했는데 혼날 줄 알았던 아이가 진심으로 사랑을 받을 때 아이는 부드러워지는 것이다. 의외의 대접을 받을 때 다시 생각하게 되는 것이다. 그리고 자신은 재미있어서 한 일이지만 상대방은 고통을 당했다는 것을 알려줘야 한다.

성은 어떤 행동이 아니라 인간 관계라는 것을 이번 기회를 통해 알게 해주어야 한다. 아이고 어른이고 행동을 고치는 것은 자신의 자존감을 높여줄 때다. 일단 좋은 아이로 믿어주면서 잘못을 알려줘야 고칠 마음이 생긴다. 그리고 조금이라도 변화된 모습이 보이면 한없이 칭찬을 퍼부어 자신이 좋은 사람이라는 확신을 심어줘야 한다. 그런 과정이 계속되다 보면 안정감을 찾아가고 여유와 배려도 갖게 되는 것이다. 개구쟁이일수록 더 사랑해 주어야 한다. 정말 부탁드린다.

청소년이 어린이를 성폭행했을 경우에는 사안별로 지혜롭게 대처해야 한다. 무조건 신고하는 것이 능사는 아니다.

그 청소년의 상태와 행동의 동기를 잘 살펴봐야 하고 주변 환경도 알아봐야한다. 청소년도 아직은 변화의 여지가 많은 존재이기 때문이다. '청소년'이라는 사회적 개념이 이런 사건 속에서도 살아 있어야 하는 것이다. 종합적으로 살펴볼 때 어떤 아이는 고소하여 처벌을 받게 하는 것이 더 좋은 경우도 있다. 밉더라도 청소년을 이해하고 사랑하는 마음을 중심에 두고 진정으로 그 아이를 위해서 어떻게 해야 좋은지를 생각해보는 것이 중요하다. 미운 감정으로 행동의 결과만 가지고 처리를 한다면 무엇이 잘못인지도 모르고 반항심만 키워줘 성인이 되어서까지 어린이들을 괴롭히는 사람이 될 수도 있는 것이다. 모두에게 고통스런 일인 것이다.

성인이 어린이를 성폭행했을 경우는 단호하게 처리해야 한다. 증거도 확보하고 법적으로 강하게 처리하는 것이 상책이다. 인간적으로 이해할 수 있는 부분이 있다하더라도 나라의 기강을 바로 세우기 위해서 엄한 처벌이 이루어져야 한다. 사회적으로 '어린이' 개념을 세우기 위해서라도 이론의 여지가 없다. 우리 부모들은 지금 거꾸로 하고 있다. 교묘한 어른들에게 당했을 때는 쉽게 포기해버리는 반면 청소년이나 또래 아이들에게는 지나치게 흥분을 하며 법적 처리를 논하고 있다.

다시 생각해봐야 할 일이다. 유아기 아이들에게 성놀이와 성폭행을 구분 짓는 일은 아주 중요한 것이다.

발달 단계에 맞게 이해하기 ②
− 사춘기(11∼20세)

{ 어른들은 몰라요 }

그때는 간섭이 제일 싫지.

엄마한테 말하면 괜히 걱정만 하면서 간섭할 거 아냐?

간섭할 게 뻔한데 왜 얘기하겠어?

엄마가 싫어서가 아니라 그냥 뭐 그렇지.

그때는 누구도 얘기 못한다. 다 아시면서?

자유에서 자율로

부모의 품안에서 머물러 있던 자녀가 자꾸 멀어져가려는 것을 보면서
기쁜 마음이 드는가, 아니면 서운하고 허전한가?

"야. 늦겠다. 빨리 준비하라니까?"

"싫어! 나 안 가. 그냥 혼자 집에 있을 거야."

"아니. 쟤가 왜 저래? 너 혼자 집에서 뭘 할 거야? 식구들 다 같이 가는데 너만 혼자서 뭘 하려고 그래? 빨리 갔다 올 거니까 어서 와. 밥도 먹어야지. 혼자 밥을 어떻게 먹겠다고?"

"배고프면 라면 끓여 먹으면 되지, 뭐. 정말 안 간다니까! 가기 싫단 말야."

"참 별일 다 보겠네. 아이고. 몰라. 혼자 밥을 끓여먹든지 말든지 알아서 해."

고개를 갸웃거리며 집을 나오던 엄마는 뭔가 아쉬운 듯 다시 들어가 한 마디를 덧붙인다. "야! 너 혼자 있으면서 엉뚱한 짓 하지 마. 아무래도 수상해. 공부는 안 하고 괜히 컴퓨터나 하면서 이상한 짓 하지 말고. 엄마 갔다와서 검사할 거야. 공부 얼마나 했는지. 알았어? 가스 불 잘 잠그고 문도 잘 잠그고 있어. 엄마 가서 전화할 테니까."

그렇지 않아도 요새 말끝마다 토를 달며 대들고, 방문은 왜 또 걸어 잠그는지. 문 잠그고 뭘 하는지 알 수가 없다. 참 내 웃겨서 원. 벌써 사춘기인가?

사춘기! 벌써 자녀가 사춘기라!

우리 부모들은 어떤 생각이 드는가? 걱정이 앞서는가? 희망이 앞서는가?

부모의 품안에서 머물러 있던 자녀가 자꾸 멀어져가려는 것을 보면서 기쁜 마음이 드는가, 아니면 서운하고 허전한가? 자녀에 대해 믿음이 가는가, 불안한 마음인가?

80평 생의 인생을 살아야 할 자녀들에게 있어서 지금 맞이하는 사춘기가 어떤 의미가 있으며 그 특징은 어떠한지 그래서 어떤 도움이 필요한지를 안다면 우리 부모들의 걱정과 불안은 희망과 대견함으로 바뀔 수 있을 것이다. 어차피 겪어야 하는 사춘기 시절을 문제와 걱정보다는 희망과 기대를 가지고 변화의 과정을 함께 하는 것이 좋을 것이다. 오히려 10년간의 사춘기 과정을 흥미진진한 드라마로 바라본다면 부모와 자녀, 서로에게 놀라운 변화와 성숙의 과정이 될 것이다.

유아기 아동기가 성에 있어서 거의 무제한적인 '자유'가 필요한 시기였다면 사춘기는 무조건적 자유가 아니라 스스로 관리할 수 있는 능력을 배우는 '자율'의 시기라고 할 수 있다. 자유란 남이 뭐라고 하든 말든 자기 마음대로 하는 것이지만 자율이란 자기가 스스로 조절하고 통제하는 자기 관리능력을 뜻한다.

사춘기 자녀들은 자신도 모르게 자율을 향한 몸부림이 시작된다. 자신도 모르게 자율을 향한다는 것은 자신의 세계에 몰입해간다는 뜻인데 그것은 성장 호르몬 때문이다. 태어나서 지속적으로 성장 호르몬은 나오고 있었지만 11세 전후가 되면 성장 호르몬이 급격하게 분비되기 시작한다. 이와 함께 성호르몬도 급격히 분비되는데 아동기에 비해 5배가 넘게 분비된다. 뇌하수체 전엽을 차지하는 세포의 40%가 성장호르몬을 분비하는 영역인데 이 영역이 성호르몬 분비 영역과 함께 활성화되면서 몸과 마음, 정신을 변화시킨다. 이 성장

호르몬과 성호르몬의 연합 작전으로 사춘기를 맞은 자녀들은 우선적으로 자신만의 세계를 가지려는 마음이 생긴다. 성장 호르몬은 아이들에게 이렇게 속삭인다.

"부모와 멀어져라."
"너 자신을 찾아라."

이것은 인생의 생물학적인 시간표에 따라 두뇌의 성장호르몬이 보내는 자연의 소리다. 이 소리는 생물학적인 자연의 소리일 뿐만 아니라 인류의 진화를 가져올 수 있는 위대한 첫 신호탄의 소리이기도 하다. 인류의 진화를 위한 자연의 소리인 것이다.

인류의 진화는 어떻게 이루어지는가? 번잡하고 웅대한 인류학을 줄이고 줄여 한마디로 표현한다면 그것은 자녀를 통해 인류가 진화해왔다는 것이다. 부모의 분신이면서도 또 하나의 독립적인 개체인 자녀가 부모보다 좀더 나은 존재로 되는 과정에서 진화가 이루어져온 것이다. 그것은 자녀가 부모와 똑같은 일을 반복하지 않고 새롭게 일하며 생각하는 데에서 비롯된 것이다. 부모의 삶을 기반으로 하면서도 그 위에 자신만의 삶을 모색하고 꾸려가는 지난한 과정이 인류를 지금에 이르게 한 것이다.

우리 부모들이 자녀의 새로운 변화에 당황하고 섭섭해하는 것은 이런 뜻 깊은 자연의 소리를 알아차리지 못해서 그렇다. 자녀가 혼자 집에 있겠다고 할 때, 문을 잠그고 혼자서 뭔가를 할 때, 부모에게는 말대꾸하면서도 친구와는 하루 종일 전화를 하고 메일을 주고받을 때, 일기장을 못 보도록 책상 서랍을 잠겨 놓았을 때, 우리 부모들은 서운해하기보다 그 위대한 자녀의 성장호르몬 소리를 들어야 하는 것이다. "이제 부모와 멀어져 자기 자신을 찾아가려 하는구나. 멋지게 찾아가야 할 텐데" 하며 대견하게 생각하며 기뻐해야 하는 것이다.

그래야 자녀와 가까워질 수 있고 대화도 할 수 있으며 도움도 줄 수 있는 것이다.

자녀가 자신을 찾아가는 과정은 어떠한가? 부모 심정에서야 자녀가 자신을 찾는 것은 좋은데 그 과정이 경험자인 부모가 시키는 대로 잘 따르면서 이루어지기를 원할 것이다.

 그런데 문제는 그렇게 되지도 않을 뿐더러 그렇게 되어서도 안 된다는 것이다. 자율의 반대는 타율이다. 부모가 시키는 대로 한다는 것은 자율이 아니라 타율인 것이다. 타율적인 존재는 자기 발로 설 수가 없다. 시키는 대로 하다 보면 자신의 감각과 판단이 커나갈 수가 없다. 시키는 존재가 없어지면 자신은 어떻게 문제를 해결할지 모르게 된다.
 자율적인 존재는 잦은 실수 속에서 단련되어 실패를 예방할 수 있지만 타율적인 존재는 평상시의 실수는 적더라도 한순간에 실패할 확률이 높다. 자신의 판단대로 선택을 하고 그 결과를 분석하면서 새롭게 확장된 사고를 갖는 과정에서 자녀는 활력과 열정이 생기며 자기를 관리하는 능력도 생기는 것이다.

 타율적인 존재는 무기력하며 의욕도 없고 모든 것을 귀찮아한다. 지금 자녀가 어떤 모습으로 살고 있는지 살펴보면 그 답이 나올 것이다. 만약 자녀가 아무 의욕이 없고 모든 것을 다 귀찮아한다면 뭔가 타율적으로 이루어지는 힘이 크다고 볼 수 있겠다. 이런 타율적인 삶 속에서는 인류의 진화가 이루어질 수 없다. 부모보다도 더 못한 삶을 살 수 있기 때문이다. 부모보다 더 새롭고 잘된 삶을 살게 하려면 자율적인 자녀가 되도록 힘써야 한다.

 자녀들은 스스로 실수를 하더라도 자율적인 삶을 살기 바란다. 그렇기 때문에 실수를 두려워하며 무조건 보호해주려는 '보호자'인 부모보다 실수를 하더라도 비판하지 않고 서로 나누며 정리할 수 있는 '친구'를 더 원한다. 자녀가 자신을 찾아가는 과정에서 필요로 하는 것은 교훈이 적힌 깃발이 아니라 자신을 비춰볼 수 있는 거울인 것이다. 친구는 자신을 비춰주는 거울이다. 하루 종일 친구와 전화나 메일을 하면서 자기 내부에서 일어나는 온갖 감정과 생각들을 끄집어내어 친구라는 거울에 비쳐보느라 여념이 없는 것이다. 자신이 인간으로서, 같은 사춘기 또래의 사람으로서, 여자로서, 남자로서 그들과 같은 것은 무엇이고 그들과 다른 나만의 개성은 무엇인지 살피느라 정신이 없는 것이다. 자녀는 이 과정을 겪으면서 자신이 어떤 사람인지 그 정체성을 찾고 또한 앞으로 어떻게 살고 싶다는 자신의 이상적인 삶도 그려보는 것이다.

부모에 대해서는 어떻게 생각하고 있는 것일까? 간섭하는 부모를 미워하며 무조건 멀리 떠나 완전한 독립을 바라는 것일까? 그렇지는 않다. 물론 간섭은 아주 싫어한다.

간섭할 때 짜증을 내기도 하지만 감정이 가라앉으면 그 간섭이 자신을 위한 것이라는 것도 안다. 자녀가 부모에게 바라는 것은 자신을 건드리지 말고 그냥 놔두라는 것이다. 지금 자신을 찾기 위해 거울을 보느라 정신이 없는데 그 이외의 것은 생각할 겨를도 없는데 제발 이러니저러니 좀 하지 말고 그냥 자신을 내버려두라는 것이다. 부모와 부딪히는 순간에 바라는 것은 이렇게 관심을 꺼달라는 것이지만 자녀가 사춘기 전 기간을 통해 마음 속 깊이 바라고 있는 것은 다음 세 가지일 것이다.

첫째, 자신의 성장을 대견해하는 눈빛으로 계속해서 지켜봐 달라는 것
둘째, 자신을 믿고 기다려 달라는 것
셋째, 혼자서 부딪히며 살아가다가 실수를 했거나 상처를 받았을 때 돌아와 기대어 위안을 받을 수 있는 둥지가 되어 달라는 것

사춘기 자녀가 바라는 위의 세 가지 요구는 자율적인 인간이 되기 위한 과정에서 아주 자연스럽고 건강한 요구다. 이에 따라 우리 부모가 해줘야 할 역할이 정리되었다. 우리 부모는 자녀의 울타리 역할을 하면 되는 것이다. 혹시나 울타리 밖에서 위험한 것들이 쳐들어오는지 감시하며 막아주면서 울타리 안에

서는 자유롭게 살아가도록 지켜주는 것이다. 울타리 안에서라면 뛰어가다 넘어지고 엎어지더라도 괜찮다. 울타리 안은 실수의 영역이다. 실수를 많이 해볼수록 많이 느끼고 깨닫고 성숙할 것이다. 진정으로 자녀가 자율적인 인간이 되기를 원한다면 오히려 부모는 울타리 안에서의 실수를 바라고 기뻐하며 즐겨야 할 것이다. 실수를 일찍 겪고 많이 겪을수록 자신을 관리하는 법을 익혔기 때문에 인생에서 실패할 확률이 적은 것이다.

자녀가 울타리를 넘어 실패로 접어드는 것 같으면 이때는 몸을 던져 자녀를 살려야 한다. 그 나이에 감당하기 힘든, 회복되지 않는 일들이 실패에 속한다. 지속적인 가출이나 낙태나 미혼모, 마약이나 폭력조직과 같은 것은 길게 보면 실수에 속할 수도 있지만 사춘기 시절에 감당할 능력에서 본다면 모험적이거나 위험한 일일 수 있다. 전체적인 인생이 실패로 접어드는 계기도 될 수 있는 것이다.

이때에는 최선을 다해 자녀에게 정성을 쏟고 주변의 도움을 청해서라도 자녀를 돌아오게 해야 한다. 실패로 접어드는 초기라면 부모가 어떻게 하느냐에 따라 울타리 안으로 다시 들어올 수 있는 가능성도 높다. 부모마저 자녀를 버린다면 희망이 없다.

부모만이라도 끝까지 자녀를 믿고 격려와 용기를 아끼지 않는다면, 그리고 흔들림 없이 지극하게 정성을 다한다면 자녀는 쉽게 돌아올 수 있다. 아무튼 우리 부모의 역할은 울타리인 것이다.

친구와 함께 서로 거울이 되어 비추면서 성취하고 싶은 것은 무엇일까? 그것은 빨리 어른이 되고 싶어 하는 것이다. 자율적인 인간이 되려면 아직도 멀었지만 그래도 자녀들은 일찍부터 자율적인 인간임을 자처하고 싶어한다. 자녀들 스스로도 자신이 엉성하고 뒤죽박죽이며 스스로 조절이 안 된다는 것을 알고 당황해한다. 하지만 그럴수록 자존심을 세우고 비판에 항의하며 간섭에 저항한다. 부족한 건 알지만 그래도 자신들은 이미 다 큰 존재라는 것이다.

한 번의 실수를 가지고 자신들이 자율적인 존재라는 본질적인 사실을 무시하지 말라는 것이다. 한 마디로 자신들을 어른 같은 인격체로 대해 달라는 것이다.

사춘기 자녀가 얼마나 어른처럼 되기를 원하는지 재미있는 일들이 많이 벌어진다. 부모들이 항상 하는 말이지만 이 다음에 커서 실컷 할 것을 가지고 굳이 하지 말라는데도 온갖 궁리를 다해서 기어코 하려는 것을 보면 웃음이 저절로 나온다. 사복과 화장, 성인용 영화나 음란물은 그래도 애교로 봐줄 수 있다. 몸에도 안 좋은 술과 담배, 섹스까지 하려고 한다. 그런 것을 하면 마치 성인이라도 된 것처럼 겉멋을 부리는 것이다. 부모들은 조금이라도 젊게 보이려고 애를 쓰는데 아이들은 조금이라도 나이 들어 보이려고 애를 쓰고 있다.

평상시 아들이 기숙사에서 연락도 잘 하지 않고 있다가 주민등록증을 만들 때가 되자 연락이 잦아졌다. 몇 개월 전에 사진도 찍어놓고 통지서도 확인하고 하루라도 빨리 만들기 위해 날짜에 맞춰 내려오고 신분증이 나왔냐고 확인하고 등기로 보내달라고 재촉하고 한참이나 시끄러웠다. 법이 바뀌어 술집에 드나들 수 있는 나이가 생년월일로 따지는 만 19세에서 해당 연도 1월 1일부터 따지는 연 19세로 되었다.
수능시험을 보고 난 아들은 12월 31일 아침이 되자 하루 종일 제야 종소리를 기다리고 있었다. "땡!"하고 종칠 때 자기는 맥주 집 앞에서 기다리고 있다가 1초가 넘자마자 술집에 들어갈 거라고 했다. 그날 밤 실행에 옮기고자 친구들과 밖으로 나갔다. 새벽녘에 집에 들어온 아들에게 계획이 성공했냐고 물어보았더니 실패했다면서 투덜거렸다. 아직 술 가게에서 그 정도로 기동성이 발휘되지 못했나 보다. 단속이 심한 상황이기에 조심을 하고 있었는데 "땡" 하자 들어온 청소년에게도 관행대로 안 된다고 했나보다. 법을 논하며 신분증을 보여주면서까지 항의를 했어도 안 된다고 하여 할 수 없이 그냥 나왔단다. 그러면서 법이 엉망이란다. 어찌나 웃음이 나오던지.

사회적으로 인정받는다는 것이 뭐가 그리 중요한지 우리 부모들 입장에서는 별 것도 아니지만 사춘기 자녀들에게는 대단한 것이다.

더 웃기는 일은 그렇게도 고대하던 금지선 무너뜨리기가 막상 이루어지고 나면 하루아침에 그것에 대해 흥미를 잃는 것이다. 금지된 것을 한번 해보거나 금지가 풀려버리면 흥미가 없어진다. 아들 또한 신분증이나 술집 출입 허용에 대해 더 이상 관심을 보이지 않았다. 막상 해보니 별 볼 일이 없었던 것이다. 과연 메뚜기 한 철인 것이다. 못하게 하는 것을 일찍 해볼수록 시시해하며 다음 것을 찾는 것이다.

울타리를 넘어 실패로 가는 일이 아니라면 차라리 하고 싶은 것을 하도록 내버려두는 것이 훨씬 효과적이다. 머리 염색같이 작은 일을 허용할 뿐만 아니라 억지로라도 멋있다고 편을 들어주면 자녀와의 관계는 아주 좋아진다. 자기 편이라는 믿음이 생기면 대화도 쉬워지고 의논도 하며 충고도 가능해진다.

괜히 작은 일로 부딪혀 정작에 꼭 조언해줘야 할 문제까지 대화가 가로막히게 할 필요가 없는 것이다.

우리 선조 어르신들은 현명했다. 사춘기 자녀들이 얼마나 어른이 되고 싶어 하는지를 알아 어른 같은 인격체로 존중해 주는 문화를 만들었다. 바로 성인식을 치르게 한 것이다. 성인식이라는 형식이 중요한 게 아니라 예식에 배어 있는 그 내용이 아름답다.

여자는 생리를 시작하는 14세, 남자는 정자의 활동이 왕성해지는 16세에 성인식을 치른다. 이때 중요한 것은 자녀에게 자(字)를 지어주는 것이다. 개똥이 같이 막 부르던 이름과 달리 새로운 이름인 자를 지어주면서 그와 함께 부모나 주위 어른들이 성인식을 마친 자녀에게 높임말을 한다는 것이다. 그 전에는 "개똥아, 밥 먹었니?" 하던 것을 이제는 "석봉. 자네 식사는 하셨는 가?" 한다. 지금 사춘기 자녀가 옆에 있다면 한번 그렇게 불러 보시라. "아무 개, 학교는 잘 다녀오셨는가?" 하고. 자녀들의 기분이 어떠했겠는가? 뭔지 모르게 자신이 진짜 어른이 된 것 같아 어떤 행동을 하는 데에 한층 신중하게 자기 관리를 하지 않았을까?

14세와 16세의 소녀 소년은 실제 왕성한 성생활을 할 수 있는 진짜 성인은 아니다. 만 19세가 넘어야 성적으로 거의 완성이 되는 것이다. 이제 막 성적 으로 성인의 문턱에 들어섰을 나이인데 미리 앞당겨 성인으로 인정해주고 게 다가 성인 같은 인격체로 존중해주니 자녀들은 왜곡되게 겉멋을 부리지 않고 어른이 되려는 노력을 반듯하게 풀 수 있었던 것이다. 멋있지 않은가? 옛날에 는 어른들이 아주 멋있었던 것 같다.

지금의 우리 부모들도 멋을 부려보자. 자녀에게 이제부터는 높임말을 써보 자. 처음에는 자녀가 빈정대는 줄 알고 질색을 하겠지만 부모가 진정으로 성 인 대접을 하고 싶어서 그렇게 하는 줄 알면 자녀들은 매우 고마워할 것이다. 그리고 자신에 대한 존중감을 느끼게 되어 스스로 어른다운 자기 관리를 할 것 이다.

자녀를 자기 관리를 잘 하는 자율적인 존재로 키우는 데에 아주 효 과적인 것이 있다. 그것은 부모가 모르는 것을 모른다고 하고, 못 하 는 것을 못 한다고 인정하는 것이다.

부모가 모르고 못 한다고 할 때 아이들은 신이 나서 자신의 것을 스스로 알 아내고 챙기게 된다. 특히 똑똑하다고 믿었던 부모가 모르고 못 하는 것이 있 다는 것을 알면 자녀는 아주 통쾌해하며 자신감을 갖는다.

우리 아들이 영어를 잘 하게 된 계기도 이와 무관하지 않다. 팝송이나 미국 농구전에 관심을 쏟은 열정도 있지만 또 하나의 중요한 요건이 있는데 그것은 대단하게 봤던 엄마 아빠가 영어 발음이 엉망이라는 것을 알게 된 것이었다. 초등학교 6학년 때 영어 교재를 통해 발음을 익히면서 연습 중에 있었는데 우연하게 가족끼리 얘기를 하다가 영어 단어를 사용하게 되었다. 아들이 대뜸 우리 발음이 틀렸다고 지적을 했다. 아들은 갑자기 선생님이 된 것처럼 엄마 아빠에게 교대로 발음을 교정해주면서 연습을 시켰다.

우리는 재밌기도 하여 침을 튀기며 열심히 따라해 보았다. 영 아니었나 보다. 아들은 한심하다는 듯이 포기를 하면서 "도저히 안 되겠네. 영 구제불능이야" 했다. 그 다음부터 영어에 대해서는 자신이 최고라는 듯이 으스대기 시작했다. 우리는 반대로 얘기를 하다가 영어를 쓰려면 아들 눈치를 볼 수밖에 없었다. 어느 날 아빠가 깨끗이 인정해주었다. 옛날에 배운 사람들은 발음이 다 그렇겠지만 아빠는 더욱 더 영어를 왜 배워야 하는지를 몰라 흥미가 없었다며 네가 최고라고 인정해주었다. 모르는 게 없을 줄 알았던 엄마 아빠를 무너뜨리는 순간이었다. 얼마나 통쾌해하는지.

나 또한 그랬던 것 같다. 가방끈이 조금 짧으신 우리 엄마는 내가 뭔가 새로운 것을 배울 때마다 감탄사를 연발하셨다. "어머나! 너 정말 그런 것도 할 줄 아니? 엄마는 꿈도 못 꾸는데 어떻게 너는 그렇게 잘 할 수가 있니? 참 대단하다. 너는!" 하셨다. 나는 그 말을 들을 때마다 내가 대단히 잘 하는 줄 알았다. 그런데 친구들과 비교하면 뭐 그리 잘 하는 게 아니었다.

그렇지만 내 마음 속에는 항상 나는 뭐든지 잘 하는 사람이라는 자신감이 흘러 넘쳤다. 엄마 스스로를 낮추며 나를 북돋워주려는 엄마의 깊은 마음을 그때는 몰랐다.

좋은 대학을 나오고 똑똑한 부모들이 자녀를 더욱 타율적인 존재로 만들 수 있다. 새로운 정보도 부모가 다 알아오고 학원도 알아오고 일방적으로 등록까지 다 해놓은 상태에서 가기만 하면 된다고 할 때 아이는 자신이 기계 같은 존재로 생각하기 쉽다. 부모가 너무 똑똑해서 자녀가 개입하고 계획할 여지가 전혀 없는 것이다.

고등학교 친구 중에 그런 엄마를 가진 친구가 있었다. 그 엄마는 딸이 고3 졸업반이 되자 고고장까지 현지 답사했다. 딸이 졸업하고 혹시 갈지 모르니 먼저 가보고 분위기도 알아보고 혹시 가게 되면 괜찮은 곳을 안내해줄 마음으로 그랬다고 했다. 그 당시 고고장에 갈 수 있다는 생각을 부모가 먼저 한 것은 분명히 앞서 가는 생각이었지만 그 방식이 문제였다. 철저히 엄마의 정보와 판단 밑에서 노는 것까지 엄마가 차려주는 판 위에서 놀아야 하는 것이었다. 자율권을 완전히 빼앗는 것이라고 볼 수 있다. 그렇게 해서 딸이 고고장에 갔다면 어떻게 마음놓고 놀 수 있겠는가?

무관심과 귀찮아하는 속에서 "모른다"고 하는 경우도 문제지만 너무나 모든 것을 다 해주려는 과잉 대행도 문제라고 할 수 있겠다.

자녀가 감당할 수 있는 선에서 자신이 알아보고 경험할 수 있도록 적당한 '모른다' 와 '못 한다' 가 필요한 것이다.

나의 절친한 친구이자 배움의 스승이기도 한 '인간 발달학' 의 대가 최성애 교수는 남편과 함께 쓴 책 『이민 가지 않고도 우리 자녀 인재로 키울 수 있다』에서 '모른다' 의 의미를 다음과 같이 정의하고 있다.

'모른다' 의 뜻은 편견을 버리고 새로운 눈으로 상대를 보겠다는 약속입니다.
'모른다' 는 함께 커나갈 수 있는 희망의 터전입니다.
'모른다' 는 자녀 대신 결정하지 않겠다는 뜻입니다.

자녀가 하는 행동이 부모 마음에 들든 아니든 새로운 행동을 할 때마다 편견 없이 새롭게 바라본다면 사춘기의 자녀와 부모는 흥미진진한 시절을 보내게 될 것이다.

부모는 자녀가 왜 그렇게 했는지 정말로 궁금해서 물을 것이고 자녀는 정말 몰라서 묻는 부모에게 한수 가르쳐 주며 잘난 체를 할 것이고 그런 과정에서 부모와 자녀는 함께 새록새록 느끼며 배우면서 같이 성장해갈 것이다. 사실 우리 부모는 신세대인 자녀에게 배울 것이 너무나 많다. 당장 휴대폰 문자 보내기부터 배워야 할 판이니 말이다.

　우리가 정말로 모르는 것부터 자녀에게 배우려고 한다면 모든 것이 쉽게 풀리게 된다. 실제 최근 우리 나라에서 휴대폰이나 컴퓨터 때문에 자녀와 가까워진 부모가 많았을 것이다. 어린 자녀까지 휴대폰을 사주느라 돈은 많이 들었어도 부모가 배우려고만 한다면 그 이상의 관계 개선을 이룰 수 있다. 본전을 뽑고도 남을 정도다. 부모들이여 배웁시다. 둔하다고 구박해도 무조건 배웁시다. 아예 휴대폰을 사주기 전에 계약서를 씁시다. 휴대폰의 기능을 아는 대로 다 가르쳐준다는 조건으로 사주겠다고 합시다. 불이행시 휴대폰을 반납한다는 조건도 첨부합시다. 그리고 구박하지 말고 잔소리하지 않는다는 조건도 붙입시다. 우리 돈으로 사주면서 왜 우리가 구박을 받아야 합니까?

　'모른다' 와 '못 한다' 를 생활화하다 보면 자녀와의 대화법도 바뀔 것이다. 지금까지 우리 부모들이 무심코 내뱉던 말들이 사라질 것이다.

　"네까짓 게 뭘 알아?", "조그만 게 까불고 있어", "너나 잘 해", "잘난 체 하지 마", "그렇게도 잘 안다는 녀석이 공부는 왜 그 모양이야?", "아직 까맣다" 등등.
　그 대신에 부모가 질문이 많아질 것이다. 모르니까.
　뭘 하고 싶은지, 기분이 어떤지, 원하는 게 뭔지, 왜 그렇게 생각했는지, 해봤더니 결과가 어땠는지, 그래서 앞으로 어떻게 할건지, 알아보니 어땠는지 등등.

사실 대화의 기초는 묻는 것과 듣는 것이다. 어른들 세계에서도 자기 얘기만 하는 사람에게는 만나기도 싫고 가기도 싫다. 한두 번 멋모르고 만났다가 지겨워서 관계를 끊어버린다. 그러나 비판 없이 묵묵히 들어주는 사람과 관심을 가지고 이것저것 물어보는 사람에게는 자꾸만 가고 싶다. 자신도 모르게 속의 얘기를 다 꺼내놓는다. 깊이 만나게 되는 것이다. 어른들 세계도 그럴진대 신세대 자녀들은 더 말할 것이 없다. 앉혀놓고 이래라 저래라 하는 훈계를 늘어놓을 때 자녀들은 최고의 극기 훈련에 들어가는 것이다.

아들이 중학교에 입학하는 날이었다. 입학식 중에 교장 선생님의 말씀이 있었다. 3월 초 학교 운동장에는 제법 쌀쌀한 바람이 불고 있었는데 70세가 넘은 교장 선생님은 40분을 넘게 훈시를 하고 계셨다. 내가 서 있는 바로 앞에서 훈시를 듣고 있던 까까머리 입학생이 쓰러졌다.

나는 이때다 싶어 아주 큰 소리를 치며 소란을 피웠다. 이어서 교장 선생님 바로 앞에 있던 학생도 쓰러졌다. 그래도 교장 선생님은 훈시를 몇 마디 더 하시더니 요즈음 아이들이 체력이 약하다는 일침을 가하고는 "이상으로 짧으나마 훈시를 마치겠습니다" 하셨다. 알고 보니 1주일 전 졸업식에서는 한 시간 넘게 말씀을 하셨단다. 선생님들도 학생이 쓰러지는 바람에 짧게 끝났다고 좋아하는 눈치였다. 그 학교는 별도로 극기훈련을 할 필요가 없다.

어서 빨리 묻고 들어주는 대화법이 정착되어야 한다. 계속 훈시만 하려는 부모는 그래도 된다. 그러나 한 가지는 각오하고 있어야 한다. 나이가 들수록 소외감에 젖어 무척 외로울 것이다. 일방적인 훈시를 들으며 저항과 반항심을 키웠던 자녀는 틈만 나면 도망갈 것이니까. 마주치는 눈길조차 불편해할 것이다.

최성애 교수가 소개하는 바람직한 대화법은 이러하다.

'함께 생각해보자.'
'엄마(아빠) 의견은 이러한데 너의 의견은 어떠니?'

'엄마(아빠)도 그건 잘 모른단다. 네가 한번 알아봐서 우리에게도 알
려주겠니?'
'네가 먼저 제안해 보아라.'
'그렇게 생각해볼 수도 있겠구나.'
'좀더 알아보고 나서 정하자.'
'이런 점은 엄마(아빠)가 더 잘 알겠지만 그런 점은 네가 더 잘 알겠지.'
'며칠 생각해본 다음에 의견을 말해주겠니?'

최 교수는 말한다. 이런 대화법이 진심으로 자녀를 인격체로 존중하는 마음
에서 우러나와야지 단순한 기술로 대한다면 눈치 빠른 자녀들이 더 비웃을 수
있다고.
아마 이럴지도 모른다.

"엄마(아빠)! 그냥 평소 하던 대로 하세요. 우욱! 몸에 두드러기 나
겠어요."

어른들은 몰라요

자녀가 자기 세계에 몰두해 있는 동안에 부모가
모든 것을 다 안다는 것은 불가능한 일이다

실제 우리 부모들은 사춘기 자녀의 변화에 대해서 잘 모르고 있다. 청소년에 대해 뭘 좀 안다고 떠들고 있는 나조차 실제 자녀를 키워보니 모르기는 마찬가지였다.

중학교 1학년 초반까지는 그런 대로 아들과 속 깊은 대화를 나누었던 것 같다. 그런데 여름방학부터는 대화다운 대화는 이루어지지 않았다. 무엇을 물어도 아들의 대답은 간단명료했다. 딱 세 가지 대답뿐이었다. 궁금해서 그게 뭐냐고 물으면 대답은 뭐든지 "몰라"였다. 뭘 좀 하겠냐고 물으면 대답은 "싫어"였고 왜 그러냐고, 기분이 어떠냐고 물으면 그에 대한 대답은 "그냥"이었다. 분위기를 좋게 하며 내가 재롱을 피워도 매사가 그랬다.

무슨 생각을 하는지 무슨 일을 하는지 기분이 어떤지 도통 알 수가 없었다. 여러 가지 일을 겪으면서 그야말로 실무적인 얘기만 하게 되었다. 밥은 먹었는지, 성적표는 가져왔는지, 졸업식은 언젠지, 시험은 언제고 잘 봤는지, 등록금 통지서는 어디 있는지 등.

말문이 터져 다시 마음 속 대화를 하게 된 것은 고등학교 2학년 여름방학 때였다. 이 날의 감동을 잊을 수가 없다.

아들은 밀렸던 얘기들을 한 번에 다 얘기해주었다. 중학교 때 안 해본 것이 없을 정도로 놀았던 얘기들을 듣고 나는 너무나 놀랐다. 다양한 친구들과 정말 다양하게 놀았는데 나는 상상할 수도 없을 정도로 찐하게 논 것이었다. 그런데도 나는 그 당시 하나도 모르고 있었던 것이다. 얘기를 듣는데 입에서 침이 꼴깍꼴깍 넘어갔다. 어떻게 그 정도로 놀 수가 있었냐고 하니까 아들은 자칭 "질풍노도"의 시기라고 했다. 그러면서 하는 말이 지금 생각하니 중학교 때 논 것이 아주 잘 한 일인 것 같다고 했다. 그건 또 무슨 말이냐고 하니까 다 놀아봤기 때문에 이제 노는 것에 연연해 할 게 없고 공부에 전념할 마음이 생긴다는 거였다.

중학교 때 얌전했던 친구들이 뒤늦게 고등학생이 되어 노는 아이들을 보니까 조금 한심하다는 거다. 중학교 때 함께 놀던 친구와도 그런 소감을 함께 나누었단다. 역시 자신들은 일찍 잘 놀았다고 평가하면서 지금 노는 아이들이 측은하다고 했단다. 그리고 자신들도 그랬지만 중학생 때는 앞뒤를 안 가리고 막가는 시기이기 때문에 겁도 없단다. 고등학생이 된 자신도 지금의 중학생을 보면 겁이 날 정도라고 한다. 자신도 겪어봤기 때문에 길을 가다가 까부는 중학생이 있어도 그냥 지나간다.

그래도 이해심이 많은 엄마라고 생각하는데 어떻게 엄마한테 한마디도 말하지 않고 그렇게 깜찍하게 속였냐고 하니까 아들은 기가 막힌다는 듯이 "엄마, 속인 게 아니라 말을 안 한 거지. 속인 거 하고 말을 안 한 거 하고는 틀리지. 어떻게 엄마한테 말해? 엄마. 질풍노도의 시기도 모르나? 질풍노도의 시기에는 노느라고 정신이 없어 얘기할 새도 없다.

그때는 간섭이 제일 싫지. 엄마한테 말하면 괜히 걱정만 하면서 간섭할 거 아냐? 간섭할 게 뻔한데 왜 얘기하겠어? 엄마가 싫어서가 아니라 그냥 뭐 그렇지.

그때는 누구도 얘기 못한다. 다 아시면서? 지금이라도 엄마한테 이렇게 다 얘기할 수 있다는 것도 엄마가 보통 엄마하고 다르니까 가능한 거지. 나도 이런 얘기를 엄마와 함께 할 수 있다는 것이 행운이라고 생각해. 다른 엄마들 보니까 엄마만한 사람이 없더라고. 엄마는 대단해. 자식 키운다는 게 다 그런 거지 뭐. 안 그래? 이제라도 나는 이렇게 얘기하잖아? 그게 중요한 거야. 지금이라도 대화가 된다는 게 말이야. 우리 좀 더 대화를 나눕시다. 엉? 엄마!" 아들은 나를 어르고 뺨치고 아주 완전히 가지고 놀았다. 그런데도 예쁘기만 하고 대견하기만 했다.

이론적으로만 사춘기를 알았지 실제 겪어보니 모든 것이 새로웠다. 자녀가 자기 세계에 몰두해 있는 동안에 부모가 모든 것을 다 안다는 것은 불가능한 일이다.

그것을 인정해야만 했다. 대화가 단절된 4년의 기간은 성장호르몬의 효과로 부모와 멀어져서 자신을 찾아가는 그 과정이었던 것이다. 내가 고지식한 엄마도 아니었고 아들이 부모를 미워하며 떠난 것도 아니었다. 단지 친구들과 어울리며 자신의 세계에 빠져 있었던 것뿐이었다. 그리고 이제 자신의 진로를 생각하는 고등학교 2학년에 들어서자 조금 여유가 생긴 것이다. 자기 자신도 이제서야 지난날이 정리되는 모양이었다. 그리고 어느새 앞날을 생각하는 나이가 된 것이다. 대학을 가야겠다는 생각이 확고해지면서 대충이라도 어떤 계통으로 진로를 선택하겠다는 결정이 내려진 즈음에 대화가 된 것이다. 이제 부모에게 직업과 진로에 대한 조언도 청하고 부모의 경험도 묻곤 했다. 성경에 나오는 '돌아온 탕자'의 비유처럼 나는 4년 만에 집에 돌아온 아들을 얼싸안은 기분이었다.

간섭이 싫어서 부모에게 말하지 않았다는 것도 새로운 사실이었다. 중학교 시절에는 정말로 정신이 없는 시기인가 보다. 아들이 어디서 주워들었는지는 몰라도 "질풍노도"라는 표현이 맞긴 맞는 얘기다. 질풍노도(疾風怒濤)란 무엇인가? 몹시 빠르게 부는 바람과 무섭게 소용돌이치는 물결이란 뜻이다. 중학생 때는 정말 질풍노도의 시기다. 빠르게 부는 바람과 소용돌이치는 물결 속에서 부모를 생각할 겨를이 없는 것이다.

부모에게 걱정을 끼치지 말아야 한다는 배려의 마음이 없는 것은 아니지만 그것보다는 일단 간섭받는 것이 더 귀찮은 것이다. 빠르게 휘몰아치는데 자꾸 발목을 잡으며 속도를 늦추게 하거나 멈추게 한다면 그 속도감이 어디로 튈지 모른다. 아이들 말로는 쉽게 "짜증난다"로 표현되지만 안 좋은 상황에서는 짜증을 넘어서 돌발적인 행동으로 나갈 수도 있는 것이다. 오죽하면 아들이 지금의 중학생을 무섭다고까지 했을까? 치명적인 것이 아닌 웬만한 일이면 3년 정도는 그냥 건드리지 말고 조심조심 넘어가야 한다. 그 시기가 그런 걸 어쩌겠는가? 이때는 특히 더 가정불화나 잦은 이사, 이혼과 같은 문제가 생기지 않도록 부모들은 더욱 노력해야 한다.

이런 문제는 질풍노도의 시기에 자녀들로 하여금 엉뚱한 곳으로 튀게 하는 기폭제가 되기도 하기 때문이다.

그렇다고 자녀들이 부모에게 무조건적인 방임을 원하는 것은 아니다. 오히려 자신의 행동과 성장에 지속적인 관심을 보여주며 큰 테두리를 튼튼하게 지켜주기를 은근히 바라고 있다. 많은 중학생들이 일부러 엇나가는 행동을 했을 때 왜 그랬냐고 물어보면 부모가 자기에게 관심이 없는 것 같아 관심을 끌기 위해 그랬다고 대답한다.

어떤 여중생은 일부러 학교에 안 가고 친구 집에서 자고 왔는데도 부모가 무조건 야단만 치지 그 이유에 대해서는 한마디도 묻지 않았다며 자신에게 관심이 없는 거라며 울먹거렸다. 그러면서 이번에는 1주일 넘게 가출을 해볼 거라고 했다. 그런데도 내가 왜 그러는지 묻지 않는다면 그때는 부모가 나를 버린 거나 마찬가지라며 마음껏 벼르고 있었다. 관심 받기를 원하면서 관심의 정도를 확인하고 싶었던 것이다.

말도 많고 탈도 많았던 영화 '친구'에서도 나오는 얘기다. 깡패 준석이 모범생 친구에게 너라도 공부를 열심히 하라고 부탁하면서 지난날을 회고한다. 자신이 처음 가출했을 때 어느 놈 하나 자신에게 따귀를 때리며 정신차리라고 하지 않았다고. 그 때 자신을 잡아주는 사람이 한 명이라도 있었다면 지금처럼 막 나가는 깡패는 되지 않았을 거라고 했다. 뼈아픈 고백이었다. 그렇다. 질풍노도의 자녀들은 오히려 더 큰 관심과 든든한 울타리를 원하고 있다. 울타리를 친 일정한 거리의 공간에서 자신이 마음대로 해보고 싶은 것이지 울타리가 없는 허허벌판을 바라는 게 아닌 것이다. 울타리도 그냥 돌로 만든 울타리가 아니다. 눈과 귀와 코가 달린 살아 있는 울타리를 원하는 것이다. 여차하면 얼른 뛰어와 일으켜 줄 수 있는 감시 카메라 같은 울타리를 원하는 것이다.

'어른들은 몰라요'라는 노래도 있고 방송 프로그램도 있다. 어른들이 모르는 게 많기에 그런 제목이 자꾸 붙여질 것인데 우리 부모들은 무엇을 모른다는 것일까?

사춘기는 10년이다. 그것을 알아야 한다.

흔히들 사춘기는 생리와 몽정이 시작되는 그즈음의 시기만을 생각하기 쉬운데 그것은 사춘기의 시작이고 몸과 마음이 성인처럼 조절능력이 어느 정도 완성되려면 10년이 걸린다. 보통 성호르몬의 분비가 활발해지기 시작하는 11세 전후에서 생식기가 거의 완성되는 20세까지 10년을 사춘기로 보아야 한다. 부모는 이 10년 동안에 일어나는 몸과 마음의 변화에 대해 그 전반적인 과정을 알고 있어야 자녀를 올바로 이해하며, 때에 맞는 도움도 줄 수 있고 어려운 고비를 참고 기다릴 수 있다.

사춘기 10년의 의미는 성적인 면에서 보면 갱년기와 함께 하나의 커다란 전환점이 되는 기간이다. 사춘기는 성적인 능력을 갖추는 시기고 갱년기는 성적인 능력이 퇴화하는 시기다. 10년의 사춘기 기간을 거치면서 남자는 남성으로, 여자는 여성으로 그 존재의 의미가 바뀐다. 또한 갱년기 10년을 거치면서 여성은 여자로, 남성은 남자로 변해간다.

여자와 남자, 여성과 남성. 무엇이 다른가? 바로 성적인 능력의 활성화로 표현될 수 있다. 태어날 때부터 다른 생식기관을 가지고 있었기에 여자, 남자로 구분되었지만 성호르몬의 활성화로 생명과 사랑, 쾌락의 성적 능력을 몸에서 활발하게 꽃피우는데 그 기간 동안의 존재를 우리는 여성, 남성이라 부른다. 보통 20세에서 45세까지가 해당될 것이다. 성호르몬이 최고로 활성화되어 정점에 이르는 나이는 남녀 모두 25세라고 한다. 아이 출산도 이 때가 가장 좋고 성적인 능력도 이때가 가장 활발하다고 할 수 있다. 크게 보자면 정점인 25세 이후부터는 노화의 길로 접어드는 셈이다. 그래프를 그리자면 25세 정점에서 하향 곡선으로 내려가기 시작하는 것이니까 말이다. 아주 점진적으로 노화가 시작된다고 볼 수 있는데 40대 후반에 이르면 성호르몬의 급격한 퇴조가 일어난다. 여성은 폐경을 맞이하고 남성도 남성호르몬이 줄어든다.

이때는 사춘기만큼이나 심리적 변화도 겪는다. 그래서 어떤 사람은 이때를 가을을 의미하는 '사추(秋)기' 라고도 한다.

여자에서 여성으로, 남자에서 남성으로 변해가는 전환점의 기간, 그 과도기가 바로 사춘기인데 앞으로 성인이 되어 생명과 사랑과 쾌락의 성적 능력을 마음껏 발휘하기 위해서 이 10년 동안 얼마나 많은 변화의 싹들이 준비되고 있겠는가? 변화무쌍 그 자체인 것이다. 생명과 사랑, 쾌락의 귀중한 싹들을 소중하게 생각하면서 부모는 자녀와 함께 그 싹들을 곱고 건강하게 키워가야 할 것이다. 우선 몸의 변화부터 알아보자.

1. 몸의 변화

초등학교 4, 5, 6학년부터 중학교 1학년 전후의 자녀들이 제일 고민하는 것은 새롭게 변해가는 자신의 몸에 대한 사항이다. 요즈음의 아이들은 자신의 몸에 대한 관찰력도 뛰어나다. 털이나 냉, 유방과 생식기에 대해 아주 자세히 관찰하면서 많은 것을 물어오고 있다. 같이 한번 살펴보자.

① 냉

11세 전후의 소녀들이 제일 궁금해하는 사항이다. 하얗기도 하고 약간 누렇기도 한 분비물이 속옷에 묻는다. 농도는 묽을 때도 있고 조금 걸쭉하고 덩어리진 것도 있다. 냄새는 거의 없는 편이다. 혹시 냄새가 심하게 난다면 염증이 생긴 것일 수 있다. 생리를 시작하기 전의 소녀들에게 오히려 생식기관이 미숙하기 때문에 염증이 곧잘 생길 수 있다. 크게 염려할 것은 없으나 계속되는지 살펴보고 가렵거나 냄새가 심하면 치료를 받으면 된다.

냉이 나오는 이유는 이제 여성호르몬이 가동되기 시작했다는 뜻이다. 아직 본격적으로 나오는 것은 아니지만 보일러를 처음 켰을 때 모터가 돌기 시작하는 것처럼 시작된 것이다.

기뻐할 일이다. 얼마 있으면 생리가 시작되기 때문이다. 사람에 따라 다르지만 냉이 나온 지 3개월에서 1년 넘으면 생리가 나온다.

더 늦게 나온다고 이상할 것은 없다. 생리가 가까워지면 냉의 분비가 더 활발해지므로 생리가 임박했음을 알 수도 있다. 어쨌든 생리를 맞이하는 마음을 갖고 자신의 몸을 대견하게 생각하도록 도와줘야 한다. 어떤 소녀는 야한 것을 보면 속옷이 축축해지는데 그게 냉이냐고 묻기도 한다. 그러나 그것은 냉이 아니다. 흥분하면 질에서 분비물이 나오는데 그것은 일시적인 질 분비물일 뿐이다.

냉이란 여성호르몬의 작용으로 점액이라는 분비물을 말하는 것으로 흥분할 때 질에서만 나오는 분비물과는 다른 것이다. 냉이 나올 때부터 딸에게 몸 관찰 일지를 쓰게 하여 자신의 몸을 탐구하는 것도 아주 좋은 일이다. 생리 기록까지 이어지게 하면 좋은데 이런 것을 기록한다는 자체가 자신의 몸을 아끼고 조절하는 훈련의 과정이기 때문이다.

② 생리

초경을 시작하는 나이는 11세에서 18세까지 그 폭이 넓으나 대개 13세 전후가 제일 많은 편이다. 몸에 다른 이상이 없다면 늦게 시작한다고 해서 절대 비정상으로 생각할 필요가 없다. 초경 후에 6~8개월 간은 무 배란성 출혈인 경우가 많은데 이것은 난자 성숙이 미숙해 배란기 없이 생리가 이루어지는 경우를 말한다.

특별한 증상은 없으나 이러다가 배란이 되면서 생리를 할 경우에는 사람에 따라 생리통 같이 아랫배가 아플 수 있다. 그럴 때는 배란이 되는 것으로 생각하면 된다.

초경을 시작해서 1~2년까지는 생리가 불규칙한 것이 보통이다. 몇 달에 한 번씩 하기도 하고 생리 양도 일정하지 않을 수 있는데 이것은 자궁이 아직 미성숙해서 자리를 잡아가는 과정이라 그렇다. 이때의 불규칙한 현상은 생리불순과는 다른 것이니 걱정하지 않아도 된다.
상담을 받아보면 우리 딸들이 제일 고민하는 것이 왜 자기는 생리를 아직 하지 않는지, 또 어떤 딸은 왜 자기는 이렇게 빨리 생리를 하는지 걱정이 많은데 주로 친구들과 비교하며 조바심을 내고 있다. 많은 경우 엄마와 비슷한데 엄마의 경험과 사람마다 다를 수 있다는 것을 몇 번이고 자세히 얘기해주어야 한다.

어떤 딸아이는 생리를 기다리는 마음이 하도 간절하여 느닷없이 학교에서 공부하다가 생리가 나올까봐 걱정을 한다. 자녀가 생리에 관심이 많으면 엄마와 함께 가게나 약국에 가서 미리 생리대를 사다놓는 것이 좋다. 사용법도 알려주고 미리 가방에 준비해두라고 하면 아주 좋아한다. 기다리며 준비하는 마음은 밝은 마음이며 좋은 것이다.
생리를 시작하게 되면 축하해주고 몸가짐 법도 알려준다. 찬 곳에는 앉지 말고 아랫배는 따뜻하게 하기 위해 더운 여름만 빼고는 순면으로 된 속옷을 하나 더 입도록 한다. 난자가 튼튼하게 잘 자라게 하려면 아침밥을 꼭 먹어야 하고 콜라 같은 음료수는 삼가도록 한다. 여성의 몸이 소중하다는 것을 말보다는 실제 생활에서 몸 관리를 통해 깨닫게 하는 것이 더욱 효과적이다. 물론 생리일지는 꼭 쓰도록 하는 것이 좋다.

③ 유방

유방에 대해서도 궁금증이 너무 많다. 생리가 시작되기 전 10세 전후부터 가슴에 멍울이 생긴다. 철없는 아이는 갑자기 여기가 아프다며 옷을 올리고 만져달라고도 하고 약을 발라달라고도 한다.

무심코 지내다가 누군가와 가슴을 부딪혔을 때 아픔을 느끼기도 한다. 냉과 함께 성호르몬의 분비가 시작되면서 나타나는 현상이다.

12~13세가 되면 아주 예민하게 생각하며 친구와 비교하면서 자세히 관찰하기도 하는데 친구는 큰데 나는 왜 작은지, 그래도 정상인지, 언제쯤 커지는지, 또 한편 자신은 가슴이 너무 커서 창피하다며 줄일 수는 없는지, 브래지어는 언제부터 해야 하는지, 좋은 브래지어 상표는 무엇인지, 조금 크게 보이려면 어떤 것을 골라야 하는지, 뽕을 넣기도 한다는데 몸에는 괜찮은지 고민도 가지가지다.

유방의 크기는 몸의 지방 때문이다. 13~15세 정도가 되면 여성 호르몬의 작용으로 지방이 많이 생겨 유방도 본격적으로 커지는데 그때쯤에는 대부분 여성의 가슴으로 자리잡힌다. 바로 그 직전에 고민이 많은데 이때는 2~3년 더 기다려 보면 예쁜 가슴을 가질 수 있다고 말해준다. 양쪽 가슴이 크기가 다르다고 걱정하는 아이도 있는데 그것 또한 지방의 발달이 조금씩 차이가 나기 때문이라고 말해주면서 누구나 조금씩은 양쪽 유방이 다르다고 설명해주면 좋겠다.

유방 또한 여성 몸에서 아주 소중한 곳이다. 여러 매체를 통해 지나치게 성적인 상징으로 강조되고 있지만 실제는 생명활동에 아주 필요한 곳이다.

앞으로는 모유 수유가 자리를 잡겠지만 아기에게 젖을 먹일 수 있는 소중한 곳으로 인식시켜야 한다. 여성 몸매의 상징도 되면서 성적인 즐거움을 주는 성감대도 되면서 아이에게 최고 좋은 양식과 즐거움을 주는 곳이기도 하니 이런 여러 가지 이유로 소중하다는 것을 잘 알려줘야 한다.
브래지어를 빨리 하고 싶어하는 딸에게는 빈정대지 말고 기쁘게 함께 가서 여러 가지 유형도 살펴보고 마음에 맞는 것을 고르도록 해서 착용해도 좋다. 앞으로 브래지어를 사용할 때 꼭 끼는 것은 몸에 좋지 않으니 넉넉하게 착용하라는 것도 함께 설명해준다. 영국에서 연구 조사한 바에 의하면 유방에 꽉 조이는 브래지어를 한 여성이 유방암 발생 비율이 현저히 높았다는 것이다. 심장 활동에도 무리를 준다고 한다.

11세 전후의 남자아이들도 일시적으로 가슴에 멍울이 생길 수 있다. 이것 또한 호르몬의 작용인데 조금 더 지나면 남성호르몬의 분비가 활발해지면서 더 커지지는 않는다. 계속 커지거나 지나치게 큰 경우에는 호르몬 검사를 받아보는 것도 좋겠다.

④ 몽정과 유정

아침에 일어나 속옷이 젖어 있는 것을 보고 놀란 13세 소년은 자세하게 글을 올렸다. 처음에는 오줌인 줄 알았는데 가만히 보니 조금 이상했단다. 많이 끈적거리고 뭉쳐 있으면서 이상한 냄새도 났는데 이게 혹시 몽정인가 뭔가 하는 것 아니냐고 물었다. 속옷을 빨래통에 집어넣기 뭐해서 그냥 가방에 넣고 학교에 갔단다.

사춘기 관련 책마다 몽정이 나오고 '몽정기' 영화까지 나오고 있지만 실제 당사자가 처음으로 몽정을 경험하면 당황되기도 하고 마음도 야릇해지며 속옷 뒤처리도 난망해지는 것이다. 막연히 이제 남성이 되는 건가 싶어 뿌듯한 마음에 친구들에게도 물어보며 비교도 한다. 자신이 조금 일찍 경험한 것이라면 더욱 흐뭇해 마치 성에 대해 모든 것을 경험한 것처럼 잘난 체를 하게 된다.

몽정은 성숙의 상징이기도 하지만 미성숙의 증거이기도 하다. 남자가 남성으로 변해간다는 성숙을 뜻하지만 아직 진정한 성인인 남성 몸으로 완성되지 않았다는 뜻도 되는 것이다.

남자의 고환은 사춘기 초기부터 커지기 시작해서 20세까지 성숙하여 완성된다. 정자는 고환 안에서 만들어지는데 정자를 만들어내는 세포가 따로 있다. 테스토스테론이라는 호르몬이 활성화되면 정자를 만드는 세포가 자라면서 정자로 변신하는데, 부고환에서 더 많이 성숙하여 정관을 통해 정관 끝 팽대부와 정낭에 퍼져 있게 된다.

남성이 정액을 쏟을 때 그 정액이란 대부분이 정낭과 전립선에서 만들어진 액체이고 거기에 정자가 섞여 있는 것이다. 전체 정액의 양 중에 정자는 아주 적은 양을 차지한다. 정자 수는 2~3억 마리가 되더라도 양적으로 따지면 아주 미미한 것이다.

진정으로 조절 가능한 남성 몸이 되려면 정자와 정액을 만들어내는 기능과 함께 정자와 정액을 흡수하는 기능도 동시에 완성되어야 한다.

정액은 전립선과 정낭에서 만들어진다고 했다. 전립선과 정낭은 정액의 생산만이 아니라 흡수 또한 책임진다. 많이 생성된 정액과 정자가 밖으로 배출되지 못하면 몸에 남아 있게 되는데 그때는 자동적으로 전립선과 정낭이 그것을 흡수해버리는 것이다. 그래서 원활한 순환을 이루는 것인데 사춘기 초기에는 이 전립선과 정낭의 기능이 미숙하기 때문에 정액의 생산은 발달하고 있는데 흡수 기능이 미처 발달하지 못하는 경우가 많다. 그러면 생성은 활발한데 흡수가 제대로 안 되어 정액이 몸에 고여있게 된다. 그런데 밤에 문제가 된다. 낮에는 흡수가 안 돼 고여 있는 정액이 포만감을 느끼게 해 밖으로 나오려는 현상이 있더라도 뇌의 중추 신경이 깨어 있으므로 사정에 관계된 중추신경을 조절할 수 있지만 밤이 되면 뇌의 신경이 쉰다. 그러면 사정에 관계된 중추신경을 조절할 힘이 약해진다. 그때 자다가 이불이나 옷으로 조그만 자극을 받기만 해도 고여있던 정액이 조절 기능이 약한 틈을 타서 밖으로 쏟아지는 것이다.

이것이 몽정이다. 자면서도 일종의 짜릿한 쾌감을 느낄 수 있고 성적인 상상도 함께 섞일 수 있다.

이렇게 정액의 생산 시스템과 흡수 시스템이 미성숙한 관계로 밤에 이루어지는 몽정뿐만 아니라 낮에도 아주 쉽게 사정을 한다. 그것이 유정인데 무거운 것을 들었을 때나 약간의 자극을 받았을 때, 몽정기 영화에 나오듯이 철봉에 매달려 있을 때에도 느닷없이 사정이 이루어지기도 한다. 시도때도 없이 참 푼수인 것이다. 그래서 남자도 이런 몽정과 유정이 자주 일어나는 사람이면 속옷을 한두 벌씩 가지고 다니는 것이 현명하다.

보통 몽정과 유정은 여성의 초경처럼 12~18세까지 폭넓은 나이 차로 경험하게 된다. 초등학교 4학년 때 한 사람도 있지만 재수할 때 처음 몽정을 경험했다는 사람도 있다. 다 괜찮은 것이다.

대부분의 경우 보통 키가 급속히 자라고 생식기 주변에 털이 난 후에 몽정을 시작하는 경향이 있다. 이때 자녀들에게 주지시켜야 할 것은 당당하고 기쁜 일이며 남성이 되어간다는 것과 함께 이제 시작일 뿐이고 20세가 되어야 완전히 성숙하는 것이니까 아직 성숙하지 않은 몸을 잘 아끼고 관리해야 한다고 일러줘야 한다.

⑤ 털

털에 대한 궁금증도 거의 폭발적이다.

사춘기 남자아이들에게는 처음으로 나타나는 현상이 바로 털이 나는 것일 게다. 여자들은 보통 유방이 발달하기 시작한 후에 나타나지만 남자아이의 경우 13~14세면 털이 나기 시작한다.

처음에는 생식기 주변에 나기 시작하는데 가늘고 곧은 털이 나오다가 차츰 구불거리게 된다. 계속 털이 나면서 생식기 주변 전체로 퍼지는데 나중에는 역삼각형 모양을 이룬다.

다 자라는 데에는 약 2년 정도 걸린다. 음모가 먼저 나고 그 다음으로 턱수염, 가슴, 겨드랑이, 다리에 털이 나는데 차츰 털이 굵어지고 꼿꼿해지며 색깔도 짙어진다.

여자도 가슴이나 겨드랑이, 턱이나 얼굴 윗입술 위에 나기도 한다. 같은 여자, 같은 남자 사이에서도 털이 나는 속도나 양이 다를 수 있다. 다 정상이다.

아무래도 처음 털이 날 때 예민해지기 마련이다. 남자애들이 함께 소변을 보다가 서로 비교하는데 털이 일찍 난 아이를 놀릴 수 있다.

이때 놀림을 당한다는 것 때문에 더 신경을 곤두세운다. 어떤 아이는 놀리는 게 싫어서 엄마 몰래 화장실에서 털을 깎다가 면도칼에 그 중요한 부위를 베기도 하고 아빠가 털이 많아 자기도 털이 많다면서 아빠를 원망하는 아이도 있고 그렇다. 다리에 털이 많이 나서 창피하다고 여름에 아무리 더워도 반바지를 안 입는 아이도 있다. 그냥 저냥 달래면서 2~3년을 보내다 보면 괜찮아진다. 처음에만 그렇지 2~3년이 지나 자리가 잡히면 자신들도 털 고민만 하고있을 수는 없는 모양이다. 털 얘기 대신 이성 친구와 사귀든지 진로 문제에 고민하든지 또 하나의 변화를 맞이하게 되는 것이다.

다음은 부모들이 반드시 알아야 할 것을 정리한 것이다.

1. 미리 알려준다

초경이나 몽정에 대해 미리 알고 준비한 자녀와 준비없이 경험하는 자녀는 성을 대하는 자세와 느낌에서 큰 차이가 있다. 미리 설명을 듣고 기다리며 준비한 자녀가 훨씬 성에 대해 긍정적인 태도를 갖고 자신의 몸에 대해서도 자랑스럽고 떳떳하게 대하게 된다.

생리대와 브래지어를 미리 사두었을 때 자녀는 어떤 마음이겠는가? 이리저리 해보기도 하면서 자신의 몸의 변화를 느낄 것이고 준비하고 기다리는 만큼 변화하는 몸이 자랑스러울 것이다.

몽정에 대해서도 그 의미를 미리 말해주며 속옷에 대해서도 숨기지 말고 당당하게 내놓으라고 일러두면 아이는 기다리는 마음이 되어 막상 경험했을 때 뛰어와 자랑할지도 모른다.

생리와 몽정을 하게 되었을 때 요란하지는 않지만 집에서 진심으로 축하하는 파티라도 열어주자. 일종의 간략한 성인식이라고 할 수 있겠다. 이때 부모가 우리 선조 어르신들처럼 자(字)를 지어주어 높임말을 하는 계기로 삼아도 좋을 것이다. 하나의 유행처럼 피자 가게에서의 파티나 음식점에서의 파티는 바람직하지 않은 것 같다. 성인이 되려는 신호탄을 즐겁고 진지하게 축하하면서 앞으로 소중한 몸을 잘 관리하기를 당부하는 정도의 자리면 족한 것이다.

2. 차이에 대해 알려준다

제일 고민이 많은 문제가 생리든 털이든 친구와 비교하며 빠르고 늦음을 탓하는 것이다. 우리 부모가 볼 때는 하찮은 문제일 수 있지만 자신들에게는 아주 심각할 수 있다는 것을 알아야 한다. 같은 말이라도 괜찮다고 친절하게 반복해서 얘기해줘야 한다. 심각하게 고민하는 경우에는 주변의 친척들과 사촌 형제를 만날 때 물어보아 확인도 시켜줄 필요가 있다.

더욱 확실한 방법은 10년 후면 거의 똑같아진다는 것을 강조하는 것이다. 사춘기가 10년이라는 것의 의미는 성장 속도가 다 다르다는 것을 포함하고 있는 것이다. 10년이 지나도 뭔가 남과 다를 때 그때 고민할 문제이지 그 과정에서는 전혀 고민할 문제가 아니라는 것을 얘기해주면 상당히 위안을 받는다.

빠르고 늦는 것도 하나의 개성이라는 얘기도 곁들여 해주면 좋겠다. 친구가 놀린다고 해도 기죽을 것이 하나도 없고 놀리는 아이가 바보라는 것이다. 사람이란 원래 다르게 생겼고 속도도 다른 것인데 그것도 모르고 놀려대니 말이다.

친구와 비교하는 것은 당연한 것인데 그 비교로 속상해하는 것은 어리석은 짓이라는 것을 잘 일러주자.

3. 예의를 갖추게 한다

부모와 자연스럽게 하던 목욕도 몸의 변화가 일어나면 딸은 엄마와 아들은 아빠와 하게 하는 것이 좋다. 그 이유는 아빠와 딸이, 혹은 엄마와 아들이 여전히 자연스럽게 목욕하는 분위기라고 하더라도 예의를 알려주기 위해서다. 몸이 변하기 시작하면 어른이 될 준비를 시작하는 것인데 몸만 준비를 하는 것이 아니라 마음도 자세도 어른이 될 준비를 해야 하는 것이다. 장차 생명을 잉태하고 사랑의 마음도 움트며 즐거움에 대해서도 호기심을 갖는 나이가 되었기에 그 자체를 존중하며 아껴주는 의미라고 할 수 있겠다.

이름도 자를 지어주어 높임말을 하는 상황인데 더불어 여러 가지 면에서 조화를 이루어야 하는 것이다.

이에 따라 자신의 몸도 관리할 줄 알아야 하며 남자는 여자를, 여자는 남자를 서로 존중해줘야 한다는 것도 가르쳐줘야 한다.

학교에서나 학원에서 생리나 몽정을 하는 상대 이성에 대해 놀리거나 함부로 대하는 것이 아니라 그들의 몸의 변화를 존중해주고 축하해줘야 하는 것이다. 흔히들 짓궂은 남자애들이 생리대를 꺼내 놀리거나 브래지어 끈을 잡아 다니거나 장난이 심해지는데 그런 짓은 멋진 남자로서 절대 할 일이 아니라는 것을 강조해줘야 한다. 이런 얘기는 아빠가 아들에게 해주는 것이 훨씬 효과적이다.

이와 함께 옷을 입는 법, 자리에 앉을 때 속옷이 안 보이게 앉는 법도 잘 가르쳐줘야 한다. 어떤 학원에 강의를 하러 갔을 때 남자 선생님이 나에게 간곡히 부탁하는 것이 있었다. 제발 부모님들에게 자녀들 옷 입는 것과 앉는 자세에 대해 말 좀 해달라는 거였다.

특히 여름이면 아이들을 가르치면서 어디에 눈을 둘지 모르겠다고 했다. 자세도 팔을 괴고 반쯤 몸을 숙인 상태인데 옷을 너무 함부로 입어 속이 다 보이고 앉을 때 다리를 벌려 속옷이 다 보인다고 했다. 학부모들에게도 말을 한 적이 있었는데 엄마들이 그 말을 듣고 오히려 씩 웃으며 "선생님이 너무 예민하신가 봐" 하더란다. 나만 해도 청소년 교육을 하면서 많이 목격한 사항이다. 자세와 옷매무새에 대한 교육이 절실하다. 각종 매체에서 노출 장면이 많이 나올수록 더욱 필요한 교육이라 하겠다.

4. 20세까지는 성숙한 것이 아니라는 것을 알려준다

사춘기 초기에 일어나는 몸의 급격한 변화만 생각하고 이제 성인이 되어 간다는 것만 강조하기 쉽다. 그러나 그건 시작일 뿐이다. 만 19세가 되어야 생식기관이 다 성숙된다.

성숙을 논하는 데 눈에 안 보이는 생식기관을 생각하기보다는 눈에 보이는 키와 체중, 몸매를 위주로 다 컸다는 생각을 하기 쉬운 것이다.

최근 우리 홈페이지 교육 난에도 동영상으로 올려 알리고 있지만 포경 수술은 함부로 하지 말아야 한다. 그 이유는 여기서 상세하게 다 밝힐 수는 없는데(우리 홈페이지나 '우멍거지 이야기'라는 책을 참조하시라) 제일 중요한 이유는 아직 남자의 음경이 다 자라지 않았기 때문이다.
포경이란 음경의 귀두와 음경의 포피, 즉 껍데기가 분리되지 않고 붙어 있는 경우를 말하는데 이럴 경우 그 붙은 곳을 분리시켜 주는 수술을 한다. 그것이 포경수술이다. 그런데 100명 중 1명 꼴로 나타나는 포경을 알려면 만 19세가 넘어야 확인할 수 있는 것이다. 20세 전에는 완전히 분리가 안 되어 붙어 있는 경우가 많다는 것이다. 20세가 되도록 그냥 두면 대부분 저절로 분리가 되는 것인데 우리는 그 전에 억지로 붙어 있는 것을 분리시켜 껍데기를 잘라내고 있는 것이다.
아무튼 여러 가지 이유로 종합해 볼 때 포경수술은 안 하는 것이 좋다는 결론이다. 포경인 사람도 20세가 넘어 확인한 후 해야 하고 최근에는 수술이 아닌 약과 마사지로도 수술 효과를 낼 수 있다.

여기서는 수술을 논할 것이 아니라 생식기 성숙을 논해야 하기 때문에 수술 얘기는 접기로 하고 생식기관으로 돌아가자.

음경이라는 생식기 하나만 보더라도 만 19세가 돼야 껍데기와 귀두가 완전히 분리되는 것이라는 점이 중요한 것이다. 고환과 부고환, 전립선과 정낭은 말할 것도 없고 당장 섹스 행위를 할 수 있다고 생각하는 음경조차 만 19세가 되어야 성숙한다는 것이다. 그런 성숙 이후에야 원만한 성관계가 가능한 것이다.

자위행위도 마찬가지다. 윤리적인 문제야 접어두고서라도 몸의 성숙 정도로 본다면 무리한 자위행위는 생식기 건강을 해치는 일이다.

성장과 성숙이 덜 된 상태이므로 너무 잦은 자위행위는 고환도 열을 받아 정자 생산에 지장을 주고 신장의 사구체에도 무리를 주며 뇌에도 지장을 준다. 성장 호르몬의 분비에도 영향을 주어 키가 자라는 데에도 지장을 준다는 것이 한의학을 하시는 분들의 의견이다. 적극 동감하는 바이다. 왜냐하면 수천 건의 상담 속에서 확인되기 때문이다.

최근 들어 잦은 자위행위로 인해 키가 크지 않았다는 남학생들의 상담이 줄을 잇고 조루나 발기 부전처럼 성기능에 지장을 초래하고 집중력이 떨어지며 머리가 멍하다는 청소년도 너무 많이 늘었다. 미성숙한 생식기를 너무 혹사시켰던 것이다.

여자들도 마찬가지다. 몸매가 어른처럼 되고 호기심도 많아 이른 나이에 섹스를 했는데 그 후유증이 아주 크다. 자궁이 아직 다 자라지 않았는데 너무 일찍 섹스를 하는 바람에 자궁에 경련이 일어 한 달이 넘게 아랫배가 아파 고통을 겪는 여학생이 많았다.

생리 불순은 너무 많고 생리통에 질염. 심한 냉 대하증까지 부작용은 광범위하다. 만 19세가 되어야 자궁은 성숙한다. 자궁 안의 내막이 마지막으로 완성되는데 만 19세 전에 섹스나 충격을 주면 자궁 내막이 울퉁불퉁해진다. 매끄럽게 4cm 정도의 두께로 내막이 자리잡아야 하는데 그렇게 되려면 만 19세까지는 무리한 충격을 주어서는 안 된다. 섹스가 바로 무리한 충격일 수 있다. 그래서 10대에 섹스를 많이 한 사람에게만 걸리는 자궁암도 생겼다. 유리세포암이라고 아주 치명적인 암이다.

최근에는 20대 여성들이 난소에 혹이 많고 자궁에도 혹이 많이 생긴다. 유방암도 많아지고 있다. 뭔가 완전히 성숙되기 전에 섹스 등 성적 활동이 많이 이루어진 경향과 관계가 있지 않나 싶다.

여자고 남자고 사춘기 10년간은 생식기관이 다 자라지 않은 것이다. 몸이 겉으로 다 자랐다고 어른이 다 된 것처럼 행동하면 안 된다.

몸 안 깊숙하게 있는 생식기관까지 다 무르익어야 제대로 된 성생활을 할 수 있고 몸의 부작용도 적어진다. 부모부터 이 사실을 잘 알아야 한다. 윤리적인 문제도 중요하지만 그것보다 자녀들에게 장기적으로 즐거운 성생활을 하기 위해서는 사춘기 10년 동안은 몸을 잘 아끼고 관리해야 한다는 것을 주지시킬 필요가 있는 것이다.

우리는 이제 수명이 길어져 80 평생을 즐기며 살아야 한다. 나머지 60년의 건강한 성생활을 위해서는 그 무엇보다 사춘기 10년의 몸관리가 중요한 것이다. 사춘기 초기의 몸의 변화 때부터 이 점을 잘 알려주어 자녀들 스스로가 자기 몸을 잘 관리할 수 있도록 일깨워줘야 하는 것이다.

5. 밝은 마음으로 몸을 사랑하게 한다

미국의 산부인과 의사이며 심신의학자로서 〈여성의 몸 여성의 지혜〉라는 책을 쓴 크리스티안 노스럽(Christian Northrup) 박사는 말한다. 그녀는 몸을 돌보지 않은 채 너무나 정열적으로 의료 일을 하다가 유방암이 걸려 유방을 절제하기도 했는데 이 계기를 통해 여성 몸에 대해 새롭게 눈을 떠 앞날이 보장되는 종합병원에서 일하는 것을 접고 '심신 의학적'인 차원에서 치유를 중심으로 하는 여성건강관리센터를 창설하기도 했다.

자신의 뼈저린 경험과 수십 년간의 무수한 사례를 통해 그녀가 우리에게 던지는 귀중한 메시지는 몸의 소리를 듣고 스스로 자신의 몸을 사랑하라는 것이다. 지난날 우리 사회 문화는 여성의 몸을 남성 기준에 맞춰 그들의 요구에 맞게 관리하며 길들여왔다고 지적했다.

그로 인해 여성은 자신의 몸조차 불만을 갖게 되고 여성의 생식기관은 진정으로 자신의 것이 되지 못했다고 했다. 당연히 여성 관련 질병이 많아질 수밖에 없었다는 것이다.

여성의 외부 생식기는 더럽고 수치스러운 곳이라는 편견이 여성의 질병을 만들어냈다고 주장하면서 여성의 생식기는 이런 심리적인 요소와 아주 관련이 깊은 곳이라고 했다. 자궁은 또 하나의 심장으로 여성 건강의 기반이고 난소는 생명 에너지가 샘솟는 창의력의 기반이라고 하면서 이곳이 건강하면 여성 건강의 대부분이 해결된다고 했다. 이곳의 건강은 무엇보다도 여성 자신이 밝은 마음으로 지극하게 자신의 생식기를 사랑할 때 이루어진다고 했다.

한편 외음부나 질. 자궁경부. 요로의 문제들은 불안과 두려움, 스트레스나 폭행 같은 상황에 처했을 때는 너무나 쉽게 망가지는데 그 이유는 여성 몸에 존재하는 면역 세포 중에 80%가 이곳에 분포되어 있기 때문이라는 것이다. 질과 요로, 자궁 경부, 방광 점막 표면에 존재하고 있는 이들 면역 세포는 코티졸과 같은 스트레스성 호르몬으로부터 많은 영향을 받는다는 것이다.

그러니 사춘기 초기에 몸의 변화를 맞는 자녀가 자신의 몸을 어떻게 느끼고 대해야 하는지, 그 마음과 태도는 평생동안 여성으로서 자신의 몸 건강에 엄청난 영향을 미치게 되는 것이다.

주위에서 뭐라고 하든, 뚱뚱하든 말든, 성추행이나 성폭행을 당했든 말든 무조건 자신의 몸을 자랑스럽게 느끼고 사랑해야 하는 것이다.

남성에게 섹스어필하도록 상품화된 몸매에 신경 쓸 필요가 없다. 그들이 나의 몸을 책임지지 않는다. 건강을 위해서 다이어트를 하는 것은 좋지만 그 다이어트의 목적이 상품화된 기준에 맞추려고, 많은 남성들로 하여금 자신의 몸을 돋보이게 하기 위해 하는 것이라면 바람직하지 못하다. 이미 자신의 몸에 불만을 가지고 출발하는 것이기 때문이다. 자신의 몸을 사랑하기는커녕 학대하기 십상이다.

중학교 때 나는 생리불순을 고치려고 호르몬 약을 너무 먹어서 그랬는지는 몰라도 몸이 붓고 뚱뚱했다. 특히 아랫배가 많이 나와 열등의식을 가질 정도였다. 작고 통통하신 엄마에게 엄마를 닮아 이렇게 됐다면서 징징대며 탓을 많이 하곤 했다.

엄마는 그 말이 마음에 걸렸는지 어느 날 미제 장사에게 어렵게 구했다며 미국제 콜셋을 내게 사주셨다. 똥배가 들어간다고 했단다. 나는 그 똥배를 없애려고 밤이나 낮이나 입고 있었다. 조금 빡빡했는데 밤낮으로 입고 살다 보니 오히려 이상한 몸매를 만들어놓았다. 밋밋하게 흘러야 할 허리를 두 동강을 만들어놓았다. 고무줄이 너무 조여 살을 갈라놓았던 것이다.

너무나 속상해 거의 울상이 되어 앉아 있는데 그런 나를 보고 아버지가 밝게 웃으시며 한마디 하셨다. "성애야! 누가 너보고 뚱뚱하다고 그래? 아버지가 보기에는 영 아닌데. 그 사람들이 뭘 몰라도 한참 몰라. 너는 완전히 동양 표준형이야. 아주 아담하면서도 복스럽게 생긴 동양 표준형이라니까. 아버지가 보기에는 예쁘기만 해. 어떤 여자도 너만큼 예쁘지는 않아" 하셨다.

나는 그 말에 무슨 동양 표준형이냐고 투정을 부리기는 했지만 너무나도 이상하게 마음이 밝아졌다. 울상이 된 얼굴 표정에 웃음이 겹치는 이상 야릇한 표정이었을 것이다.

그 후로 나는 콜셋도 집어던지고 똥배에 신경을 쓰지 않게 되었다. 학교에서 친구들이 뚱뚱하다고 놀리면 이때다 싶어 웃음바다를 만들어 놓았다. "얘. 웃기지 마. 얘. 나는 이래봐도 동양 표준형이다. 얘. 우리 아버지가 그랬어" 한다. 아이들은 그 '동양 표준형'이라는 말에 배꼽을 잡는다. 그렇게 웃기는 과정에서 내 몸은 아주 괜찮은 몸이고 남에게 웃음도 주는 귀여운 몸매라는 생각도 들게 되었다. 내가 당당해지니 주변의 친구들도 놀리지 않게 되었다. 놀리는 게 다 뭔가. 어떤 친구는 아예 나를 부를 때 "동양 표준형!" 하고 부를 정도였다. 그러면 나는 달려나가면서 "어이! 왜? 동양 표준형에게 뭐 볼 일 있어?" 한다. 웃음꽃이 피어난다. 그런 것이 학교 생활을 즐겁게 만들었으리라.

아버지의 유머러스한 그 한마디가 나의 몸에 대한 관점을 그렇게 바꿔놓을 줄 몰랐다. 사춘기는 그런 것이다. 말 한 마디에 인생을 걸 정도로 예민한 것이다.

부모부터 "뚱보" "뚱땡이"로 부르면 그 아이는 더욱 더 자신의 몸에 불만을 가질 것이다. 너무 비만해 살을 빼게 하더라도 자신의 몸을 사랑하기에 살을 뺄 수 있게 해야 한다. 특히 생리나 유방의 변화를 겪는 자녀에게는 생식기 자체가 너무나 소중한 것이라는 것을 느끼도록 해줘야 한다. 노스럽 박사는 최고의 건강을 지키는 법으로 자신의 생식기와 마음의 대화를 하라고 제안한다. "자궁아, 생리하느라고 수고 많았지? 이제 조금 쉬려므나." "유방아, 너 요즘도 계속 작업하고 있겠지? 수고 많다." 밝은 마음으로 몸을 사랑하게 해주자.

아들들에게도 몸 사랑에 대한 교육은 아주 중요하다. 한창 호기심의 나이이고 눈에 보이는 것들이 주로 쾌락과 관계된 것들이 많아 자신의 생식기에 대해서도 즐기는데, 중요한 상징으로 생각하기 쉽다. 그 이전에 생명과 관계된 아주 중요한 곳이라는 것을 알려줘야 한다. 튼튼한 정자를 만들어낼 수 있게 고환과 부고환의 중요성도 알려줘야 하고 전립선과 정낭, 음경의 귀두, 포피까지 소중한 것이라는 점을 인식시켜줘야 한다. 밝은 마음으로 자기 몸을 대하고 위생 관리도 잘 하도록 해야 한다.

이와 함께 특히 여성 몸에 대해 잘 알려줘야 한다. 남자의 몸과 달리 면역 세포의 분포도 생식기나 비뇨기에 몰려 있고 그래서 마음의 상처가 몸의 후유증으로 남는다는 것도 알려줘야 한다.

순간의 욕망으로 여성을 대해서도 안 되고 심한 장난이나 놀림으로 마음의 상처를 줘서도 안 된다는 것을 아빠가 잘 일러주면 좋겠다.

2. 감정의 변화

우리 부모들이 사춘기 자녀에 대해 모르는 것 중에 하나가 바로 감정의 변화다. 어떤 때는 자녀가 부모 말을 잘 알아듣고 인정하는 것 같다가도 한 순간 돌변하여 잔소리 좀 그만 하라며 짜증을 내기도 한다. 그러더니 한 시간도 안 돼 아까 짜증을 내서 미안하다며 용서를 빈다. 도무지 종잡을 수가 없다. 자녀가 밖으로만 뛰쳐나간다며 너무 속상해 하던 부모가 몇 개월이 지나자 스스로 공부 좀 하겠다며 집에 있다고 이제 철이 조금 난 것 같다고 안심을 한다. 그 말이 떨어지기가 무섭게 다시 자녀는 밖으로 나다니기 시작한다. 이랬다 저랬다 어디에 기준을 맞춰 판단을 해야 할지 도무지 대책이 서지를 않는다.

어떤 아이는 안정과 불안정한 상태가 그 진폭이 그렇게 크지 않으나 어떤 아이는 아주 양극단을 오고갈 정도로 진폭이 큰 경우도 있다. 정도 차이지 사춘기 자녀들은 이런 굴곡을 다 겪으면서 어른이 되어간다.

게젤 인간발달 연구소라는 곳에서 수천 명의 청소년들을 대상으로 그 성장

과정을 면밀하게 관찰하고 인터뷰해 본 결과 일정한 패턴을 발견했다고 한다.

단순한 아이에서 복잡한 어른으로 성장하는 데에 그 성장은 어떤 한 직선으로 곧장 뻗어 가는 게 아니라는 것이다.

주기적으로 안정 상태와 불안정 상태를 반복하고, 외향성과 내향성을 반복하면서 지그재그 모양의 나선형을 이룬다는 것이다.

예를 들면 초등학교 4, 5학년인 11세 전후에는 '더 이상 착할 수 없다' 할 정도로 안정되고 잘 적응하다가도 1년이 지난 12세(초등 5, 6학년) 전후에는 갑자기 부모님 말씀에 일일이 대꾸하고 따지고 드는 '떨어져 나가는' 행동을 보인다. 그러다가 1년이 지난 13세(초등 6, 중1) 전후가 되면 다시 안정을 찾고 적응하면서 이것저것 새로운 것을 시도해보는 '자기 확장'을 하고 14세(중1, 2) 전후에는 자기 내면 세계에 빠져들어 소극적이고 사색적인 행동을 하다가, 15세(중2, 3)에는 왕성한 외부 탐색을 하더니 16세(중3, 고1)에는 다시 내성적으로 변하고 고2 정도 되면 중심이 잡힌 평형 상태를 이룬다고 한다.

우리 아들이 고2가 되어 지난날의 이야기를 들려준 것이 우연한 일은 아닌 것이다. 어느 정도 중심이 잡혀 평형 상태를 이루었기 때문에 가능한 것이었다. 그동안 서로 얘기가 되는 것도 아니고 안 되는 것도 아닌 상태가 무엇을 말하는지 이 연구 결과를 보니 이해가 되었다.

조금 차분해진 것 같아 안심을 하다보면 어느새 또 친구와 나돌아다니며 말썽을 부리고 더 심해지면 어떡하나 걱정을 하고 있을라치면 또 마음을 잡은 것처럼 조금 차분해지고 그랬다. 사춘기 자녀가 원래 그런 것을 나도 모르고 있었던 것이다. 우리 부모들이 이런 안정과 불안정 상태의 주기적 변화만 알고 있다 해도 얼마나 많이 도움이 되겠는가? 그들 자신도 왜 그러는지 모르는 것이다.

부모가 먼저 알고 여유 있게 그 과정을 지켜보면서 한편으로 스스로 힘들어하는 자녀에게도 이런 패턴을 알려준다면 자녀에게도 큰 도움이 될 것이다. 결국 고2 정도가 돼야 조금 철이 든다고 할 수 있는 것이다.

안정과 불안정 상태의 주기적인 변화는 이렇게 1년 정도의 주기로 나타나지만 순간 순간의 감정 변화도 그 기복이 심하게 나타난다고 한다. 청소년들의 감정 변화를 주의 깊게 살펴본 시카고 대학의 칙스미하이 박사에 따르면 거의 10분 간격으로 좋고 나쁜 감정의 기복을 나타낸다고 한다. 10분 전에 하늘을 찌를 듯이 고조되었던 감정이 선생님의 말 한마디, 부모님의 가벼운 꾸지람 정도로도 땅이 꺼져라 우울해지는가 하면, 또 다시 좋아하는 친구의 말 한마디에 웃어버리고, 변화무쌍 그 자체다. 그래프로 그려보면 파장이 아주 짧으면서 높낮이 기복이 심한 그런 모습인 것이다.

MBC 방송에서 진행하는 '느낌표!' 라는 프로그램이 있다. 가출 청소년과 부모를 만나 서로 다리를 놓아주면서 집에 돌아가도록 돕는 그런 코너가 있는데 어느 날 우연히 보게 되었다. 15세 정도의 가출 소년이 추운 겨울에 친구와 공원 벤치에서 잠을 자고 있었다. 왜 집을 나왔냐고 하니까 아빠가 자신을 인정해주지 않고 말끝마다 "공부도 잘 안 하는 놈"을 붙이면서 무시한다고 했다. 그래도 참고 살았는데 어느날 동생이 잘못한 일이 있어서 말다툼이 벌어졌는데 아빠는 그 사정을 알지도 못하면서 무조건 자신에게만 야단을 쳤다고 한다. 그 바람에 집을 나왔는데 아빠는 자신을 아주 미워하기 때문에 방송사에서 연락을 해도 자신을 찾으러 오지 않을 것으로 확신한다고 했다.

아버지는 한 걸음에 달려왔는데도 말이다. 그런 아버지를 보고 그 소년은 눈물을 흘렸다.

전체적으로 보아 그 소년이 지나치게 생각한 것이었고 가출을 하기에는 아주 사소한 이유로 보였다. 하지만 15세 나이의 불안정 상태와 순간의 나쁜 감정이 합쳐지면 얼마든지 그렇게 될 수 있는 것이다.

평소에 얌전했던 아이가 죽을 만큼의 큰 이유가 없는데도 친구와 함께 아파트 옥상에 올라가 자살을 한 경우도 이런 순간적인 최악의 감정 상태를 극복하지 못해서다. 시간이 흘러 철이 때까지 이런 감정 변화의 기복을 이해하며 배려해줘야 하는 것이다. 심하게 짜증을 낼 때는 가만히 기다려주면서 웃기거나 좋은 말을 해주면 쉽게 회복하기도 한다. 이런 감정 기복을 전혀 모른 채 부모의 가정 불화나 일방적인 잔소리와 압력이 계속된다면 우울증에 빠지거나 일탈로 이어질 수도 있는 것이다.

안정과 불안정 상태의 주기적 변화와 순간적인 감정의 변화를 잘 이해하도록 하자.

3. 시대의 변화

우리 부모가 사춘기 시절일 때도 부모와의 갈등은 있어왔다. 사춘기 자녀의 특성은 다 비슷했기 때문이다. 그러나 21세기를 맞은 지금의 사춘기 자녀들은 보편적인 사춘기 갈등과 함께 시대적인 갈등까지 합쳐 이중의 갈등을 겪어야 하는 운명에 놓여있다. 시대적인 과도기와 사춘기의 과도기를 한 몸에 겪어야 하는 것이다. 산업사회에서 지식정보사회로 접어들면서 삶의 개념과 방식이 근본적으로 변화했는데 산업사회에서 길들여진 부모들은 지식정보사회에서의 자녀들을 이해하는데에 많은 어려움을 겪고 있다. 자녀들 또한 다른 시대보다 더 큰 갈등을 겪고 있는 셈이다. 구시대와 신세대가 정면으로 부딪힐 때 학교와 가정은 그 구조가 흔들릴 정도로 심한 진통을 겪을 것이다.

시대의 흐름이란 도도한 물결로서 거스를 수 없는 것일진대 부모가 시대를 예견하고 이해하는 것이 현명한 일일 것이다.

자기 자녀가 새 시대가 요구하는 성공의 요소를 가졌는지도 모르고 구시대의 기준으로 자녀를 강요한다면 이보다 더 큰 불행은 없을 것이다.

그런 의미에서 부모들은 시대가 요구하는 성공적 인재형이 어떤 것인지 잘 알아 새로운 기준과 안목을 가져야 할 것이다.

최성애 교수가 소개하는 지식기반사회가 요구하는 성공적 인재형은 다음과 같다.

1. 개성이 재산이다

새 시대에 모방은 자살이며 특성이 있어야 경쟁력이 있다. 다양성이 힘인 시대에 자녀의 특성을 발굴하고 후원해주어야 한다. 개성을 중요시하는 신세대들은 부모가 자신을 남들과 비교하는 것을 제일 싫어한다.

2. 자신감이 있어야 산다

자신감은 실력과 긍정적인 마음에서 생기며 남을 의식하거나 남의 비판에 흔들리지 않는 마음이기도 하다. 자신감은 무례함과 다르며 자녀의 스타일에 따라 자신감을 길러줘야 한다.

3. 3D를 기피하고 3A를 선호한다

신세대는 더럽고(dirty), 힘들고(difficult), 위험한(dangerous) 일을 기피한다. 창의력이 나오지 않는 기계적인 반복 작업보다는 직감적으로 느끼는 일을 더 원한다. 언제(Anytime), 어디서나(Anywhere), 누구와도 (Anyone) 만나서 일할 수 있는 능력을 선호한다.

4. 일을 놀이처럼, 놀이를 일처럼 한다

새 시대에는 자기 일을 만들어 하는 사람이 즐겁게 일할 때 성공도 함께 따라온다. 일과 휴식이 균형을 이루기 때문이다.

5. 단순형을 선호한다

지식과 정보가 넘쳐나는 사회이므로 두뇌와 감각기관이 혹사당할 수 있는데 그럴수록 단순함을 추구한다. 창의력은 여유에서 나오는데 그 여유는 단순함에서 비롯된다.

6. 알쏭달쏭함을 즐긴다

산업시대는 흑백논리였지만 새 시대는 불확실성의 시대, 정답이 없는 퍼지(fuzzy)의 시대다. 남자면서 여자 같은 상반된 요소가 함께 공존하는 모호하고 알쏭달쏭한 것이 매력인 시대인 것이다. 알쏭달쏭함 속에서 창의력이 나오는 것이다.

7. 수평의 네트워크를 형성한다

산업사회에서는 수직적인 관계였지만 인터넷 시대에는 수평적인 인간관계를 원한다. 서로 칭찬하면서 같이 성장하는 인간관계를 형성할 수 있을 때 성공할 수 있다. 너도 살고 나도 살자는 삶의 방식인 것이다.

산업사회에서 성공한 아버지들은 더 못 참아한다. 자신의 삶의 방식과 너무나 다른 아들을 보면서 몇 달만이라도 해병대에 보내 정신상태를 확 뜯어고쳐 놓고 싶다고 한다. 그런 아버지를 둔 아들은 압력과 갈등을 이기지 못해 더욱 무기력해져 모든 것이 귀찮다고 한다. 일명 '귀찮이즘'에 빠진 것이다. 구 시대의 부모들이여! 새 시대의 성공 기준으로 자녀를 다시 바라보기 바란다. 위의 7가지 사항 중에 한두 가지는 새롭게 발견될 것이다.

많이 발견될수록 성공할 가능성이 높은 것이다. 우리 부모가 바뀌어야 하는 것이다.

공부와 성

의심의 눈초리로 간섭하기보다는 크게,
크게 일침을 가하는 게 좋겠다

사춘기 자녀가 이성에 눈을 뜨고 사귀며 고민하는 시기를 맞았다는 것을 부모들은 다 알고 있다. 성호르몬이 활성화되는 시기라 성에 대한 관심이 많다는 것도 다 알고 있다. 그러나 가장 염려하는 것은 성적이 떨어져 진로 문제에 어려움을 겪을까봐 노심초사하고 있는 것이다. 가볍게 경험하면서 자녀 스스로 공부에 매진해주면 좋겠는데 그것이 잘 될지 고민인 것이다.

자녀 스스로도 더 큰 고민은 학업과 진로의 문제다. 설문조사를 해보면 고민 1위가 진로문제로 나온다. 공부를 잘 하면 하는 대로 스트레스가 많고 못하면 색다른 진로를 찾느라 고민이 많다. 그 와중에 성은 호기심으로, 스트레스 풀이로, 위안과 에너지로 작용한다. 제일 큰 고민인 학업과 진로 문제가 제대로 풀리면 따라서 성문제도 원만해지고, 앞날이 불투명한 속에 혼란과 갈등이 심하다면 성문제도 엉뚱하게 풀리는 경향이 있다.

성과 진로 문제는 따로 떼어놓을 수 없는 긴밀한 상관관계에 놓인 문제라고 할 수 있겠다.

부모와 자녀 모두에게 제일 중요한 공부, 모든 갈등의 핵심이 되는 공부. 그 문제를 잘 풀기 위해서는 자녀마다 공부하는 스타일이 다르다는 것을 알아야 한다. 나름대로 학습 유형이 있는데 그것을 알아야 자녀마다 중·장기 계획도 세울 수 있고 갈등의 폭도 줄일 수 있는 것이다.

명쾌하게 정리한 최성애 교수의 학습 유형을 소개한다.

우선 도표를 그려본다.

학습 능력을 y축으로 하고 노력을 x축으로 하여 xy도표를 그려보면 크게 4가지 유형이 나온다. 일명 호프(HOPE) 유형으로 부르는데 그 유형별 특성은 다음과 같다.

H형(High achiever, 성취형) ; 능력과 노력을 겸비한 학생

O형(Outsider, 체제거부형) ; 능력은 뛰어나지만 노력은 하지 않는 학생

P형(Pleaser, 착실형) ; 노력은 많이 하지만 성적이 안 오르는 학생

E형(Easy-going, 내맘대로형) ; 능력과 노력을 둘 다 갖추지 않은 학생

대부분의 학생은 x축과 y축이 교차하는 지점 주변에 놓여 있을 것이다. 통계적으로 보아 공부 능력도 보통, 노력도 보통 정도라는 뜻이다. 대략 12~15세까지는 가정 분위기와 선생님 등 여러 요인에 따라 유동성을 보이지만 고등학교 상급반부터는 자기 유형의 스타일에서 크게 달라지지 않는다고 한다.

자녀의 학습 유형에 따라 부모가 세워야 할 전략은 다음과 같다.

1. H(성취)형

대개 모범생이고 수재형이라 학습 능력도 좋고 스스로 공부를 하려고 하는 마음도 높으며 공부하는 습관도 배어 있다. 긍정적인 생활 태도까지 겸비한다면 부모가 걱정할 일이 별로 없을 정도고 단기적인 것은 물론, 장기적 성공도 성취할 확률이 제일 높다고 하겠다. 계속 도전할 있는 계기를 만들어주고 믿고 따를 수 있는 스승을 찾아주면 더 큰 성장을

이룬다.

염려할 점으로는 어려서부터 주위의 칭찬을 받다보니 이기적이거나 독선적일 수 있다. 포용성이 부족해 융통성이 없거나 고지식하다는 소리를 들을 수 있으며 남의 비판을 견디지 못해 권위주의자가 될 수 있다. 그러므로 다양한 활동을 통해 원만한 인간 관계를 맺는 연습을 시켜줄 필요가 있다.

이런 자녀가 제일 힘들어할 때는 실수로 좋은 성적을 내지 못했거나 많은 노력을 했는데도 시험에 떨어졌을 경우다

자존심에 크게 상처를 받아 회복하지 못하는 경우까지 있기도 한데 부모는 실수를 극복할 수 있는 긍정적인 자세와 마음의 배려를 아끼지 말아야 하며 부모는 최고, 최상, 일류, 일등을 강조하기보다 균형 잡힌 성장을 하도록 보살펴야 한다.

간혹 성에 대해서도 스트레스를 풀기 위해 학습을 위한 보조품으로 대하는 경우도 종종 보았다. 여성을 존중하는 것이 아니라 스트레스를 풀기 위한 섹스의 대상으로 대하는 경우다. 공부가 다가 아니라 다른 사람과의 관계, 여성에 대한 존중을 항상 일깨워줘야 할 것 같다.

2. O(체제거부)형

한마디로 아웃사이더이다. 규율을 아주 싫어하고 비슷한 문제를 반복해서 푸는 것을 아주 지겨워한다. 정답을 풀기보다 문제가 잘못된 것을 발견할 때 더 희열을 느낀다. 아이큐가 높기 때문에 언제든 마음만 먹으면 잘 할 수 있다는 자만심이 있고 노력형 모범생을 우습게 보기도 한다. 보스 기질과 리더십이 강해서 적도 많고 친구도 많다. 선생님들한테는 대체로 미움을 사는 편이다.

시험제도를 유치하게 보는 편이지만 자기가 하고 싶은 것을 하기 위해

대학을 가겠다고 반쯤 현실과 타협하기도 한다. 그러나 대개는 조금 노력해보다가 성적이 눈에 띄게 오르지 않으면 공부가 아닌 다른 일에 몰두한다. 이런 자녀에게 부모가 일류 대학을 고집하면 엉뚱한 도피처를 찾거나 더 거세게 반발하기 쉽다.

이런 자녀에게 가장 도움이 되는 것은 부모가 자기 편이라는 믿음을 심어주는 것이다. 꾸지람도 칭찬도 잘 통하지 않기 때문에 더 차원 높은 메시지를 던져줘야 한다.

'체제를 거부하라' 대신에 '체제를 초월하라'는 메시지가 주효하다. 그리고 "너는 크게 될 인물이다. 나는 너를 믿는다"라는 말이 큰 도움을 줄 수 있다. 실제 큰 인물이 될 수 있다는 믿음이 있어야 한다. 시대의 격변 속에서 벤처나 개인 사업 등에서 두각을 드러낸 인물 중에는 이런 유형이 제일 많았다.

그리고 가장 역점을 두어야 할 것은 자녀가 긍정적인 마음을 갖도록 힘쓰는 것이다. 능력만 믿고 노력을 안 하면 불평불만으로 한세상을 살아갈 수 있기 때문이다. 차라리 중학교 시절 작고 큰 시련을 겪어보는 것도 도움이 된다. 노력 없이 살면 안 되겠다는 생각이 들도록 일찍 계기를 만들어주는 것도 좋은 방법이다. 단기적으로 성적을 올려 대학에 가게 하는 것보다는 장기적으로 큰 흐름을 읽으면서 성공할 수 있는 전략을 세우는 것이 보다 효과적인 유형이라 하겠다.

성과 관련해서도 부모에게 문제는 안 일으키게 뒤처리를 하면서도 자신은 놀아볼 만큼 다 놀아보는 스타일일 수 있다. 의심의 눈초리로 간섭하기보다는 크게, 크게 일침을 가하는 게 좋겠다. 사귀는 건 좋은 데 임신 같은 문제가 생기면 일찍 시집, 장가를 보내겠다고 한다든지 상처를 주는 행동은 파렴치한의 행동이지 멋있는 건 아니라고 하면서 시대를 뛰어넘는 제안을 해줄 필요가 있다.

3. P(착실)형

한마디로 이 유형의 자녀는 따뜻하고 섬세한 마음의 소유자다. 인간 관계에 조화와 균형을 이룰 수 있는 21세기에 소중한 사람이다. 자기 혼자 잘 되려는 마음보다 어려운 사람을 보살펴주고 배려하는 봉사 정신이 강하다. 하기 싫은 공부도 부모님께 실망을 주지 않으려는 마음에서 하는 경우도 많다.

착하고 온순하며 학교와 학원에도 꼬박꼬박 잘 가고 숙제도 빠짐없이 하기는 하는데 좀처럼 성적이 중위권에서 더 올라가지 않는다고 한탄할 필요가 없다. 이런 유형의 자녀는 당장에 뛰어난 성취를 하기보다는 꾸준한 노력으로 조금씩 발전하기 때문에 나이가 들수록 관록이 쌓이는 대기만성형이기 때문이다. 복지 관련, 기획 관련, 전문직에 이런 유형의 사람들이 많다.

이들은 주역을 맡기보다 조연, 보조자, 파트너 역할을 아주 훌륭히 해낸다. 앞으로는 많은 일들이 팀워크로 이루어지기 때문에 이런 유형은 어떤 분야에서든 환영을 받는다.

부모는 자녀가 장점을 더 잘 살릴 수 있도록 여행이나 봉사 활동 등 다양한 인간 접촉을 할 수 있게 도와주면서 너무 착하기 때문에 받을 수 있는 작고 큰 상처를 극복할 수 있도록 격려를 아끼지 말아야 한다. 자신감을 잃지 않고 방향 설정만 잘하면 앞으로 직업에서나 인생에서 양쪽 다 성공할 수 있는 바탕이 된다. 따뜻하게 격려해주면 부모와는 친구처럼 가장 가깝게 지낼 수 있는 자녀가 된다. 항상 칭찬을 아끼지 않으며 노력하는 자세를 높이 평가해주어야 한다.

성문제에서도 부모가 솔직하게 알려주면 잘 따르면서 자신을 돌볼 수 있다. 성에 대해 작은 의문점이라도 언제나 묻게 하고 주변의 사례를 같이 평가하면서 주의할 것을 일러준다면 무리한 행동을 하지 않을 것이다.

4. 티(내맘대로)형

이런 유형의 자녀는 학교 공부에는 전혀 관심이 없거나 소질을 보인 적도 없고 뭘 잘해보려는 의지도 없을 뿐더러 하지 말라는 것에는 조숙하게 끌리는 경향이 있다.

미국의 저명한 소아과 의사 브레이즐톤 박사는 50년의 임상 경험 속에서 발견한 게 있는데 그것은 한 집에 유독 한 자녀가 부모 중 특정인(대개는 엄마)과 매사가 어긋난 악순환 고리 속에서 지내는 예가 많다는 것이다. 이런 악순환 관계는 빠르면 갓난아기 때부터 조짐이 보이기 시작해서 안타깝게도 죽을 때까지 관계 개선이 안 되는 경우도 있고 어릴 때 그러다가 서서히 관계가 나아지기도 한다고 한다.

정확한 원인은 밝히지 못했지만 정신분석학에서 보자면 부모 자신이 극복하지 못한 부정적인 면을 자녀에게서 발견할 경우 극도의 혐오감을 가질 수 있다고 한다.

어쨌든 이런 자녀의 부모는 처음에는 원인을 찾아보려고도 하고 나름대로 노력도 하지만 시간이 지날수록 희망의 끈을 놓아버린다. 심지어는 자녀로부터 받는 실망과 스트레스를 엉뚱한 곳에서 풀어버리려고 한다. 이혼, 가출, 외도, 술, 도박, 쇼핑, 식도락 등에 몰입해서 부모 자신이 오히려 문제 부모가 되기도 할만큼 큰 고통이 되기도 한다.

그러나 이런 자녀에게도 큰 희망이 있다. 개성이 자원인 시대로 접어든 만큼 학교에서 가르쳐주지 않는 수많은 생존 능력을 스스로 개발하거나 앞으로 키워갈 여지가 많은 것이다. 세계적으로 유명한 비틀즈가 그랬고 제임스 딘, 엘비스 프레슬리를 비롯해 우리 나라에서도 연예인. 예술인, 개그맨, 댄서, 요리사, 운동선수로 활약하는 사람들 중에도 이런 유형이 많다. 이들의 예능적인 '끼'와 잠재력, 엉뚱한 직관, 유머 감각, 태사태평한 느긋함 등을 긍정적으로 쏟아 부을 수 있는 길을 터 주게 되면 이들은 우리 사회에 많은 기여를 할 수 있다.

그런데 이렇게 유명하게 된 사람들에게는 공통된 것이 있었다. 그것은 어릴 때 남이 뭐라 하든 말든 어머니나 아버지 두 분 중에서 적어도 어느 한 분이 무조건 믿고 격려해주었다는 것이다. 오로지 공부만을 유일한 잣대로 삼아 인간을 평가하는 사회에서 부모님만이 희망을 버리지 않고 믿어주었기에 가능했던 것이다. 시대를 믿고 자녀를 믿는 마음에서 자녀의 능력을 발견해야만 한다.

이런 유형의 자녀에게서 가장 큰 어려움은 인생 목표가 뚜렷하지 않다는 점과 성취동기가 적다는 것이다. 해보았자 될 게 없다고 자포자기하기도 하고 자기 존중감이 없어서 야단을 맞아도 자존심이 상하기보다는 '그래, 난 원래 그런 인간이다. 어쩔래?' 하고 무감각해져 버린다. 부모가 웬만큼 인내심과 너그러움이 없는 한 도와주기가 어렵긴 하다. 그래도 힘을 내어 목표를 세우며 노력해 보자. 처음부터 너무 원대한 목표를 세워주면 자기가 해낼 수 있을 거라고 믿지도 않거니와 지레 질려버린다.

지금 하고 있는 일, 관심 있는 놀이 등에서 힌트를 얻어 아주 조금씩 발전하는 기쁨을 느낄 수 있게 꾸준히 이끌어주어야 한다.

또 어쩌다 공부를 하려고 해도 전화, 텔레비전, 소음 등 외부 자극에 쉽게 집중이 흐트러지기 때문에 안정된 학습 환경을 조성해줘야 하고 학습의 도움을 받고 싶어하면 학원보다는 이해심 많은 개인 교사가 도움이 될 것이다.

성적이 조금씩이라도 올라 대학에 가면 다행이지만 아무리 해도 학업과 멀어지고 있다면 공부 대신 특기와 적성을 적극적으로 찾아주어야 한다. 그래야 더 나쁜 탈선과 비행, 자해나 우울증을 막을 수 있다. 패션이나 미용, 연기나 글쓰기. 운동이나 컴퓨터 등 조금이라도 관심을 갖는 것이 있다면 그것이 희망이고 빛이다. 그것을 최대로 잘 할 수 있게 장기적인 희망을 주면서 지지해줘야 하는 것이다. 부모 스스로 시대적인 희망을 확고히 가지고 변함없는 믿음과 격려를 보내주어야 한다.

HOPE는 희망이다

성장기에 있는 자녀는 유동적이라서 얼마든지 변화 가능하고, 이런 단순화된 도식에 맞지 않을 수도 있다. 여러 유형이 복합적으로 겹친 자녀도 있을 것이지만 사람마다 다 다르다는 전제하에 자녀의 유형을 고려해보는 계기로 삼으면 한다.

예전에는 H형 성취형만이 성공하고 출세하며 안정된 수입으로 기득권을 누릴 수 있었기 때문에 부모들은 자녀의 특성을 무시하고서라도 모두 H형에 맞추려고 노력해야만 했다. 그러나 벤처와 인터넷이 지배하는 사회에서는 이런 성공 모델이 달라져버렸다. 대세는 이미 새 시대를 향해 흐르고 있다. 일부 특수층만 기득권을 독점하던 수직위계형 사회에서 나름대로 노력하면 다 잘살 수 있는 다원형으로 바뀌고 있다. 이제는 자기만의 특성을 살려야 성공할 수 있는 것이다. 4가지 유형 모두 다원형 사회에서 필요로 하는 소중한 유형들이다. 그래서 모두에게 희망이 있는 것이다.

긍정적이고 포용성 있는 성취형은 그야말로 나라의 인재가 될 수 있으며 체제부정형은 변화하는 시대에 새로운 리더로 부상할 수 있으며 착실형은 투명하고 건전한 시민사회의 주력군이 될 수 있으며 내맘대로형은 개성 중의 개성으로 돋보이는 끼와 웃음의 주역이 될 수 있는 것이다. 자신감을 잃지 않고 잠재력이 발휘만 된다면 모두가 소중한 보물들인 것이다.

이런 시대적인 이해와 희망 속에서 자녀의 학업 문제를 지혜롭게 풀어갈 때 사춘기 자녀의 성문제도 올바로 풀려갈 것이다.

호기심 천국에서

음란물은 아무리 사실적으로 만들었다고 해도 그 본질은 상품이며 연기다

성호르몬이 쏟아지는 사춘기 시절에 성적인 호기심은 엄청날 수밖에 없다
소녀들이라고 예외일 수 없고 이제 인터넷을 통해 스스로 찾지 않아도 자신의
메일로 성인 사이트 광고가 무작위로 날아들고 있는 형편이다. 지난날에는 호
기심이 발동해도 음란물을 구하기가 그리 쉽지 않았고 학교나 가정에서 보려
고 해도 공간적인 제약도 많았다. 기습적인 단속으로 현황 파악도 할 수 있었
다. 그러나 지금은 매체의 발달로 감시와 단속의 범위를 넘어버렸다. 성별의
차이도 없어졌다. 중독에 빠져드는 자녀도 늘고 있다. 무제한적인 음란물 홍
수 속에서 과연 부모들은 어떤 자세와 방법으로 자녀들을 다스려야 할지 난감
하기만 하다. 무슨 뾰족한 수가 없겠는가?

먼저 호기심과 본능의 차이를 명확히 알아야 한다.
호기심은 그야말로 의문과 궁금증이다.

몸에서 끌어 오르는 자연적인 욕망이 없어도 단순한 궁금증으로도 성을 알
고 싶어할 수 있다. 전혀 관심이 없다가도 주변에서 주워듣는 얘기로도 정말
그런지 의문이 생겨 성에 대해 알고 싶어한다. 우연한 계기에 자극적인 장면
을 보았을 때 정말 그 느낌이 어떤지 궁금해질 수 있다. 그래서 경험자에게 듣
고 싶고 물어보고 싶어진다. 책을 찾아보기도 하고 음란물을 반복해 보면서

람색하기도 한다. 상황이 되면 직접 경험해보고 싶어지기도 한다. 경험해보고 싶은 충동에 깊이 빠지다 보면 어린 동생이나 누나 등 주변 사람에게 접근해 보는 시나리오도 그려보다가 틈이 생기면 실험해 보려고도 한다. 이런 궁금증과 의문점이 기초가 되어 뭔가 더 알려고 노력하며 경험해 보려고 시도하는 일체의 것을 호기심이라 할 수 있을 것이다.

본능은 호기심과는 다른 것이다. 본능이란 자연스런 몸의 욕구다. 성적인 관심과 자극이 없더라도 자연스레 몸에서 성적인 에너지가 흐름을 타고 솟아 올라오는 것을 말한다. 이런 본능은 성호르몬이 충만할 뿐만 아니라 생식기관도 어느 정도 성숙하여 성적인 활동을 활발하게 벌일 수 있는 시기가 되어야 나타나는 것이다.

나이로 따져본다면 만 19세가 넘어 25세 전후가 되어야 본능을 느낀다고 말할 수 있겠다. 생식기가 다 성숙되지 않은 만 19세 전에는 성적인 호기심의 시기라고 말하는 것이 옳은 표현일 것이다. 성적인 호기심은 그 어느 때보다도 크지만 몸에서 자연스레 올라오는 본능은 아닌 것이다. 사춘기란 호기심과 자극에 대한 반응이 격렬하게 일어나는 시기인 것이다.

호기심과 본능이 다르다는 것. 사춘기 10년 간은 본능이 아니라 호기심의 시기라는 것에서 해결의 실마리가 찾아진다. 호기심을 본능으로 생각해 '원래 한창 때니까' 라고 하며 넘겨버리면 시기에 맞는 올바른 도움을 줄 수가 없다. 호기심을 호기심으로 대해야 하는 것이다. 결론적으로 말하면 호기심의 시기에는 호기심을 정론으로 실컷 풀어줘야 한다는 것이다. 호기심은 의문점과 궁금한 것을 알고 싶어하는 것인데 알고 싶은 것을 제대로 마음껏 알려줘야 한다는 것이다. 성을 경험한 사람들이 솔직하게 직접적이거나 간접적인 경험담을 말해주지 않을 때 그 호기심은 다른 곳을 향해 달려갈 수밖에 없을 것이다.

음란물이나 친구들의 즉흥적이고 무책임한 정보로 호기심을 채우게 되는 것이다. 정론이 아니기에 왜곡된 관점이 자리잡는 것이다.

아들이 중학교 2학년 때였을 것이다. 내가 글을 쓰려고 컴퓨터를 켜보니 이상한 제목의 글들이 버젓이 저장되어 있었다. 무엇인가 열어보니 일명 '야설'로 통하는 음란 소설들이었다. 읽어보니 기가 막혔다. 완전히 남자들의 일방적인 성적 공상을 소설화한 내용이었다. 여성의 심리나 반응이 현실과 다르게 자기 멋대로 왜곡돼 있었고 소설 속의 주인공 남자들은 또 자기 멋대로 주관적인 영웅이 되어 있었다.

아들이 이런 것을 벌써 보았다니 그 충격도 컸지만 그 소설의 내용이 너무나 황당해 아들이 그 내용을 어떻게 받아들였는지 그 점이 더 궁금했다.

잠자고 있는 아들이 이상하게 보였다. 순진하기만 한 아들인 줄 알았는데 너무나 노골적이고 외설적인 글을 읽었다는 것 자체가 이미 아들이 타락한 것만 같았다. 어떻게 할까 무척 고민했다. 고민 끝에 단순한 호기심으로 받아들이기로 했다. 그리고 호기심의 결과가 거짓으로 채워지기보다는 정식으로 제대로 알게 해줘야겠다는 생각이 들었다.

다음날 나는 마음을 가라앉히고 조용하게 아들을 불렀다. 자연스레 그간의 경위를 말하고 아들의 호기심을 인정한다고 했다. 혹시 잘못 알게 될까봐 제대로 알려주고 싶다며 대표적으로 잘못 되어 있는 글 세 개를 골라 같이 읽어내려갔다.

노골적인 성적인 묘사 부분을 읽을 때는 웃음도 나고 한심하기도 했지만 그런 대로 진지하게 읽어 내려가며 성의껏 어떤 부분이 잘못되었는지 말해주었다. 그러니까 잘못된 글에 밑줄을 치고 고쳐주는 식이었다. 아들도 어색해하지 않고 덤덤하게 내 말을 잘 듣고 있었다. 친구에게서 씨디를 빌려다 복사해놓은 것이라고 했는데 다 보았으면 지우는 게 어떻겠냐고 했더니 쾌히 그렇게 하겠다고 했다. 나는 주제가 다른 10가지 정도만 지우지 말고 남겨두라고 했다. 음란 소설 자료로 내가 참고하겠다고 했다. 아들은 친절하게 교육용 자료로 쓰라며 프린트까지 해주었다. 나는 고맙다고 했다.

이것으로 우리는 아무렇지도 않게 음란물을 정면 돌파했다. 그 후에 나는 아들이 무엇을 보든지 상관하지 않았고 아들도 특별히 음란물에 연연해하는 모습은 없어 보였다.

나의 사춘기 시절을 되돌아보았다. 나의 호기심은 어떻게 풀어졌는가? 엄마의 정공법이 큰 효력을 본 것 같다. 나 또한 다양한 친구들을 사귀면서 성에 대해 주워들은 이야기가 많았고 교회 생활을 하다 보니 별별 사연을 다 접하게 되었다. 궁금한 것이 너무 많았었는데 엄마에게 자유롭게 물었던 것 같다. 그러면 엄마는 저녁밥도 미룬 채 이런저런 얘기를 해주셨다. 그 이야기란 살아 있는 주변 사례였다. 엄마의 성생활 이야기를 비롯해 친척들의 성생활, 이웃집 이야기 등이었다.

이모는 이모부와의 잠자리가 귀찮기만 했다고 했다. 엄마 말씀이 그 이유는 결국 가난 때문이라고 했는데 이모부가 일찍 사정을 하는 조루 증세가 있었던 모양이다. 홀 시아버지가 있는 곳에 시집을 온 이모는 목수로 일하는 이모부를 만나 다섯 명의 자녀를 두었는데 가난했기 때문에 한 방에서, 한 이불 속에서 잠을 자야 했다. 노인들은 새벽에 일찍 깨시고 큰 아이들은 밤에 늦게 잠드는 데 이런 상황 속에서 적당한 시간까지 참고 기다려야 했던 이모부는 조절 능력을 잃었던 것 같다고 했다.

나는 그 얘기를 들은 다음부터 이모가 우리 집에 오시면 안타까운 마음이 들어 커피라도 정성껏 타서 드렸다.

옆집에 살던 어떤 아저씨는 부인이 임신 중에 바람을 피웠는데 매독이라는 성병에 걸려 임신된 태아에게 전염을 시키게 되었다. 아들이 태어났는데 겉으로는 이상이 없어 보였는데 안의 내장기관이 이상이 있어 5년을 넘지기 못해 죽을 거라고 했단다. 가끔씩 그 아들이 우리 집에 놀러와 재롱을 피웠는데 유난히 아이를 좋아했던 나는 그 아이를 끔찍이도 귀여워하며 뽀뽀를 퍼부었다. 그 아이 엄마는 재롱피우는 아들을 보며 눈물을 흘렸다. 얼마나 가슴이 아팠겠는가? 귀하게 얻은 예쁜 아들이 얼마 안 있으면 죽을 거라니 기가 막혔을 것이다. 나는 이런 기막힌 사연을 엄마에게 듣고 함부로 바람 피는 것이 얼마나 위험한 일인지 중학생 때 알게 되었다.

교회에 다니던 아는 언니가 있었는데 어느 날 그 언니가 영화를 보여주겠다고 해서 몰래 따라간 적이 있었다. 예쁘게 생긴 20살이 넘은 언니였는데 영화를 보면서 너무나 흐느껴 울었다. '미워도 다시 한번' 같은 슬픈 멜로 영화였는데 버림 받은 여자가 아이와 헤어지는 장면에서 목을 놓아 울었다. 그러면서 그 언니는 중학교 3학년인 나에게 물었다. "너는 아이를 낳은 여자가 피치 못할 사정으로 아이를 버릴 수밖에 없었다면 그것에 대해 어떻게 생각하니?" 했다. 나는 완강한 태도로 "절대 그러면 안 되지. 아이는 절대로 버릴 수 없어" 했다. 언니는 완전히 힘이 빠진 목소리로 "살다 보면 그럴 수밖에 없는 상황도 있단다" 했다. 그러고 나서 얼마 후 그 언니는 종적을 감추었다.

나중에 알고 보니 어떤 질이 안 좋은 남자에게 유혹을 당한 후 아기를 낳고 버림받은 과거가 있었다는 것을 알게 되었다. 속도 모르고 그렇게 매정한 얘기를 한 것이 너무나 후회되었다. 지금이라도 그 언니를 찾아 용서를 빌고 싶다.

이런저런 생활 속의 얘기들이 나의 사춘기를 꽉 채웠다. 살아 있는 진실한 얘기들이 나의 성교육 교재였던 것이다. 이것은 성의 정론이라 할 수 있다. 우리 엄마는 나를 이런 정론으로 성교육을 하셨던 것이다. 나는 친구들이 들려주는 황당하고 왜곡된 얘기들을 진실과 분별할 수 있었다. 더 이상 야한 얘기들에 흔들리지 않게 되었다.

호기심은 정론으로 풀어야 한다. 부모들이 살아 있는 생생한 주변 사례들을 많이 들려줘야 한다. 그것이 길잡이가 될 것이다.

진실은 힘이 있는 것이다. 음란물의 성을 시시하게 만들고 벗어나게 해준다. 음란물은 아무리 사실적으로 만들었다고 해도 그 본질은 상품이며 연기다. 한마디로 거짓인 것이다. 인간은 성기의 접촉만으로 만족을 이룰 수 없다. 그렇게 저차원적인 존재가 아닌 것이다. 사랑이라는 감정이 있어야 하고 아기를 낳을 건지 피할 건지 그 대안도 마련되어야 걱정 없이 즐길 수 있는 고차원적인 존재인 것이다. 생활 속에서 살아있는 인간 관계로서 맺어지는 성이 진실한 성이다. 잘못 행동하면 상처도 받고 성병도 걸리며 가난하면 부부관계도 원활하지 못한 것이다. 그런 생활을 빼버린 음란물이 어떻게 진실일 수 있는가? 거짓은 진실 앞에 무릎을 꿇을 수밖에 없는 것이다.

　호기심이 많은 사춘기 자녀에게 살아 있는 생활 속의 성얘기를 많이 들려준다면 음란물은 스스로 그 빛을 잃을 것이라고 확신한다.

기꺼이 대답해주기

{ 아기는 어떻게 생겨요? }

"정자와 난자가 만나서 아기가 생기는 것은 다 안다고 했지요?
궁금한 것은 그 정자와 난자가 어떻게 만나는가 하는 문제지요?
즉 엄마 아빠가 성관계를 해야 되는 것인데 '성관계' 라고 하면 여러분은 어떤 생각이
떠오르나요?
야한 생각? 더러운 생각? 어때요?

물을 때 잘해

가장 효율적이고 살아있는 성교육은 자녀들이 질문을 하고
그에 대해 부모가 반갑게 대답해주는 것 그 이상은 없다.

'있을 때 잘해' 라는 노래가 있다.

사람은 부모든 부부든 있을 때 잘해야 하고, 성교육은 물을 때 잘해야 한다.

어떤 엄마가 버스 안에서 곤욕을 치르고 있었다. 다섯 살 짜리 아들이 버스 창문을 내다보면서 눈에 보이는 것마다 저것이 뭐냐고 묻고 있었다. 버스 안에 있던 사람들은 겉으로는 무심한 척했지만 사실은 귀를 쫑긋 세워 그 모자간의 질의응답을 듣고 있었다. 눈을 반쯤 감고 있던 사람도 가끔씩 아이가 손가락질하는 곳을 같이 내다보곤 했다. 끝도 없이 이어지는 질문에 엄마가 민망했는지 이제 그만 하라고 은근히 아이 몸을 꼬집었나보다. 아이는 아프다고 하면서 이제는 엄마에게 왜 꼬집었냐고 질문을 바꿨다. 엄마는 급기야 조용히 하라며 소리를 질렀고 버스 안의 사람들은 모두들 빙긋이 웃고 있었다.

아이들은 왜 그렇게도 많은 질문을 끊임없이 퍼붓는 것일까?

아이들은 새로운 사물과 현상을 대할 때마다 그것이 무엇을 의미하고, 따라서 어떻게 행동해야 되는지 끊임없이 평가하며 배우고 있다. 자신의 미래를 스스로 이끌어가려면 머리와 몸의 신경회로들이 긴밀하게 연결되어야 하는데 그래야 종합적인 판단력이 생기는 것이다. 5세 전후부터 신경회로들의 연결

이 활발해지기 시작하는데 부분적이고 단편적인 사실에 대해 그 의미를 보다 명확히 알려고 하고 또 한편 그것들을 서로 연결시키려고 애를 쓰게 된다. 그 연결 과정에서 무수한 질문이 필요하게 되는 것이다. 질문을 통해 여러 사물에 대해서 배우고, 생각하는 방법, 새로운 관계를 만드는 방법도 배우게 되는 것이다. 성에 대해서도 마찬가지다.

다섯 살 전후부터 성에 대해 질문이 쏟아지기 시작해서 사춘기 초기까지 그 궁금증은 식을 줄 모른다. 나는 처음에 초등학교 5, 6학년들이 왜 그런 질문을 하는지 참으로 의아했었다. 부모와 선생님이 없는 상황에서 기탄 없이 질문을 하고 싶다고 하여 그런 자리를 만들었다.

비밀을 보장할 것을 약속하고 마음껏 물어보라고 했더니 너무나 엉뚱한 질문들이 쏟아져나왔다. 정관수술을 하면 수술한 데가 풀려서 다시 임신을 할 수 있다고 하는데 사실인지, 복강경 수술을 하면 배가 당기고 아프다는데 왜 그러는지, 자궁외 임신이 무엇인지, 쌍둥이 임신은 유전인지, 자궁에 혹이 생기는 것은 왜 그런지, 그게 암으로 변하는지 등등이었다. 나름대로 대답을 해주었지만 왜 이런 질문을 하게 되었는지 너무나 궁금했다.

알고 보니 그 질문들은 그 당시 자신의 부모님이 친척과 이웃들과 함께 나누는 얘기들이었다. 첫 아이가 13세 전후일 때 영구 피임수술을 하게 되고 그 부작용과 생식기 질환과 같은 얘기들을 할 때다.

성에 대해 모든 것이 다 궁금한데 물어볼 수는 없고 부모 주위를 빙빙 돌며 안 듣는 척하면서 주의 깊게 들어두었던 얘기들이었다. 그 나이에 부끄러웠는지 공부나 하라며 야단맞을 것을 지레짐작했는지 부모에게는 묻지도 못하고 비밀을 보장한 나에게나 조심스레 묻고 있었던 것이다.

묻는 때만큼 절호의 찬스는 없다.
가장 효율적이고 살아 있는 성교육은 자녀들이 질문을 하고 그에 대해 부모가 반갑게 대답해주는 것 그 이상은 없다.

어릴 때부터 이런 좋은 기회들이 있었는데 우리 부모는 그 기회를 다 놓치고 몸이 자라 문제가 생길 것 같으면 걱정 반 부탁 반으로 일방적인 교육을 하려고 한다. 중·고등학교에서도 성교육을 한다고 방송을 하면 아이들 반응은 그저 그렇다. 어떤 학생은 다 알고 있는 것을 또 지겹게 하려고 한다면서 짜증을 내는데 실은 자신이 무엇을 많이 알고 있다는 것보다는 선생님이 무엇을 말할지를 뻔하게 알고있다는 뜻이라 할 수 있다. 이미 절호의 찬스를 잃어버린 어른들이 받아야 하는 대접인 것이다.

세계적으로 다 같은 결과가 나왔다. 부모가 자녀에게 들려주는 성얘기는 자녀에게 성에 대해 긍정적으로 생각하게 만든다는 것이다. 우리 나라도 부모와 성에 대해 대화를 나누는 청소년은 5%도 안 되었는데 놀라운 것은 그 5%의 청소년은 거의 100%가 성에 대해 아름답거나 소중한 것으로, 즉 긍정적인 것으로 받아들이고 있었다. 친구가 들려주는 성얘기는 장난스럽고 왜곡되어 오히려 부정적인 영향을 미치는 데에 반해 부모의 얘기는 생활 한가운데에서 이루어지기 때문에 자녀들에게 성의 중심을 세워주며 실제로 살아 있는 정보 속에서 성을 건강하게 만들어준다는 것이다. 걱정 없이 마음놓고 얘기를 해줘도 되는 것이다.

어차피 궁금한 것이 있으면 어디선가 그 정보를 구할 것인데 친구들이나 음란물에 그 자리를 내어주기보다 우리 부모가 먼저 반듯하고 건강한 성정보를 들려줘야 할 것이다.

기다렸다는 듯이 반기면서 솔직하게

엄마는 당신 자신의 성생활 얘기부터 이모 세 분의 성생활 얘기까지
내가 궁금해하는 것에 대해 풍부한 사례를 들어
솔직하게 다 말해주셨다

중학교 2학년 때의 일이었다. 친구 중에 성에 일찍 눈을 뜬 아이가 있었는데 아주 친했다. 그 친구네 집에 놀러 가면 분위기가 이상했다. 아버지가 바람을 피워 하루가 멀다하고 외박을 했는데 친구 엄마는 이런 사실을 숨기지도 않고 내가 있는데도 푸념을 하곤 했다. 친구는 나를 자기 방에 데려와서는 별별 얘기를 다 해주었다.

아버지 얘기, 언니가 남자 친구 사귀는 얘기는 물론 친구 자신의 경험담까지 아주 자세하게 들려주었는데 엄청난 얘기들이 많았다.

친구는 성을 아주 재미있고 즐거운 것으로 생각하고 있었다. 자신의 경험담을 얘기할 때면 입에 침이 고이는지 급하게 침을 삼켜가며 신나게 깔깔대며 얘기를 했는데 나는 그 경험의 내용도 놀라웠지만 성이 얼마나 재미있는 것이길래 저렇게 즐거워하는지 그것이 더 궁금하고 의아했었다.

친구는 너무나 놀라운 얘기를 들려주었다. 중학교 1학년 겨울방학 때 어느 대학생 오빠와 사귀어 그때 성관계도 맺었는데 그 이후 몇 달이 지나서는 미군하고 놀고 있었다. 친구는 몸도 조숙해서 사복을 입으면 정말 아가씨처럼 보이기도 했다. 금요일 밤부터 일요일까지 미군에게 선택을 당해 미군 집에 가서 놀곤 했는데 벌써 그런 일이 서너 번이나 있었던 것이다. 미군의 이름이 여

러 명이 나열됐는데 그 중에서 어떤 한 사람이 제일 마음에 든다고 했다. 내가 왜 그러냐고 물었더니 그 사람과 제일 재미있게 놀았기 때문이라고 했다. 어떻게 놀았길래 그토록 재미있었냐고 했더니 아주 상세하게, 둘이 나누었던 성행위 방법에 대해 말해주었다. 그 중에서 정말 궁금했던 것은 서서 성행위를 했다는 것이다. 경험도 없는 나는 도무지 이해가 가지 않았다. 어떻게 그런 자세로 행위가 가능할까? 그리고 그 자세가 어떻게 계속 유지될까? 그 느낌은 어떨까? 등등. 나는 친구에게 꼬치꼬치 캐물었던 것 같다. 친구는 나의 지나친 탐구심이 분위기를 망쳐서 그랬는지 그만 물으라면서 화를 냈다.

친구 집에서 우리 집까지는 걸어서 한 20분 거리였다. 집에 오면서 나는 풀리지 않은 그 성행위 자세에 대해서만 골몰해 있었다. 집에 당도하자 엄마가 어디를 갔다왔냐고 물으셨다. 나는 친구 이름을 대며 만나고 오는 길이라고 했다. 엄마는 친구의 안부를 물으셨다. 나는 있는 그대로 친구가 미군하고 놀고 있다고 말했다. 엄마는 마치 자신의 딸이 그 지경에 빠진 것처럼 낙심을 하며 그 나이에 벌써 그러니 이 일을 어떡하면 좋으냐고 한탄을 하셨다.

나는 그 말에는 별 관심이 없었다. 오로지 남아 있던 궁금증을 풀어야만 했다. 이어서 내가 엄마에게 물었다.

"엄마, 그런데 말이야. 글쎄 친구가 미군하고 서서 했다네? 그거 어떻게 하는 거야?" 했다. 자. 그 다음 대목에서 어떤 일이 벌어졌겠는가? 기대하시라. 개봉박두.

우리 엄마는 화도 안 내셨고 친구가 저질이라며 관계를 끊으라는 말도 안 하셨다. 1초도 안 걸려 우리 엄마가 대답하신 말씀은 "어머, 나는 한 번도 안 해봤다. 얘"였다. 이제는 내가 기절할 차례였다. "아니? 한 번도 안 해봤다고? 결혼해 산 지가 몇 년인데 어떻게 한 번도 안 해볼 수가 있어? 도대체 아버지

고는 어떻게 하길래 그래?" 우리 엄마의 순진함은 극에 달했다. 또 1초도
걸려 대답하시는 말씀이 "나? 그냥 누워서. 밑에 깔려서 하는데?"였다.

그날 엄마와 나는 서너 시간이 넘게 얘기를 했던 것 같다. 엄마는 당신 자신
의 성생활 얘기부터 이모 세 분의 성생활 얘기까지 내가 궁금해하는 것에 대해
풍부한 사례를 들어 솔직하게 다 말해주셨다. 엄마는 내 친구만큼 다양하고
재미있는 즐거움은 못 느끼시는 것 같았다. 엄마는 아버지와의 성관계를 사랑
을 나누는 행위라고 하셨다. 아버지를 사랑하니까 성행위를 하는 것이라고
당당히 말씀하실 때의 그 표정과 분위기는 친구와 아주 달랐다.

아버지를 얼마나 사랑하고 존경하는지, 그리고 아버지는 엄마를
얼마나 아끼고 위하는지 그 절절한 마음들이 진하게 전해져왔다.

그런 마음에서 나누는 엄마와 아버지의 잠자리 풍경은 상상만 해도 참 아름
다워 보였다. 친구와 감히 비교할 수도 없는 것이었다. 친구에게는 사랑이 없
었다. 성접촉을 통한 짜릿한 감각에 대한 얘기뿐이었다. 궁금한 건 많았지만
아름답거나 부럽다는 느낌은 없었다. 그런데 엄마와 아버지의 모습은 부러울
정도로 아름다웠다.

나는 엄마와의 대화를 통해 성개념이 넓어졌던 것 같다. 막연하게나마 친구
로부터 쾌락에 대해 배웠다면 엄마로부터는 사랑에 대해 배운 것이다. 당연히
나는 더 완벽한 것을 추구하게 되었다. 엄마처럼 사랑하면서 친구처럼 즐겁
게! 앞으로 나는 결혼해서 그런 성생활을 누리고 싶다는 이상형을 갖게 되었
다. 나는 더 이상 사랑이 빠진 친구의 경험담에 연연하지 않게 되었고 성 개념
의 중심을 세울 수 있었다.

지금 음란물을 봤거나 친구들과 성에 대한 얘기를 나눈 자녀들도 비슷할 것

이다. 궁금한 게 얼마나 많겠는가? 경험자인 부모에게 정작 들어야 할 얘기들이 빠져있을 것이다.

이제 와서 새삼 느끼는 것이지만 내가 성교육 강사가 되는데는 엄마의 역할이 지대했다고 본다. 어떻게 엄마는 중학교 2학년인 딸이 괴상한 얘기를 하는데도 놀라거나 화내는 일 없이 그렇게 솔직하게 자신의 얘기를 털어놓을 수 있었을까? 더 놀라운 것은 어떻게 중학교 2학년이나 된 내가 조금의 의심이나 혼날 것이라는 염려 없이 그렇게 허심탄회하게 엄마에게 질문을 던질 수 있었을까? 그 첫째는 엄마의 순수한 본성 때문이라고 생각한다. 지금도 혼자 사시는 친정 집에 가보면 거실과 안방의 벽에는 온갖 그림들이 다 붙어 있다. 강아지나 고양이, 꽃에 대한 그림이면 달력이든 사진이든 뭐든지 가져다 붙여놓으셨다. 싱싱한 보리밭 액자도 걸려있다. 어떻게 보면 조금 지저분하기도 하고 유치하기도 한데 나는 그런 엄마를 무척이나 사랑한다.

꽃과 동물을 사랑하는 그 순수한 마음이 나의 동심을 만들었을 것이고 나의 사춘기를 건강하게 지켜주었을 테니까 말이다. 얼마나 고맙고 아름다운 일인가.

두 번째 이유는 내가 성폭행을 당했던 열 살 이후부터 엄마는 내가 성에 대해 뭔가를 물으면 버선발로 나와 반기듯이 기꺼이 대답을 해주셨다는 것이다. 어렸을 때부터 그렇게 개방적이었기 때문에 사춘기에도 그런 대화가 가능한 것이지 어느 날 갑자기 되는 것은 아닌 것이다. 우리 엄마가 정답을 마련해놓고 미리 기다리고 있었던 것은 아니었을 것이다. 내가 물으면 엄마 또한 어린 아이의 마음이 되어 친구처럼 얘기해주었던 것 같다. 모르면 모른다고 하고 안 해본 것은 안 해봤다고 하고 알고 있는 것은 아는 대로 성의껏 대답해주었던 것이다. 그러면서도 중요한 건 어떤 편견과 의심 없이 나를 믿고, 내 친구도 믿어주면서 솔직하게 말해주었던 것이다. 대단한 엄마라고 생각한다. 성

육은 정답이 중요한 게 아니라 같이 풀어가고 모색해가는 과정이 소중한 것
이다.
　서머힐 학교의 교장 니일은 부모의 솔직하고 성실한 대답이 자녀에게 얼마
나 중요한지 거듭 강조하고 있다.

　어린이가 묻는 모든 질문에 감정을 개입시키지 않고 솔직한 대답으
로 어린이의 자연스러운 호기심을 충족시켜 준다면 특별히 더 가르
쳐야 할 성교육은 없다는 것이다.

　어린이에게 소화기관이나 배설작용에 대해서는 따로 교육시키지 않듯이 성
도 그런 것인데 어른들이 성적인 행동을 금지해서 불가사의한 것으로 만들
어버렸기 때문에 성교육이라는 개념이 생겨나게 되었다고 말한다. 그리고 실
제 성교육은 대부분이 도덕적인 훈계로 이어지고 있다고 지적한다. 성교육이
라는 시간에서조차 아이들이 정말로 궁금해하는 것을 말해주는 것도 아니라는
것이다.
　니일 또한 몇 십 년간의 경험 속에서 자율적인 어린이의 건강함을 증명해 냈
는데 성에 대해 물을 때 어른들이 명확하고 성실하게 대답해준다면 놀라울 정
도로 성개념에 중심을 세우며 스스로 잘 관리, 처신한다는 것을 보아왔다. 부
모에게 몇 가지 주의사항을 일러준다.
　첫째는 부모들이 어떤 질문에도 거짓말을 하거나 회피하는 태도를 취해서는
안 된다는 것이다. 출생의 비밀에 대해서 엉뚱하게 답해주었을 때 그 때는 그
냥 넘어가더라도 나중에 자녀가 거짓말인 줄 알게 되었다면 자녀는 더 이상 부
모와 성에 대해 대화하지 않을 것이라고 한다. 부모가 왜 거짓말을 했는지 알
게 된다는 것이다. 성에 대해 더럽고 죄스러운 것으로 생각했으니까 거짓말을
했다고 파악하면서 입을 다물어버리는 것이다.
　둘째는 어린이에게 지나치게 많은 이야기를 들려주는 것도 좋지 않다는 것
이다. 어린이가 물은 사실에 대해서만 대답해주어야지 소화할 수 없을 만큼

지나치게 많은 얘기를 해주면 오히려 정신 건강에 해롭다는 것이다. 그래도 고의적으로 거짓말을 한 경우보다는 나은 경우라고 하니 거짓말이 제일 나쁜 것이다.

셋째는 질문하는 문제가 너무 어렵고 복잡한 경우에는 솔직하게 너무 복잡하고 어려워서 지금 다 말할 수 없다고 인정하는 것이 더 좋을 때도 있다는 것이다.

결론적으로 말하면 지나치지 않은 범위 내에서 솔직하게 성심 성의껏 대답을 해줘야 한다는 것이다. 어려서부터 기다렸다는 듯이 솔직하게 대답해주자.

아기는 어떻게 생겨요?

왜곡된 쾌락 위주의 야한 분위기를 생명과 사랑이 중심이 된 자연스럽고
진지한 분위기로 바꾼 후 구체적인 설명에 들어가는 것이 좋겠다

 부모들이 제일 어려워하면서 곤란을 겪는 질문은 아무래도 출생과 관련된
질문일 것이다. 어떻게 아기가 생기며 어디로 아기가 나오는지에 대해 한번씩
은 질문을 받아보았을 것이다. 5세 전후로 한 번 물을 것이고 열 살 전후로 또
한 번 물을 것이다. 다섯 살 때는 "아기는 어떻게 생겨?" 하면서 단순하게 질
문한다. 열 살 정도 되면 조금 복잡하게 질문한다. "정자와 난자가 만나 아기
가 생긴다는 것은 알겠는데 정자와 난자가 어떻게 만나는지를 모르겠어. 자세
히 좀 알려주세요" 한다. 여기서는 열 살 전후의 질문에 어떻게 답해야 하는지
그 원칙을 제안해보겠다. 다섯 살 전후의 질문에는 이 원칙을 참고로 좀 더 간
략하고 단순하게 답하면 좋을 것이다.

 먼저 세 가지를 고려해야 한다. 분위기 잡기, 구체적인 설명 방법 그리고 행
동 지침이다.

1. 분위기 잡기

 성은 정서, 느낌이라고 했다. 같은 얘기라도 분위기가 어떤가에 따라 그 결
과가 달라진다. 열 살 전후면 이미 야한 것을 생각하며 물을 수도 있다. 주변
에서 들은 얘기도 있을 것이고 스티커나 음란물이나 본 것도 있을 것이다. 야

한 느낌을 깔고 물었을 때 그 분위기에서 얘기를 해준다면 야한 쪽으로 정보가 더 붙는 셈이 된다. 그래서 분위기를 밝고 건강하게 만들어놓고 설명을 해줘야 하는 것이다. 부모나 교사가 분위기를 주도하지 못했을 경우 이후의 성관계 설명은 이상한 분위기 속에서 진행되기 십상이다.

나의 경우 다음과 같이 분위기를 잡는다.

"정자와 난자가 만나서 아기가 생기는 것은 다 안다고 했지요? 궁금한 것은 그 정자와 난자가 어떻게 만나는가 하는 문제지요? 즉 엄마 아빠가 성관계를 해야 되는 것인데 '성관계'라고 하면 여러분은 어떤 생각이 떠오르나요? 야한 생각? 더러운 생각? 어때요?
자. 가만히 생각해봐요. 여러분 하나 하나도 분명히 엄마 아빠가 성관계를 해서 만들었을 거예요. 여러분 자신이 어떻게 느껴져요? 더럽게? 야하게? 우습게? 아니지요? 엄마 아빠가 뭐라고 하세요? 세상에서 제일 소중한 게 너야. 이렇게 말하지요? 여러분은 정말 소중한 존재거든요.

그런데 소중한 여러분을 만드는 행위도 마찬가지예요. 여러분이 소중한 만큼 여러분을 만드는 성관계 행위도 아주 소중한 거지요.

혹시 야한 것을 보면서 거꾸로 생각하는 사람도 있어요. 저렇게 더럽고 추잡한 것을 우리 엄마 아빠도 했단 말야? 그렇게 해서 나를 낳았단 말야? 아휴. 징그러워라. 이렇게 생각하는 사람도 있을 지 몰라요. 성은 야한 것도 있긴 있어요. 그런 것도 있지만 부모님이 여러분을 만드는 것은 조금 달라요. 야한 것보다는 사랑하고 아끼고 기다리는 마음이 더 컸을 거예요. 엄마 아빠는 둘이서 너무나 사랑해서 결혼했고 사랑해서 결혼한 사람들은 마음뿐만 아니라 몸도 하나가 되고 싶기 때문에 서로 만지고 성관계도 하게 되지요. 서로 즐겁게 성관계를 하면서 둘이 약속을 하게 되지요. 엄마 아빠를 꼭 닮은 예쁜 아기를 낳자고요. 그래서 여러분을 낳으려고 준비하고 기다리다가 여러분을 만든 것이지요. 오늘 가서 부모님께 한번 물어보세요. 처음으로 여러분을 임신했다는 것을 알았을 때 얼마나 기뻐했는지요. 그리고 여러분이 배 안에 있을 때 엄마가 어떤 음악을 들려주고 어떤 동화책을 읽어줬는지요. 또 여러분이 태어나던 날 온 가족이 얼마나 기뻐했는지도 물어보세요. 그렇게 기뻐하며 축하하는 아기를 만드는 방법이 바로 성관계를 하는 것이에요.

어때요? 스티커나 야한 만화, 그림에서 보는 장면하고 그 느낌이 틀리지요? 야한 것에는 무조건 옷을 벗고 만지는 것만 나오지만 엄마 아빠는 만지기 이전에 사랑하는 마음도 확인하고 아기 낳을 것을 약속하고 준비도 하는 것이지요. 야하다고만 할 수 없는 것이에요. 그러니까 앞으로 성관계하는 얘기를 자세히 설명할텐데 조금 진지하고 아름다운 마음을 가지고 들어보세요."

왜곡된 쾌락 위주의 야한 분위기를 생명과 사랑이 중심이 된 자연스럽고 진지한 분위기로 바꾼 후 구체적인 설명에 들어가는 것이 좋겠다.

2. 구체적으로 알려준다

정자와 난자가 만나려면 성관계를 해야만 한다. 아이들이 제일 듣고 싶어하는 내용, 성 관계는 어떻게 하는 것일까? 남자의 음경과 여자의 질이 만나서 운동을 하는 것을 말한다. 남자의 정자는 음경 속에 있는 통로를 통해 밖으로 나오게 되는데 난자를 만나게 해주려면 정자를 쏟아낼 음경이 여자의 질 속에 들어와 있어야 그 속에 정자를 쏟아낼 수 있다.

음경이 여자의 질 속에 들어오려면 여자와 남자, 둘 다 준비가 필요한데 남자는 음경이 딱딱해져야 하고 여자는 남자의 음경이 들어와 잘 운동할 수 있도록 질 안에서 분비물이 나와 있어야 한다. 그렇게 준비가 되려면 마음의 걱정이 없는 속에서 서로를 사랑하면서 몸도 만져주고 뽀뽀도 하면서 몸이 흥분되어야 한다. 그러면 온 몸에서 돌던 피가 점점 남자, 여자의 생식기로 몰려오면서 음경은 딱딱하게 발기하고 여자의 질도 분비물을 내보낸다.

음경과 질은 서로 만난 후에 함께 더 운동을 한다. 서로 위 아래로 움직여주는데 그것을 왕복 운동이라고도 하고 피스톤 운동이라고도 한다. 이 운동은 정자와 난자를 잘 만나게 하기 위해 아주 중요한 것인데 운동을 할수록 온 몸에서 돌던 피가 생식기에 더 몰린다. 더 이상 피가 몰릴 수 없을 정도로 세포에 피가 가득 차게 되면 뇌에서 신호탄을 쏜다.

남자에게는 '이제 정자를 힘차게 내보내세요' 하고 여자에게는 '이제 정자를 힘차게 받아주세요' 한다.

이제 정자는 음경을 통해 힘차게 여자의 질 속에 쏟아붓고 여자는 자궁에 강한 움직임이 생기면서 정자가 난자를 찾아가는 것을 쉽고 빨리 갈 수 있도록 도와준다.

왜 남자는 음경이 몸 밖으로 튀어나와 길게 생겼고 왜 여자는 질이나 자궁, 난소라는 생식기가 밖으로 나와 있지 않고 배 안에 깊숙이 숨어 있는 것일까? 그것은 생명을 만드는 원리 때문에 그렇다. 남자의 정자는 몸 밖으로 쏟아지는 것이지만 여자의 난자는 배 안에서 제일 깊은 곳에 있는 난소라는 곳에서 만들어져 난관이라는 곳에서 정자를 기다리고 있는 것이다. 난관 중에서도 자궁에서 가장 먼 팽대부라는 곳에서 난소가 정자를 기다리고 있는 것이다. 그러니 정자는 난자를 만나려면 질에서 자궁을 통과해 난관 제일 끝 부분 팽대부까지 여행을 해야 한다. 그러자면 정자로서는 가능한 여자 몸에 들어갈 수 있는 한 제일 깊은 곳에 다다르는 것이 난자를 가장 빨리 만날 수 있는 것이다. 가장 깊은 곳은 자궁 문 입구인데 그곳까지 정자가 가려면 정자를 옮겨주는 남자의 음경이 길게 생겨 그 안에 들어갈 수 있어야 하는 것이다. 한편 여자 몸은 난자와 정자를 만나는 장소도 제공해야 하고 아기도 키워야 하고 다 키운 아기는 밖으로 내보내야 하기 때문에 그런 일을 몸 안에서 다 해야 하기 때문에 여자의 생식기는 대부분 밖으로 나올 수가 없고 배 안에서 따뜻하고 아늑하게 자리잡아야 하는 것이다.

여자 남자의 생식기가 그렇게 생긴 것은 생명을 만들기 위해서 그런 것이다. 어느 쪽이 더 좋고 나쁘다고 할 문제가 아닌 것이다. 생명을 만드는 몸으로서 남자, 여자 모두가 다 똑같이 소중한 몸이라고 할 수 있다. 성관계 또한 재미도 있는 것이지만 그보다 먼저 생명을 만들기 위해 이루어지는 행위인 것이다. 그런 만큼 당당하고 자연스럽게 얘기해줘야 한다.

생명에 대한 분위기가 확고히 잡혀 있다면 이렇게 구체적으로 얘기해주는 것은 아무 문제가 없다. 그러면서 사랑과 즐거움에 대한 얘기를 연결해서 말해줘도 좋을 것이다. 그것이 진정한 즐거움일 테니까 말이다.

3. 행동 지침을 일러준다

보수적인 사람들은 2번의 구체적인 설명이 너무 노골적이라고 비난할지도 모른다. 그리고 실제 3번의 행동 지침을 일러주지 않는다면 탐구심이 많은 어린이들은 실험을 해볼지도 모르겠다. 성관계는 나쁜 것이 아니고 좋은 것이라고 말하면서 구체적으로 설명을 해줬으니 말이다. 그래서 행동 지침을 말해주는 것은 아주 중요하다.

행동 지침이란 이런 성관계를 언제 누구와 어떻게 하는지를 결정하는 문제라고 할 수 있다. 하고 싶다고 언제나 아무 하고 준비도 없이 해서는 안 되는 것이다. 우선 성적으로 몸이 다 완성되는 만 19세 이후에나 가능하고 그 나이가 되었어도 사랑하는 사람이 아니라면 함부로 하지 않는 것이라고 한다.

가장 안전하고 걱정없이 하려면 결혼해서 여러 사람들의 축복도 받으면서 할 때 가장 행복한 것이라고 일러준다.

지금 우리의 성교육은 1번과 2번은 말해주지도 않고 무조건 3번만 강요하는 식이다. 그런데 아이들은 1, 2번의 설명이 어느 정도 솔직하고 구체적으로 이루어졌는가에 따라 3번의 진실성을 받아들인다. 2번까지만 얘기해줘도 문제가 생기고 3번 만 얘기해줘도 설득력이 없다. 분위기를 잘 형성해 듣고 싶은 얘기들을 솔직하게 다 말해주면서 올바른 행동지침도 근거 있게 일러줄 때 효과가 있는 것이다.

협박과 훈계는 통하지 않는다. 아이들은 이런 핵심적인 질문 속에서 어른들의 진실성과 성실함을 시험하며 바라고 있는 것이다.

엄마, 내 방으로 갈까요?

"그냥 봐. 언젠가 너도 크면 다 참고해 둘 사항인데 뭘" 했다

아들이 열 살이 넘으면서 남편은 텔레비전에서 야한 장면이 나올라치면 어색한 행동이 나왔다. 처음에는 아들에게 재떨이를 가져오라고도 하고 기침도 했는데 눈치 없던 아들은 여전히 화면을 보면서 손으로만 심부름을 했다. 조금 지나자 남편은 아들에게 그런 상황이 되면 "숙제는 다 했니? 네 방에 가서 공부 좀 하지" 했다. 6학년이 된 아들은 이제는 상황 파악을 하고 있던 중이었다.

어느 날 남편은 없는 중에 아들과 나는 영화를 보기 위해 영화 전문 채널을 돌렸다. 마침 '구미호'라는 영화를 하고 있었다. 처음부터 키스신이 나왔다. 아들이 조금 어색해했지만 나는 가만히 있었다. 조금 나오다 말겠지 했다. 그런데 점점 농도가 짙어졌다. 침대 장면이 본격적으로 나오자 나도 조금은 당황하고 있는데 아들이 갑자기 일어나 앉더니 진지하게 내 의견을 물었다.

"엄마, 나 내 방에 갈까요?" 했다. 어찌나 웃음이 나오던지. 나는 유쾌하게 한바탕 웃고 나서 아들에게 말했다. "왜? 저 침대 장면 때문에? 그냥 봐. 언젠가 너도 크면 다 참고해둘 사항인데 뭘" 했다.

아들은 다시 비스듬히 누우면서 영화를 관람했다. 얼마나 지났을까? 아들이 빨개진 얼굴로 다시 일어나 앉더니 또 질문을 던졌다. "엄마, 밑에가 이상해요" 했다. 나는 이번에는 웃지도 않고 아주 자연스럽게 아무렇지도 않은 듯

이 아들의 머리를 슬쩍 치면서 말했다. "당근이지!"('당연하지'의 유행어) 했다. 아들은 왜 그러냐는 듯이 눈을 둥그렇게 하며 나를 쳐다봤다.

"열 살이 넘으면 성호르몬이 나오는데 그 호르몬은 뇌의 시상하부라는 곳에서 명령을 내리게 되어 있거든. 야한 것을 보면 시상하부에서 야하다고 판단을 내려 호르몬을 작동하게 하지 그러면 생식기를 조절하는 신경이 자극을 받게 되고 피가 돌며 그 피는 생식기로 몰리게 돼. 그러면 몰린 피 때문에 생식기가 커지면서 딱딱해지지. 바로 그 현상 때문에 이상하게 느껴지는 거야. 아주 건강하고 씩씩하다는 증거지. 괜찮아."

아들은 그런 것이 있었나 하는 표정으로 잘 듣고 있었다. 내친 김에 나는 한 마디를 덧붙여 주었다. "야한 생각이 들면 몸이 그렇게 반응하는 것은 너무나 자연스러운 현상이야. 그것은 부끄러운 일도 아니고 이상한 일도 아냐. 하지만 흥분이 된다고 행동을 막으면 안 되는 거지. 아무나 건드리고 만지면서 피해를 주는 것. 그것은 나쁜 행동이야. 그러니까 몸의 현상하고 행동하고는 구분해야 되는 거야. 이제 너도 진짜 남자가 되어 가는 것 같다. 축하한다" 했다.

호기심과 본능이 다르듯이 자연스러운 몸의 현상과 충동적인 행동은 다른 것이다. 충동은 생길 수 있지만 그 충동으로 행동을 막 해서는 안 되는 것이다.

자연스러운 몸의 현상은 억압 없이 생생하게 몸으로 느낄 수 있어야 한다. 그래야 자신의 몸을 이해하고 사랑할 수 있다. 그러나 자위행위를 넘어서 다른 사람과의 관계에서 행해지는 충동적인 행동은 조절되어야 마땅하다. 문명의 제약이기도 하고 성의 딜레마이기도 한 문제이지만 함께 사는 세상이기에 행동은 조심해야 하는 것이다.

청소년 시기에 쉬운 것은 아니지만 그래도 현상과 행동을 구분하는 것부터 알려주어 조절 능력의 기초를 닦아주어야 하는 것이다. 몸의 현상은 자유롭게 얘기할 수 있도록 길을 열어줘야 하며 조절 능력을 갖추는 방법도 함께 모색해 주는 것이 가장 큰 도움이 될 것이다. 청소년 시기에 조절 능력을 갖추는 방법으로는 운동과 도전일 것이다. 스포츠나 영화, 음악이나 오빠부대. 펜클럽 활동은 건전하게 성 에너지를 방출시켜준다. 운동을 해도 성욕구가 생긴다고 하는데 그것은 몸이 건강해지는 속에 좋은 느낌의 욕구일 것이니 큰 문제가 되지는 않는다.

도전할 것을 찾아내 도전에 응해보는 것도 좋을 것이다. 성욕구는 조절될 수 있는 것이다.

저런 일도 있기는 있어

어차피 모든 것을 스스로 선택하며 살아가야 할 자녀에게는
저항력, 면역력도 생겨야 한다

부모들이 같이 텔레비전이나 영화를 보다가 난감해할 때가 야한 장면이나
도덕적으로 문제가 있는 장면을 같이 보게 될 경우다. 괜한 노파심에 "요새 젊
은것들 한심하다. 한심해. 세상이 어떻게 되려고 그러는지" 하며 지나치게 욕
을 하거나 부정적으로 대하기 쉬운데 그럴수록 자녀와는 대화하기가 어려워
진다.

성은 좋은 것도 있고 나쁜 것도 함께 내포하고 있다. 잘 조절하지 못하고 잘
못 운용하면 한 순간에 나락으로 떨어지기도 하며 힘든 일을 겪었더라도 자신
을 높이며 잘 극복하면 더 큰 성숙도 가져오게 되는 것이다.

인기리에 방송됐던 '인어 아가씨'라는 드라마도 엄청난 교훈이 담겨 있는
드라마다. 아버지의 욕망과 이기심이 다른 가족들에게 얼마나 고통을 안겨주
게 되었는지 생생하게 보여준다. '피아노'라는 드라마는 거꾸로 힘들고 괴로
웠던 과거에서 사랑의 힘으로 서로가 변해가며 성숙해지는 내용이었다. 좋고
나쁜 것에서 나름대로 교훈을 찾을 수 있는 것이다. 방송 작가의 구성력이 아
니더라도 실제 세상에서는 남에게 상처와 피해를 많이 준 사람은 결코 행복할
수 없다. 당장은 모르겠지만 긴 세월 살다보면 남에게 준 상처는 자신에게 돌
아오게 마련이다.

결혼도 안 한 남녀가 쉽게 성관계를 맺고, 심지어는 사랑하지도 않는 남녀가 돈을 위해, 명예를 위해 섹스를 하기도 한다. 결혼한 부부가 채팅으로, 술집에서 바람을 피우기도 한다. 부모들 입장에서야 자녀가 그런 것을 보고 배울까봐 안타까워하기도 하지만 어차피 모든 것을 스스로 선택하며 살아가야 할 자녀에게는 저항력, 면역력도 생겨야 한다. 부모가 옆에 있을 때 이런 저런 상황에 대해 예견해보면서 조언을 듣는 것도 좋을 것이다.

자녀가 드라마나 영화를 보면서 정말 저런 일이 있냐고 물으면 직접, 간접 경험에 따라 사실대로 말해주면서도 인간에 대해 이해의 폭을 넓힐 수 있도록 열린 마음으로 대화를 하는 것이 좋을 것이다. 사실 넓게 보면 동양이건 서양이건, 좋은 것이든 추한 것이든, 에로 영화든 가학적인 영화든 그 안에 들어 있는 요소는 인간 모두에게 스며들어 있는 요소들이라 할 수 있다.

인간을 더 많이 포용하고 사랑할 수 있게 하기 위해서는 인간에 대한 이해의 지평을 넓혀야 한다. 그런 의미에서 살아 있는 주변의 자료들을 의미 있게 활용해야 하는 것이다.

21세기는 성도 새로운 지평이 열리고 있다. 돈과 물질이 중심 개념이었던 산업사회와는 달리 앞으로는 성에서 영혼과 사랑, 건강이 중심 개념이 될 것이다. 돈과 물질에 찌들려 상처받고 피폐해진 영혼이 순수한 영혼을 찾을 수밖에 없으며, 돈과 권력의 굴레 속에서 상품으로 허우적대던 섹스가 사랑에 목말라하고 있으며, 순간의 욕구를 채우기 위해 내맡긴 몸들이 성병과 염증에 절어 건강을 부르짖고 있다.

앞으로 대부분의 작품들이 크게 보면 이 세 가지 주제에서 몸부림을 칠 것이다. 21세기의 주인공이 될 우리 자녀들은 순수한 영혼을 가지고 풍부한 사랑을 나눌 능력을 갖추어야 하고 몸의 건강도 증진시켜야 할 것이다. 부모와의 대화 속에서 이런 것을 깨닫는 계기가 된다면 더 없이 좋을 것이다.

성 개념 세워주기

{ 성은 관계다 }

학문적으로도 성이란 아주 넓은 개념이다.

성이란 거의 모든 것이 다 망라된 전 인격적인 관계의 총칭이다.

몸과 마음, 영혼이 다 들어가 있고, 사회 정치 경제의 제반 분야와 다 연관되어 있고

기후와 환경, 유전자의 영향도 다 포괄하는 개념인 것이다.

너무나 포괄적이고 넓어 오히려 개념을 잡을 수가 없을 정도다.

섹스로는 부족하다

성은 살아있는 관계지, 성기만을 가지고
행위만 하는 섹스가 아닌 것이다

모든 것이 섹스 판이다.
섹스를 생각나게 하는 '섹시함'이 매력의 일등 공신이다.
도대체 '섹스'란 무엇인가?

아들이 초등학교 3학년 때. 강연이 있어 급하게 준비를 하고 있는 중이었다. 짧은 다리이긴 하지만 다리를 위까지 내보이며 스타킹을 신고 있었다. 갑자기 아들이 내 다리를 쳐다보며 꿈에서도 듣지 못한 그 한마디를 내던졌다. "엄마도 섹시하네?"

처음 들어보는 소리였다. 남편은 항상 나를 보고 튼튼하다고만 했지 섹시하다는 소리는 한 번도 한 적이 없었다. 원래 내 주제를 알고 있는 터라 기대도 하지 않았지만 역시 아들은 신세대라 보는 눈이 있는 모양이었다. "정말? 좋았어" 하며 일어나 나오려다가 갑자기 물어보고 싶은 게 있었다.

"너, '섹스' 하면 무엇이 생각나니? 안 때릴 테니까 솔직하게 말해봐. 떠오르는 게 뭐야?" 하고 웃기는 분위기에서 내가 물었다.

아들은 눈을 위로 올리며 조금 생각하더니 대답을 해주었다.

"응… '섹스' 하면 떠오르는 게 여자 몸이 생각 나."

"여자 몸? 어떤 몸? 그냥 머리에서 발끝까지 통째로?"

"아니."

"아니라면 어떤 몸?"

"거기가 생각 나."

"그래? 여자 생식기가 생각난다고? 또 다른 생각은 안 나?"

"또 생각나는 것은 응… 여자 남자가 발가벗고 이불 속에서 뒹구는 게 생각 나."

"역시 너는 참 솔직해. 맞아. 섹스는 그것밖에 생각나지 않지."

'섹스'의 개념은 아들 말대로 두 가지로 압축된다. 성기와 행위다. 하나로 합친다면 성기를 중심으로 이루어지는 행위인 것이다. 다른 것이 들어갈 여지도 없이 간단명료하다. 이제는 하도 익숙해져 섹스에 다른 내용을 집어넣으려면 구질구질해진다. 뭐가 그리 복잡한가? 심각한 건 딱 질색이야. 그냥 간단하게 생각하고 즐기면 되는 거지. 뭐. 왜 그리 말들이 많아? 난 그렇게 생각하겠다는 데 웬 상관이야. 맞고요. 맞습니다. 그렇게 살아가면 됩니다.

'섹스'를 성의 모든 것으로 생각하면 자연스레 행동도 그렇게 변한다. 개념이 행동을 만들고 문화를 만드는데, 인간이 섹스의 대상과 수단으로 변해버리는 것이다.

지금 곳곳에서 일어나고 있는 문제들은 대부분 성의 개념을 '섹스'로 한정한 데에서 비롯된 것이라 할 수 있다. 먼저 섹스의 대상화로 이루어진 경우들을 살펴보자.

1. 섹스의 대상화

음란물을 자꾸 보는 사람들은 사람을 쳐다볼 때 어디부터 보겠는가? 눈과 마음이 변해버린다. 가슴과 성기를 살펴보며 벗은 몸을 상상하는 것이다. 약간의 호의적인 태도와 웃음을 보면 혹시나 하는 생각에 접근을 한다. 다른 생각이 떠오르지 않는다.

길에 지나가는 사람까지 상상 속에서 섹스의 대상으로 삼을 지경이다. 심한 경우 음란물 모방이 성폭행으로 변하기도 한다.

이성교제의 풍토도 바뀌고 있다. '백일'이니 '삼백일'이니 그 고비를 섹스 없이 넘을 수 있는가? 노래방이 노래만 하는 곳인가? 툭하면 사랑한다며 섹스하자고 하지 않는가? 떠날까봐 마지못해 섹스를 하지는 않는가? 부모가 없는 빈집에서 같이 숙제를 하자고 불러놓고는 과연 숙제만 하는가? 누가 먼저 섹스에 성공하는지 내기하지는 않는가?

채팅 문화는 말할 것도 없다. 일 대 일 채팅에서 건전한 사귐을 유지하는 사람이 몇이나 되겠는가? 채팅에서 만난 사람을 실제로 만났을 때 얼마나 많은 일들이 벌어지는가? 시작도 과정도 끝도 섹스로 채워진 경우가 너무나도 많다. 남자들에게 물어보았을 때 채팅한 여자를 만나러 나갈 때 90% 이상이 섹스를 염두에 두고 나간다고 답했다. 그리고 만나서 함께 술을 먹을 수 있다면 그건 이미 반쯤 성공한 것이라고 말했다.

직장 내 성희롱 문제도 그렇다. 말과 눈빛에서 실제 스킨십까지 그 본질은 직장 동료를 섹스의 대상으로 취급한다는 데에 있는 것이다. 인격을 가지고 있고 그것도 같은 직장에서 일하는 동료라는 관계가 명확한데도 한순간 섹스의 대상으로 대할 때 그 기본적인 관계가 흔들리고 무너지는 것이다.

섹스의 대상화는 청소년과 어린이를 분별하지 않는다. 더 새로운 섹스의 대상일 뿐이다. 어쨌든 성기만을 생각하고 성기를 접촉하며 행위를 하고 싶은 사람은 같은 또래의 어른들보다 어리고 풋풋한 아이들의 성기가 더 새로울 것이고 그 감촉도 새로울 것이다. 80 평생 살아야 할 귀중한 꽃봉오리라는 생각보다는 일단 성기와 행위가 더 급한 것이다. 이 땅의 영계문화는 성을 섹스로만 대하는 좁은 개념이 빚어낸 문화인 것이다.

섹스의 대상화는 가정까지 위협한다. 누나 방에 몰래 들어가는 남동생, 여동생을 건드리는 오빠, 어떤 때는 엄마까지도 이상한 눈으로 바라본다. 술을 먹고 들어온 아버지는 딸까지 영계로 보이는지 친딸 성폭행도 무섭게 늘고 있다. 양아버지, 사촌오빠까지 모두들 섹스 개념에 취해 분별이 없어진 탓이다.

2. 섹스의 수단화

섹스를 성으로 보는 개념은 온 사회를 퇴폐로 몰아가고 있다. 섹스를 스트레스 해소의 수단으로, 오락의 수단으로, 돈벌이의 수단으로 만들어버렸다. 원래 성의 기능 중에는 스트레스를 해소하게 하고 즐거움을 주는 오락적 기능이 담겨 있긴 하다.

그러나 그것은 그럴 만한 관계에서 정도껏 이루어지는 것이지 이렇게 한계를 넘어, 관계를 넘어 이루어져서는 안 되는 것이다.

지난 5년 동안 이런저런 일로 해외에 나가보았다. 8개국 정도 되나 보다. 유심히 밤거리의 유흥문화를 살펴보았다. 우리 나라의 술 문화가 유별나다는 것을 더욱 실감했다. 다른 나라에서는 공간과 시간의 분별이 있었다. 저녁 8시가 넘으면 거리는 스산하다. 허용된 유흥 지역은 불야성을 이루지만 생활 공간인 주택과 구별이 있었다. 옆자리에 여자를 끼고 술을 먹는 나라는 드물었다.

우리보다 이혼은 많이 하는지 모르겠지만 같이 사는 동안에는 가정 중심으로 생활이 이루어지고 있었다.

우리는 시공간의 구별이 없다. 간판과 일치하는 곳은 드물다. 노래방에서 노래만 하는 것도 아니고 이발소에서는 이발만 하는 것도 아니다. 가정과 직장까지 출장 마사지가 들어와 섹스를 즐기고 있다. 경계가 없다. 술을 먹는 곳도 웬만하면 다 여자가 나온다. 2차 문화도 이 정도로 심한 곳은 없다. 운동 삼아 하는 골프까지 2차는 따로 마련되어 있다.

최근 20여 년 동안 우리 아빠들은 스트레스를 술과 섹스로 풀었다. 자신의 몸이 상하는 것은 물론 술 먹고 이루어지는 성관계는 부인의 생식기에도 영향을 주어 염증과 암을 더 많이 발생시킨다. 성병은 둘째 치고라도 술 성분이 생식기에 영향을 미치는 것이다.

더 암담한 문제는 딸들이 흔들리는 것이다. 어린 딸들이 유흥업과 각종 서비스업에 대거 투입되고, 그 결과 가정이 흔들리는 것이다. 남의 아버지들이 남의 딸들을 안고 노는 형국이다. 요즈음 시대의 청소년이 맹랑해졌다고 함부로 얘기해서는 안 된다. 다 순간의 쾌락만을 생각하며 놀았던 아빠들의 책임이다. 아빠들의 유흥문화가 돌고 돌아 시간이 걸려 이제사 자신의 가정으로 돌아온 것이다.

그렇다. 성은 복잡한 게 아니라고. 섹스처럼 간단한 것이라고 믿고 살았던 그 대가를 톡톡히 치르는 것일 뿐이다.

질펀하게 노는 술집 문화는 직장과 학교에까지 전염시켰다. 술만 들어가면 제자가 어느 술집의 미스 박으로 보이고 새로 들어온 신입사원이 단란주점의 미스 김으로 보인다. 교장 선생님에게는 새로 임용된 신입 교사가 옆에서 술을 부어야 한다. 군대의 신고식, 대학생 수련회도 그 뒤를 잇고 있다. 남자들만 놀 수 있나. 우리 아줌마들도 묻지 마 관광에 다녀와야 하고 동창회 2차는 나이트클럽으로 가야 한다. 부킹도 하고 즐기기도 하면서 살아야 한다. 아이들도 스트레스 받기는 마찬가지. 초등학교 6학년 졸업 여행에서부터 술을 배워야 한다. 온 가족이 다 함께 차차차다. 술과 섹스로 계속 풀어보자. 언젠가는 끝이 나지 않겠는가?

갈 데까지 가야 직성이 풀리는 우리 아닌가? 못 먹어도 고(Go!)다. 술 먹은 다음 날, 쓰린 속을 붙잡고 진지하게 생각해 보기 바란다.

섹스만큼 재미있는 게 있을까? 인터넷 성인 사이트는 망하는 법이 없다. 인터넷 사업을 성인 사이트가 선도했을 정도다. 유료화에서 결제 시스템까지 서버 등록도 자유자재로 국경도 없애버렸다. 실제 부인과 나누는 성관계보다 더 편하고 재미있다.
부인과 관계를 하려면 아이도 재워야 하고 기분도 풀어줘야 하고 이래저래 요구도 해야 하는데 사이버 섹스는 내 마음대로 하면 된다. 이러면 안 되지 하면서도 계속 빠져든다. 부인의 요구에 억지로 응해보지만 다 풀리지가 않아 다시 사이버 섹스로 마감한다. 사이버 섹스에 중독돼 부부관계를 하지 않는 부부가 늘어만 가고 있다.

특히 컴퓨터 관련 사업을 하는 사람들과 사무직에 종사하는 30대 남자들에게서 많이 나타난다. 완전히 섹스가 오락의 수단으로 정착돼 다른 즐거움을 빼앗고 있는 것이다. 재밌으면 계속 그렇게 하시라. 단 하나만 준비해놓고 하셔야 한다. 참는 것도 정도가 있지 부인이 이혼을 요구할지 모르니까 그 준비는 하셔야 한다. 성은 살아 있는 관계지, 성기만을 가지고 행위만 하는 섹스가 아닌 것이다.

섹스는 아주 간단한 것이기 때문에 돈벌이의 수단으로도 아주 유효하다. 인기 상품인 것이다. 연예인까지 들먹일 필요가 없다. 원조교제에 나서는 청소년도 늘어가는 판국에 더 이상 무엇을 탓하랴. 용돈을 벌려고 직접 원조교제에 응했던 15세 소녀는 말한다. 한 시간만 참으면 15만원을 벌 수 있다고. 자기 몸 위에서 헐떡거리는 아저씨를 짐승처럼 보고 있으면 된다고. 그래도 약속한 대로 돈을 다 주는 아저씨는 고맙다고 한다. 그렇게 번 돈은 다시 유흥비로 쓴다. 술 먹고 피시방 가고 옷 사고 액세서리를 산다. 그러다가 너무 더러워서 다시는 안 하려고 했는데 돈이 떨어지면 딱 한 번만 하고 다시는 안 하겠다고 다짐하며 또 그 짓을 한다고 했다.

왜 쉽게 생각하며 돈벌이를 할까? 돈을 주는 사람이나 받는 사람이나 다 심각하게 생각하면 괴로워진다.

'섹스는 그냥 성기로 행위만 하는 것이니까 간단히 하면 되는 것이다. 성은 원래 그런 것이다.' 그렇게 생각해야 쉽게 행동을 할 수 있는 것이다.

성의 상품화가 발전하려면 성개념도 그렇게 바뀌어야 한다. 별 게 아니라고, 간단하게 즐기면 그 뿐이라고 부추기면, 그런가 해서 하는 것이다. 그러면 돈벌이를 하는 사람들은 또 그렇게 말한다. 수요자가 더 섹시한 것을 원하니 돈을 벌려면 어쩔 수가 없다고. 다 벗기고 격하게 해야 한다고. 젊은 아이만 원한다고. 상품화하는 사람이나 소비자나 다 같이 섹스라는 성개념에 합의하고 있는 것이다.

그래서 섹스의 대상화와 수단화로 얻는 것은 무엇인가? 진정으로 성적 쾌락을 맛보았는가? 어린 소녀와 성풀이를 하고 나서 걸어나올 때 뿌듯하던가? 성인으로서 자부심이 나던가? 성인 사이트를 운영하는 사람들은 보람을 느끼는가? 자기 자녀에게도 보라고 권해주겠는가? 아이가 생활기록부 아빠 직업 항에 뭐라고 쓰길 원하는가?

남는 것은 인간에 대한 환멸이 아닐까? 성에 대한 불결함은 아닐까? 자신에 대한 비하감으로 더 가학적인 성격이 되지는 않을까? 더 섹스에 중독되지는 않을까?

진정으로 남는 것은 인간 영혼에 대한 피폐함이고 사랑에 대한 허무주의며 건강한 몸의 파괴이다.

섹스의 개념이 극에 달할 때 인간은 갈 길을 잃는다. 성 에너지는 아주 강력한 에너지이기 때문에 좁은 섹스의 개념에 다 담을 수가 없는 것이다. 강한 에너지가 좁은 통로를 지나가려면 터지고 마는 것이다. 무조건 성기를 가지고 행위만 한다고 문제가 해결되지 않는다. 엄청난 문제가 다시 만들어질 뿐이다. 섹스라는 좁은 개념으로는 행복한 삶을 누릴 수 없다. 인간이 성기만 가지고 있는 존재가 아니기 때문이다. 성기와 행위 중심의 섹스 개념으로는 풍요로운 삶을 살 수가 없다. 턱없이 부족한 것이다.

성은 관계다

사춘기 시절에는 서로를 지켜주는 것이 더욱 더 소중한 것이다

성은 단순한 행위가 아니라 관계다. 살아 있는 인간관계다.

성은 행위까지 포함하는 인간관계인 것이다. 성은 영어로 '섹슈얼리티' (Sexuality)라고 하는데 '인간관계'(Relation)라는 단어와는 분명히 다른 것이다. 성이 이 '릴레이션'이라는 인간관계와 다른 것은 행위까지 포함되는 인간관계라는 것이다.

학문적으로도 성이란 아주 넓은 개념이다. 성이란 거의 모든 것이 다 망라된 전 인격적인 관계의 총칭이다.

몸과 마음, 영혼이 다 들어가 있고, 사회 정치 경제의 제반 분야와 다 연관되어 있고 기후와 환경, 유전자의 영향도 다 포괄하는 개념인 것이다. 너무나 포괄적이고 넓어 오히려 개념을 잡을 수가 없을 정도다. 학문적인 개념이야 전문가들이 더 연구 개발할 문제이고 여기서는 우리의 실생활에서 정리하고 넘어가야 할 성개념에 충실하기로 한다.

아무튼 성이란 인간관계라는 것이다.

그것도 행위까지 포함하는 인간관계라는 점에서 복잡하고도 미묘한 성격의 인간관계가 형성되는 것이다. 행위가 없는 일반적인 인간관계라면 직장 동료,

사제지간, 친구처럼 관계가 단순하지만 행위까지 포함되어버리면 새로운 관계 설정이 요구되는 것이다. 아기를 함께 만들 관계인지, 만든 관계인지, 그런데 사랑의 마음은 여전한 관계인지 변한 관계인지, 그래도 아기를 함께 만들었기 때문에 계속 살아야 하는 관계인지, 마음이 변했다면 그래도 헤어져야 할 관계인지, 이것저것 골치 아픈데 생명과 사랑의 관계는 완전히 무시한 채 서로 부담없이 즐기기만 할 관계인지, 즐기다가 임신이 되면 관계 설정을 다시 해야 할지 말지, 엄청나게 복잡하고 미묘하게 얽히고 물리는 관계가 연출된다. 주로 생명과 사랑과 쾌락의 관계 설정 속에서 행위가 이루어진다고 볼 수 있겠다.

쉽게 성을 생각하고 섹스를 했던 청소년들도 막상 행위를 하고 나서는 이게 장난이 아니라는 것을 느끼곤 한다. 곧바로 임신 걱정에 들어가고 임신이라면 어떻게 처리해야 할지를 고민하면서 사랑하는 관계인지 아닌지를 확인하고 낙태수술을 한다면 그 책임은 어떻게 져야 하는지를 놓고 실랑이를 벌인다. 부담 없이 즐기려고만 했던 소년들은 임신 소리만 듣고도 핸드폰을 바꾸고 도망가기 일쑤다. 실제 행위를 해보면 성이 결코 만만한 게 아니라는 것을 실감하게 되는 것이다. 이게 바로 현실이고 성의 실제 모습인 것이다. 관계 설정 없이 덤벼들었어도 상황은 관계를 설정하게 만드는 것이다.

성이 이렇게 인간관계이고, 그것도 행위까지 포함하는 인간관계라면 더더욱 인간관계의 원칙이 필요한 것이다. 성숙한 정도에 따라 세 가지 원칙이 필요하다.

세 가지 원칙이란 상처 주지 않기, 존중하고 책임지기, 배려하고 아끼기다.

1. 상처 주지 않기

행위를 중심으로 하는 '섹스' 개념에서는 '상처'라는 개념이 통하지 않는다. 그냥 좋아서 했을 뿐이다. 성폭행조차 하고 싶어 한 행위로 통할 수 있다. 관계가 중심이 되는 성개념이라야 '상처'라는 개념이 통할 수 있는 것이다. 관계란 이미 상대적인 개념이기 때문이다. 부모나 교사가 아무리 책임과 존중을 강조해도 전반적인 성개념이 행위 중심인 '섹스' 개념일 때는 그 말이 통하지 않고 모두가 따분한 개소리로 들리는 것이다. 『성윤리』를 쓰신 류지한 교수님도 이 시대의 성 혼란을 개탄하면서 '책임과 존중' 중심의 성윤리를 강조하셨다. 절대적으로 옳은 말씀이다.

책임과 존중. 배려라는 말이 빛을 발하기 위해서는 행위 중심의 섹스 개념에서 벗어나 인간관계로서의 성개념이 시급히 정착되어야 하는 것이다.

나는 예닐곱 살 아이들이 심한 장난을 쳐서 상대편 아이를 울게 했다면 선생님의 보호 하에 피해를 준 아이도 피해 받은 아이에게 비슷하게 당해보는 경험을 시켜보라고 일러준다. 자신은 재미가 있어서 한 행위일지 몰라도 상대편은 괴로운 것이다. 자신도 역지사지로 입장이 바뀌어 경험하면 뭔가를 느낄 것이다. 성적 놀이가 한창 때라는 것은 이해해야 하지만 그 속에서도 인간관계 훈련은 시켜야 하는 것이다.

성적 호기심이 많은 사춘기 아이들에게도 상처 주지 말라는 가르침은 아주 중요한 것이다. 이성교제를 할 때도 쉽게 생각하는 섹스는 많은 상처를 남기게 된다는 것을 일러줘야 한다. 원래 마음은 상처 줄 생각이 아니었지만 준비 없는 섹스는 본의 아니게 상처를 주게 된다. 임신과 낙태로 이어지는 과정에서 여성은 몸과 마음에 얼마나 큰 상처를 받는지 모른다. 사랑한다며 섹스를 하자고 졸라서 했는데 문제가 생겨 회피한다면 사랑에 대한 상처도 클 수밖에 없다.

상처란 상처를 받은 사람보다도 상처를 준 사람이 더 괴로워하는 법이다. 자신에게도 좋을 것이 없다.

유흥업소에서 이루어지는 성접촉과 섹스 또한 넓은 의미로 볼 때 상처를 주는 행위다. 서비스를 하는 여성이 돈을 벌기 위해 자발적으로 하는 행동으로 보일지 모르나 돈 때문에 성을 판다는 것 자체가 하나의 상처인 것이다. 철부지 어린 소녀가 용돈이 궁해 자발적으로 원조교제를 청했다고 해서 상처 준 게 아니라고 할 수는 없다. 다 자라지 않은 자궁이 받은 상처는 어마어마하다. 그 소녀는 그 사실을 몰랐을 뿐이다. 알았어도 무시할 정도로 철이 없는 것이었으리라. 와이셔츠에 묻은 립스틱 자국은 부인에게 상처를 남긴다.

결혼한 사람들이 바람 피우는 것이 나쁘다고 하는 이유는 상대방에게 상처를 주기 때문에 그런 것이다. 어느 시점, 어느 상황에서 한 인간이 욕망도 느낄 수 있고, 정도 통할 수 있는 것이다. 충분히 이해할 만한 일이다. 하지만 상대방에게는 엄청난 상처를 주는 것이기 때문에 자제하고 조절해야 하는 것이다.

성을 섹스로 생각한다면 다양한 파트너가 있을수록 좋을 것이다. 그런 사람은 결혼을 하지 않는 것이 훨씬 더 좋을 것이다. 섹스 개념으로는 결혼할 수가 없다. 수시로 변하는 욕망 앞에 한낱 행위로만 생각하는 섹스 개념을 가진 사람을 어떻게 믿고 의지하며 살 수 있겠는가? 최소한 상처는 주지 않겠다는 믿음이라도 있어야 결혼생활을 유지할 수 있는 것이다. 성을 인간관계로 생각할 때 그나마 최소한이라도 부부 간의 믿음이 생기는 것이다.

2. 존중하고 책임지기

성 관계에는 $+a$가 참 많은 것 같다. '열 번 찍어 안 넘어가는 나무는 없다'라는 속담만 봐도 그렇다. 지성으로 공을 들이면 안 되는 일이 없다는 뜻에서 본다면 좋은 말이기도 하지만 이성관계에서 잘못 쓰이면 무뢰한이 되어도 좋다는 말이 될 수도 있다. 흔히 남자들 세계에서 마음에 드는 어떤 한 여성이 나타나면 눈으로 도장을 찍어놓고 집요하게 접근할 때 합리화되는 말이기도 하다. 그것이 발전하면 스토킹이 되기도 한다. 결혼해서도 그러면 의처증이 되고 부부 강간도 되는 것이다.

사춘기 자녀가 이성 친구를 사귈 때 존중의 에티켓을 가르쳐야 한다. 약간의 기습적인 키스나 약간의 이벤트 각본은 애교로 봐줄 수 있지만 상대의 의사를 무시한 채 일방적인 섹스 강요나 작전은 분명히 잘못을 저지르는 행위인 것이다. 둘이서 원해서 이루어지는 섹스조차 미성숙된 몸에 상처를 남기는데 일방적으로 이루어지는 강요된 섹스는 엄청난 후유증을 남길 것이다. 상대를 존중한다는 것은 상대가 확실하게 원하는 게 무엇인지 그것을 확인하는 것을 뜻한다. 다른 것은 몰라도 성관계를 맺는 것은 철저한 동의를 얻어내야 한다. 피임을 해도 어쩌다보면 임신할 수 있기 때문이다.

그러니 철저한 동의란 그럴 마음이 확고한지를 확인하는 것과 함께 대비책을 준비하는 것까지 포함하는 것이다.

싫어하는 데도 열 번 찍어 무너뜨리는 것은 대단한 일이 아니다. 사귀다가 헤어질 것을 원하면 한두 번이야 자신의 마음을 밝히며 계속 만날 것을 요구해 볼 수 있지만 그래도 아니라면 기꺼이 행복을 빌어주며 떠나게 하는 것이 상대를 존중하는 것이다. 존중이란 일차적으로 상대가 싫어하는 것을 안 하는 것이고 그 다음으로는 상대가 원하는 것을 분명히 알아 확인하며 맞춰주는 것이다. 그리고 본의 아니게 어려운 일을 겪게 되었을 때는 그 결과에 대해 책임을 지는 것 또한 존중의 에티켓이다.

어떤 고등학교 2학년 남학생은 여자친구를 무척 아끼며 사랑했는데 어쩌다 보니 임신이 되었다. 보름 넘게 고민에 빠졌다. 도저히 아기를 낳을 수는 없는 상황이고 낙태 수술이 여자친구에게 큰 상처를 남길 것이라는 것을 알았다. 여자친구에게 원하는 대로 다 하겠으니 솔직하게 말해달라고 했다. 여자친구는 자신도 아기를 낳을 수는 없다고 하면서 수술을 원한다고 했다. 그런데 몸이 많이 상한다니 걱정이라며 자신의 엄마에게는 도저히 말을 할 수가 없는데 어떻게 해야 좋을지 모르겠다고 했다.

남학생은 자신이 책임질 자세를 확고히 가지고 최선의 방법이 무엇인지 상ね을 했다. 어차피 수술을 하기로 했다면 몸조리를 잘 하는 것이 최선책이고 다시는 이런 일이 반복되지 않는 것이라는 답을 받고는 남학생은 용기를 냈다. 자신의 어머니에게 고백을 했고 도움을 청했다.

가슴 아픈 일이었지만 남학생의 부모는 병원에 같이 가서 위로도 해주었고 뒷바라지도 해주었다. 사골곰국도 끓여 여학생에게 먹도록 했다. 어머니에게 고마움과 미안함을 느낀 두 학생은 어느 날 어머니 앞에 무릎을 꿇고 약속을 했다. 사랑하기 때문에 교제는 계속하겠지만 대신에 앞으로 성관계는 하지 않겠노라고. 그리고 공부를 더욱 열심히 하겠다는 다짐을 올렸다.

나는 그 남학생의 용기와 책임감에 칭찬과 격려를 아끼지 않았다. 존중의 마지막 단계는 책임지는 것이다.

3. 배려하고 아끼기

인간관계에서 최고의 원칙은 배려하고 아끼기다.

철부지 소녀가 아저씨에게 용돈을 달라며 교제를 청할 때 진정으로 그 소녀를 아끼고 배려하는 어른이라면 왜 그러면 안 되는지 설득하고 격려해 집으로 돌려보내야 한다. 그것이 청소년을 아끼는 것이고 배려하는 것이다. 결코 얼씨구나 좋구나 할 것이 아닌 것이다.

서로가 사랑하고 몸도 뜨거워진 남녀가 한 몸이 되기를 원하지만 여러 가지 상황으로 미루어볼 때 감당할 수 없는 어려움이 예상되어 참고 견딘다면 그것은 서로를 배려하는 마음이다. 진정으로 상대방을 아끼는 마음이다. 생식기가 다 자라지 않은 사춘기 시절에는 서로를 지켜주는 것이 더욱더 소중한 것이다.

힘든 일이 아니냐고? 그렇지 않다. 마음먹기 달렸다. 성숙되지 않은 몸에 상처를 남겨서는 안 되겠다는 각오와 그것이 상대방을 진정으로 아끼는 일이라는 것을 깨닫는다면 결코 어려운 일이 아니다. 왜냐하면 억압은 괴로워도 배려는 기쁜 것이기 때문이다.

무조건 참고 누르는 것은 몸에도 좋지 않지만 상대를 위해, 앞날을 위해 아껴주는 마음으로 엔도르핀이라는 호르몬이 나와 기쁨과 행복감을 준다.

많은 선각자들은 말한다. 우리 모든 인간의 마음속에는 남을 아끼고 배려하는 착한 본성이 숨어 있다고 했다. 먼지가 끼어 그 본성이 드러나지 않는 것이지 착한 본성은 원래부터 거기에 있었다고 한다. 그 착한 본성이 드러나기 위해서는 그 위에 쌓인 먼지를 걷어내야 하는데 먼지를 걷어낸다는 것은 무엇인가? 무조건 배려하려는 마음을 갖는 것이다. 그것이 제일 빠른 것이다.

어린 자녀들의 성놀이에서부터 사춘기의 이성교제, 미혼 자녀의 연애 경험까지 우리는 그 과정에서 인간을 아끼고 배려하는 마음을 익히도록 해야 한다. 이것은 최고의 결혼 준비항목이 될 것이다. 배우자와 50년이 넘게 생활을 같이 하려면 혼수보다 인간관계 능력을 갖추어야 할 테니까 말이다. 혼수품이야 하이마트에 가면 하루 만에라도 구할 수 있는 것이 아닌가?

성은 단순한 행위가 아니라 이렇게 존중과 책임, 배려와 아낌을 배우고 훈련하는 소중한 인간관계인 것이다.

성의 3요소

생명 · 사랑 · 쾌락의 드라마는 이제 제 3의 물결을
타고 넘실거리고 있는 것이다

성이란 생명과 사랑, 쾌락에 대한 이야기다.

성이 행위와 결합된 인간관계라고 했을 때 그것은 생명과 사랑, 쾌락의 관계를 둘러싸고 일어나는 드라마라고 할 수 있겠다. 지금 인생의 드라마가 바뀌고 있다. 21세기에 들어서 성의 3요소. 생명 · 사랑 · 쾌락의 드라마가 엄청나게 변하고 있다. 지난날의 성은 울고 있고 새 시대의 성은 웃고 있다. 산업사회라는 제 2의 물결은 지식정보사회라는 제3의 물결 속에 섞여들어가 이미 새로운 물결로 일기 시작했다.

생명 · 사랑 · 쾌락의 드라마는 이제 제3의 물결을 타고 넘실거리고 있는 것이다.

저명한 인류학자 헬렌 피셔(Helen Fisher)는 그의 저서 『제 1의 성』에서 새 시대를 희망적으로 예고했다. 새 시대에는 각 부분에서 남녀관계가 근본적으로 변할 수밖에 없다고 했다. 직장에서 가정에서 사회에서 이제 남성과 여성은 진정으로 협력하는 관계로 발전할 것이라고 했다. 동등함에 기초한 남녀의 이런 협력관계는 선사시대 이래로 없었던 일이며 일과 사랑, 결혼 생활에서 새로운 차원의 기쁨과 맛을 선사해줄 것이라고 예고했다.

1. 생명

새 시대를 맞아 새로운 출산 문화, 생명 탄생의 문화가 움트고 있다. 지금까지 병원에서 이루어지는 분만이 인간을 어떻게 만들어왔는지에 대해 대대적인 검토가 일어나면서 옛날 태고 적 우리 할머니들이 그랬던 것처럼, 어떠한 간섭과 조작이 없는 자연스런 출산으로 돌아가려는 움직임이 일고 있는 것이다.

우리는 그동안 태교에 대해서는 그래도 많이 들어온 바가 있다. 실천은 잘 못하지만 어떻게 해야 좋은지는 대충이라도 알고 있다.

태교가 아이에게 어떻게 영향을 미치는지에 대해서도 활발한 연구가 이루어지고 있다.

그런데 요즈음에 새롭게 제기되는 것은 출산과 출산 직후의 중요성이다. 출산 과정과 출산 직후에 일어나는 일들이 어떤가에 따라서 아이의 성격과 감정, 본능과 건강이 일생을 좌우한다는 것이다.

30년이 넘는 산부인과에서의 경험과 방대한 연구자료를 가지고 있는 새로운 출산운동의 대가 프랑스의 의사 미셀 오당은 그의 책『출산 속에 숨겨진 사랑의 과학』에서 놀라운 사실들을 밝히고 있다. 그는 예수나 부처가 전 인류를 사랑할 수 있는 위대한 사람으로 된 그 근저에는 아름다운 출산의 비밀이 숨어 있다고 추정하고 있다.

예수는 마구간에서 태어났고 부처는 아소카 꽃이 만발한 룸비니 동산에서 태어났는데 모두들 축복 받고 기다리던 중에 잉태했으며 인간세상에서 격리된 채 동물과 꽃이 만발한 자연에서 태어났다는 것이다. 그리고 그들의 엄마들은 모두들 누구의 도움 없이 혼자서 조용하게 황홀감을 만끽하며 출산을 했다는 것이다. 그리고 출산 직후에는 아기와 엄마, 둘만의 황홀한 시간을 가질 수 있었다는 것이다.

미셸 오당은 이런 얘기들을 상상 속의 동화로 말하는 것이 아니다. 실제 호르몬의 작용 속에서 그 근거를 밝히고 있다. 남을 사랑할 수 있게 만드는 호르몬이 있는데 그것은 옥시토신이다. 이 옥시토신은 진통이 시작되면서 나오기 시작해서 출산 직전과 직후에 최고로 많이 나오게 된다. 황홀경에 젖게 하는 엔도르핀도 출산 직전과 직후에 최고로 나온다. 또한 온 세상을 민감하게 각성케 하는 호르몬인 아드레날린계 호르몬도 출산 직전과 직후에 최대치가 나온다. 이 호르몬들은 엄마와 아기 모두에게서 나온다.

이 호르몬들은 출산 과정에서 엄마와 아기 서로에게 영향을 미치면서 나오다가 출산 직전에 절정을 이루어 신비로운 탄생을 맞게 되고 탄생 후 2~3 시간까지 그 절정을 이룬 호르몬이 최고의 상태로 계속 유지되는데 이때 엄마와 아기는 새로운 환경인 밖의 세상에서 새로운 애착 관계를 형성해 이 세상 또한 여전히 편안하고 기분 좋은 세상임을 느끼게 해주는 것이다. 이 과정이 충분하게 안정적으로 이루어져야 엄마는 출산의 기쁨을 느끼고 아기는 사랑과 기쁨이 충만한 아이가 된다는 것이다. 예수와 부처는 이 과정이 충분하고도 안정적으로 이루어졌다는 것이다.

얼마나 가슴 뛰는 얘기들인가!

정말 우리 각 가정에서 이런 출산들이 일어나 엄마는 황홀감을 맛보고 태어난 아기는 사랑과 기쁨으로 충만하다면 이 세상은 얼마나 아름다운 세상이 되겠는가?

미셸 오당도 같은 생각을 했다. 아름다운 출산으로 새로운 세상을 만들어보겠다는 일념으로 자신이 근무하던 병원에서 30년간 실험과 연구를 거듭했다. 드디어 희망을 주는 놀라운 성과들이 나오기 시작했다. 그의 책 『세상에서 가장 편안하고 자연스러운 출산』에서 여러 가지 결과들을 밝혀놓고 있다.

미셸 오당은 우선 병원에서 이루어지는 '분만'을 '출산'의 개념으로 바꾸어 노력해보았다. '분만'은 의사가 주체가 되어 아기를 받는 개념이다. 그에 비해 '출산'이란 산모와 아기가 주체가 되어 진행되는 것이다. 그는 산모에게 이 개념의 원리를 말해주고 안심시키면서 스스로 출산할 수 있도록 도왔다. 그리고 예수나 부처의 탄생 환경처럼 어떤 인위적인 조작이나 간섭을 하지 않았다. 가장 편안한 환경을 만들어주었고 출산 직후에는 엄마와 아기, 둘만의 시간을 갖도록 충분히 배려해주었다.

그 결과 여러 가지 면에서 놀라운 성과를 이루었다. 제왕절개한 사람은 100 중 6명이었다. 출산 후 태반이 떨어지지 않는 경우도 적었다. 서너 시간만에 아기를 낳은 사람도 많았다. 아기를 낳고 나서는 오르가슴을 느꼈다고 말한 산모도 많았다. 회음절개 수술도 거의 없었다. 출산의 기쁨을 느끼는 산모와 사랑스럽고 건강한 아기가 태어난 것이다.

역시 인간은 출산전후의 시기가 가장 결정적인 것임을 확인했다.

그는 본격적으로 '초기 건강 연구 센터'(Primal Health Research Center) 라는 기관을 만들어 방대한 연구자료도 모으면서 새로운 출산운동을 하기에 이르렀다.

갖가지 관련된 자료들을 모아 연구하면서 역시 출산 전후의 중요성을 뒷받침할 수 있는 여러 가지 근거들도 발견할 수 있었다. 자연스러운 출산이 아닌 폭력과 조작으로 얼룩진 인위적인 분만이 이루어진 경우에 그 결과가 얼마나 심각한지에 대해서도 이제 그 뒷모습이 드러나게 된 것이다.

청소년 폭력 범죄와 관련한 조사가 있었는데 에이드리언 레인과 함께 한 연구팀은 코펜하겐에 있는 병원에서 태어난 4,269명의 남자아이를 조사했다. 18세가 되어 폭력범죄자가 된 아이의 주요 위험 요인은 출생시의 폭력적인 경험이었다. 출생시의 폭력적인 경험이 어린 시절 엄마와 떨어진 경험, 엄마에게서 거부당했던 경험과 연결되면 위험 요인이 되었는데 이 중에서 출산 후에 엄마와 떨어진 경험과 거부당했던 경험 자체는 위험 요인이 아니었다. 즉 출산 때의 경험이 더 결정적이었다는 것이다.

10대의 자살 문제도 '출생시 어려운 상황의 재현'이 주요 요인 중 하나였다. 스웨덴 출신의 버칠 야콥슨은 자살하는 방법에 대해 연구했는데 질식과 관련된 자살은 출생 과정의 질식과 밀접하게 관련이 있었고 출생 과정에서 외상을 당한 남자는 다른 사람들보다 폭력 수단을 동원해 자살할 위험성이 다섯 배나 높다는 사실을 확인했다.

야콥슨은 약물 중독에 대해서도 연구했는데 엄마가 출산 과정에서 진통제를 맞으면 그 자녀는 통계학적으로 청소년기에 마약 중독에 빠질 위험이 증가했다는 사실을 발견했다.

더 최근 연구로는 미국의 카린 위베리와 그 동료들의 연구가 있는데 결론은 산모가 아기를 낳을 때 진정제나 마약성 진통제를 세 번 사용한 경우. 아기들은 약물 중독에 빠질 위험이 다섯 배로 증가했다는 것이다.

노벨상을 받은 동물학자 니코 틴버겐은 자폐아를 연구했는데 출산을 전후해서 일어난 요인들과 관련이 있다는 것이 드러났다. 겸자를 깊이 넣어 아기를 꺼내거나. 마취 상태에서 아이를 낳거나 출산 과정에서 심폐소생기를 사용하거나 유도분만과 같은 일이 있었음이 드러났다.

일본의 정신과 의사인 료코 하토리의 보고서에서는 어느 특정한 병원에서 태어난 아이들이 자폐아가 될 위험성이 명확히 높았다고 되어 있다. 이 병원에서는 출산 예정일 일주일 전에 진통을 유도하고, 진통이 오면 복합 진정제, 마취제와 진통제 등을 일상적으로 사용하고 있었던 병원이었다. 이와 함께 자폐증 아이는 사랑의 호르몬인 옥시토신의 수치가 비교적 낮았다는 것도 알려졌다.

출산을 전후해서 받았던 느낌이 이렇게 이후의 삶에 깊이 영향을 미치는지 새삼스러울 뿐이다.

이와 함께 자연스러운 출산이 태어난 아기에게나 가정에서나 사회에서 얼마나 중요한 의미를 갖는 것인지 새삼 놀라게 되는 것이다.

더 무엇을 논하겠는가?

우리 나라의 제왕절개 수술은 43%가 넘는다. 진통제와 유도분만, 마취제를 이용한 무통 분만과 기계 분만도 많은 편이다. 병원의 경영상 문제만은 아닐 것이다. 의료사고에 대한 부담감과 책임 문제도 있을 것이다.

그러나 나는 생명 앞에서 다시 한번 진지하게 생각해봐야 한다고 본다. 출산의 문제는 사랑과 기쁨의 인간성을 만드는 문제이며 사회의 어두움을 물리치는 문제다. 마침 우리 나라에도 새 바람이 불고 있다. 인권분만연구회 회원 병원들이 생기고 이 병원에서는 신생아의 스트레스를 최소화하기 위한 노력들로 새로운 출산 문화를 만들고 있다. 훌륭하신 의사선생님들이라고 생각한다.

박차를 가하여 우리 사회에 출산의 개념이 바로 서고 자연스러운 출산이 새로운 출산 문화를 이루며 그것이 가능하도록 인적·물적인 시스템이 마련되어야 할 것이다.

2. 사랑

새 시대를 맞아 사랑의 풍속도 바뀌고 있다.

서구의 영향을 많이 받은 우리도 이혼이 늘고 있지만 미국을 비롯한 서구 나라들은 대략 50%의 이혼율을 보이고 있다. 50%의 이혼이 뜻하는 것은 무엇이고 50%의 지속적인 결혼 생활에서 남긴 것은 무엇일까? 크게 봐서 두 가지 흐름으로 정리할 수 있다. 50%의 이혼을 형성하는 흐름의 기저에는 남녀관계에서 '끌림'과 '낭만적인 사랑'이 좀더 많이 개방되고 인정되는 문화와 관련이 있고, 50%의 지속적인 관계에서 남긴 것은 '동등한 결혼'과 '영혼의 사랑'이라는 진화된 사랑의 가능성이다. 그리고 이런 변화가 가능하게 된 핵심적인 조건으로서는 무엇보다 경제적 자립이 높아진 여성들의 변화일 것이다.

우리 나라에서도 얼마 전에 '간 큰 여자' 시리즈가 유행했지만 여자들이 그냥 갑자기 간이 커진 것은 아니었다.

물론 기저에는 산업화 과정에서 꾸준히 여성들의 경제 활동이 커왔지만 90년대 초 아파트 붐과 함께 투기에 앞장 선 부인들이 간이 커질 만큼 남편들의 경제력을 앞지르면서 형성된 문화였다. 여성들이 거리에 차를 몰고 나왔을 때 얼마나 말들이 많았나? 어떤 초보 아줌마는 쏟아지는 구박을 대비해 차 뒤 유리창에 아예 구박에 대한 반박 문구를 써서 붙이고 다녔었다. 집에 가서 밥이나 하라는 구박에 대비해 "밥 다 해놓고 나왔음"이라는 문구였다.

남성들이 보기에 여성들의 간은 더 커지고 있다. 동창회에 채팅에, 부킹에 불륜에, 부업에 카드에, 이제는 이혼까지. 거기다 여기저기에서 여성의 참여는 늘어나고 목소리 또한 커지고 있다. 남성들의 직장은 더 불안정한데 여성들은 뭔가 더 활발해지고 있는 느낌인 것이다.

헬렌 피셔는 말한다. 이런 여성들의 변화는 이미 거스를 수 없는 큰 흐름이 되었다고. 단기적이고 미시적인 관점에서는 혼란이고 고통이고 상처일 수도 있겠지만 어차피 거쳐야만 하는 과정이라고 말한다. 이런 변화는 단순한 가정사의 문제가 아니라, 바닷물이 거의 중간까지 뒤집혀서 만들어지는 새로운 물결 속에서 튀어 가는 물방울의 문제로 봐야 한다는 것이다. 인류 역사상 지금처럼 여성의 교육 수준이 높았던 적은 없었다는 것이다.

새 시대는 더욱 더 여성의 감성과 재능을 필요로 하는 시대로, 이미 그 조짐이 여러 영역에서 나타나고 있다.

비즈니스에서, 군대와 경찰, 사법이라는 힘의 세계에서, 언론이나 정보 영역에서, 교육과 각종 비영리 단체에서, 각종 서비스 업종에서 그 영역과 범위를 확대하고 있다. 이에 따라 여성의 사회적 역할과 경제적 자립은 더 높아질 것으로 예상된다.

선사시대 남녀는 사냥과 채취로 맞벌이를 하면서 평등하게 살았는데 농업사회가 시작되면서 지금까지 거의 1만년의 세월을 남성이 주도하고 지배하는 사회에서 살아야만 했다. 그 속에서 눌리고 당하고 참아왔던 여성은 이제 다시 선사시대와 맞먹는 맞벌이의 시대를 맞아 그 모든 것을 터치고 표현하면서 뛰쳐나오고 있는 것이다.

이런 시대의 흐름 속에서 사랑의 문제도 변하고 있는 것이다.
가장 크게 변하는 게 있다면 '낭만적인 사랑'의 부활일 것이다.

이것은 동양이든 서양이든 세계적인 추세다. 첫 눈에 빠지는 사랑. 끌림과 홀림. 열정적인 사랑이 속박을 벗어나기 시작했다. 사춘기에서 중년, 노년까지, 남성과 여성 혹은 같은 성끼리 성별을 떠나, 채팅이나 소개 미팅, 결혼정보센터 등 공간을 가리지 않고 번지고 있다.

홀리고 끌리고 사랑에 빠지는 낭만적인 사랑은 누군가 한번쯤은 경험할 것이다. 홀림은 계획이 없고, 부지불식간에 일어나고, 비이성적이고, 때로는 통제도 불가능하다. 어떤 조사에서 70%의 남녀는 "사랑에 빠지는 것은 절대로 선택이 아니다. 그냥 때려 눕혀질 뿐이다"라고 표현했다. 언제 찾아와 회오리바람을 일으킬지 모르는 이 낭만적인 사랑에 대해 이제 제대로 알고 이해할 때가 된 것이다.

셰익스피어는 "남자들의 연애사건이 절정을 이루고 있는데 그런 현상을 좋은 기회로 삼는다면 충분히 행운이 될 수도 있다"고 했다. 배신했느니 버렸느니 함부로 단정짓지 말고 인간에게 고유한 본능의 하나로 올바로 이해하라는 뜻이었을 게다.

　그런 현상을 올바로 이해하며 함께 공유할 수 있을 때 사랑의 지평도 넓어지며 사랑의 깊이도 깊어지는 행운을 얻을 수 있다는 뜻이었을 게다.

　신경생리학의 발달 덕분으로 이제 이 홀림과 열정의 낭만적 사랑의 실체가 드러나기 시작했다. 1983년에 뉴욕 주립 정신의학연구소의 정신과 의사인 마이클 라이보비츠(Michael Liebowitz)는 낭만적 끌림이 희열을 주는 이유에 대해, 뇌에서 한 가지 이상의 흥분제가 뿜어져 나오기 때문이라고 학설을 제기했는데 그 흥분제란 도파민과 노르에피네프린이라는 중추신경을 자극하는 각성제로 알려졌다. 이와 함께 세로토닌과 같은 신경전달 물질 시스템도 관련이 있는 것으로 알려졌다.

　도파민과 노르에피네프린은 양에 따라 그 반응이 다른데 적당한 양에서는 행복감과 흥분을 주며 불면과 식욕 상실, 과도한 에너지 그리고 과민함을 야기한다. 매우 높은 수치일 경우에는 불안감과 두려움, 심지어 공황을 느끼기도 하는데 이것은 낭만적 끌림이 지나칠 경우에 나타나는 징후들이다. 또한 사랑에 빠진 사람들은 특히 초기 단계에서 세로토닌 수치가 낮은데 이 수치는 강박관념과 망상에 사로잡힌 정신장애자와 비슷한 수준의 수치만큼이나 낮다는 것이다. 한 마디로 제정신이 아닌 것이다.

　그런데 우리가 깊이 참고해야 할 것은 이 흥분과 각성을 일으키는 화학물질은 그 효력이 오래가지 않는다는 것이다.

　이 화학물질의 특징은 분비된 일정 시간 이후에는 뇌가 이 화학물질 효과에 둔감해지거나 이 흥분제의 수준이 떨어지기 시작하는 경향이 있다는 것이다. 여기서 더 지속적인 애착관계로 이어질 수 있는 새 시대를 맞이 하고 있지만 아무튼 이렇게 빠져드는 심취 상태는 대략 18개월에서 3년까지, 그 정도의 기간으로 끝난다는 것이다.

젊은 청춘이야 말할 것도 없고 유부남과 사랑에 빠진 아가씨나 아줌마, 중년의 남녀나 누구든. 사랑에 빠진 초기 단계에서는 제정신이 아닐 수 있다. 뜯어말려도 불만 부쳐주는 꼴이 되고 만다. 그러나 모든 것을 다 이룰 것 같던 그 뜨겁던 사랑도 너무나 비참하고 황폐하게 무너질 수 있는 것이다. 그 얄미운 화학물질이 효력이 다하는 때가 되어서야 엄청난 회오리바람이 불어닥쳤던 것을 알게 되는 것이다.

중매 결혼은 구시대의 유물로 사라져가고 배우자 선택의 제 1조건이 '사랑'으로 부상하는 지금, 사랑해서 결혼했지만 사랑이 식었기에 이혼한다는 풍속도 늘어만 간다.

결혼의 '출발'로서의 사랑과 결혼을 유지하며 발전시키는 사랑은 다를 수밖에 없는데 그 분별을 제대로 하지 못했을 때 그로 인한 혼란과 고통은 더 클 수도 있는 것이다.

언제나 누구에게나 우연으로 닥칠 수 있는 것이기에 준비한다고 해서 되는 것은 아니지만 또 한편 사랑은 현실에서 벌어지는 구체적인 인간관계이기 때문에 그 화학작용의 메커니즘을 제대로 알고 있는 것이 현명할 것이다.

이와 함께 새 시대에는 50%의, 지속적인 결혼을 유지한 사람들 중에서 사랑을 진화시킨 사람들의 교훈도 담아두어야 한다. 그들은 '동등한 결혼'과 '영혼의 사랑'이라는 진화된 사랑의 모델을 제시해주었다. 새 시대는 남성 중심 사회에서 요구되었던 불평등한 결혼은 점차 줄어들 것이라고 믿는다. 때리고 의심하고 무시하는 일방적인 관계는 여성들이 더 이상 참아내지 못한다. 참지 않고 살 수 있는 물질적인 토대인 여성의 경제력도 더 높아질 것이다.

워싱턴 대학의 사회학자인 페퍼 슈워츠(Peper Schwartz)는 현대의 결혼을 세 가지로 분류했다. '전통적인' 결혼과 '동등에 가까운' 결혼, 그리고 '동등한' 결혼이다.

오늘날 대부분의 결혼은 두 번째의 '동등에 가까운' 결혼에 속하는데 남녀평등에 대한 생각과 직장 생활을 둘 다 같이 하는데 실제 가정생활은 전통적으로 이루어지고 있는 민주화가 덜 된 경우다. 여성이 이중적 부담을 지고 있는 형태라 할 수 있다. '동등한' 결혼이란 여성이 돈을 더 벌든지 집에 있든지, 부부가 우정과 신뢰. 유사한 가치관. 공통의 관심과 경험에 바탕을 둔 속에서 협력과 자유로움을 함께 추구하는 관계다. 많은 사회학자들은 이런 '동등한 결혼' 은 여성들의 경제력과 자립도가 높아질수록 늘어날 것이 확실하다고 입을 모으고 있다.

오든(H. A. Auden)이라는 사람은 "행복하든 불행하든, 모든 결혼은 격정적인 그 어떤 로맨스보다도 더 의미 있고 흥미롭다"고 말했다. 두 사람이 오랫동안 행복과 비탄. 슬픔과 즐거움을 함께 겪으면서 청실과 홍실을 엮어 아름다운 이불을 만들었던 부부들은 사랑의 최고 형태를 제시해주었다. 이들은 분명하게 말한다. 욕망은 단순한 갈망이고, 낭만적인 사랑은 도취하게 하는 광기라고. 그러나 결혼생활 속에서 만들어진 애착은 살아있는 다른 한 영혼과의 화려한 연결이라고 말한다.

'영혼의 화려한 연결' 이라! 너무도 아름다운 말이다.

부부가 20여 년을 함께 살다보면 어느새 서로를 우주적인 존재로 바라보게 된다. 여성, 남성을 떠나서 이 우주 속에 오로지 하나밖에 없는 유일한 존재로서 느껴지면서 또 얼마 안 있으면 우주의 먼지로 사라져갈 존재로도 보인다. 예수로도 보이고 부처로도 보이면서 측은지심이 생긴다. 이런 마음과 눈길 속에서 부부가 인생을 논할 때 영혼의 화려한 연결이 이루어지지 않을까?

도올 김용옥 선생은『건강하세요』라는 책에서 남녀의 사랑을 멋지게 정의해 놓았다. 사랑은 부분적인 앎에서 전체적인 앎으로 나아가는 과정이라고 했다. 연애할 때 잘 하던 사람이 결혼해서 변했다고 하는데 변한 것이 아닐 것이다.

그때는 사랑의 열병에 취해 서로가 서로를 제대로 알지 못했을 뿐이다. 살면서 점점 더 알게 되는 것이다.

같이 아기도 낳고 기르면서 부부는 같이 한 배를 탄 사람으로서 갈등과 고통을 겪을 때마다 그 파도를 함께 넘어야만 한다. 도대체 저 사람은 왜 저 모양인지, 가정 환경 탓인지, 유전인지, 내 잘못인지, 원하는 게 뭔지 자신과 상대방을 탐구해야 한다. 자신의 생각을 내놓고 맞춰봐야 타협도 하고 협력도 할 수 있다. 도저히 모를 때는 주위 사람들을 찾아가 묻고 비교도 하면서 여성을 배우고 남성을 배우며 인간과 인생을 배우는 것이다. 전체적인 앎으로 나아가는 것이다.

『깨어나십시오』를 지은 인도 출신의 성직자이며 영적 상담의 대가인 앤서니 드 멜로(Anthony DE Mello) 신부는 사랑에 대해 높은 경지를 알려주었다.

사랑은 '민감성에 대한 정확한 반응' 이라고 했다.
나는 이 뜻을 이해하고자 몇 개월을 고민했다.

여러 책을 보면서 이 뜻을 탐구하고자 노력했다. 가장 잘 통하는 책을 읽게 되었다. 그것은 김용옥 선생의 『도올선생 중용강의』였다. '민감성에 대한 정확한 반응' 이란 바로 도올 선생이 말하는 '중용' 의 뜻이었다. 그 시점 그 상황에서 수레바퀴의 한가운데를 적중하듯 가장 적합하게 행해지는 그 무엇이었다. 이런 사랑은 아주 어마어마한 것이었다. 물론 부부관계도 포함되지만 그보다는 모든 사물과 인간, 우주까지 관통하는 통찰과 반응이었다.

도올 선생의 말씀처럼 풀 한 포기에도 우주의 비밀이 숨겨져 있듯이 하물며 사람인 내 남편, 내 아내에게도 우주의 비밀이 숨겨져 있을 것이다. 자기 자신도 모른 채 살아가는 우주의 비밀을 자신도 아닌 다른 사람을 바라볼 때 어떻게 다 알 수 있겠는가? 결국 우리가 서로를 사랑하지 못하는 것은 무지 때문인 것이다. 잘 알지 못하면서 욕심만 부리기 때문이다.

그런 의미에서 사랑은 끝도 없이 배우고 익히고 터득해야 할 깨달음인 것이다. 남편과 갈등이 있을 때 깨달음의 계기로 삼아 살아간다면 조금은 더 민감해지고 조금은 더 정확하게 반응하게 되지 않겠는가? 나는 도전할 사랑을 찾았기에 너무나 기뻤다.

영혼의 화려한 연결, 부분적인 앎에서 전체적인 앎으로의 과정, 민감성에 대한 정확한 반응, 중용을 위해서 우리는 어디서부터 노력해야 할까?

남녀는 이제 서로를 진지하게 알아가야 한다. 우선 서로가 서로를 모르고 있다는 것부터 인정해야만 한다. 모르면서 함부로 우기고 싸웠던 것을 인정해야만 한다. 정말 서로가 무엇을 원하는지 그리고 무엇이 다르고 같은지 열린 귀와 열린 마음을 가져야 한다.

그와 함께 둘이서 조용하게 시대의 흐름을 느끼며 시대의 변화를 파악해야 한다.

그러면서 즐겁게 잠자리에 들면 되는 것이다.

3. 쾌락

인류 역사에서 성적 욕망의 억압과 해방은 파도타기를 하면서 이어져 왔다. 그 동안 인간은 억압의 극단에서 발산의 극단까지 다 실험해보았다. 금욕주의와 쾌락주의 학파도 만들어 보았고 가학증의 대가 사드처럼 몸과 영혼을 철저히 파괴시켜보기도 했으며 인도의 탄트라(Tantra) 교파같이 성교를 통해 우주의 영혼과 합일해 보려고도 했다. 성적 욕망과 본능으로 해볼 수 있는 모든 것을 다 해본 셈이다.

그 결과 얻은 것은 무엇인가?
무엇을 교훈으로 삼아 새 시대를 열어가야 할 것인가?

결론은 의외로 간단했다.

인간은 50 : 50의 가능성을 가진 존재라는 것이다.

성적 쾌락을 추구하는 데에 극단적인 억제와 극단적인 발산으로 갈 수 있는 두 가지 가능성을 반반으로 다 가지고 있다는 것이다.

새 시대에 짊어지고 갈 교훈 또한 명확해졌다.

진정한 쾌락을 얻는 방법은 극단의 억압도 아니고 극단의 발산도 아닌, 균형을 위한 조절, 즉 다스림이라는 것이다.

지난날의 실험에서 우리는 그 극단의 끝을 보았다. 지독한 고통과 지독한 쾌락의 끝은 둘 다 모두 몸의 파괴를 가져왔다. 성적인 고통과 쾌락은 그 특징이, 길들여진 감각이 균형을 회복할 수 없을 정도로 그 경계선을 넘어버리면 우리 몸의 신경회로는 초고속도로를 만들어 감각의 끝, 극단을 향해 치닫게 된다는 것이다. 사드가 그랬고 환각제에 취해 불태우던 몸들이 그랬고 『뇌』의 소설 주인공이 그랬고, '감각의 제국'이라는 영화의 주인공이 그랬다. 환락이든 고통이든 극단으로 가게 되면 결국은 몸이 파괴되어서야 그 끝이 보이는 것이다.

그런 결론을 분명히 보았는데도 극단으로 가려고 하는가? 경계선을 넘기 전에 우리의 조절 장치를 가동시켜야 할 것이다.

100만 년 전후에 인간의 대뇌 신피질이 급격히 팽창하면서부터 인간은 성적 충동과 욕망을 다스려오기 시작했다. 그 전에는 그냥 악어처럼, 사자처럼, 원숭이처럼 살고 있었다. 이후 대뇌 신피질의 발달로 다스림이 시작되면서 그 다스림의 역사는 많은 굴곡을 가져왔다. 다스림이 너무나 강했을 때는 억압의 문명이었고 너무나 약했을 때는 퇴폐의 문명이었다. 문명 또한 극단으로 치달았을 때에는 집단이 망했고 민족이 망했다. 한 개인에게 성적 욕망을 지나치게 억압하거나 지나치게 발산했을 때 건강하지 못했고 행복할 수 없었다. 신피질의 이성과 원시 뇌의 본능이 어깨동무를 하고 조화를 이루어야 했다.

균형과 조화가 어려운 것인가?

극단으로만 가지 않는다면 어려운 것이 아니다.

몸의 기능 자체가 이미 자동조절장치를 갖추고 있기 때문이다.

몸의 흐름을 느낄 수 있는 정도로 건강하기만 하다면 얼마든지 조절할 수 있는 것이다. 지나친 자극으로 정신을 놓아버리지만 않는다면 얼마든지 조절 가능하다.

우리 몸의 자동조절 체계는 이러하다. 남성의 경우 어떤 자극을 받으면 그 자극된 감각은 뇌의 시상하부에 모인다. 시상하부는 여러 가지 정보를 종합해 판단을 내린다. 판단 결과 성적으로 흥분을 일으키는 것이면 시상하부는 뇌하수체에 있는 호르몬에 명령을 보낸다. 흥분시키라는 명령을 받은 뇌하수체에서는 성선자극 호르몬을 통해 남성의 고환에 있는 호르몬을 작동시킨다. 고환에서 분비되는 테스토스테론이라는 호르몬은 피에 섞여 몸을 흥분시킨다. 이때 어느 정도 흥분이 되었다면 테스토스테론은 다시 뇌하수체에 연락을 보낸다. 이제 되었으니 거기서 보내는 성선자극호르몬을 중단시키라고 한다. 자극호르몬이 중단되면 서서히 우리 몸은 평형으로 돌아온다.

지나친 억제나 지나친 자극을 피하면서 자신의 몸을 느끼고 사랑하면 되는 것이다.

『네 안에 잠든 거인을 깨워라』의 저자인 앤서니 라빈스는 성공에 대한 정의를 아주 간단명료하게 내렸다. 성공이란 고통을 줄이고 즐거움을 늘이는 삶이라고 했다. 그는 즐거움과 고통의 이상적인 비율을 70 : 30으로 보았다. 나 또한 '아름다운 성'의 정의를 비슷하게 하려고 한다.

우리 인간이라는 존재가 어차피 동물에게는 없는 대뇌 신피질을 가지고 있는 이상 이성적인 판단을 내리며 살 수밖에 없는 것이고, 대뇌 신피질로 인해 문명을 만든 이상 성적인 본능은 제약을 받을 수밖에 없는 것이다. 이런 현실을 감안할 때 성적인 쾌락의 이상적인 모습은, 성적 욕망의 발산을 통해 얻는 즐거움을 70으로 하고 제약을 통해 받을 수밖에 없는 고통을 30으로 했으면 한다. 나 역시 라빈스처럼 성적 쾌락의 성공을 70 ; 30으로 잡은 것이다.

발산의 즐거움이라고 해서 모두 성 관계를 통한 오르가슴을 말하는 것은 아니다.

오르가슴을 느낄 때 나오는 옥시토신과 엔도르핀은 성관계를 할 때만 나오는 것이 아니라 아기를 출산할 때나 젖먹일 때도 나오고, 친구와 식사할 때도 나오며, 예술 같은 몰입의 상황에서도 나온다. 발산의 즐거움을 다양하게 자유자재로 만끽할 수 있는 것이다. 어쨌든 이런 모든 것을 포함한 발산의 즐거움이 70이 되도록 해보는 것이다.

새 시대는 성적인 억압과 제약이 줄어드는 시대다. 지구촌 곳곳에서는 다양한 방식으로 성적 욕망을 발산하고 있다.

특히 여성들이 변하고 있다. 헬렌 피셔는 이 시대를 일컬어 '욕망의 여성화' 시대라고 했다. 지난날 여성은 성적 쾌락에서 70이 고통이었고 30이 즐거움이었는지 모른다.

여성을 성적인 존재로도 취급하지 않았다. 아직까지 여성의 음핵을 잘라내는 민족도 있다. 지난날의 남성들은 여성의 성적 욕망을 두려워했다. 오죽하면 음핵을 다 잘라냈겠는가? 남성들은 자신의 부인이 정숙한 요조숙녀이기를 바라면서 자신들은 다 풀리지 않은 욕망을 엉뚱한데서 풀곤 했다. 성적인 본능을 표현하는 여성에게는 호색녀라는 딱지를 붙여놓고 한편으로는 희롱하면서 또 한편으로는 조롱했다. 여성들은 정숙한 아내와 질펀한 요부 사이에서 분통을 터뜨리며 살아야 했다. 『성과 문명』의 저자 왕일가는 한마디로, "문명은 여성의 억압으로부터 시작되었다"고 단언한다.

과학의 도움으로 여성의 성적 능력이 얼마나 위대한지 그 실체가 밝혀졌다. 남성과 비교도 되지 않을 만큼 성적인 능력을 가졌다는 것이다. 옥시토신이라는 호르몬도 여성이 남성보다 20%가 더 많고 오르가슴의 능력도 그 강도와 연속성 면에서 남성보다 우세하다. 경제적인 자립을 높이면서 여성은 성적인 욕망에 있어서도 자신감을 회복하기 시작했다.

그 자신감이 엉뚱한 방향으로 터지고도 있지만 여성이 엄연한 성적 존재라는 것이 확인된 이상 그 욕망은 더욱 거세질 것이다.

그러면 남성은 어떻게 될 것인가? 여성으로 인해 더욱더 만족스러운 성생활을 갖게 될 것이다. 원래 남성의 만족은 여성한테서 온다. 만족도가 높아진 부부는 사랑도 더 깊어질 것이다. 엉뚱한 곳에 가서 욕구를 풀 필요도 없어질 것이다. 사랑과 쾌락이 깊어지면 여성들은 더욱 헌신하며 포용하게 될 것이다. 남성에게 배려도 더 많이 베풀 것이다. 충만한 성생활을 누리게 될 것이다. 결코 두려워 할 일이 아닌 것이다.

과도기적인 혼란과 고통은 겪겠지만 큰 흐름으로 본다면 욕망의 여성화는 욕망의 남성화를 가져오고 더불어 욕망의 인간화를 가져올 것이다. 70의 고통이 70의 즐거움으로 바뀔 수 있을 것이다. 발산의 즐거움을 늘리고 제약의 고통을 줄이는 성적 쾌락의 비법은 극단으로 가는 욕망을 조절하면서 자연스레 흘러 넘치는 몸의 본능을 인정하면 되는 것이다.

우리의 사랑스러운 자녀들을 새로운 시대가 요구하는 생명과 사랑, 쾌락의 관점에서 바라보도록 하자. 아름다운 출산과 영혼의 사랑, 발산의 기쁨이 70을 이루는 쾌락의 주인공이 되도록 도와주자.
자녀들은 이미 새 물결의 흐름을 타고 변화된 성의 3요소를 따라 그들의 몸을 던지고 있다.

빨리 어른이 되고 싶어하는 자녀들에게 성적 자립의 길을 알려주자. 어른이 된다는 것은 자립한다는 것이다.

삶에 필요한 모든 부분을 스스로 만들고 꾸려갈 수 있는 능력을 갖춘다는 것을 뜻한다. 혼자 걷지도 못하는 미숙아로 태어난 인간이 어떤 단계를 거쳐 자립에 이르게 되는가?
4단계의 자립 과정을 거친다.

먼저 신체적 자립이고 다음이 정신적 자립, 그 다음이 사회경제적 자립이다. 제일 마지막으로 이루어야 할 자립이 성적인 자립인 것이다.
다음은 내가 우리 홈페이지, 9sungae.com에 올렸던 성적 자립에 대한 글이다.
청소년을 대상으로 쓴 글이니 자녀 성교육에 도움이 되었으면 한다.

성적 자립을 위하여

퀴즈 낼게요. 한번 알아 맞춰 보세요.
문제 ; 우리 청소년들은 하루빨리 어른이 되고 싶어합니다. 즉 자립하기를 원하지요. 그래서 간섭도 싫어하고 잔소리도 싫어하며 술이나 담배 등 어른들에게만 허용되는 것을 일부러 먼저 해보려고 하지요. 또 스스로 돈도 벌어보고 싶어해요. 성관계에도 관심이 많고요. 자. 자립에 대한 문제입니다. 인간이 성장하면서 자립을 하는데 다음 4가지 자립 중에서 어떤 자립이 제일 나중에 이루어질까요?

1) 신체적인 자립
2) 성적인 자립
3) 정신적인 자립

4) 경제적인 자립

자. 답을 고르셨나요?

정답은 몇 번일까요? 4번. 경제적인 자립이라고요? 3번. 정신적인 자립요?

아닙니다. 정답은 2번 성적인 자립입니다.

자립의 순서는 신체적인 자립, 정신적인 자립, 경제적인 자립 다음에 성적인 자립이 이루어진다는 것이지요.

정답이 그게 아닌 것 같다고요? 섹스 경험 있는 사람이 많다고요?

아. 15살 때 이미 경험했고 아주 많이 해봐서 진도를 다 띤 사람도 있다고요?

성관계를 힘차게 할 수 있고 만족도 느끼면서 만족시켜줄 수도 있다면 성적으로 자립한 게 아니냐고요? 예. 그럴 듯한 얘깁니다.

그런데 말입니다. 나이가 들고 결혼을 해서 자녀를 낳은 어른들 중에서도 성적인 자립이 안 된 사람도 있다는 것입니다. 어떤 사람들이냐고요? 부부가 서로 대화할 줄도 모르고 매일 싸우기만 하는 사람. 바람을 피워 상처를 주는 사람, 또 자녀를 낳기만 했지 돌보지 않는 사람들이지요. 어린 소녀를 꼬셔 잠자리를 하는 돈 많은 아저씨들은 경제적인 자립은 이루었는지 모르지만 성적으로는 초등학생보다도 못한 아주 미성숙한 사람입니다.

자, 이쯤에서 정리하고 넘어가야 할 게 있겠죠. 도대체 성이 무엇이길래 이렇게 한참 걸려야 자립할 수 있는 것인가 하는 문제죠.

그냥 간단하게 섹스 하면 되는 거지 뭐 복잡하게 이러니 저러니 하느냐이거죠.

맞습니다. 맞고요. 저도 정말 '성'이라는 게 그렇게 간단했으면 좋겠습니다. 그냥 기분 날 때 쉽게, 쉽게 해버리고 뒤끝 없이 헤어지고 또 다양하게 여러 사람하고도 한번 해보고 비교분석도 하면서 즐기면 얼마나 좋겠습니까? 신나는 놀이처럼, 짜릿한 게임처럼 말입니다. 그런데 '성'이라는 것이 그렇게 간단하지 않은가 봅니다.

이 정답. 성적인 자립이 제일 늦게 이루어진다는 정답은 누가 정한 것인가 하면 어느 탁월한 한 개인이 정한 게 아니라 지금까지 몇천 년 동안 살아왔던 인간들이 정한 것이라고 하네요. 오랫동안 겪고 보면서 내린 결론인데 3가지 요소를 생각해봤던 모양입니다.

이 세 가지는 바로 생명, 사랑, 쾌락이라고 합니다. 섹스를 하면 당연히 아기가 생기는데 아기를 낳기만 하고 돌보지 않으니 아기가 많이 죽었나 봅니다. 생명을 생각하게 된 거죠. 그리고 아기를 돌보자면 책임지는 사람들이 함께 살아야 하는데, 함께 살려면 대화도 해야 하고 마음도 맞추고 먹을 것도 구해와야 하고 매력도 있어야 하는데 이것이 바로 사랑이겠죠. 또 억지로 같이 사는 게 아니라 즐겁게 살아야 하니 성적인 쾌락도 아주 중요했겠죠. 이렇게 생명과 사랑, 쾌락을 함께 생각해야 하기 때문에 성적인 자립은 쉽게 되는 게 아니라 오랜 기간 익히고 조절하고 배워야 된다는 것이죠.

자. 어때요? 우리가 가만히 생각해봐도 그렇지 않나요?

내 기분대로 욕구를 풀고 싶은 마음에서야 '성'이라는 게 간단하면 좋겠지만, 만약에 우리 부모님이 성을 간단하게 생각해서 나를 함부로 만들고 돌보지 않는다면 우리는 어떻겠습니까? 지금도 부모님의 다툼이나 이별로 상처를 받고 있는 사람이 있다면 얼마나 원망이 많겠습니까? 그러니까 성적으로 자립한다는 의미는 성행위를 할 수 있는 신체적인 자립은 물론 책임감을 가질 수 있는 정신적인 자립과 아이를 키울 수 있는 경제적인 자립 위에 부부관계를 오래 유지, 관리할 수 있는 인간관계의 능력까지 포함한다는 뜻이 됩니다. 단순한 섹스 능력을 말하는 것이 절대 아니지요.

자, 그렇다면 평균 수명이 80세라는데 우리가 여든 살까지 산다고 했을 때 끝까지 함께 살아야 할 사람은 누구겠습니까? 당연히 부부가 될 것입니다. 여든 살까지 재미있고 신나게 살려면 같이 살아야 할 파트너가 제일 중요한 사람이 됩니다. 어떤 사람을 선택해 어떻게 사랑하며 사는가가 인생에서 제일 중요한 문제인 만큼 그 준비와 훈련, 배움이 필요합니다. 사랑의 느낌은 어떤 것이며, 여성과 남성은 어떻게 다르고, 서로 어떤 것을 원하고 좋아하는지, 계속해서 함께 하려면 어떤 것이 필요한지 등등 배우고 익힐 것이 너무나 많습니다.

어디서 어떻게 배우고 익혀야 할까요?
당연히 '체험, 삶의 현장'에서 이루어져야 하겠죠.
사랑을 배우고 익히는 '체험, 삶의 현장'이란 바로 폭넓고 다양한 이성교제입니다.
동아리, 채팅, 소개팅, 학원과 학교, 동호회 다 좋습니다.
시공간을 초월해, 때와 장소를 가리지 않고 다 좋습니다.
많이, 여러 번, 여러 사람과 사귀어도 좋습니다.
왜 이렇게 관대하냐고요?
뒷말이 의심스럽다고요?
맞습니다. 딱 한 마디 할 말이 남아 있습니다.
그것은 바로 자신의 원칙이 있어야 한다는 겁니다.
한 번에 세워지는 것은 아니겠지만 직접·간접 체험을 통해 자신만의 원칙을 가져야만 합니다. 왜냐하면 진정으로 성적인 자립을 이루어야 하니까요. 무늬만 어른이 아니라 진짜로 어른이 되어야 하니까요.

여러 친구들의 사례를 종합해 몇 가지 원칙을 잡아보았습니다.
자신의 이성교제 원칙을 세우는 데에 참고가 되었으면 합니다.

이성교제의 5대 원칙

1. 당하지 않는다

   나는 심심풀이 땅콩이 아니다. 스트레스 푸는 대상도 아니다. 내기의 대상도 아니다. 복수의 대상도 아니고 양다리 걸치고 비교분석 당하는 연구물도 아니다. 대타는 더더욱 아니다.

섹스의 대상도 될 수 없다. 나는 그냥 나다.

나를 어떤 목적과 수단으로 대하는 것은 나를 우습게 보는 것이다.

채팅하면서 나눈 얘기들을 다 믿지 않는다. 내가 먼저 상대방을 적극적으로 파악한다.

믿음이 가기 전까지는 허튼 짓을 할 여지를 주지 않는다.

내가 나를 지킨다.

2. 매이지 않는다

사랑이 움직이는 것이라면 이성교제는 날아다니는 것이다.

어디에도 구속받지 않고 자유롭게 날아다니며 폭넓게 사귀는 것이다.

성관계는 많은 것을 구속한다. 한번 만나 성관계를 하고 헤어졌다고 해도 그 후유증이 남아 나를 구질구질하게 만든다. 성병에 대한 걱정, 임신에 대한 걱정, 임신이 되었다면 해결해야 될 걱정, 임신했으니 책임지라는 걱정 등등 사랑을 배우고 준비하는 이성교제 기간에는 가능한 성관계는 안 하는 것이 좋다.

또 사귀다가 한 쪽이 싫다면 미련 없이 보내줘야 한다. 앞날이 창창한데 무엇이 고민인가. 더 좋은 사람을 얼마든지 만날 수 있다.

매이지 않고 자유로운 사람이 더 돋보인다.

3. 내 할 일은 하면서 한다

이성교제를 하면 잡념이 많이 들어 성적이 떨어지고 하던 일이 산만해지기 쉽다.

성적이 떨어지면 부모님하고도 부딪힌다. 더 짜증이 나고 반발심이 생긴다. 그런 점을 미리 알고 자신의 중심을 잡아야 한다. 오히려 성적을 올려 이성교제를 당당하게 할 수 있는 입장을 마련하는 게 현명하다. 사귀는 친구끼리 약속을 하며 서로 격려하고 체크하자. 공부는 경제적 자립을 위해 필요한 과정이다. 이성교제 하면서 성적이 올라 좋은 대학에 간 친구들도 얼마든지 있다. 이왕이면 서로에게 발전이 되는 이성교제를 하자.

4. 강요하지 않는다

사귀다 보면 여러 면에서 입장 차이가 있을 수 있다. 음식, 노는 취향, 표현 방식, 그날의 기분, 스킨십 요구 등 자기 뜻대로 안 될 때 화를 내거나 삐지는 경우가 많다. 특히 싫을 때는 기분 나쁘지 않게 자기 표현을 해줘야 하는데 말도 안 하고 찡그리고 있으면 이유도 모른 채 엉뚱한 오해만 생긴다.

성적으로 성숙한다는 것은 바로 인간관계를 맺고 관리하는 능력이라 했다. 표현할 줄 알아야 하고 잘 듣고 배려할 줄 알아야 하며 서로 맺은 약속은 지킬 줄 알아야 한다.

특히 제일 많이 부딪히는 문제는 스킨십이다. '백일'이니 생일 파티니 하면서 명분을 달아 스킨십을 요구할 때가 많다. 사랑한다면 성관계를 맺자고 강요한다. 상대방이 머뭇거리면 더욱 화를 내면서 절교를 선언하고 상황을 몰아간다. 많은 경우 이런 상황에서 준비없는 성관계가 이루어진다.

결과는 좋을 때보다 좋지 않을 때가 더 많다. 후회를 하고 부담을 가지면 서로 멀어진다. 사랑도 아니고 친구도 아니고 상처만 남는다. 처음부터 스킨십에 대한 선을 분명히 하고 약속을 해두는 것이 좋다. 나중에라도 그런 요구가 있을 때에는 자신에 대한 입장을 분명하게 밝히고 강요의 틀 속으로 들어가지 말아야 한다. 그럴 경우 상대방도 처음에는 서운해하지만 나중에는 오히려 더욱 존중하고 믿음을 갖게 된

다. 상대방이 싫다고 하면 강요하지 말고 그 의사를 그대로 존중해 주
어야 한다. 강요하는 것은 자기 욕심을 채우는 것일 뿐이다.

5. 두 번 다시 실수하지 않는다

사람관계는 말처럼 쉽지 않다. 감정과 분위기, 감각과 생각이 혼합되
어 통하는 것이기 때문에 뭐라고 딱 집어서 가를 수가 없는 것이다.

또 새록새록 처음으로 겪게 되는 체험 속에서 무엇이 우정인지, 사랑
인지 애매하기도 하다. 몸의 변화와 느낌도 새로울 수 있다. 모든 것
이 신기하고 새롭고 의문스럽다.

그러기에 조심을 한다고 해도 어느새 실수를 할 수가 있고, 서로 오해
할 수도 있으며 본의 아니게 사고를 당할 수도 있다.

중요한 것은 그 경험과 실수 속에서 많은 것을 배우고 깨닫는 것이다.
같은 경험을 하고서도 어떤 사람은 아픈 만큼 성숙하고 어떤 사람은
오히려 막 살아가는 계기가 된다.

어떤 것을 배우고 깨달을 수 있을까?

이성교제를 하면서 내 모습을 발견할 수 있다. 이기적이거나 우유부
단하거나 의존적이거나 공격적인 것 등 여성·남성의 차이도 배울 수
있다. 사랑의 감정에 대해서도 배우고 약속을 지키는 성실함과 속이
지 않는 진실함이 인간관계에 얼마나 중요한지에 대해서도 깨달을 수
있다. 사람을 파악하는 안목도 생긴다. 이런 것이 쌓여 사랑할 수 있
는 능력이 만들어지는 것이다.

그래서 이성교제는 뒷정리가 더욱 중요하다. 정리를 잘 할수
록 같은 실수를 반복하지 않는다. 청소년 시절 어떤 일을 겪
더라도 정리만 잘 하면 되는 것이다.

몸 사랑하기 **7**

{ 음식 습관 }

미국에서 아침 급식을 실시한 이후 아이들의 성적이 오르고 비행 청소년이 줄어들며
활동력이 증가한다는 결과가 나왔다.
그것은 뇌에 에너지원을 공급하기 때문이다.
뇌의 에너지원은 포도당인데 사람의 몸은 당질을 오래 저장할 수 없으므로 규칙적으
로 먹어줘야 한다는 것이다.

이 **아이들을** 어쩌면 좋단 말인가!

우리의 꽃다운 10대들이 몸이 망가져가고 있구나

나는 1년 반 전 홈페이지 9sungae.com을 열고 상담을 받기 시작했다. 하루, 이틀, 한 달이 지나면서 내 입에서는 탄식의 소리가 흘러나왔다.

우리의 꽃다운 10대들의 몸이 망가져가고 있구나. 이 일을 어쩌면 좋단 말인가!

자궁이 안 좋아 허리가 아프고, 냉에서 이상한 냄새가 나고, 생식기가 가렵고, 생리 불순에 생리통, 한 번의 섹스에 한 달째 아랫배가 아픈 아이, 낙태한 지 한 달 만에 또 낙태, 지나친 자위행위로 머리가 멍하고 음경이 아프다는 아이, 키가 안 큰다는 아이, 사정이 안 된다는 아이, 정액에서 피가 나온다는 아이, 병원에는 죽어도 못 가겠다는 아이, 병원에 다녀왔는데도 질 염이 낫지 않는다는 아이 등등 정신을 차릴 수가 없었다.

여러 전문가 선생님들에게도 자문을 구했다. 뾰족한 수가 없었다. 병원과 가정과 학교 밖의 영역에서 고민하며 애태우는 영역이었다. 그야말로 사각지대에 놓인 청소년의 성건강 문제였다. 그나마 사이버 공간이기에 이런 사소한 것 같지만 중요한 건강 문제가 드러난 것이다. 누구에게 털어놓고 물을 수 있었겠는가? 사춘기 청소년들은 정말 물을 데가 없었다. 부모도 결코 편안한 의

논 상대가 아니었다. 병원에 가야 할 상황임에도 의료보험증에 병원 다녀온 흔적이 남을까봐 걱정들을 했다. 보험증 없이 간다면 치료비가 부담스러웠던 모양이다. 너무나 안타까웠다. 생명을 잉태하고 만들어낼 청소년의 성 건강은 아주 중요한 것이다.

치료가 아닌 치유 방법이 필요했고 그 이전에 예방 관리가 필요했다. 방법이 없을까?

행운을 만났다. 자궁에 대해 박사 학위를 받으신 한의사 선생님을 만나게 되었다. 3개월을 배웠다.

생식기와 관련된 몸의 원리와 일상생활 속에서 관리할 수 있는 방법에 대해 많은 것을 배웠다. 청소년 건강에 애정을 가지고 가르쳐주신 김종현 선생님께 깊은 감사를 드린다. 여기서는 다 소개할 수 없지만 아쉬운 대로, 급한 대로 생식기 건강과 관련된 것들을 요약해본다.

생명의 텃밭, 자궁을 튼튼히!

심한 긴장과 흥분, 공포와 충격이 있으면 곧바로 자궁이 영향을 받는다.

1. 무조건 웃어야 한다

자궁은 간이 다스린다. 그래서 자궁은 심리적 영향을 아주 많이 받는 곳이라 할 수 있다.

간은 아주 중요한 곳인데 몸의 여러 기관에 영향을 미친다. 자궁은 물론 위와 심장, 뇌하수체에도 영향을 미친다. 간은 긴장과 분노에 약하다. 사람이 화를 내면 간이 수축하는데 아주 놀라거나 심하게 화를 내면 영화에서 보는 것처럼 갑자기 피를 토하기도 하고 뒤로 넘어가며 쓰러지기도 한다. 피를 토하는 것은 갑자기 수축된 간이 위 식도의 정맥을 파열시켜서 그런 것이고 뒤로 쓰러지는 것은 간의 피는 심장의 심실로 흘러가는데 화를 내면 간이 수축돼 심장으로 가는 피가 적어져 관상 동맥이 경련을 일으켜 쓰러지는 것이다.

화가 나면 먹은 것이 체하기도 하는데 그것 또한 간이 수축해서 위에 필요한 펩신이나 효소가 분비되지 않기 때문에 소화가 안 되는 것이다.

72시간이 지나야 효소가 분비된다고 하니 화를 낸다는 것이 얼마나 몸을 상하게 하는지 알 만하다.

화가 나더라도 그 결과는 남자, 여자가 다른데 여자에게 더 안 좋은 결과를 가져온다. 그것은 음양의 이치에서 여성은 '음'인데 간 또한 '음'의 성질이기 때문에 음과 음이 만나면 더 안 좋은 결과를 가져오게 되는 것이다. 그래서 남자는 화가 난 후 쉽게 털어버리기도 하는데 여성은 며칠씩 오래 간다고 한다. 여러 가지로 몸의 후유증이 크다고 할 수 있겠다. 화만 내지 않으면 여성은 오래 살 수 있는 것이다.

간이 자궁에 미치는 영향은 대단하다.

심한 긴장과 흥분, 공포와 충격이 있으면 곧바로 자궁이 영향을 받는다. 생리가 한 달에 2번 나오기도 하고 주기가 바뀌기도 한다. 생리와 관계된 이상은 99%가 심리적인 면과 음식에서 그 원인이 온다고 한다. 간이 많이 손상되면 자궁 상태를 감지하지 못해 상상 임신으로 대뇌에 전달하기도 할 정도다. 상담 중에 가장 많은 것이 임신은 아닌 것 같은데 생리가 늦어지는 경우다. 이런 경우 대부분 임신에 대한 공포와 긴장으로 인해 생리가 늦어지는 것이 많다. 걱정과 긴장이 간에 영향을 미쳤고 그로 인해 자궁에 영향이 온 것이다.

간이 안 좋으면 위가 나빠지고 위가 늘어나 쳐지면 난소에 문제가 생긴다. 늘어난 위는 난소나 콩팥을 누르는데 그렇게 되면 눌려진 난소에서는 난포 호르몬의 분비가 중단돼 난자가 자라지 않게 된다. 이것이 생리불순이나 기타 난소 기능 약화로 나타나는 것이다.

자궁이 튼튼하려면 간이 튼튼해야 하는데 어떻게 관리할까?

① 제일 중요한 것은 걱정거리를 만들지 말아야 한다. 임신에 대한 걱정 자체가 없도록 함부로 성관계를 하지 말아야 한다.
② 일찍 자고 일찍 일어나야 한다. 간은 밤 9시부터는 그 기능이 정지되고

아침 5~7시에 깨어나 가장 활발하게 움직인다. 그러니 그 리듬에 맞춰 주는 것이 자궁을 위하는 길이다. 미인은 잠꾸러기라고. 맞는 말이며 중요한 말이다.

③ 순간의 감정 관리를 잘 해야 한다. 우리 여성들은 화를 내면 더 치명적이니 무조건 웃어야 한다. 좋은 생각으로 바꾸고 화를 오래 간직하지 말아야 한다. 지금 당장 웃자.

④ 화가 나서 열이 날 때 보리차를 진하게 끓여 노란 설탕을 타서 마시면 아주 효과가 좋다. 보리차를 쓴맛이 날 정도로 진하게 끓이는 것이 좋다고 한다.

2. 만 19세 전에는 성관계를 하지 않는다

성관계에서 몸에 가장 나쁜 것은 두 가지 경우다.

하나는 자궁이 성숙하지 않았을 때 하는 것과 원하지 않았을 때 하는 것이다.

미성숙한 자궁을 소아자궁이라고도 하는데 자궁의 내막이 다 자라지 못한 것이다. 난소 기능이 약해서 소아 자궁일 때 머리가 아프다고 하며 잘 체하기도 하고 허리가 아프다. 배란기 때는 고통이 심하고 자궁에 가스가 차고 경련이 일어나며 우울증이 생기기도 한다.

여성의 자궁은 만 19세가 되어야 내막까지 다 성숙한다. 그러니 그 전에 성관계를 하면 자궁에 무리가 오게 되는 것이다. 난자 또한 19세 전에는 충분히 성숙되지 않았기 때문에 혹시 임신이 되더라도 건강하지 않은 아기를 낳을 수 있다.

여성이 원치 않았을 때 성관계를 하면 청소년은 말할 것도 없고 성인 여성 또한 난소가 수축되고. 그로 인해 난소에서 나오는 난포 호르몬이 멈춘다. 여성의 준비 없이 남자 위주로 했을 때 자궁 경부에도 질환이 잘 생길 수 있다. 즐거움이란 남녀가 함께 원하고 느끼는 것이고 그럴 때 몸도 건강해지는 것이다.

3. 몸을 차게 하지 않는다

10대에는 원래 몸의 신진대사가 몸 상부에서 활발한 법이다. 하부는 그 활발한 기운이 천천히 내려오는데 여성은 음이기 때문에 더 늦게 내려온다. 그래서 하부가 따뜻하지 않고 차면 생식기가 약해질 수 있다. 찬 음식을 많이 먹으면 자궁으로 오는 혈액 양이 적어져 자궁에 경련이 일어날 수 있다. 자궁의 경련으로 자궁의 내막이 고르게 평평하지 않고 그 두께가 나왔다 들어갔다 하여 울퉁불퉁해진다. 그러면 폴립이라는 작은 혹이 잘 생길 수 있다.

① 배꼽을 차지 않게 한다. 배꼽 부위는 몸의 위의 기운과 아래 기운이 부딪히는 곳이라 아주 중요하다. 이곳이 계속 차가우면 만병의 근원이 되며 불임도 될 수 있다. 배꼽티도 입지 않고 골반 바지도 피한다. 배꼽을 감싸자.
② 찬 것을 함부로 먹지 않는다.
③ 차가운 바닥에 오래 앉지 않는다.
④ 여름철에는 반드시 뜨거운 물을 마신다.
⑤ 자궁에 가장 좋은 옷은 따뜻하면서도 통풍이 잘 되는 옷이다. 긴 통치마 같은 것인데 배는 따뜻하면서도 질은 습한 곳이라 통풍이 잘 되어야 하기 때문이다. 꼭 끼는 바지는 좋지 않다.

4. 자위행위를 함부로 하지 않는다

난소와 자궁이 다 자라지 않았을 때 성적 호기심이 많으면 열이 위로 올라가 난소 기능이 더 늦어진다. 그래서 자위행위도 가급적 안 하는 것이 좋다. 특히 질에 이물질을 넣거나 손가락을 넣는 것은 아주 나쁘다. 질은 아주 부드러운 점막인데 상처가 나기 쉽고 그 상처는 쉽게 아물지 않으며 손가락을 넣었을 경우 손톱 속에 있던 박테리아 균이 염증을 일으킬 수 있다. 손톱에는 세균이 많은데 그 중에서도 자궁경부암을 잘 일으키는 파필로마균이 들어 있다.

5. 콜라를 절대로 먹지 않는다

남녀노소를 불문하고 탄산음료나 청량음료는 몸에 아주 안 좋다. 하지만 그 중에서도 콜라는 여성에게 더욱 해롭다. 독성이 강한 '음' 성분의 음식이라 '음'인 여성이 먹으면 음과 음이 만나 더욱 안 좋아진다. 자궁이나 생식기에 독성과 찬 기운을 주게 되어 약하게 만드는 것이다.

정자를 아끼자

어릴 때 하는 자위행위는 체세포가 완성되지 않아서 더욱 치명적이다

1. 자위행위

사춘기에는 성적 호기심이 많아 자극을 찾고 흥분을 잘 한다. 따라서 자위행위를 하게 되는 것은 얼마든지 이해할 수 있는 문제이다. 단 만 19세까지는 성장을 계속하고 있는 중이고 생식기도 다 자라지 않았기 때문에 지나친 자위행위는 몸에 지장을 많이 준다.

몸의 성장은 19세까지 급격하게 자라고 25세까지도 완만하게 성장하는데 건강상으로 보면 성장이 멈춘 25세 이후에 자위행위를 하는 것이 정상인 것이다.

만 19세 전에 지나친 자위행위를 하면 몸은 어떻게 되는가?

먼저 성장호르몬을 둔화시켜 더 자랄 수 있는 키도 덜 자라거나 안 자랄 수도 있다. 정자를 너무 배출하면 부고환에서 나오는 호르몬이 대뇌에 영향을 주어 성장호르몬 분비에 지장을 주는 것이다. 실제 많은 상담에서 11세부터 심하게 자위행위를 한 소년들이 16세에 키가 평균치보다 아주 작다는 호소가 많았다.

또한 머리가 멍하고 정신이 산만하고 흐려진다는 호소도 많았는데 그것은 신장에 손상을 입었기 때문이다. 신장의 사구체는 영양소를 걸러내는 곳인데 자위행위를 많이 하면 압력 때문에 사구체 혈관이 터져 기능이 망가진다. 몸

에 중요한 영양소가 빠져나가는 것과 함께 신장의 피질에서는 독소 여과 작용이 어렵게 된다. 독소는 위로 올라가는데 독소가 머리로 올라가면 뇌를 상하게 하고 산만해진다.

또한 고환과 부고환도 다 자라지 않았는데 잦은 자위행위로 고환에 열을 빼면 정자가 제대로 자라지 못한다. 정자 생산에 지장이 있는 것이다. 전립선도 커지고 심한 경우 항문이 빠지기도 한다.

생식기관이 자라고 있는 동안에는 아주 편안하게 잘 자랄 수 있도록 몸을 아껴야 한다. 열 살 전후, 어릴 때 하는 자위행위는 체세포가 완성되지 않아서 더욱 치명적이다.

2. 무절제한 성생활을 하지 말자

이른 나이에 섹스를 자주 하고 파트너도 자주 바꾸면서 무절제한 성생활을 했을 때 신장이 상하고 편도가 망가진다. 편도는 세균을 걸러주는 기관인데 신장이 망가지면 노폐물을 걸러주지 못해 편도에 이상이 생기는 것이다. 초기에는 목이 아프고 눈이 시고 목이 쉰다. 심하면 폐도 망가지면서 폐결핵에 걸릴 수도 있다.

신장은 아주 중요한 곳인데 신장이 튼튼하면 남성이 80살에도 성생활을 잘 할 수 있다고 한다. 무절제한 생활을 피해야 하는 것이다.

3. 잘 먹고 약은 삼가자

정액은 97%가 수분이고 나머지가 단백질, 아미노산 요소 등으로 구성되어 있다. 영양 상태에 따라 그 성분이 달라진다. 인스턴트 식품은 피하고 단백질 음식 중에서 콩을 많이 먹는 것이 좋다. 콩은 정자 생성에 가장 좋은 음식으로 보고되었다.

약은 가능한 먹지 말자. 항생제는 50%가 몸에 남아 있어 혈액 속에서도 용해 않는데 이 성분은 정자를 감소시키거나 정자의 활동을 둔화시킨다. 담배 또 정자 활동에 영향을 미치고 키도 1년에 2센티미터 정도 덜 자라게 한다.

4. 시원하게 한다

정자는 시원해야 튼튼하게 만들어진다.

고환의 온도가 몸의 체온보다 3~4℃ 정도 낮을 때가 가장 좋다. 꽉 끼는 바 는 안 좋다. 헐렁하고 시원하게 관리해야 한다.

긴 시간 동안 자전거나 승마, 운전을 할 때도 지장을 준다고 한다. 더운 사 우나에 자주 가는 것도 좋은 것은 아니다.

적어도 이틀에 한 번 정도는 찬물로 생식기를 씻어주는 것이 좋다. 청결과 정자 관리를 위해서 말이다.

음식 습관

현미와 콩, 유기농 야채가 아름다운 몸과 아름다운 성을 만들 것이다

박정훈 PD가 지은 『잘 먹고 잘 사는 법』에 나오는 귀중한 정보를 몇 가지만 추려보았다.

1. 아침을 꼭 먹는다

미국에서 아침 급식을 실시한 이후 아이들의 성적이 오르고 비행 청소년이 줄어들며 활동력이 증가한다는 결과가 나왔다. 그것은 뇌에 에너지원을 공급하기 때문이다. 뇌의 에너지원은 포도당인데 사람의 몸은 당질을 오래 저장할 수 없으므로 규칙적으로 먹어줘야 한다는 것이다.

당의 원료인 글리코겐은 간에 있는데 간의 영양과도 관련이 있다. 간의 영양소가 가장 필요한 시간이 아침이다. 아침에 간이 잠에서 깨어 제일 활발할 시간이기 때문이다. 간이 튼튼해지면 뇌에 영향을 미쳐 성적도 오르고 성격도 좋아지며 위와 자궁도 좋아질 수밖에 없다.

그리고 아침을 굶으면 점심에 폭식을 하고 그러다 보면 위가 늘어나 위하수가 된다. 위가 늘어났을 때 그 늘어난 부위는 난소를 눌러 난포 호르몬의 분비에 지장을 준다. 그러면 난자가 성숙하지 못하여 생리불순을 가져오게 된다.

여성에게 아침 식사는 더욱더 중요한 문제다. 자궁과 난소, 난자의 건강을 위해서 아주 중요하다 하겠다.

균형 있는 아침 식사를 꼭 하도록 하자.

2. 천천히, 꼭꼭 씹어 먹는다

음식을 씹을 때 턱의 운동은 뇌에 정보를 전해주는데 50%를 차지할 정도로, 팔과 다리가 전해주는 정보보다 두 배나 더 많은 정보를 전해준다고 한다. 즉 뇌의 발달에 지대하다는 것이다. 뇌신경은 10세에 완성되는데 이때까지 뇌 발달을 위해서는 운동과 오감 정보를 충분히 주어야 하지만 10세 이후에도 음식을 씹으면 꾸준하게 뇌를 활발하게 해준다.

씹을 때 나오는 침도 매우 중요하다. 면역 물질이 많이 들어 있어 많이 씹는 아이들은 웬만한 균이 들어와도 거뜬히 물리칠 수가 있다고 한다. 쥐의 실험에서는 침이 생식 능력과 밀접히 관련이 있는 것으로도 나왔다. 쥐의 타액을 없애면 수컷의 정자 수가 20-25%나 줄고 정자 운동량이 70%나 줄어 임신시킬 수 있는 능력이 3분의 1로 떨어졌다고 한다. 꼭꼭 씹어야 정자가 튼튼하다는 것이다.

3. 인스턴트 식품이나 패스트 푸드, 탄산음료는 먹지 않는다

비행 청소년이 가장 많이 먹는 음식은 탄산음료였고 그 다음이 라면과 같은 인스턴트 식품, 과자. 캐러멜 순이었다. 이런 음식들은 당분만 있고 중요 영양소인 비타민과 미네랄이 없다. 비타민이 없으면 당분이 에너지로 변하지 못하는데 음식에 비타민이 없으니까 몸에 있는 비타민을 쓸 수밖에 없어 몸의 비타민이나 미네랄을 잃어버리게 된다.

특히 탄산음료 같은 식품은 당분이 아주 많은데 이것은 오히려 혈중에 당이 줄어드는 결과를 만들어 저혈당으로 인해 뇌의 조절 기능을 잃는다. 집중하여 일을 할 수 없고 산만하며 생활이 흐트러지며 신경질과 화를 잘 낸다. 일본에서도 20년 전부터 청소년이 거칠어졌는데 그 큰 이유 중에 하나가 음식 문화의 변화였다는 연구가 있었다.

알렉샌더 사우스 박사는 실제로 문제가 있는 아이들에게 무기질인 아연이나 철분, 비타민을 주었는데 눈에 띄게 달라졌다고 한다. 설탕을 줄이는 것만으로도 산만하던 아이가 얌전해졌다. 산만하고 학습 능력이 떨어지는 아이나 비행이나 범죄를 저지르는 아이에 대해 비타민과 무기질이 풍부한 영양 공급의 대안이 생긴 것이다. 충분한 영양 섭취만으로도 성폭행을 줄일 수 있는 것이다. 충동적인 아이들은 더욱 명심해야 할 것이다.

미국에서도 각 학교마다 청량음료 자판기를 철거하기 시작했다. 우선 탄산음료라도 안 먹게 하고 인스턴트 식품만이라도 안 먹게 하는 것부터 첫 발을 내딛어야 한다.

4. 동물성 음식을 절제한다

옛날의 고기는 자연에서 길러진 고기가 많았다. 그러나 최근에는 사료를 주어 집단적인 열악한 환경에서 기른다. 사료에는 열악한 환경을 이겨내게 하는 고성장 비타민과 항생제가 대량으로 들어 있다. 미국의 사료에만도 인간에게 투여하는 항생제의 여덟 배가 들어간다고 한다. 이것이 고기로 변해 우리 몸에 들어온다. 면역 체계가 흐트러질 수밖에 없다. 항생제는 몸에 남아 내성을 기르는데 어떤 항생제에도 이겨낼 수 있는 슈퍼박테리아가 생길 정도다. 병이 나서 약을 써도 효력이 없게 되는 것이다.

동물이 죽을 때 당연히 감각기관이 있기 때문에 고통과 죽음을 감지한다. 그 공포와 고통의 기운이 우리에게 전해지는 것이다. 충동적인 아이들에게는 고기를 먹이지 말라는 얘기도 있는데 그럴 만한 것이 돼지가 도살될 때의 장면을 보면 수긍이 간다. 전기 충격을 가하는 콘베어 벨트 위에서 안 죽으려고 발버둥치는 돼지에게 쇠파이프 몽둥이가 내려쳐지면 두개골이 부서지는 속에 죽음을 맞이하고 있다. 그때의 극도의 스트레스가 만든 기운이 우리에게 전해진다면 충동적일 수밖에 없을 것이다.

인간의 치아는 고기를 먹는 데에 필요한 송곳니가 4개다. 그러므로 다른 치아 32와 비교해 고기는 32분의 4만 먹으면 된다는 것이다. 육식을 하는 동물들과 비교해 사람은 그 장의 길이가 길다. 원래 인간은 곡류와 채식동물인 것이다. 육류가 장이 긴 사람에게 들어가면 육류는 장 안에서 부패하므로 장 안에 오랜 기간 머무는 동안에 아민, 암모니아, 페놀, 유화수산, 인돌 등 여러 가지 물질이 발생한다. 독소가 발생하면서 그 독소가 피에 흡수되므로 혈액이 산독화되는 것이다. 그래서 가능한 채식을 하며 고기를 먹더라도 적은 양을 먹어야 할 것이다.

5. 콩과 현미를 즐겨 먹자

20년을 변비로 고생한 사람이 일주일만에 변비를 고쳤다. 그것은 생으로 된 청국장을 식사할 때마다 한 숟가락씩 먹었기 때문이다. 생 청국장의 콩에는 5%의 섬유질과 각종 유익한 균들이 수백억 마리가 들어 있는데 이것들이 장의 정장 작용을 한 것이다. 세계에서 가장 오래 사는 일본인들의 장수 비결도 바로 콩에 있었다.

미국과 호주, 서구에서는 지금 콩 바람이 불고 있다. 콩 햄과 콩 소시지, 콩 아이스크림, 콩 요쿠르트로 고기가 콩으로 대체되고 있다. 우리도 콩 바람을 일으켜야 한다.

또한 다 깎이지 않은 쌀을 먹어야 한다. 백미는 모든 영양소가 날아간 녹말 덩어리다. 씨눈과 껍질에 들어 있는 영양소는 물론 우리 몸에 꼭 필요한 섬유질이 제거되기 때문에 심각한 문제를 야기한다. 섬유질은 장 안에서 유익한 균의 증식을 돕고 대장의 배설 기능을 돕는 윤활유로서 너무나 중요한 것이다. 요새는 가정에서 원하는 만큼 도정할 수 있는 도정기도 나와있다. 씨눈과 껍질까지 부드럽게 해서 다 먹을 수 있도록 되어 있다. 현미는 껄끄러워서 거부감이 많았는데 그것도 극복 해결해 부드럽게 만들었다. 식생활의 기본인 만큼 다른 데에서 섬유질을 찾을 것이 아니라 쌀에서부터 변화를 꾀해야 한다.

여기에 유기농 야채까지 껍질째 먹는다면 더 말할 수 없이 좋을 것이다. 현미와 콩, 유기농 야채가 아름다운 몸과 아름다운 성을 만들 것이다.

생식기 위생 관리

속옷은 남녀 모두 순면으로 된 것을 입고 매일 갈아입도록 한다

1. 생식기 관리

① 뒷물을 할 때는 여성의 경우 비누를 사용하지 않고 흐르는 물로 한다. 미지근한 물로 외부 생식기를 씻고 질 안에는 씻지 않는다. 정상적으로 살고 있는 균들과 질의 산도가 균형을 잃을 수 있기 때문이다. 화학 성분이 많은 세척제는 사용하지 않는 것이 좋다.

② 남성도 생식기를 씻어야 한다. 이틀에 한 번 정도로 씻는데 가능한 찬물로 하며 스폰지나 타올에 비누를 묻혀 가볍게 생식기를 씻는데 귀두 부분은 약간 위로 젖혀 닦아주면 된다. 너무 젖혀 심하게 닦는 것은 안 좋다. 귀두 부분은 예민하여 상할 수 있다. 포경 수술을 한 사람도 씻어야 한다. 분비물이 끼어 염증이 생길 수 있기 때문이다.

③ 여성의 경우 소변을 본 후 화장지로 닦는 것은 가급적 피하도록 한다. 화장지의 화학 성분이 해롭기 때문에 너무 자주 심하게 닦으면 생식기가 상한다. 개운하지 않으면 생식기 주변으로 소변의 흔적만 가볍게 눌러 닦아주도록 한다.

④ 속옷은 남녀 모두 순면으로 된 것을 입고 매일 갈아입도록 한다. 속옷은 가끔씩이라도 삶아줘야 한다.

⑤ 여성의 경우 대변 보고 휴지로 닦을 때 휴지를 질 입구 쪽에서 시작해 항문 쪽 방향으로 닦아야 한다. 항문 주변에는 대장균이 많은데 항문 쪽에서 앞쪽으로 닦다보면 대장균이 질에 감염되어 염증이 생길 수 있다. 일찍부터 습관을 들여야 한다.

⑥ 여성의 질은 습한 곳이라 통풍이 잘 되어야 한다. 따뜻하면서도 통풍이 되게 하라. 바지는 안 좋다. 특히 꼭 끼는 바지는 질의 염증을 가져올 수 있다. 팬티 스타킹도 좋지 않다. 냉에서 냄새가 나는 경우가 많다. 집에서는 가능한 긴 통치마를 입는 습관을 들이자.

⑦ 생리대는 가능한 특수 첨가물이 들어 있지 않은 것이 좋다. 각종 향이 들어 있는 것은 그만큼 화학 물질이 첨가되었다는 뜻이다. 생리대 알러지도 많이 나타나는 만큼 생리 중에는 생리대를 갈기 전 사이사이 잠시만이라도 통풍을 시켜주는 것도 좋다.

⑧ 생리대 종류 중에 질 안에 삽입하는 '탐폰' 이라는 것이 있는데 가급적 사용하지 않는 것이 좋다. 질 안에 균형을 깨트려 염증을 불러올 수 있기 때문이다.

⑨ 질 안에는 손가락을 넣거나 이물질을 넣지 말아야 한다.

2. 가려움증과 염증

① 생식기가 가려울 경우 확인을 해본다. 혹시 촌충과 같은 기생충 때문인 경우도 많기 때문이다. 냉에서 심한 냄새가 나지 않고 생식기 피부의 단순한 가려움증이라면 식초를 묽게 타서 닦아주면 좋다. 기생충의 경우는 미나리에 감식초를 한 방울 떨어뜨려 갈아 먹이면 아주 효과가 좋다.

② 냉에서 냄새가 심하고 가려움증이 있으면 우선은 병원 진찰을 받아야 한다. 원인균에 따라 치료를 해야 한다. 트리코모나스, 칸디다균의 경우 쉽게 치료될 수 있다. 딸을 가진 어머니들은 주의 깊게 딸의 속옷을 살펴봐야 한다. 별다른 일이 없더라도 냉이 안 좋고 염증이 생길 수 있기 때문이다.

③ 그 외 병원에서 이상이 없다고 하는데도 가렵거나 냉이 안 좋은 경우가 많다. 변비가 있는 아이들은 대장균으로 인해 질염이 생기기도 하고 한 번 질염이 생기면 쉽게 낫지 않는 경우도 많다. 이럴 때는 쑥 찜질이나 겨자뜸질이 효과가 좋다.

● 쑥 찜질

요즈음은 쑥 찜질하는 기기가 많이 나와있다. 그것을 이용하면 편리하다. 나이 드신 어머니들은 한증막에 가서 하기도 한다.

가장 쉽게 할 수 있는 방법은 적당한 크기의 항아리에 불 붙인 쑥을 넣어 그 위에 앉아서 연기를 쏘이는 것이다. 쑥은 강화도 쑥이 제일 좋다고 한다. 건재상에서 약 쑥을 사와 야구공만한 크기로 덩어리로 뭉쳐서 그곳에 불을 붙이고 항아리에 넣으면 된다. 속옷을 벗고 항아리 위에 앉는데 쑥의 연기가 엉뚱한 곳으로 갈 수 있기 때문에 통기가 잘 안 되는 치마 같은 것을 겨드랑이 밑에서부터 입고 항아리까지 덮은 채로 하면 효과가 높다. 약간 뜨거우면 엉덩이를 들썩거리더라도 온 몸에 땀이 나고 등이 후끈 달아오를 정도로 하면 된다.

또 다른 방법으로는 쑥을 펄펄 끓여 그것을 항아리에 넣고 김을 쏘이는 것도 좋다.

일 주일에 한 번이나 두 번, 자신의 느낌에 따라 일정 기간을 하면 된다. 많은 경우 가려움증도 나았고 냉도 좋아졌으며 생리통과 생리 불순을 고친 경우도 있었다.

나 또한 그 심한 생리불순을 이것으로 고친 경험이 있다.

● 된장 겨자 찜질

먼저 삼베를 마련하는데, 삼베는 우리 나라 것이 좋다.

삼베를 사서 주머니를 만드는데 스케치북 2배만큼의 크기로 한 쪽만 틔운 채로 박는다.

주머니를 만든 후 삼베를 삶는데, 비누를 사용하지 말고 그냥 삶아 말린다. 대야에 70~80℃ 정도의 뜨거운 물을 3분의 2 정도 담은 후 겨자 가루 한 수저를 넣어 잘 젓는다. 한참을 잘 섞어야 한다.

그 다음 밀가루를 한 공기 정도 넣고 잘 젓는다.

그 후에 된장을 한 공기 정도 넣어 잘 젓는데 된장은 우리 나라 조선 된장이어야 한다.

밀가루와 된장이 같은 비율로 해서 튀김할 때의 농도처럼 흐르기 직전의 걸쭉한 상태로 재조정한다. 이렇게 잘 저은 것을 삼베 주머니에 담고 삼베 주머니를 반으로 접는다. 그러니까 삼베 주머니 반에만 액체가 담겨 있고 나머지 반은 덮개가 되는 셈이다. 그래야 흐르지 않는다.

반으로 접힌 삼베 주머니를 유방 밑에서 치골 위에까지 배 전체에 펴서 얹어 놓는다. 그 위에 더운 물 주머니나 전기용 핫백을 얹어 놓아 온도가 유지되도록 한다. 15분 정도 하는데 시간이 길어지면 겨자의 뜨거운 성분으로 피부가 상하기 때문에 길어도 시간을 20분이 넘지 않도록 한다.

　마치고 나서 내용물은 변기에 얼른 버린다. 독성이 강하기 때문에 함부로 만지면 안 좋다. 변비가 심하고 자궁의 염증이 심한 사람은 하루에 2번 정도로 검은 변이 나올 때까지 하면 된다. 대개는 일 주일 안에 시커먼 변이 나온다.

　대개는 하루에 한 번이나, 이틀에 한 번 정도로 대 여섯 번 하면 된다.

　질염, 냉 대하증, 자궁의 염증, 생리불순, 생리통 등 생식기와 관련된 모든 것에도 좋을 뿐더러 변비와 기관지 천식에도 좋다. 신장과 대장이 다 좋아지기 때문이다. 장이 튼튼해지면서 다이어트에도 좋다. 성충동이 심해 밖으로 돌아다니는 여자에게도 좋다. 차분해진다.

　옛날부터 민속요법으로 내려온 훌륭한 방법이었는데 의료적인 편견과 돈의 힘에 밀려 생활화되지 못한 것이다.

성 건강은 태아 때부터

엄마의 밝은 기운과 반듯한 삶이 반듯한 아기를 만드는 것이다

1. 임신 중의 안정적인 성생활

임신 중에는 아기의 성건강을 위해 엄마는 마음을 평온하게 하며 좋은 생각을 해야 한다. 태아는 5~6개월이 되면 밖의 소리를 다 듣고 있으며 부모의 성행위도 느끼고 있다. 배 안에서부터 아기는 성에 대한 관심이 생길 수 있는 것이다. 어떤 때는 발로 차기도 한다.

임신 9개월부터는 성행위를 안 하는 것이 좋고 아기가 사춘기를 잘 지내려면 임신 중에 성관계를 할 때 체위를 신경 써야 한다. 서로 마주 보고 하는 전방위 체위는 성적 관심을 높이게 되는 체위다. 배를 압박하지 않는 후방위를 취하는 것이 좋겠다. 배 안에서 성에 대해 뭔가를 느꼈던 것이 대뇌에 남아 있다가 사춘기에 지나친 충동으로 발현될 수 있는 것이다.

2. 양수 오염에 신경 쓰자

최근 우리 나라에서도 20% 비율로 급증하고 있는 아이들의 아토피성 피부염은 그 큰 원인 중에 하나가 임신 중의 양수 오염으로 밝혀지고 있다. 원발성 아토피는 가벼운데 2차 감염이 무섭다. 온 몸으로 번지고 땀구멍을 통해 심장과 간장으로까지 영향을 미칠 수 있다.

임신중의 양수 오염은 대개 음식물로 인해 생기는데 아토피성 피부염을 가진 자녀를 둔 엄마에게 임신 중에 먹은 음식을 조사해보니 가장 많이 나온 것은 역시 육류였다. 닭고기와 돼지고기가 제일 많았고 그 다음이 밀가루, 우유 순서였다. 이것은 양수를 오염시키는 음식이다. 엄마가 우유를 먹었을 경우 태아는 양수를 잘 먹지 않는다. 과일이나 보리차를 먹었을 경우에는 태아가 양수를 너무나 맛있게 먹어 5~6시간만에 양수의 양이 많이 준다. 그만큼 양수의 순환이 좋아지고 오염이 덜해지는 것이다. 양수는 단백질 합성 능력이 없기 때문에 육류를 먹을 경우 동물성 단백질이 독소를 만들어 양수를 오염시키는 것으로 보인다.

임신 중의 섭생은 기쁘고 담백하게 먹어야 하는 것이다. 뷔페 식당은 피하고 육류를 줄이자. 빨간 쇠고기 살코기는 가끔씩 먹어도 좋다.

일본에서도 비슷한 결과가 나왔다. 연령별로 아토피성 피부염의 원인을 조사했는데 가장 많이 나타나는 한두 살의 경우 그 원인은 음식이었다. 1위가 갈걀, 2위가 우유, 3위가 밀가루였다. 서너 살로 나이가 올라갈수록 원인은 건지나 진드기 같은 환경과 관련이 있었다.

3. 아침밥과 세 끼 식사를 꼭 챙겨먹는다

식사는 자연의 섭리에 따라 아침은 해 뜨기 전에 먹고 저녁은 해지기 전에 먹는 것이 좋다. 아침이 되면 위의 미주 신경이 확장되어 위산이 나온다. 밥을 안 먹으면 산이 끓는다. 규칙적으로 먹지 않고 저녁에 많이 먹으면 위가 늘어난다. 임신 중에 위가 늘어나면 늘어난 위는 자궁을 누르는데 태아는 이 느낌을 느끼면서 아주 기분 나빠한다. 아기의 성격이 안 좋아질 수 있는 것이다.

물을 너무 많이 먹는 것도 좋지 않다. 역시 위가 늘어나며 아기가 뚱뚱하고 출산 진행 기간이 길어져버린다. 물은 보리차를 먹는 것이 좋다. 아기가 좋아하고 양수도 깨끗하게 하기 때문이다.

결론적으로 임신 중에는 고기는 가능한 먹지 말고 단순하게 먹으면서 물은
보리차를 먹고 세 끼 식사를 규칙적으로 먹는다. 여기에 기 체조를 하면 출산
진행도 순조롭고 3.5킬로그램의 미끈한 피부의 아이를 낳을 수 있다.

4. 자궁 속에도 기가 있다

자궁 속의 기운이 탁하고 어둡다면 아기도 당연히 영향을 받는다. 밝아야
한다. 우리 조상들은 이런 자궁의 기를 알았기에 태고 적부터 잉태하는 날까
지 신중했다. 비가 오고 천둥 번개가 치며 바람이 불고 황사가 있는 날 잉태하
면 정자와 난자가 찌그러지는 것으로 알았다. 우리도 비가 오는 날은 몸이 처
지고 잠이 오는데 정자나 난자 또한 생명의 기가 흐른다고 하여 조심을 했던
것이다.

실제 비가 오는 날은 기압이 낮고 천둥 번개, 바람이 있는 날은 심
장이 빨라지고 기분이 이상하다.

미국의 존스 홉킨스 병원에서는 치료가 잘 안 되는 아이들의 어떤 증후군을
일컬어 'FEA증후군'이라고 이름 붙였는데 과잉행동을 보이는 증후군이라 하
겠다. 아이가 난폭하고 부산스러우며 끈기도 없고 나이가 들수록 공격적이 되
어 가는 것이다.

원인을 찾기 위해 그런 아이들의 엄마의 임신 경험을 조사했다. 그 결과 공
통되는 몇 가지 이유를 알게 되었다.

그런 엄마들의 4가지 특징은 다음과 같다.

1) 임신 전에 술 먹음
2) 늘 욕구불만에 차 있는 임산부

3) 급하고 충동적인 성격의 임산부

4) 영양 상태가 균형 잡히지 않은 임산부였다.

이런 엄마들은 종교도 없었고 자신이 걸어가야 할 길에 대한 믿음도 없었다. 즉 인생을 무계획, 무절제의 방식으로 산 경우가 많았다. 될 대로 되라는 식의 삶이 임신까지 이어져 아기에게까지 영향을 미친 것이다. 자궁의 기운이 탁하고 어두웠던 것이다.

엄마의 밝은 기운과 반듯한 삶이 반듯한 아기를 만드는 것이다.

충동 조절을 위해

겨자 찜질을 해주면 성적 호기심이 둔화되고 자궁이 좋아진다

여기저기에서 나온 얘기지만 자녀들의 충동 조절을 완화하기 위한 방법으로 종합하여 간단하게 요약해본다.

1) 부모는 임신 전이나 임신 중에 술을 먹지 않는다.
2) 임신 중에 성 관계는 후방위 체위로 하고 9개월부터는 하지 않는다.
3) 물을 따뜻하게 먹는다.
4) 겨자 찜질을 한다

    겨자 가루를 70~80℃의 물에 타서 잘 젓는다. 삼베를 담갔다가 대충 짜서 몸을 문지르는데 위에서 아래 방향으로 닦아준다. 자주 그렇게 해주면 남자아이는 튼튼하고 올곧게 자라게 되며 여자아이는 성적 호기심이 둔화되고 자궁이 좋아진다.
5) 기 체조와 기공 호흡을 한다.
6) 보리차를 진하게 끓여 노란 설탕을 타서 먹는다.
7) 탄산음료와 가공식품을 피한다
8) 육류를 피하고 과일과 채소를 많이 먹는다.
9) 아침밥을 꼭 먹는다.

최저선 지키기

{ 정성이 필요하다 }

아빠들이시여! 체면보다 자녀를 더 생각해주시기 바랍니다.

사람의 변화는 사업 방식과 다르답니다.

사춘기 자녀들은 더욱 그렇습니다.

편협한 고집이 자녀를 더 망칠 수 있습니다.

오히려 아빠 자신을 돌아보며 자녀에게 용서를 구할 때 자녀는 돌아와 품에 안길 수

있습니다.

자녀들은 아버지의 넓은 품을 너무나도 그리워합니다.

울타리를 넘나들며

실제 마음으로나 말로나 자녀를 버리지 않는 것이 제일 중요하다

시대의 격변 속에서 많은 자녀들이 울타리를 넘나들며 실수와 실패 사이를 오가고 있다. 뉴스에 나오는 일들이 남의 일로만 알고 있다가 막상 자기 자녀의 문제로 닥치면 부모는 충격을 받아 어찌할 줄을 모른다. 남에게 말도 못하면서 애만 태우는 그 심정을 누가 알아주겠는가? 자식은 평생이 걱정이고 어쩌다 가끔 기쁨을 주는 존재라는 말이 가슴에 와닿는다. 어려울수록 긴 안목을 가지고 자녀를 더욱 연구하며 전략과 방법을 찾아야 할 것이다.

1. 임신과 낙태

지금 자녀들은 스킨십이나 섹스에 대해 부모들보다 쉽게 생각하는 경향이 있다. 착한 성격이나 공부와 상관없이 이루어지는 경우도 많다. 경험이 있었다고 해서 부모가 다 알 수도 없는 것이지만 임신이나 낙태는 이후에 여러 가지로 후유증이 남는 문제이니 만큼 가능한 알아서 도와주도록 해야 한다.

평상시 생리를 하는 딸이면 초경부터 생리 현황을 함께 살피며 기록하는 것이 좋다. 생리가 늦어질 때 같이 대화를 나누며 유심히 관찰하다보면 딸의 반응이 파악되기도 한다.

뭔가 부자연스럽거나 힘든 모습을 보이면 야단치지 말고 분위기를 편안하게 해서 털어놓을 수 있게 해야 한다.

임신이 확인되어 도움을 받고 싶지만 부모가 놀랄 것을 생각해 주저하며 혼자서 고민으로 밤을 지새는 경우가 많기 때문이다.

일단 임신이 확인되면 상황을 종합적으로 살펴 해결을 하면 될 것이다. 제일 중요한 것은 그런 경험을 한 딸에게 여전히 더욱 사랑한다는 것을 표현하는 것이다. 그래야 반복된 실수를 하지 않는다. 갈 데까지 다 갔다는 식으로 실망을 하며 구박하면 임신으로 더욱 예민해진 마음에 자신을 스스로 포기하기 쉽다. 그것이 더 문제인 것이다. 실패로 갈 뻔한 실수를 가지고 완전히 실패의 길로 몰아가는 식이 되는 것이다.

혹시 낙태수술을 했을 경우 수술 후에 몸조리를 아주 잘 해줘야 한다. 1주일 정도를 가능한 쉬게 하면서 바람을 쏘이지 않게 하고 몸을 따뜻하게 하며 미역국에 황태를 넣어 끓여주면서 잘 먹게 하고 병원 치료도 끝까지 잘 받게 한다.

어린 나이의 수술은 자궁을 많이 상하게 하기 때문에 최선을 다해 몸을 돌보게 해야 한다. 정성으로 돌봐주다 보면 딸은 감동이 되어 이후 몸 관리를 더욱 잘 하게 된다.

혹시 임신한 지 수 개월이 지나 알게 되었다면 5개월 이상인 경우에는 무리하게 낙태수술을 하지 않는 것이 좋겠다. 아기도 너무 커서 수술도 어렵지만 산모의 몸이 더 나빠지기 때문이다. 미혼모 시설을 알아보고 학교 관계도 휴학을 하던지 해서 어려운 상황에서도 생명을 생각하고 몸을 돌보는 기준을 세워야 한다.

입양을 시킬 경우가 많을 건대, 입양되어 건강하고 순조롭게 클 수 있도록 임신 중에 태교를 잘 해야 한다. 원치 않는 상황이라도 그 틈을 비집고 장기적인 안목을 가져야 한다. 살아갈 날이 60년이나 남은 것인데 용기를 주고 희망을 주어 다시 일어서게 잘 도와줘야 한다. 외국의 경우 당당히 여고생이 아기와 함께 학교에 등교하기도 하는 상황이니 제발 어린 딸을 폐인을 만들지 않기 바란다.

2. 담배와 술

세 경우가 있는데 그에 따라 대처 방법이 달라야 한다.

호기심 차원에서 관심을 보이는 경우와, 이미 경험이 있는데 심하게 하지 않고 일상 생활을 잘 하는 경우, 마지막으로 생활이 흐트러지면서 노는 문화 속에 빠져 들어가는 경우다.

먼저 호기심을 보이는 차원에서는 담배의 경우는 신중할 필요가 있고 술의 경우는 첫 경험을 진하게 해보는 것이다. 『네 안에 잠든 거인을 깨워라』의 저자 앤서니 라빈스는 고등학교 시절에 아버지가 술을 먹는 것을 보고 자신도 술에 관심을 보였는데 부모가 먹어보라고 했다. 대신 아버지처럼 캔맥주 6개를 다 먹어야 한다는 전제를 붙였다. 라빈스는 밤새 토하고 괴로워해야 했다. 다시는 술을 입에 대지 않았다고 한다.

라빈스는 그 예를 들면서 빠져들 수 있는 몸에 나쁜 것들은 처음에 고통으로 느끼는 체험이 효과가 있다고 했다.

고통으로 각인시켜 호기심도 없애주고 멀리 생각하게 만들어준다는 것이다. 자신에게는 '술' 하면 '토하고 밤새 괴로움' 으로 각인되었다는 것이다. 적당히 즐거운 것이라는 느낌은 계속 찾게 만들기 쉽다는 것이다. 담배의 경우 습관성이 더 큰 것이기 때문에 호기심을 보일 경우 썩어 가는 폐의 사진 등 자료와 정보를 통해 예방 교육을 하는 것이 더욱 좋을 것이다.

특히 정자의 감소와 키가 크지 않는 것을 알려주며 최소한 20세가 넘어서 생각해보라고 일러주면 좋겠다. 경험이 있으나 일상 생활을 잘 하는 경우 많은 부모들은 모른 척한다고 했다. 술버릇이 어떤지 알 수가 없으니 고등학생 이상이면 명절이나 생일 등 적당한 때에 한두 잔 정도의 술을 권하면서 주도에 대해 일러주는 것도 괜찮을 듯 싶다.

딸들의 음주에 대해서는 세심한 배려가 필요하다. 술버릇도 문제지만 성과 관련된 문제는 술과 함께 발생하는 경우가 많기 때문이다. 처음에 친구들과 숨어서 먹게 되면 술버릇도 나빠지고 사고가 날 수도 있다. 어쩌면 딸에게 술에 대한 교육이 더 필요한 지 모르겠다. 밝은 분위기 속에서 즐겁게 마시며 적당하게 마시는 것을 진지하게 알려줄 필요가 있다.

마지막 경우가 문제다. 술과 담배에 익숙할뿐더러 밖으로 도는 경우에는 차라리 자기 방에서 피우는 것을 허용하는 것이 더 좋을 수도 있다.

왜냐하면 술과 담배의 문제를 넘어 더 큰 문제로 나아갈 수 있기 때문이다. 습관이 들어 끊기 어려운 상황인 것 같으면 집에서 야단칠수록 밖에 나가 해결하려고 할 것이다. 처음에는 단순히 담배와 술을 자유롭게 하려는 욕구에서 밖으로 나갔지만 나가서 친구들과 어울리다 보면 다른 일들로 발전하게 된다.

자기 방에 좋은 재떨이를 사다 주면서 허용을 해주면 자기만의 자유로운 공간이 생겨 공부에 대한 생각도 하게 되고 더 적게 필수도 있다. 한 두 가지 약속이 필요하다. 가능한 자기 방에서만 피우고 밖에서 안 피우기, 학교 잘 다니기, 친구들이 와서 같이 필 것인지 아닌지는 의논하여 약속을 정하는 것이 좋다. 더 험한 곳으로 가기 전에 울타리 안으로 들어오게 하는 것이 더 낫기 때문이다. 그러면서 귤이나 과일을 잘 챙겨주면서 담배로 인해 비타민이 파괴될 것이니 보충해야 한다며 조크와 함께 배려해준다면 좀 더 밝은 기운 속에서 담배 문제도 진지하게 생각할 수 있을 것이다.

3. 가출

청소년은 감정의 변화가 많기 때문에 80%가 넘게 가출 충동을 느낀 적이 있다고 한다.

크게 두 가지로 나누어 해결 방법을 찾는 게 좋겠다.

처음으로 한두 번 했을 경우가 매우 중요하다. 이때는 열 일을 제치고 관심과 이해를 보여야 한다. 왜 그런지. 문제가 무엇인지 100% 받아주며 이해하겠다는 자세를 보여야 한다. 별 것도 아닌 것을 가지고 가출을 했냐고 야단치는 것은 금물이다. 그 때의 상황에서 사춘기의 감정으로 충분히 그럴 수 있다는 공감이 필요하다. 살다보니 대화가 부족했는데, 부모도 노력해보겠다며 열린 자세를 보이면 쉽게 감동을 해 울면서 잘못을 비는 아이도 많다. 부모도 얼마나 놀라고 고민했는지 차분하게 그 심정을 말해주는 것이 좋다.

아이가 새삼스럽게 부모의 마음을 알게 되어 더욱 관계가 깊어지는 계기도 된다. 최선을 다해 의사소통의 길을 열어야 한다. 혹시 담배를 피는 경우라면 자기 방에서 담배를 피울 수 있게 해주는 것도 아주 중요하다. 가출에 비하면 담배는 아무 일도 아니다. 그것만으로도 마음을 잡고 공부에 관심을 두는 경우가 많다. 무엇이 더 중요한지를 잘 가려야 하는 것이다.

두 번째는 가출이 잦아져 부모가 실망으로 힘을 잃을 정도가 되었을 경우다. 이 때 중요한 것은 완전히 포기하면 안 된다는 것이다. 장기적인 관점을 가지고 임해야 한다. 집으로 돌아올 것 같지 않다면 차라리 몇 가지 당부를 간곡히 하는 것이 좋겠다.

먼저 너는 결코 함부로 살 아이가 아니라고 말한다. 일시적으로 그렇게 하는 것이라고, 너를 믿고 있기에 돌아올 날을 기다리며 기도하고 있겠다고 한다.

둘째, 진심으로 우려되는 것을 말해준다. 단순히 집을 떠나 있는 것이라면 괜찮지만 유흥업소나 직업 소개소 등 아주 험한 곳으로 빠져 들까봐 그것이 걱정이라는 말을 해준다. 그것만은 안 한다고 약속해줄 것을 부탁한다.

셋째, 힘든 일이 있으면 언제든지 연락하라며 그리고 살아보다가 이게 아니다 싶을 때는 주저 없이 집으로 돌아오라고 일러준다. 언제든지 어떤 일이 있었든지 무조건 귀가를 환영하니까 가능한 빨리 돌아오기를 바란다고 절규를 할 필요가 있다. 그러면서 연락관계는 확실히 해둘 것을 부탁한다.

실제 마음으로나 말로나 자녀를 버리지 않는 것이 제일 중요하다. 막상 살다보면 집이 제일 그리운 곳이고 그만큼 마음 편한 곳도 없다. 어려울수록 부모님 생각을 더 하게 되어 있다.

중학생 때 가출이 제일 많은데 고등학생 나이가 되면 인생에 대해 진지하게 생각도 한다. 끈을 놓아버리지 않고 문을 언제든지 열어놓고 있다면 믿어준 만큼, 부탁한 만큼 일찍 돌아오게 되어있다. 앞으로 힘들 것을 예견해주고 힘들 때 언제든지 오라는 말만 해도 아이들은 희망과 용기를 가진다. 우리 부모가 마음을 비우고 아이의 인생을 여든 살의 관점에서 바라봐야 하는 것이다.

정성이 필요하다

자녀들은 아버지의 넓은 품을 너무나도 그리워합니다

1. 체면보다 자녀를!

광주에 교육을 하러 갔을 때다. 주최측의 어떤 간부와 점심을 먹게 되었다. 50세가 넘은 남자 분이었는데 자신의 체험을 솔직하게 말해주었다. 고 3인 아들이 또래의 여성과 사귀면서 임신을 했다는 것이다. 임신한 지가 벌써 오래되었는데 아기를 낳을 때가 되자 아들이 말을 한 것이다. 처음 그 얘기를 들었을 때 한마디로 정말 눈앞이 캄캄하고 가슴이 막막했다고 했다. 막막하게 만든 것 중에는 제일 큰 것이 체면의 문제였다.

한 달 간을 혼자 내부 투쟁을 해야 했다. 카톨릭 신자이기도 했는데 싸움의 결론은 자녀와 생명을 구하는 것으로 끝났다.

결혼을 시켜 아이도 낳게 하고 아들 내외는 지금 대학을 다니고 있었다. 아기가 너무나 예쁜데 손녀를 볼 때마다 속으로 용서를 빌고 있다고 한다. 그 한달 동안 고민하면서 아들과 태 중의 아이를 너무 원망했고 체면 때문에 없던 일로 돌리고 싶어 별별 생각을 다 한 것이 계속 마음에 걸린다고 했다. 생명의 힘은 놀랍다며 지금은 그 아이를 볼 때마다 온 가족이 웃음꽃을 피우며 산다고 했다.

엄마들은 자녀에 대해서 그래도 이해의 폭이 넓은데 아빠들이 더 고지식하다. 망신과 체면에 더 사로잡혀 있다. 자녀가 일탈을 하면 사업을 처리하듯 가능성을 미리 재단해서 결론을 지어버리고, 단서를 달아 제시하고, 그래도 안 되면 얼굴을 안 보겠다며 단절을 선포한다. 뒤늦게 후회를 하는 아이들도 아버지가 무서워 집에 돌아오지 못한다. 엄마는 중간에서 더 애를 태운다. 아빠들은 자신이 제일 현명하고 옳은 것처럼 부인을 탓하며 문제의 화살을 부인에게 돌리기도 한다. 그런데 사실은 아빠 때문에 문제가 더 꼬이는 경우가 허다하다.

아빠들이시여! 체면보다 자녀를 더 생각해주시기 바랍니다. 사람의 변화는 사업 방식과 다르답니다. 사춘기 자녀들은 더욱 그렇습니다. 편협한 고집이 자녀를 더 망칠 수 있습니다.

오히려 아빠 자신을 돌아보며 자녀에게 용서를 구할 때 자녀는 돌아와 품에 안길 수 있습니다. 자녀들은 아버지의 넓은 품을 너무나도 그리워합니다.

2. 정성이 필요하다

나는 대학교 때 모든 것을 뒤집어보는 삶의 반항을 했던 것 같다. 진보적인 기독교 서클에 가입해 사회도 종교도 정치도 다 뒤집어 보았다. 얼마나 토론과 회의가 많았겠는가? 김치찌개를 앞에 놓고 막걸리도 많이 마셨다. 통행 금지 시간이 되어 부랴부랴 서둘러 집으로 온다. 집에 오려면 버스에서 내려 15분을 걸어야 한다. 10분쯤 왔을까? 낯익은 모습이 저 멀리 전봇대 옆에서 이쪽을 바라보고 있다. 아버지였다. 아이고! 입에서는 술 냄새가 날 텐데 이를 어쩌나. 심호흡을 하며 냄새를 뱉으면서 천천히 걸어와 아버지를 부른다. 아버지는 나를 보자마자 뛰어와 무조건 나를 얼싸안는다.
"자식아! 어서 오너라. 그래 고맙구나. 이렇게 무사히 와줘서 고마워" 하신다. 한 번도 '왜 이렇게 늦게 다니느냐. 여자애가 웬 술 냄새냐' 하신 적이 없다. 코가 둔해 냄새를 못 맡으셨을까? 결코 아니다. 아버지는 개코이시다. 할 말이 없는 나는 "아버지는? 추운데 왜 나와 계셨어? 혼자서 어련히 잘 올까봐. 언제부터 와서 기다리신 거야?" 한다. 아버지는 너무나 좋아하시며 내 손을 잡고 흔들며 행진을 하시며 "괜찮아. 이렇게 왔으니까 됐어" 하신다. 집에 도착해 현관문을 열면서 아버지는 엄마에게 "여보, 성애 왔어. 잘 왔어" 하며 소리를 치신다. 뛰어나오신 엄마는 나를 반기기보다 아버지에게 애교 있게 나무람을 하신다. 추운데 1시간이 넘게 기다리고 계셨다는 것을 탓하시는 것이다. 엄마 또한 나에게 야단 치지는 않으셨다. 나는 더더욱 미안하고, 고맙고 뭐라 표현할 수가 없었다.

나는 점차 귀가 시간이 빨라졌다. 열 시가 되면 아버지가 기다리고 계실 모습이 떠올라 더 늦을 수가 없었다. 보통 열 시 반만 되면 무조건 나와 계셨으니까 말이다. 그때는 조금 부담스러워하면서 자유를 갈망했다. 그러나 잔소리도 없고 술 냄새도 모른 척하시면서 무조건 믿어주는 부모의 마음에 나는 나를 스스로 관리할 수 있었다. 나는 지금 우리 아들에게 이만큼도 못하고 있다. 그냥 돌아가신 아버지가 한없이 그리울 뿐이다. 지금의 나는 이런 정성스런 아버지와 어머니의 손길로 만들어진 것이다.

사춘기 자녀에게나 대학생 자녀에게나 정성을 쏟아야 한다.

'지성이면 감천' 이라고 정성이 마음을 움직이는 것이다. 하늘도 감동하는데 아이들이라고 어찌 감동하지 않겠는가? 왜 늦느냐, 왜 술을 먹었느냐고 물을 것도 없다. 귀가 시간을 정해줄 필요도 없다. 거두절미하고 그냥 시간이 되면 나가서 기다리고 있는 것이다. 더 이상 무엇이 필요할까?

늦게 오는 자녀와 가출한 자녀가 부모가 언제나 몇 시만 되면 어디서 기다리고 있다는 것을 안다면 어떻게 그냥 있겠는가? 자녀가 안정을 찾을 때까지 며칠이라도 지극한 정성을 들여야 한다. 정성만이 살 길이다.

3. 획기적인 방법을 찾자

공주 기숙사 학교에 있던 아들이 외박이 허락되는 어느 토요일 날 저녁에 전화를 했다. 서울에 있는 친구 집에 놀러가서 하루 밤 자고 다음 날 학교에 들어가겠다는 안부 전화였다. 나는 기분 좋게 잘 놀다 들어가라며 친구 집 어른들에게도 공손하게 인사를 잘 하라고 부탁까지 했다. 다음날 학교에 잘 돌아왔다며 재차 전화도 했었다.

며칠이 지났다. 같은 학교에 다니는 부모들끼리 모임이 있었다. 어떤 한 엄마가 놀라운 소식을 전해주었다. 지난 토요일 아들이 서울에 간 게 아니라 우리가 살고 있는 부산에 다녀갔다는 것이다. 그 엄마는 전후 사정도 모르고 자신의 아들을 통해 우리 아이가 부산에 내려온 것을 들어서 당연히 집에 왔다 간 줄 알고 말한 것이었다.

만감이 교차했다. 내 마음이 정리될 때까지 남편에게는 말하지 않았다. 아들을 너무나 좋아하며 이제나 저제나 보고 싶어하던 남편이었다.

그 말을 들으면 얼마나 배신감이 클까? 우리 집에서 버스로 20분 거리에 있는 친구 집에 다녀간 모양인데 어떻게 그렇게 감쪽같이 속일 수 있는가? 그래도 부부란 할 말을 해야 하나 보다. 참다가 입이 근질거려 드디어 조심스레 말을 했다. 남편은 펄펄 뛰었다. 내가 그 엄마에게 잘못 들었거나 그 엄마가 잘못 알았을 거라고 했다. 나는 당부를 했다. 괜히 전화에 대고 두서없이 이러니저러니 말하지 말고 나중에 집에 왔을 때 왜 그랬는지 물어보고 할 말이 있으면 그때 차분하게 하자고 했다.

드디어 얼마 후에 아들이 집에 왔다. 내가 적당한 때에 입을 열었다. 밝게 말했다. 친구 엄마를 통해 알게 된 과정을 말하고 나서 내 입장을 밝혔다. "너는 앞으로 크게 될 사람이라고 생각한다. 왜냐하면 네가 원하는 것을 복잡한 상황 속에서 만들어낼 수 있는 능력이 있기 때문이다. 처음에는 무조건 배신감이 들어 속이 상했다. 그런데 가만히 생각해보니 그런 능력을 인정할 수밖에 없었다. 부모의 마음도 너무나 잘 알기에 그렇게 했다고 생각한다. 한 달에 두 번밖에 없는 귀중한 외박 시간을 가장 원하는 것을 하고 싶었을 것이다. 그 환경에 처해보지 않은 사람은 쉽게 이해하지 못하겠지만 엄마는 그렇게 이해하고 있다. 앞으로는 너의 귀중한 시간을 네가 원하는 대로 쓸 수 있도록 우리가 충분히 이해하고 배려하겠으니 솔직하게만 말해주면 좋겠다. 부탁한다."

아들은 고개 숙여 사과를 했고 자신도 친구와 너무 하고 싶은 말이 많아 시간이 아까워 그렇게 했는데 느끼는 것이 많았다고 했다. 마음이 안 편해 그렇지 않아도 다음부터 거짓말을 하지 않을 생각이었는데 우리의 말을 듣고 더욱 그렇게 생각했다며 솔직할 것에 대해 약속을 했다. 그 후 서로가 믿음이 높아졌으며 우리를 속이는 일은 다시는 없었다. 나는 말로 기술을 부린 것은 아니었다. 며칠을 꼼꼼히 생각하며 정리한 것이었다. 그러나 말을 할 때 순서는 아주 중요하다고 생각한다.

획기적일 필요가 있다고 본다. 야단 치는 내용을 먼저 말할 것이 아니라 긍정적인 것을 먼저 말하면 그 다음 말도 진심으로 통하게 된다.
야단칠 내용을 준비하며 듣고 있었는데 의외로 장점을 말해주면 의아해하면서 마음도 밝아지고 자신도 돌아본다. 진정으로 약속을 하게 된다.

중학생의 아들이 갑자기 이상한 친구들과 어울리고 여자와 놀며 집에는 늦게 들어온다고 하자. 말도 잘 안 하고 야단치면 반항을 일삼는다. 엄마는 속상해 죽겠다고 누워 있을 때 아버지는 뭔가를 해야 한다. 그 때에 아빠 역할은 아주 중요하다.

어떻게 하면 좋겠는가? 획기적으로!

어느 날 아들에게 웃으면서 부드럽게 한번 밖에서 만나자고 한다. 술을 먹어본 아이라면 획기적으로 호프집에서 만나는 것도 좋다. 첫 데이트에 폼을 잡아보는 거다. 어른 대접, 남자 대접을 해주는 거다. 만나서 두 가지를 말하면 된다. 하나는 남자로서 인정하는 것이다. 갑자기 돈을 주면서 말한다. 요즈음 돈이 얼마나 많이 들겠냐며 노는 것도 한때라고. 놀 때 멋지게 놀아보라고. 엄마 몰래 주는 것이니 비밀을 지키라고. 조금 놀다가 시시해지면 맘 잡고 인생 계획을 세워 공부를 해보겠으면 해보라고.

두 번째는 아버지가 자기 한탄을 하는 것이다. 엄마는 여자라 괜히 걱정만 할 것 같아 그 동안 말은 안 했지만 사실 요즈음 아빠가 일하는데 애로사항이 많다며 지친 표정으로 힘든 얘기를 한다. 약한 모습을 팍팍 보여줘야 한다. 이것 또한 남자 대 남자로서 하는 얘기니까 비밀을 지켜줄 것을 부탁한다.

대부분의 아들은 아빠의 힘든 얘기를 들을 때 눈을 번쩍이며 주먹을 쥐며 뭔가 결연한 의지의 빛을 보인다. 표현을 좀 하는 아들은 비장하게 아빠를 위로한다. "너무 걱정 마세요. 제가 있잖아요. 제가 앞으로 돈을 많이 벌겠어요" 할 수도 있다. 당장 공부도 안 하는 놈이 무슨 수로 돈을 벌지는 모르지만 아들은 아빠의 약한 모습을 보며 인생을 생각하게 된다. 앞으로 서로 힘들 때 또 얘기를 하자며 욕심 내지 말고 조촐한 만남을 마감하면 되는 것이다.

그 다음에는 당장 변할 것을 기대하지 말고 얼마 동안 믿고 기다려주면 된다. 고비는 넘긴 것이다.

아들의 성장은 아빠를 극복할 때 제대로 이루어진다. 부자지간조차 남자들이기에 힘의 논리가 통한다. 아빠가 완벽하고 힘이 있을 때는 부럽고 자랑스럽기는 하지만 극복할 마음이 생기지는 않는다. 인정을 받고 싶긴 해도 극복할 엄두는 나지 않고 거꾸로 의존하거나 엇나갈 수가 있다. 오히려 힘이 약해 보일 때 아들은 아빠를 극복한다.

명화 중의 명화. '에덴의 동쪽'을 꼭 보시라. 아들이 아버지에게 바라는 것이 무엇인지 그 절박함은 눈물겹다. 제임스 딘은 아버지의 사업 실패를 보면서 오히려 기뻐한다. 자신이 아버지를 도와 아버지에게 장한 아들로 인정받을 수 있을 것 같아서였다. 죽을힘을 다해 애를 쓴다. 목표대로 돈을 벌어 아버지의 생일날 칭찬 받을 것을 기대하며 생일선물로 돈을 드린다. 그런데 아버지는 그 마음을 전혀 몰라주고 모범생 큰아들만 좋아한다.

　제임스 딘은 완전히 좌절한다. 여자친구가 다리를 놓아 화해가 되는데 그 여자친구는 아버지에게 말한다. '사랑은 요구하는 것'이라고. 아들에게 힘들다고 하면서 부탁하라고. 아들은 그것을 원했다고 한다. 뉘우친 아버지는 나가려는 아들을 불러 어려움을 인정하고 도움을 요청한다. 그 말에 제임스 딘이 이제야 아버지에게 필요한 사람이 되었다는 그 감동에 눈물을 흘리며 아버지를 껴안는다. 나는 다섯 번도 넘게 봤는데도 볼 때마다 눈물을 줄줄 흘리고 있다.

　딸의 경우는 틀리다. 아빠의 힘 있는 모습과 자상한 배려를 원한다.

　힘 있는 아빠가 자신을 대단하게 인정해주면서 힘을 꽉꽉 밀어줄 때 딸들은 크게 성장할 수 있다. 아들은 도전거리를 먼저 던져주고 자상한 것을 챙겨야 하지만 딸의 경우는 자상한 것을 배려해주는 속에서 도전의식을 심어줘야 한다. 가출과 같은 잘못을 했을 때 아빠에게 엄청 혼날 줄 알았는데 아빠가 너는 그런 아이가 아니라며 너는 대단하게 될 아이라며 자긍심을 심어줄 때 그 효과가 제일 빠르다. 그리고 아빠가 자주자주 전화를 해서 감정의 변화를 읽어줄 때 세상이 든든해진다. 크게 생각하며 밀어줘야 하는데 그 방법은 오히려 자잔한 과정을 함께 하면서 그 속에서 밀어줘야 하는 것이다.

　작은 일에 야단부터 치면서 큰 기준을 제시한다면 여자들은 그 자체로 토라지고 상처받아 주저앉는 경우가 많다. 영 남자 방식이 아닌 것이다.

어떤 '일' 보다도 '관계'를 먼저 생각한다. 아빠가 나를 사랑하는지. 믿고 있는지, 내 마음을 알아주는지를 먼저 확인한 후에 일을 생각하는 경향이 있다.

관계가 안 좋다고 생각하면 그 자체가 상처가 되는 것이다. 고쳐야 할 것도 고치지 못한다.

가출을 했다가도 어느 틈에 아빠가 자신을 끔찍이 생각하고 아끼고 있다는 것을 알았다면 딸들은 마음이 너무 흔들린다. 그 때 아빠가 네가 보고 싶어 못 살겠다는 표현을 하면 딸들은 쉽게 집에 돌아올 수 있다. 아들에게 하듯이 너는 이제부터 내 자식이 아니라고 하면 딸들은 도전 의식을 갖기보다는 버림을 당했다는 생각에 더 막 살게 되는 것이다.

아들과 딸의 특성을 헤아려 획기적인 방식으로 자녀들을 다스려 가야 할 것이다.

아버지가 아들에게

아버지가 여성에 대한 상처를 말해줄 때 아들은 진지하게 받아들일 수 있다

자녀를 키우면서 제일 밑바닥의 상처를 이루는, 최저선의 문제는 바로 성폭행일 것이다. 딸의 경우 성폭행을 당했을 때 그 떨림과 분노는 말할 것도 없고 평생을 어떤 후유증이 나타나지 않을까 염려하며 살아간다. 아들의 경우는 성폭행을 했을 때 아이 인격 전체가 의심스러우며 어떤 때는 자기 자식임에도 흉한 동물처럼 보이기까지 한다. 사건이 제대로 해결되지 않았을 때 한번 비뚤어진 마음은 어떤 방향으로 뻗어갈 지 모른다. 이후에 여성과의 인간 관계도 힘들어지며 결혼 생활도 그만큼 불안정할 수 있다. 가해자 또한 큰 상처 속에 사는 것이다.

이제 아들을 키우는 부모는 새로운 관점을 가져야 한다.

지금까지는 '성폭행' 하면 '피해자' 위주로 생각했지만, 앞으로는 '성폭행' 하면 '가해자'를 생각해야 하기 때문이다. 피해자는 이제 자신을 회복하기 시작했다. 당하고도 숨기는 시대는 지나갔다. 유치원에서 직장까지 곳곳에서 법도 강화되고 있고 신고와 처벌이 능동적으로 이루어지고 있다. 어릴 때의 버릇을 못 고치면 이후 직장생활에서도 문제가 터질 수 있는 것이다. 아저씨, 할아버지가 되어서도 잡혀오는 사람은 많다. 높은 직책에 있는 사람들도 엉뚱한 짓을 해서 신문의 사회면을 장식하고 있다.

남자들도 성폭행을 당할 수 있다. 여성에게도 당할 수 있고 같은 남성에게도 당할 수 있다. 하지만 아직도 가해자가 압도적으로 많다. 여기서는 사랑하는 아들이 성폭행의 가해자가 되지 않게 하기 위해서 어떻게 교육을 시켜야 할지 그 예방을 위한 지침을 살펴보려고 한다. 아들의 예방 교육은 아버지가 맡아야 효과가 있다. 물론 엄마도 책임을 다 해야 하지만 아버지가 적극적으로 나서서 효율적인 교육이 이루어지기를 바란다.

1. 진짜 사나이, 나이스 맨의 이상형을 제시해준다

남자들은 스포츠를 좋아하고 야인시대를 좋아한다.

남자들의 세계는 힘의 세계다. 원시적인 근육의 힘을 비롯해 사회, 정치, 경제적으로도 높은 지위를 얻으려 한다. 모두 힘의 논리다. 음양 중의 '양'의 성질이 강하기 때문이다.

성폭행의 문제도 단순한 욕망과 충동의 문제가 아니라 힘의 문제와 관련이 있는 것이다.

멋있는 남자는 힘을 어떻게 사용해야 하나?
강자에게 강하고 약자에게 약해야 한다.

김두한처럼, 히딩크처럼 강자에게는 도전하고 약한 자에게는 베풀며 힘을 주는 것이 진짜 멋진 사나이인 것이다. 강자에게 도전할 때 독수리의 기상이 카리스마를 만들고 약한 자를 어루만질 때 넓은 가슴이 더 넓어지는 것이다. '넓은 가슴의 카리스마'가 바로 나이스 맨의 이상형이라 할 수 있다.

남자들은 왜 술을 먹는가? 멋있어야 할 힘의 논리가 뒤집혀졌기 때문이다. 지금까지의 세상은 강자에게는 약하고 약자에게는 강해야만 살 수 있는 힘의 세계였다. 술 먹는 이유의 본질은 이것 때문이라고 생각한다. 모두 파렴치한이 되어야 했기에 너무나들 괴로워했던 것이다. 진심으로 존경할 만한 강자에게 머리를 숙이는 것은 행복이고 행운이다. 술 먹을 필요가 없는 것이다. 되지도 못한 사람이 돈으로, 지위로 강자 행세를 하는데 그래도 머리를 숙여야 먹고 살 수 있다면 그건 비극이고 고통이다. 술을 안 먹을 수가 없는 것이다. 그런데 더 비극적인 것은 술을 먹는 사람도 어느새 그 비열함이 몸에 베어 약자에게 똑같은 짓을 하고 있는 것이다. 강자에게 약했던 만큼 약자에게 더 큰 힘의 행사를 하고 있는 것이다.

아이들도 소름끼칠 정도로 이런 비열함을 배우고 있다. '왕따' 문화와 '폭력' 문화가 바로 그것이다.

이런 문화 속에서 동등한 파트너가 되어야 할 여성까지 근육의 힘이 약한 약자로 삼아 비열한 짓을 하고 있는 것이다. 성폭행이 잘못된 힘의 논리에서 벌어지는 일이라는 것이 분명한 이유는 성폭행을 당하고 있는 여성 중에서도 장애자나 어린이가 가장 많이 성폭행을 당하고 있다는 것이다. 철저히 힘의 논리인 것이다.

장애자, 어린이, 여성에 대한 야비한 힘의 행사는 민족적 힘의 행사인 나치와 정신대와도 통하는 이치다. 약한 자에 대한 괴롭힘은 정신병까지 가져온다. 나는 그것을 어떤 사진에서 보았다. 해외 강연으로 미국에 갔을 때 남편과 나는 워싱턴 D.C에 있는 홀로코스트라는 유태인 박물관에 갔었다. 나치의 유태인 학살에 대한 전시관이었는데 3~4층의 전시물을 다 보고 분향소로 이어지는 마지막 공간에서 맨 끝에 걸려 있던 사진을 보았다.

한마디로 온몸에 소름이 끼쳤다. 그 마지막 사진은 어떤 나치의 의사가 흰 가운을 입고 돌로 만든 진찰대 앞에서 해부를 막 시작할 자세로 앉아있는 사진이었다. 해부칼을 들고 해부를 막 시작하려는 순간에 잠깐만 하고 카메라를 보고 찍은 것 같은데 내가 소름이 끼쳤던 것은 그 의사의 웃음 때문이었다. 진찰대에는 장애 어린이가 살아서 누워 있었다. 죽은 시체도 아니고 살아있는 사람이고 그것도 어린이고, 어린이 중에서도 장애가 있는 장애 어린이였는데

의사는 칼을 집고 웃고 있었다. 그냥 웃는 모습이 아니라 뭐랄까 냉혹함 속
에서 피어나는 야릇한 흥분이랄까? 결코 눈빛이 번쩍이는 광기가 아니었다.
그보다 더 지독한 그 무엇이었는데, 광기가 온 세포 속에 녹아들어 있다가 집
중하기 직전에 천천히 솟아올라오는, 야릇한 희열이 만드는 그런 웃음이었다.
그것은 정신병자의 웃음이었다. 약자를 괴롭히는 것에 희열을 느끼는 정신병
자! 강간을 일상적으로 하는 사람들도 그와 비슷한 흥분을 느낀다고 고백한
다. 힘의 올바른 사용법은 너무나도 중요하다.

자라나는 아이들의 예방 교육에서 무슨 이런 끔찍한 사례를 드느냐고 기분
나빠 할 사람도 있겠지만 문제는 그렇게 간단하지가 않다. 이런 끔찍한 폭력
은 어릴 때의 힘의 논리의 습득에서 발전하기 때문이다. 가정에서 아빠가 엄
마에게 폭력을 행사하고 아이들을 학대하며 근육의 힘으로 공포를 자아낸다
면, 학교에서 일상적으로 폭력에 시달린다면, 사회에서 강자의 지배 논리가
막강하게 행사된다면 그 폭력의 씨앗은 이미 어린 가슴속에 잉태된 것이나 마
찬가지다. 나는 매맞는 부인들에게 말한다. 철저히 대항하든지 그것이 힘들
면 무조건 이혼하라고 한다.

제일 중요한 이유는 아이들 때문이다. 잘못된 힘의 습득이 걱정되
기 때문이다.

희망과 소망은 우리 아이들에게 달려 있다. 지금의 현존하는 폭력을 고치기
는 어렵지만 우리 아이들만이라도 제대로 키운다면 이보다 나은 세상이 될 것
이다. 앞으로 전국에 있는 모든 부모들이, 특히 아버지들이 10년 동안 자기
자녀만이라도 이런 예방 교육을 시킨다면 그 후 10년부터는 분명히 밝은 세상
이 될 것이라고 생각한다.
어릴 때부터 아버지는 아들에게 올바른 힘의 사용법을 가르쳐야 할 것이다.
공부든 운동이든 공명정대하게 겨루고 도전하는 올바른 힘의 사용법을 익혀줘

야 한다. 약한 자를 괴롭힐 때 얼마나 나쁜 짓인지 깨우쳐줘야 한다. 가서 두 무릎을 꿇고 진정으로 사과하는 것부터 가르쳐야 할 것이다. 여성을 괴롭히는 것은 파렴치한이나 하는 일이라고 일러줘야 할 것이다. 결코 멋진 사나이가 할 짓이 아니라고 끊임없이 알려줘야 한다. 그것만이 희망이다.

2. 여성이 받을 상처에 대해 알려준다

아버지가 여성에 대한 상처를 말해줄 때 아들은 진지하게 받아들일 수 있다. 만화나 게임에서 여성을 희롱의 대상으로만 알았던 아들들에게 여성의 존재와 특징을 알려줘야 한다.

비슷한 상황에서 남녀가 성폭행을 당했다고 하더라도 그 상처와 후유증은 너무나 다르다. 여성의 상처가 어떠한지 알아보자.

① 마음의 상처

남자들이 당했다면 물론 기분이 좋지 않다. 심한 경우 물론 일생 동안 상처를 받기는 하겠지만 대체로 남자는 쉽게 툭 툭 털고 잊을 수 있다. 마음의 상처가 오래가지 않는다. 하지만 여성은 다르다. 마음의 상처가 오래 가고 아주 깊다. 그것은 음양의 차이다. 남성은 몸이 마음보다 더 강한 반면 여성은 마음이 더 강하다. 모든 것이 마음에서 시작되어 마음으로 남는다.

여성의 병은 마음에서 비롯된다. 감정의 변화에 예민한 '간'이라는 장기가 자궁을 다스리는 이유가 있기도 한다.

어렸을 때 멋모르고 사촌오빠에게 당했던 성폭행이 결혼해서 딸을 낳은 후에 갑자기 생각나 뒤늦게 민사소송을 벌이는 경우도 있다. 우리 홈페이지 상담에서는 이렇게 뒤늦게 괴로워하며 이제라도 문제를 해결하겠다는 여성이 너무나 많다. 그 사촌오빠는 왜 다 지난 일을 가지고 새삼스레 이제 와서 말썽을 피우는지 도저히 이해할 수가 없다고 한다. 그리고 실제 왜 그렇게 하는지 알지도 못한다. 여성의 '마음의 상처'의 특징을 알지 못하기 때문이다. 남자들의 문제 해결 방식으로는 이해가 안 되는 것이기도 하다. 그러나 여성은 그렇게 오랫동안 상처를 간직하는 존재인 것이다. 그래서 여성인 것이다.

그렇기 때문에 어린아이든, 어른이든 함부로 여성을 건드리면 안 되는 것이다. 일생 동안 마음의 상처로 가해자를 원망하며 저주의 기운을 보내고 있는 것이다. 가해 당사자에게도 알게 모르게 일생 부담으로 남아 자신의 가장 깊은 내면을 불안하게 한다.

② 몸의 상처

처녀막이 파열되었느냐 아니냐가 중요한 게 아니다. 그것은 오히려 가벼운 상처라고 볼 수 있다. 더 큰 문제는 여성의 마음의 상처는 몸의 상처로 이어진다는 것이다.

자궁이 가장 약해지고 안 좋아질 때가 원치 않는 성관계를 할 때인데 그중에서도 성폭행은 원하지 않는 정도가 아니라 목숨 걸고 저항할 정도로 거부하는 행위다. 무리한 접촉으로 이루어진 그 순간의 몸의 상처는 시간이 지나면 아물겠지만 그보다 충격으로 인한 자궁의 상처가 더 크다고 할 수 있겠다. 게다가 더렵혀진 몸이라는 의식을 하면 여성의 생식기와 비뇨기는 나빠질 수밖에 없다.

세균이 나오지 않는데도 항상 염증이 있는 경우가 그런 경우인데 바로 심인성 염증인 것이다. 성관계를 하려고 해도 필요 이상의 긴장으로 몸이 수축되어 질이 벌어지지 않는 경우도 있다. 오르가슴의 기쁨을 느끼기도 어렵다. 거의 몸의 세포를 죽여놓는 거나 마찬가지다.

여성 몸은 생명의 몸이다.

자궁에도 기가 있다고 했다. 밝고 건강한 기운이 감돌아야 튼튼한 아기를 낳을 수 있는 것인데 성폭행으로 인해 자궁의 기가 탁하고 어두워지기 쉬운 것이다.

남성도 모두 엄마라는 여성의 자궁에서 잉태되어 자랐다. 인류의 생명과 관계된 곳이 자궁인 것이다. 생명을 사랑하는 남성은 여성을 아낄 수밖에 없다. 생명을 사랑하는 남성은 여성에게 성폭행을 할 수가 없는 것이다.

음란물의 홍수 속에서 여성을 생명으로 바라보는 시각이 새롭게 자리잡혀야 할 것이다. 아빠가 아들에게 끊임없이 생명의 관점에서 여성을 바라볼 수 있도록 심혈을 기울여야 한다.

③ 인생의 상처

성폭행을 당한 여성이 가장 큰 후유증으로 나타나는 것은 삶을 막 살게 되는 것이다. 더럽혀졌다는 생각은 자신을 학대하게 한다. 성을 파는 여성들의 50% 이상이 첫 경험이 성폭행이었다는 사실을 보더라도 그 피해는 인생의 방향을 뒤흔드는 상처라고 할 수 있다.

남성들의 순간적인 호기심이 여성의 인생 전체를 망쳐놓는 것이다. 무슨 권리로, 무슨 자격으로 그렇게 한 인생을 망가뜨릴 수 있는가?

3. 범죄라는 사실을 알려준다

음란물을 보기 시작하는 10살 전후부터는 범죄의 개념을 심어줘야 한다. 음란물을 보면 환상이 생기고 각본이 그려진다. 호기심에 해보고 싶은 마음이 들기 쉽다. 다른 것은 생각하지 못한다. 이때 남을 건드리는 행위는 음란물을 실습하는 행위가 아니라 남에게 피해를 주는 범죄행위라는 것을 잘 알려줘야 한다. 잡혀가서 조사도 받고 감옥에도 갈 수 있는 행위라는 것을 구체적으로 일러줄 필요가 있다.

사람에게 있어서 성에 대한 관심과 욕망은 자연스레 있는 것이고, 상상하며 원하는 것을 그려보는 것은 자유지만 실제로 성을 실천하는 것은 또 다른 문제라는 것을 알려준다. 본능과 실천은 엄연히 다른 것이다. 실제로 하는 행동은 인간 관계를 맺는 것이기 때문에 상처가 생기고 저항이 생기고 피해를 주면 대가를 치러야 하는 것이다. 그것은 혼자 살 수 없는 세상이기 때문에 그런 것이다.

아무튼 새 시대에는 즐기더라도 남에게 피해를 주지 않으면서 즐긴다는 새로운 기준이 성문화 전반에 자리잡혀야 한다.

아버지가 딸에게

새 시대는 아버지의 성교육이 절실히 필요한 시대인 것이다

눈에 넣어도 아프지 않은 예쁜 딸이 성폭행을 당했을 때 아버지의 마음은 천 갈래, 만 갈래로 찢어진다. 겪어보지 않은 사람은 모를 것이다. 이 험한 세상에서 어떻게 이 예쁜 딸을 키워야 하나?

결혼한 지 5년이 넘었다는 어떤 남성은 아직 아기가 없는데 앞으로도 아기를 낳을 생각이 없다고 했다. 이유를 물으니 자기는 아기를 낳는다면 예쁜 딸을 낳고 싶은데 세상이 너무나 험해서 도저히 못 낳겠다는 것이다. 이해할 만한 일이다. 한편으로 일리가 있는 말이긴 하지만 그렇다고 문제가 해결되지는 않을 것이다. 어떻게 딸들을 키워야 할까?

정공법으로 풀어야 한다.

이 세상은 내가 없다면 아무 의미가 없는 것이다. 내가 있으니 내 세상인 것이고 내가 있으니 이웃이 소중한 것이고 내가 있으니 자녀가 있는 것이다. 즉 내가 활개치고 살아야 할 세상인 것이다. 세상이 험하다고 위축되어 한귀퉁이에서 소리 없이 살 수만은 없는 노릇이다.

험하고 힘들어도 한가운데서 뚫고 나아가 개척하며 살아야 하는 것이다. 우리의 예쁜 딸들도 자기의 세상처럼 활기차게 살아야 한다. 혹시나 당하는 일이 생길지 모르겠지만 그렇더라도 또 뚫고 이기고 살아야 할 것이다. 그렇지

않다면 이 세상에 온 이유가 없는 것이다. 일생동안 성폭행만 고민하고 살아서야 되겠는가? 험한 세상일수록 힘차게 살게 하기 위해 아버지들은 시대에 맞는 예방교육을 해야 한다.

1. 배짱을 길러준다

세계적인 골퍼 박세리는 아버지로부터 배짱 교육을 받았다. 물가에 빠진 공을 쳐 올려 끝내 승리를 거둔 것은 우연한 일이 아니었다. 박세리의 아버지는 딸이 6학년 때 배짱 교육을 시켰는데 딸을 한밤중에 무덤가로 데리고 갔다. 거기서 밤새도록 스윙 연습을 시켰다. 물론 아버지도 없이 혼자서 말이다. 그때 딸은 울면서 연습을 했다고 한다.

지금, 박세리 아버지처럼 우리의 딸들을 무덤가로 모두 데려가자는 얘기는 아니다. 배짱을 얘기하는 것이다. 조심할 때는 해야 하지만 근본적으로 우리 딸들에게 배짱과 담력을 길러줘야 한다는 것이다. 배짱을 길러줄 사람은 역시 아버지들이다.

배짱의 핵심은 '너는 할 수 있다' 와 '하면 된다' 다. '할 수 있다' 속에서 방법이 나오는 것이다.

성폭행을 당하는 순간조차 '할 수 있다' 가 필요하다. 할 수도 없고 해도 안 되는 속에서 무슨 해결 방법이 나오겠는가? 더욱 놀라고 오그라들 뿐, 계속 피해의식으로 살 수밖에 없는 것이다. 해보다가 안 되면 어쩔 수 없겠지만 일단 위축되지 말고 방법을 찾아야 한다.

범죄 심리학자들은 말한다. 실제 무기를 들고 성폭행을 하는 사람들은 오히려 마음은 더 심약한 사람이라고 한다.

힘의 논리 면에서 잘못된 논리를 가진 것인데 이들은 공명정대하게 또래 집단에서 자신의 힘을 인정받지 못했을 경우, 거기에 따른 열등감을 약한 사람에게 투사하면서 그 속에서 자신의 힘을 느끼며 즐기는 심리라는 것이다.

소년원과 교도소에 많이 가봤다. 소년원에서 강간범으로 들어온 아이들과 많은 얘기들을 했다. 어느 날 내가 물어보았다. 만약에 네 여동생이 어떤 남자에게 강제로 끌려가서 성폭행을 당했다면 여동생은 그 순간에 어떻게 처신을 해야 안 당하든지, 덜 당할 수 있겠냐고 물었다. 그들은 한결같이 대답했다. 살려달라고 빌수록 더 쉽게 당한다고 했다. 그렇다고 극렬하게 반항해서도 될 일이 아니라는 것이다. 강간범 중에는 반항이 심할수록 더욱 재미있다고 했다. 그 힘을 꺾고 이루어내는 데에서 성취감을 맛본다고 했다. 모두가 힘의 논리였다. 왜곡된 힘의 행사로 이루어지는 것이기 때문에 애원하고 빌면 '역시 나는 힘있는 사람이야' 하면서 힘을 느끼고, 격렬하게 반항하면 그것 또한 힘이기에 힘 겨루기가 되어 이기고 싶어 하는 것이다. 그러면 어찌해야 되겠는가?

그들은 또 정보를 주었다. 주변의 경험담을 늘어놓기도 했다. 그들 말로 제일 재수가 없을 때는 정말 희한한 여자를 만났을 때라는 것이다. 도무지 겁도 없고 그렇다고 즐기자는 것도 아니고 반항도 없고 완전히 다른 생각을 하는 것 같은 여자를 볼 때 무력감을 느낀다고 했다. 범행을 할 의지도 없어지고 이상해진다는 것이었다. 그런 경우에는 맥이 풀려 그냥 가라고 한 적도 있었고, 행위를 하다가 이상한 생각이 들어서 중단하고 자신이 뛰어나왔다는 사례도 있었다.

정답은 바로 거기에 있었다. 그들의 왜곡된 힘 자체를 인정하지 않는 것이었다. 그들의 허풍을 아주 우습게 보아 넘기는 것이다.

그러면 모든 것이 흐트러지게 된다. 당했든 당하지 않았든 그들이 패배한 것이다. 신문에 나오기도 한 사례지만 여러 명의 남자들에게 끌려가던 여성이 갑자기 반항을 멈추더니 더 적극적으로 한번 해보자고 옷을 벗었다. 그러면서 에이즈가 걸렸는데 잘 됐다며 어서 이리 오라고 하니까 남자들이 다 도망갔다고 했다.

배짱이란 사물과 현상에 대해 꿰뚫는 능력을 말하는 것이다. 남성들의 심리, 행위의 동기 등에 대해 그 정보를 알려줄 사람은 누구인가? 아버지들은 단순할 수도 있는 남성들의 성폭행 상황에서 상황을 흩어놓을 수 있는 획기적인 방법들을 딸에게 알려주며 같이 모색해봐야 한다. 밤길만 조심해서 될 일이 아닌 것이다. 그것이 배짱 중의 배짱인 것이다. 생활 한가운데서 딸들에게 배짱을 길러주자.

얼마나 실효성이 있을지 의심하는 사람도 있을 것이다. 내 생각에는 아직 시도해보지 않았기에 엄청 실효성이 있을 것이라 생각된다.

평소에 이리저리 장난처럼 가상 시나리오를 그리며 방법을 논해왔던 것이 실제 위기상황이 되면 되살아나 위기를 물리친 경우가 얼마든지 있다. 설령 실패하더라도 세상을 살아가는 자세가 극복하는 자세로 바뀔 수 있는 것이다. 누가 알겠는가? 이렇게 담력을 키우다보면 우리의 딸들이 셜록 홈즈 같은 명탐정이 될지, 멋진 경찰이 될지?

어쨌든 성폭행이든, 레슬링이든 힘을 겨루는 싸움판에서는 그 본질이 기 싸움인 것이다. 일단 기죽지 말고 정신을 차려 방법을 찾아볼 일이다. 근육의 힘이 모자라면 머리의 힘으로 기를 세우면 된다. 여러 사람이 있는 곳에서는 소리를 쳐보고, 둘만이 있는 으슥한 곳에서는 귀신 같은 소리를 내보고, 여러 명일 때는 에이즈를 팔든지 정신이 나간 사람처럼 하든지 방법을 찾아야 하지 않겠는가? 이 모든 것이 배짱에서 나올 것이다.

2. 표현 방법을 알려준다

실제 잘 모르는 사람에게 성폭행을 당하는 것은 통계상 얼마 되지 않는다. 19% 안팎이다. 더 광범위하게 일어나는 것이 아는 사이에서 일어나는 성폭행이다. 사춘기 자녀들에게는 데이트 강간이라는 것이 많은 편이다. 자녀들이 이성교제를 하면서 애매하게, 준비도 없이 당하는 경우가 대부분을 차지한다. 즉 좋아하는 사이이긴 한데 꼭 성관계를 하려고 한 것은 아닌데 어찌 되다 보니 당해버린 경우다.

이것이야말로 아버지들의 성교육 부재로 인한 것이다.

일상적인 생활에서 남자들은 어떻게 생각하고 있으며 어떤 때 충동을 잘 느끼고 여성의 어떤 표현에 오해를 하는지, 그래서 어떻게 처신을 해야 현명한 것인지에 대해 알려주지 않았기 때문이다. 이성교제를 하고 있다는 것을 뻔히 알면서도 손을 놓고 있다면 이런 일은 너무나 쉽게 생기는 것이다.

크게 두 가지를 잘 표현하도록 가르쳐줘야 한다.
하나는, 남자들이 둘만의 장소를 제안할 때는 90% 이상이 섹스를 염두에 두고 있다는 것을 아버지가 미리 알려주는 것이다.

사귀는 오빠가 집이 비었다고 같이 와서 숙제를 하자고 연락이 왔다. 어떻게 해야 하나? 갈까 말까?
여자는 고민한다. 혹시 가서 안 좋은 일이 벌어지지는 않을까? 그렇지는 않을 거야. 그 오빠는 착해. 설령 조금 이상한 일이 벌어져도 내가 싫다고 하면 그만둘 거야. 그래 그렇게 나쁜 사람은 아니야. 하긴 키스와 애무 정도는 어때? 분위기가 괜찮으면 그 정도야 할 수도 있는 문제지. 섹스까지는 안 돼. 그건 말도 안 돼. 임신하고 어쩌고. 정말 안 돼. 내가 지금 뭘 생각하고 있는 거야? 어쩌면 내가 오빠의 순수함을 모르고 너무 앞서가는 생각일지 몰라. 아무튼 그건 그때 가서 보면 되는 것이고, 그런데 궁금하긴 궁금하다. 오빠 방이 어떻게 생겼는지, 어떤 분위기인지, 알고 싶다. 그래 오빠를 더 잘 알 수 있는 계기가 될 거야. 그리고 둘만의 오붓한 분위기에서 함께 있다는 것도 낭만적일 거야. 그래 한번 가보자. 별 일이야 있겠는가. 야릇한 기대감과 호기심과 막연한 믿음으로 여자는 집을 나선다.

오빠는 처음부터 각본이 있었다. 여자가 올지 안 올지 궁금했는데 온다고 연락이 왔다.

아이고. 왕 재수다. 첫 번째 각본은 오케이다. 첫 번째 오해가 시작된다. '아. 얘도 역시 나처럼 섹스를 원하고 있구나' 하는 생각이 제일 크다. 드디어 여자가 왔다. 둘만이 있는 공간이다. 가슴이 뛰기 시작한다. 조금 어색한 분위기에서 음료수도 따라주고 엉뚱한 얘기도 슬슬 하고 조금 뜸을 들이다가 여자를 자기 방으로 안내한다. 여자는 안내된 방에 들어와 '어머, 어머' 하며 새로운 듯이 이곳저곳을 본다. 들뜬 분위기에서 이 얘기 저 얘기를 한다. 갑자기 분위기가 이상해지며 하던 대화도 끊긴다. 이때 오빠는 사랑한다는 말을 하면서 다가오더니 살며시 어깨에 손을 얹는다. 이어서 키스를 하고 애무가 시작된다. 좀 더 깊어지면 이때 여자는 몸을 움츠리며 "안 돼" 한다.

남자는 이때 두 번째 오해를 할 수 있다. 키스와 애무까지 아무런 저항 없이 응했던 그녀가 더 이상 안 된다고 했을 때 헷갈릴 수가 있다. 이게 뭐야? 몸이 후끈 달아오른 남자는 자기 편리대로 생각을 몰아간다. 자기 집까지 온 것도 그렇고 스킨십도 순순히 응했다면 상대도 분명히 자기처럼 섹스를 원하고 있는 것이라고 단정하면서 그렇다면 지금의 거절은 정말 거절이 아니라 가볍게 튕겨 보는 것이라고 생각한다. 여자가 튕긴다고 안 하면 안 되지. 그럼 남자가 아니지. 조금 더 강한 힘으로 섹스를 시도해 본다. 여자가 그래도 아주 강력하게 거절하지 않으면 역시 자신의 추측이 맞았다며 자신감을 가지고 밀어부치게 된다. 일이 끝나고 여자는 울고 있고, 남자는 막연함 속에서 미안하다고 한다.

여자는 당했다고 하고 남자는 분명히 여자도 원해서 한 것이라고 한다.

무엇이 어떻게 된 것인가?

둘 다 자기 식으로 생각한 것이다. 자기 식으로 바라고, 자기 식으로 표현하고, 자기 식으로 행동한 것이다.

서로 엇갈리는 주장의 핵심은 이렇다.

남자 : 벌써 빈집에 왔다는 것 자체가 자기도 원한 거 아닌가요?
그리고 키스와 애무는 자기도 분명히 원했어요. 호응도 했다니까요?
그러면 그 다음도 원한다는 게 아닌가요? 뻔한 거잖아요.
정말 싫었다면 따귀를 때리든지, 밀치고 방을 나가든지 했어야죠.
몸만 약간 뒤로 빼면서 작은 소리로 안 된다고만 하면 누가 그걸 믿나요?
여자들은 조금씩 튕긴다면서요? 나는 튕기는 줄로만 알았죠.
끝나고 나서도 당했다는 말은 안 했어요. 울기만 했죠. 난 억울해요.

여자 : 오빠가 좋으니까 어떻게 사는지 궁금해서 갔지요. 누가 그럴 줄 알았나요?
키스와 애무는 요즘엔 누구든 다 하잖아요. 호기심도 있었고요.
그렇지만 섹스는 절대로 할 생각이 아니었어요. 절대로요.
어떻게 따귀를 때려요? 다 아는 사이인데. 나중에 어색해하고 미안해 할 건데.
내가 좋아하는 사람이고 서로 친한데 무안할까봐 작은 소리로 거절한 거지요.
나는 오빠를 믿었지요. 그 정도로 안 된다고 하면 그만둘 줄 알았죠.
몇 번이나 안 된다고 했는데도 오빠는 강제로 밀어부치면서 억지로 한 거예요.
그러니까 성폭행을 한 거지요. 도리어 자기가 억울하다니 정말 실망했어요.

이것이 둘만이 있는 공간에서 흔히 벌어지는 섹스와 성폭행의 실상이다. 물론 남녀관계가 말처럼 쉽지는 않다. 분위기와 접촉의 밀도 속에서 동시적으로 이루어지는 것이라 애매한 부분도 많다. 하지만 분명한 것은 원하지도 않았고 준비되지도 않았는데 엄청난 일이 벌어지는 것이다. 임신과 낙태로 이어질지도 모르는 일이다. 그렇게 애매하게 이루어진 섹스로 임신과 낙태까지 경험하기에는 너무 허무하지 않은가?

남자 대학생에게 물어보았다. 섹스하고 싶은 충동을 느낄 때는 언제인지 조사해본 결과 1위는 사랑과 관계없이 여자와 둘만이 있는 자리라고 했다.

이런 얘기들을 아버지는 딸이 이성교제를 하기 전부터 말해줘야 한다. 남자들은 성에 대한 생각과 문화, 몸의 충동이 여자들과 다르다는 것을 아주 구체적으로 알려주어 엉뚱하게 당하는 일이 없도록 해야 한다.

두 번째는 남자가 성관계를 강요할 때 어떻게 처신해야 하는지를 알려줘야 한다.

지금 미국 메릴랜드 주에서는 중·고등학생들에게 '성관계를 거절하는 방법'에 대해 집중적으로 교육하고 있다. 세 가지 방식을 구별하여 가르치고 있다.

첫 번째는 수동적인 거절 방법이다. 이것은 당하면서도 상대방에게 미온적으로 안 된다고 하는 방식이다. 이 방법은 위의 예에서처럼 큰 효과가 없다. 오해만 살 뿐이다.

두 번째는 공격적인 방법이다. 따귀를 때린다거나 급소를 친다거나 욕을 하는 등 강하게 거절하는 방식으로 남자들에게는 확실하게 싫다는 것이 전달되는 이점은 있다. 그러나 인간관계로서는 바람직하지 않다. 사람과 상황에 따라서는 필요한 방법이기도 하다.

세 번째는 단호한 방법이라고 하는데 이것은 상대방을 몰아부치거나 단정짓지 않으면서 오해도 사지 않는 방법으로 자신의 입장을 먼저 확실하게 표현하는 방법이다. '나는 아직 준비가 안 되어 있어', '나는 20살 이전에는 안 하기로 내 원칙을 정했어', '네가 섹스를 원한다면 나는 그곳에 갈 수 없어. 네 입장을 분명히 말해줘. 어떻게 할 거야?' 등으로 상대방의 의견도 물으면서 자신의 입장을 단호하게 표현하는 것이다. 제일 바람직한 방법으로 추천되고 있다.

한창 뜨거운 시기에 남자와 여자는 서로에 대해 잘 알아야 하며, 여자는 특히 상황을 예측할 수 있어야 한다. 그리고 자신의 입장 정리도 되어야 한다. 그래야 준비 없이 당하지 않고 상황을 주도적으로 헤쳐나갈 수 있다. 얌전하다는 게 능사는 아니다. 꿰뚫어볼 줄 아는 지혜가 필요한 것이다. 상황 예측과 거절에 대한 표현 방법을 잘 가르쳐주자.

3. 사회성을 길러준다

어느 가정에서는 아버지가 딸을 관리하는 방식이 엄격하다. 밤 10시까지는 들어와야 하며 옷은 노출이 심하지 않게 입어야 하고 술 먹는 것은 결코 용납하지 않는다. 그러면 결과는 어떻게 되는가? 10번 중에 8번은 아버지가 정해준 기준대로 잘 지킬 것이다. 그것을 보고 아버지는 역시 자신의 방법이 옳았다고 확신할 수도 있다. 그러나 나머지 2번이 문제가 될 수 있는데 그 때 터지는 문제는 평범한 게 아니라 치명적인 문제가 될 수 있는 것이다.

사람은 억압을 받을 때 불안해지고 두려움이 생기는데 그것이 모이고 쌓이면 어떤 순간에 터지게 되어 있다. 8번은 참고 누르며 지내다가 한두 번은 그 억압이 터져 일이 커지는 것이다. 실수가 아니라 실패로 될 가능성이 높은 것이다. 어차피 인간은 자율적으로 살아야 할 존재다. 좋고 싫은 것을 스스로 경험하는 속에서 저항력도 기르고 지혜도 생기고 자기 관리법도 세련되어 간다.

왜 아버지들은 그렇게 엄격한 것일까?

아버지가 본 세상이 있기 때문이다.

밤거리의 무분별함을 보았고 노출이 심한 옷을 입은 여자들이 어떻게 취급
당하는지를 보았고 술 먹고 취한 여자들이 얼마나 무방비 상태에서 희롱당하
는지 보았다. 내 딸만큼은 그렇게 놔두고 싶지 않은 것이다. 본 마음은 그러
하다.

그러나 알다시피 그렇게 단속을 한다고 해결되는 것이 아니라는 것이다. 오
히려 8번 중의 2번이 더 무서운 것이다. 그렇다면 세상은 여전히 험한데 어떻
게 해야 하겠는가?

아버지들의 마음이 180도로 확 바뀌어야 한다.

못 보고 안 보도록 단속할 게 아니라 안 봤어도 본 것처럼 사회를
알려줘야 한다. 사회성을 길러줘야 하는 것이다.

사실 엄마들은 사회에 대해 잘 모른다. 동창들과 어울려 논다고 해도 고작
해야 가는 곳이 노래방 아니면 나이트클럽 정도다. 남자들이 가본 곳에 비하
면 새발의 피라고 할 수 있다. 남자들은 새로운 곳을 갔다오면 자랑을 할 정도
다. 남자들이 술을 먹고 한 순간 그 속에서 즐겼다고 하더라도 맨정신에 보면
추하고 퇴폐적인 곳이다. 남자들끼리만 통해야 하는 곳이지 부인이나 딸에게
말할 수 없는 곳일 것이다. 바로 여기서 엄격함이 비롯되는 것이다. 세상이
얼마나 더러운지 몸소 체험은 했는데 그것을 말할 수도 없고, 그런 세상에 철
모르는 딸을 그대로 내보낼 수도 없는 것이다.

이제 그 거리를 좁혀야 한다.

아버지 자신이 다녀온 곳이라도 다녀왔다고 하지는 말자. 그러나 남의 얘기
라고 둘러대더라도 딸에게 세상을 말해주어야 한다. 엄격함을 버리고 딸이 당

하지 않도록 세상 구석구석을 알 수 있도록 도와줘야 한다. 그것이 사회성 교육이다.

나이트 클럽에 가면 부킹을 하는데 모르는 남자와는 술을 마시지 않는 게 현명하다고 가르쳐줘야 한다. 심한 경우 순진한 딸들을 노리는 꾼들은 술에 약을 타서 일을 벌인다. 그렇지 않는 사람이라도 술을 함께 먹다보면 엉뚱한 일이 벌어질 수 있다. 나이트클럽을 못 가게 하면 딸들은 안 가는 게 아니라 몰래 가버린다. 그러면 억압된 심정이라 술을 더 마시고 실수도 더 크게 할 수 있다. 차라리 '고등학교를 졸업하면 나이트클럽도 가겠지만, 혹시 가게 되거든, 술을 조심하라. 이런 일도 있었다' 는 식으로 말해주는 것이 현명하다.

나이트 클럽만이 아니라 사회 곳곳에서 벌어지고 있는 것들을 중학생 정도만 되어도 알려줄 필요가 있다. 실제 가출 충동은 누구나 느낀다. 생각 없이 욱하는 기분에 집을 나올 수도 있다. 하지만 막상 나오면 이건 세상이 얼마나 무서운지 걷잡을 수 없을 정도로 수렁에 빠질 수 있는 것이다. 가출 자체가 나쁜 게 아니라 가출 후에 벌어질 수 있는 상황이 더 무서운 것이다. 그 무서운 세상을 사춘기 초기부터 잘 알려줄 필요가 있는 것이다.

예쁜 딸들이 자기 세상을 활기차게 살면서도 당하지 않고 살기 위해서는 이들보다 더욱 세상을 잘 알아야 한다. 세상을 교육시킬 사람은 바로 아버지들이다. 이제 억압의 시대는 지났다. 욕망의 여성화가 한창 진행 중에 있다. 이 흐름은 막을 수 있는 것이 아니다. 험한 세상이라고 한탄만 하지 말고 세상이 얼마나 험한지 그 실체부터 딸에게 일러주자.

아버지가 알고 있는 세상에 대해 좋은 얘기, 나쁜 얘기 모두를 들려주자. 예쁜 딸들은 영리하고 현명하게 그 정보를 귀중히 받아들여 자신의 삶을 빛나고 힘차게 살아가게 될 것이다. 새 시대는 아버지 성교육이 절실히 필요한 시대인 것이다.

추천도서

이민 가지 않고도 우리 자녀 인재로 키울 수 있다 최성애 · 조벽 지음, 한단북스

여성의 몸 여성의 지혜 크리스티안 노스럽 지음, 김현주 옮김, 한문화

의식 혁명 데이비드 호킨스 박사 지음, 이종수 옮김, 한문화

영혼이 있는 승부 안철수 지음, 김영사

네 안에 잠든 거인을 깨워라 앤서니 라빈스 지음, 이우성 옮김, 씨앗을뿌리는사람

감성 지능 상 · 하 대니얼 골먼 지음, 황태호 옮김, 비전 코리아

문화적 투쟁으로서의 성 빌헬름 라이히 지음, 박설호 편역, 솔

성혁명 빌헬름 라이히 지음, 윤수종 옮김, 샛길

행복한 학교 서머힐 A.S.Neill 지음, 김은산 옮김, 양서원

잘먹고 잘사는 법 박정훈 지음, 김영사

인간 커뮤니케이션 최성애 지음, 명진출판

제 1의 성 헬렌 피셔 지음, 정명진 옮김, 생각의 나무

출산 속에 숨겨진 사랑의 과학 미셸 오당 지음, 장은주 옮김, 명진출판

세상에서 가장 편안하고 자연스러운 출산 미셸 오당 지음, 장은주 옮김, 명진출판

황금빛 똥을 누는 아기 최민희 지음, 다섯수레

소유의 종말 제러미 리프킨 지음, 이희재 옮김, 민음사

리더는 머슴이다 로버트 K. 그린리프 지음, 강주헌 옮김, 참솔

깨어나십시오 앤소니 드 멜로 지음, 김상준 옮김, 분도출판사

동양과 서양, 그리고 미학 장파 지음, 유중하 · 백승도 외 옮김, 푸른숲

혈액형 사랑학 노미 마사히코, 노미 도시타카 공저, 장진영 옮김, 동서고금

혈액형 인생론 노미 마사히코, 노미 도시타카 공저, 민성원 옮김, 동서고금

성과 문명 왕일가 지음, 노승현 옮김, 가람기획

건강하세요1 김용옥 지음, 통나무

여자란 무엇인가 김용옥 지음, 통나무

아름다움과 추함 김용옥 지음, 통나무

노자와 21세기 1. 2. 3 김용옥 지음, 통나무

김용옥 선생의 철학 강의 김용옥 지음, 통나무

도올선생 중용강의 김용옥 지름, 통나무

노자와 성 소병 지음, 노승현 옮김, 문학동네

야한 유전자가 살아남는다 티머시 테일러 지음. 김용주 옮김. 웅진출판

우멍거지 이야기 김대식 · 방명걸 지음. 이슈투데이

아들아, 머뭇거리기에는 인생이 너무 짧다. 1. 2 강헌구 · 이원설 지음, 한언

일부일처제의 신화 데이비드P.버래쉬 · 주디스 이브 립턴 지음, 이한음 옮김, 해냄

붉은 여왕 매트 리블리 지음, 김윤택 옮김, 김영사

선택이론 행복의 심리 윌리엄 글라서 지음, 김인자 우애령 옮김, 한국심리상담연구소

긍정적 중독 윌리암 글라써 지음, 김인자 옮김, 한국심리상담연구소

아직도 가야 할 길 스캇 펙 지음, 신승철 · 이종만 옮김, 열음사

성 윤리 류지한 지음, 율력

소중한 것을 먼저 하라 스티븐 코비 · 로저 메릴 · 레베카 메릴 지음, 김경섭 옮김, 김영사

음양이 뭐지 / 오행이 뭘까 / 음양오행으로 가는 길 전창선 · 어윤형 지음, 세기

힐링 소사이어티 이승헌 지음, 한문화

뇌호흡 이승헌 지음, 한문화

여성 자신으로 살기 펄벅 지음, 강민 옮김, 작가정신

여성이 사는 지혜 펄벅 지음, 강민 옮김, 작가정신

여자가 겪는 인생의 사계절 대니얼J. 레빈슨 지음, 김애순 옮김, 세종연구원

남자가 겪는 인생의 사계절 대니얼J. 레빈슨 외 지음, 김애순 옮김, 이화여자대학교 출판부

뇌 베르나르 베르베르 지음, 이세욱 옮김, 열린책

포르노그라피의 발명 린 헌트 지음, 조한욱 옮김, 책세상

자궁의 역사 라나 톰슨 지음, 백영미 옮김, 아침이슬

사람의 역사 1. 2 아서 니호프 지음, 남경태 옮김, 푸른숲

몰입의 즐거움 미하이 칙센트미하이 지음, 이희재 옮김, 해냄